SPATIAL AUDIO TECHNOLOGY

空间音频技术

王　鑫　谢凌云◎著

人民邮电出版社

北　京

图书在版编目（CIP）数据

空间音频技术 / 王鑫，谢凌云著. -- 北京 : 人民
邮电出版社，2025. -- ISBN 978-7-115-65779-4

Ⅰ. TN912

中国国家版本馆 CIP 数据核字第 2024LC2588 号

内 容 提 要

本书是一本系统阐述空间音频的基础理论与实践应用的图书，作为 2008 年出版的《数字声频多声道环绕声技术》的延续与升级版本，反映了这一领域在过去 15 年中的重要进展。本书在介绍环绕声技术发展的基础上，进一步探讨三维空间声的算法、编解码方案，以及其在虚拟现实、沉浸式媒体和多维互动中的广泛应用。

本书共分为 9 章，详细阐述从单声道到立体声、多声道环绕声再到三维空间声的技术变革历程，并探讨人耳对声音定位的感知机制及影响因素。此外，还讨论如何利用先进的录音技术和算法来捕捉和重现真实的空间声场，并分析不同的编码格式和技术，如 Dolby Atmos、DTS:X、Audio Vivid 等。特别地，书中重点介绍空间音频技术在虚拟现实（VR）、增强现实（AR）等环境下的运用，以提升用户体验的沉浸感。通过具体的实例分析，展示空间音频技术在影视、音乐、游戏等多个行业的实际应用。最后，本书展望空间音频技术的发展方向，为相关领域的研究人员提供前瞻性视角。

本书适合音频工程技术人员、电影电视制作人员、游戏开发者、虚拟现实及增强现实领域的专业人士，以及对空间音频感兴趣的音频行业的从业人员和学生阅读。

- ◆ 著　　　　王　鑫　谢凌云
  责任编辑　王瑞婷
  责任印制　马振武
- ◆ 人民邮电出版社出版发行　　北京市丰台区成寿寺路 11 号
  邮编　100164　电子邮件　315@ptpress.com.cn
  网址　https://www.ptpress.com.cn
  固安县铭成印刷有限公司印刷
- ◆ 开本：787×1092　1/16
  印张：20.25　　　　　　　2025 年 4 月第 1 版
  字数：467 千字　　　　　2025 年 4 月河北第 1 次印刷

定价：129.80 元

读者服务热线：(010)53913866　印装质量热线：(010)81055316
反盗版热线：(010)81055315

序
PREFACE

　　金秋时节是收获的季节，此时看到王鑫和谢凌云两位老师的专著《空间音频技术》，我感到十分欣喜。此书是她们二十余载在空间音频领域教学、科研辛勤耕耘的结晶。

　　王鑫老师从就读研究生伊始就密切关注当时音频领域萌动的多声道环绕声技术，并对此进行了深入的理论研究和教学实践，在此基础上为中国传媒大学录音艺术学院的录音工程专业本科生开设了"多声道音频技术"课程，这在国内高校尚属首次，使学校有关多声道环绕声理论与实践的研究走到了国内的前列。

　　在之前研究的基础上，此部专著又将该领域国内外的最新研究涵盖其中，比如国际上全景声系统和国内与此对标的三维菁彩声系统。该部专著既涵盖了空间听觉的基础理论，也系统地阐述了空间音频的声音拾取技术、空间音频的信源与信道编码技术，以及空间音频的重放技术，更为亮眼的是本专著将两位作者近些年一直合作开展的"音质主观评价"研究成果呈现给广大的读者，这对于国内外相关研究是一大贡献，对国内开展此领域的研究具有推动作用。

朱伟

2024 年 10 月于北京

前言
PREFACE

随着录音、数字信号处理和虚拟现实等技术的不断进步，声音的重放形式也经历了从单声道、立体声、多声道环绕声到三维空间声的巨大变革。尤其在近10年的发展中，平面环绕声技术进一步向三维空间声技术迈进，突破了平面声场的局限，进入了更为沉浸和立体的音频重放时代。空间音频技术不仅在影视、游戏和音乐制作中得到广泛应用，还扩展到了虚拟现实、增强现实等新兴领域，为用户提供了更加真实、全方位的音频体验。

与环绕声技术类似，三维空间声的出现为声音的拾取、制作到最终的重放都带来了全新的挑战与机遇。尽管目前已经有多种三维音频标准和技术方案投入使用，但这些技术在实践中仍在不断演化。与早期的环绕声技术相比，三维空间声更强调利用声学原理模拟人耳对空间中声源的定位感知，不再局限于平面上的扬声器布局，而是通过先进的算法来构建全方位的三维声场。空间音频技术在节目录制、编解码、声场重现、虚拟环境设计等方面提出了更高的要求，也为音频技术的研究和应用开辟了新的方向。

《空间音频技术》旨在系统阐述空间音频的基础理论与实践应用，作为2008年出版的《数字声频多声道环绕声技术》的延续与升级版本，反映这一领域在过去15年中的重要进展。本书在介绍环绕声技术发展的基础上，进一步探讨三维空间声的算法、编解码方案，以及其在虚拟现实、沉浸式媒体和多维互动中的广泛应用。

本书由中国传媒大学空间音频技术团队成员撰写，力求为读者提供关于空间音频的全面介绍。特别感谢邱楚寒撰写了6.3节Ambisonics的书稿，感谢范欣欣撰写了第9章的书稿及部分章节的校稿工作。全书共分为9章，涵盖空间音频技术的历史发展、空间听觉感知原理、空间声拾音技术、空间音频录制监听环境及校准、空间音频编解码技术、空间音频重放原理、空间音频重放系统、虚拟空间声系统及在虚拟现实中的应用、空间音频的感知评价。我们特别关注了技术发展的最新趋势，以帮助读者了解音频技术的未来发展方向。

由于三维空间声技术仍在不断发展，本书中的某些内容已随着技术的进步而进一步完善。我们真诚希望本书能够为相关领域的研究者和从业者提供理论和实践的参考，也期待各位专家和读者的批评指正。

编　者
2024年9月于中国传媒大学

目录
CONTENTS

第1章　空间音频技术的历史发展

第2章　空间听觉感知原理

第3章　空间声拾音技术

第4章　空间音频录制监听环境及校准

第7章　空间音频重放系统

第8章　虚拟空间声系统及在虚拟现实中的应用

第9章 空间音频的感知评价

第9章　室内有机磷阻燃剂

第1章
空间音频技术的历史发展

1.1 引言

近年来，随着高密度记录媒体、家庭影院、多媒体计算机、数字信号处理等技术的发展，各种数字视听系统层出不穷，极大地提高了人们对视听效果的感受。而人们对于声音重放质量的要求也总是随着科技水平的提高而不断增长，其中最显著的变化，就体现在重放系统声道数量的增加上。

人类听觉是对多种信息的综合性反应。除了最基本的声音要素，如响度、音调和音色，还包括反映声音空间特性的因素，比如声源的方向、声源的远近、声场的大小、声场的色彩等。人耳对声音空间特性的感受主要由"双耳效应"决定：声源在双耳产生的时间差和强度差是人能够对声源位置进行定位的主要依据。另外，耳廓对声波的衍射所引起的梳状滤波器效应，以及人头转动所引起的时间差和强度差的改变，也会对声源定位产生重要作用。除了直达声，各种反射声也会到达人耳，其在时间和空间上的分布会使听者产生对周围环境的一种综合的整体印象，这包括沉浸感和包围感等。而声音重放系统中声道数量的不断增长，就是为了能够将这些信息尽可能多地予以体现。

在1877年爱迪生发明留声机之后的几十年当中，人们普遍使用的声音重放系统是单声道系统，即只使用一只或几只扬声器来重放由一支传声器记录的声音信号。这种重放系统只能表现声音的响度、音调和音色，并在一定程度上体现声源的远近和声场的色彩，而对于声源的定位几乎无能为力。

随着录音技术的不断发展，人们对完美声音的追求也在不断提升。为了改善单声道声音重放系统在声源定位方面的缺陷，人们开始探索用2个或3个声道来记录声音信息，并通过2只或3只扬声器进行重放。众所周知双声道立体声的出现是为了真实地再现原声场的声音及其空间信息，使人们在聆听时有身临其境的听觉感受。这种双声道立体声系统能够利用"双耳效应"来产生"听觉幻象"，达到对前方声源横向和纵向的定位，并能够比较明显地表现声音空间特性。但是双声道立体声系统只能提供有限的前方声场，并不能还原水平面360°的空间信息。

尽管如此，相较于单声道系统而言，双声道或3声道立体声系统的进步仍是值得肯定的。早在19世纪末，人们就开始了对这种系统的特性进行探索。1881年，有人曾经在巴黎用普通电话线传送双声道立体声节目；1920年，英国哥伦比亚唱片公司进行了3声道唱片的录制实验；1925年，柏林广播电台用2个中波台试播立体声广播；1932年，美国贝尔实验室利用高带宽的电话线在华盛顿和费城音乐学院之间传送3通道交响乐；1937年，立体声电影问世。在实践中人们发现，3声道立体声与双声道立体声相比，对于音乐重放的质量并没有很大的优势，而且即使是使用3声道记录的信号，重放的时候也可以仅使用2只扬声器（将中间声道平均分配给左右声道）。因此，在家庭声音重放系统中，双声道立体声逐步成为主流。

到了1943年，德国柏林帝国广播电台利用磁带录音机改进了立体声音乐录音，这一技术标志着立体声录制和重放进入实用阶段。1957年，英国和美国生产出了第一批商用立体声唱片。自此，立体声技术得以广泛应用，并在此后的近半个世纪中使视听艺术创作得到空前的发展。

与此同时，从20世纪50年代起，人们开始了对平面环绕声系统的研究工作。平面环绕声首先在电影行业取得了巨大成功，这启发人们将该技术转向家庭和纯音乐领域。应该说平面环绕声系统取得的最重要的进步是其对声音空间特性的再现扩展到水平面，它不仅为听众重现了前方声场，对水平面后方声场的声音也进行了真实还原。

2012年，杜比公司推出了杜比全景声系统（Dolby Atmos），三维空间声系统开始登上历史舞台。三维空间声（也称为沉浸声）是一种能够在水平、纵深及垂直3个维度呈现声音定位及声场信息的音频技术。除了杜比全景声，其他公司也陆续推出了三维空间声系统，如DTS:X、Auro 3D、NHK 22.2系统等。这些三维空间声系统超越了传统的立体声系统和平面环绕声系统，为听众带来了更加身临其境的听觉体验。

后文将对平面环绕声系统和三维空间声系统的历史发展进行梳理。为了全文术语的统一，后文将平面环绕声简称为环绕声，三维空间声简称为三维声，空间音频是一个综合概念，包含平面环绕声和三维空间声。

1.2 环绕声的历史发展

1.2.1 环绕声在电影中的应用

电影环绕声系统也被称作伴随图像的环绕声系统，主要目的是带给听音者一种视听结合的效果。对于这一类系统，由于听音者的注意力集中在前方，因此对于前方声像的清晰度和稳定度要求较高，而侧向及后方的扬声器只重放环境声即可，以起到辅助和衬托作用。

回顾电影环绕声的发展，我们先从《幻想曲》谈起。1940年11月13日，Disney公司公映音乐动画影片《幻想曲》，首次采用了多声道录音和多声道重放的技术。影片中大部分的音乐在费城音乐学院录制完成，采用 8 轨光学声迹录音机，其中 6 条光声迹用于录制管弦乐，1 条光声迹用于单声道混录，另外 1 条光声迹用于远距离的室内效果声录制。而声音重放系统是在电影传统的中置声道外增加了左、右声道，构成了 3 声道系统。此外，除了包含这3 个声道的光声迹，在光声迹胶片上还有第 4 条控制光声迹，它能以 20dB 的增益给出声级切换。放映时，含有 4 轨光学声迹的胶片与电影画面胶片同步运行。然而整个放映系统非常复杂，重量达到 7 吨，这极大地限制了其在市场上的应用范围。由于第二次世界大战的影响，这套昂贵的系统没有推行开。虽然该影片的重放系统还没有出现环绕声道，但是这种制作理念为环绕声的出现起到了极大的推动作用。

1953 年，华纳兄弟影业公司推出《名人蜡像馆》，将声音推广到环绕声系统。放映时画面需要 2 台放映机同步平行放映，前方 3 个声道的声音用磁性胶片予以记录，放映中与影片同步运行。一台放映机影片上的 1 条光声迹记录环绕声声道，另一台放映机影片上的 1 条光声迹记录备份的单声道混合信号。这是电影院中最早出现的 LCRS 方式声音配置。

电影工作者一直致力于提高电影图像和声音的质量。传统的光学声迹之所以被全球广泛采用，是因为它具有经济、简单和可靠等特性。声迹和画面通过感光的方法同时印制在胶片上，如果仔细应用能够长久保持良好的还音质量。但是由于光学胶片本身物理特性的限制，使模拟电影声音的信噪比和频率响应无法达到令人满意的水平。因此在 20 世纪 50 年代，电影院曾推出了一种在胶片上印好画面再涂上磁条，然后将声音实时记录在磁条上的技术。在电影院中，影片在装有还音磁头的放映机上还音。这种磁性声迹使电影声音质量大大提升，可获得优于光学声迹的保真度。该系统还可以将声音和画面记录在同一胶片上，这大大降低了重放系统的复杂性。当时所采用的系统主要有两种，一种是 4 声道 35mm 的西尼玛斯科普（CinemaScope）系统，另一种是 6 声道 70mm 的陶德宽银幕（Todd-AO）系统。

西尼玛斯科普系统采用 4 路磁性声迹，如图 1-1 和图 1-2 所示。它沿用了 LCRS 4 声道重放方式，而 S 声道和我们现在定义的环绕声道不同，称之为效果声道更准确，多用于重放偶然出现的戏剧性声音，如在宗教性的场面中天堂的声音。陶德宽银幕系统采用 6 路磁性声迹，构成 5 路前方声道和 1 路环绕声道的声音系统，如图 1-3 所示。

图 1-1　西尼玛斯科普庞大的放映系统

DTS 公司也在 DTS 之上推出 DTS EX 系统，它们都将系统扩展为 7 声道系统，增加了中环绕声道。该声道可以对一些影片中特殊音效进行再现，如来自后方的声像向前穿越推进，此时的连续移动感和声像定位能力会更完美、更逼真。图 1-5 为 Dolby Digital 和 Dolby Digital EX 系统示意。

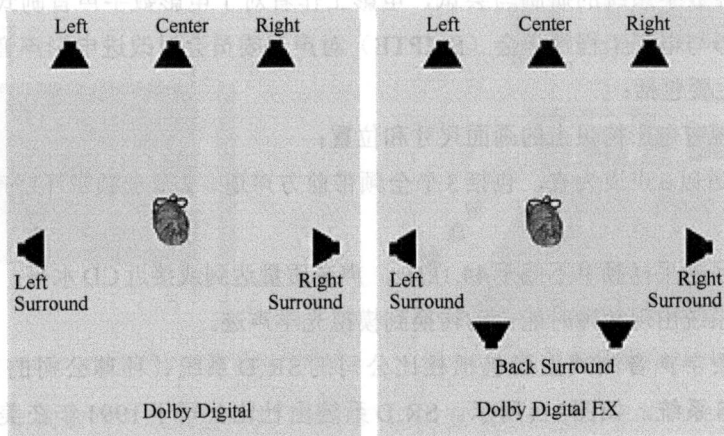

图 1-5　Dolby Digital 和 Dolby Digital EX 系统示意

2K 高清时代到来后，各大公司都为在高清领域争得一席之地而努力研发自己的新型环绕声系统。杜比公司在 2004 年东京举办的音频工程学会（AES）大会上，首次展示了全新的杜比数字 +（Dolby Digital Plus）系统，随后还推出了 Dolby True HD 系统，这两个系统都是为高清光盘格式的发展而设计的多声道音频格式。而 DTS 公司也不甘示弱，推出了 DTS HD 系统。纵观这几个新型系统，它们共同的特点是提供了更高的音质和更多的声道数量，进一步提升了观众的视听享受。声道数量扩展到 7.1，在 5.1 的基础上增加了 2 个环绕声道，如图 1-6 所示。此外随着传输数据量的增大，不再使用 S/PDIF 或者光纤作为传输接口，而采用 HDMI 作为传输接口。

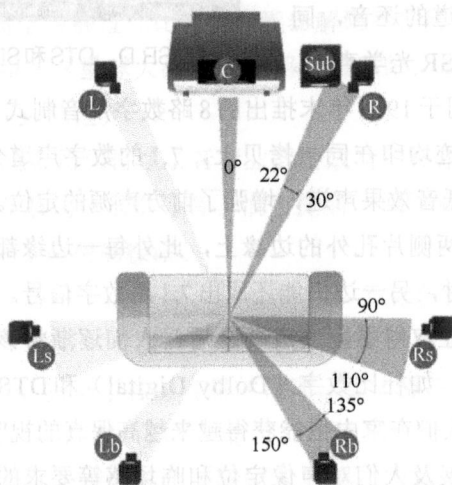

图 1-6　2K 高清时代的环绕声系统扬声器摆位

1.2.2　环绕声在音乐中的应用

音乐环绕声系统主要用于单纯的声音重放，其主要目的是要将音乐厅的听觉效果尽可能不失真地传递给听众，因此这种系统与电影环绕声系统存在较大差别。对这类系统而言，前方、侧向和后方的声像定位都十分重要，而侧向反射声对于空间感建立至关重要，要给予特别关注。

20世纪50年代中期，立体声录音被引入后，随即立体声重放系统出现，可以说20世纪60年代是立体声的黄金时期。在那个时候，唱片公司或音频生产厂商中尚未出现"环绕声"一词。但是在研究领域，研究人员已经有了利用音乐厅的室内音响信息来建立环绕声效果的想法，并展开了相关的实验。例如，凯斯、斯坦恩克和瓦格纳提出的"环绕声"系统是在听音者背后放置两只或多只扬声器以重现声场效果，非常类似于今天的环绕声。然而由于技术和设备的限制，这些实践研究并没有在市场上推广开来。

20世纪60年代中期，多轨磁带录音机诞生，多声道录音方式被引入。录音师可以使用多个声道录制，从最初的3路，逐渐发展到24路，使独立录制环境信息成为可能。这对环绕声系统在音乐领域的推广发挥了至关重要的作用。

从20世纪60年代后期到20世纪70年代中期，随着4声道音乐磁带的面世，4声道环绕声系统逐渐占据了市场。当时4声道系统的扬声器摆放存在多种形式：基于哈夫勒法的4声道系统为听音者前面分别设置正中央1路，左、右两侧各1路，背后1路；由JVC公司推出的4-0系统中4路信号均由位于前方的4只扬声器重放；而由Vanguard公司联合AR公司推出的4声道系统是2-2放音系统，该系统为听音者分别设置前方2路，后方2路，形成矩形排列，该系统也是最为大家所熟悉的，如图1-7所示。

在初始阶段，4声道节目只能通过4声道音乐磁带重放，而真正的普及必须在当时已经是主体的LP记录媒体上进行录放。LP本身只有2路，如果要重放4声道信号，需要引入新的技术。总结来看，引入新技术的方式主要包括4-2-4的矩阵方式和4-4-4的离散方式。这些新技术的引入，使得4声道系统得到广泛的推广，绝大多数的声频产品制造商开发着他们自己的格式，以不同的名称投向市场。

然而这种繁荣的市场扩张并没有持续太久，20世纪70年代末，4声道环绕声系统以失败而告终。我们通过对该系统进行分析，认为其失败的原因主要包括以下几个方面。

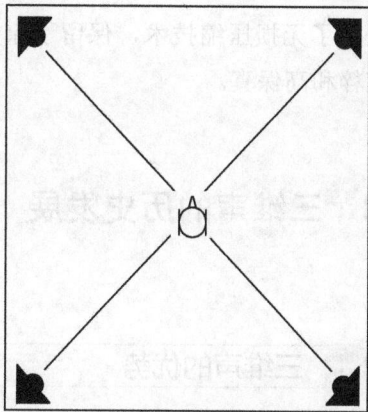

图1-7　正方形4声道环绕声的扬声器摆位

① 市场上存在多种格式，且不同格式之间不兼容，限制了用户的选购范围；各个厂家为了商业扩张而引发了"格式战争"，过分的炒作使用户感到模糊，导致得不到所必需的合适的知识。不恰当的应用4声道系统导致听音效果不佳，使用户失望。

② 针对普及最广的 2-2 方式 4 声道系统而言，对听音位置要求非常严格，必须位于 4 只扬声器中心的位置上，稍微偏离一点就会导致声音效果变差；该系统信息传输能力有限，还将所有方向信息等同处理，反而导致重要信息丢失。

20 世纪 80 年代，由于 4 声道系统的失败和 CD 唱片的兴起，音乐领域内几乎没有对环绕声展开积极的工作。随着 CD 的快速普及，音乐和录音产业迅速增长。在 CD 唱片发展到成熟阶段，一些厂家开始考虑在 CD 唱片上存储环绕声录音的节目。1997 年，美国发布了以 DTS 编码的 5.1 声道环绕声 CD，这种光盘被称为 DTS-CD。DTS-CD 可采用 4 声道、5 声道或 5.1 声道多种形式。

1996 年，世界上第一个数字视频光盘媒体 DVD 问世，新媒体的出现极大地推动了环绕声声频的发展。自 1995 年末开始，国际上展开了对于音乐重放的环绕声系统的研究，并提出了利用 DVD 光盘的所有容量来记录未压缩或经过无损压缩的多声道环绕声信号，即 DVD-Audio。从 DVD 工业协会 1999 年 2 月批准的 DVD-Audio 1.0 版标准草案来看，DVD-Audio 可以记录 74min、采样率最高可达 96kHz、24bit 量化、6 个全频带声道的线性脉冲编码调制（PCM）音频信号或无损压缩的音频信号。

在 DVD-Audio 发展的同时，索尼公司和飞利浦公司开发了另一种高密度多声道环绕声信号记录方式 Supper Audio CD（SACD）。它采用独特的双层结构，即在 CD 层下 0.6mm 处加上一层容量为 4.7GB 的 HD 层，分别用不同的激光头读取。CD 层的记录格式与标准 CD 兼容，HD 层的数据则分为 3 个部分：内侧为双声道立体声信号区；中间为多声道环绕声信号区，最多可记录 6 条声道；最外侧为附加数据区，可记录文字、图形等信号。SACD 采用 DSD 码流和高达 2.8224MHz 的采样率。

伴随着更大容量的蓝光光盘（BD）的问世，杜比公司和 DTS 公司相继推出了 Dolby True HD 和 DTS HD Master 无损压缩的 7.1 多声道格式，用于纯音乐环绕声重放。这两种格式采用了无损压缩技术，保留了原始音频的细节和音质，使音乐在环绕声系统中的播放更加纯粹和高保真。

1.3 三维声的历史发展

1.3.1 三维声的优势

三维声与双声道立体声和环绕声相比，具有以下几个显著的优势。

1. 更加精准的声音定位和移动

现有的三维声系统将需要精准定位的声源设置为声音对象（Object），利用基于矢量的幅度平移（VBAP）等定位技术能够在三维空间中进行精确定位。移动声源的运动轨迹也更加清晰和连贯，为听众带来更加真实的听觉感受。相比之下，双声道立体声系统仅仅能在听众水平面前方形成声源的定位；环绕声系统只能实现在水平面上的定位，对于垂直方向上的声音变化表现相对较弱。

2. 更加全面的声音覆盖和丰富的声音层次

三维声系统增加了垂直方向的声音信息，实现更加全面的声音覆盖，也使声音在三维空间中呈现出更加丰富的层次和细节。由于三维声系统增加了高度声道，也就是增加了垂直方向的声音覆盖，将环绕声的2D声音再现扩展为3D。同时这为声音创作也提供了更多的可能，它能够根据声源的远近、高低、前后等特征将不同的声源分离开，极大地丰富了声音的层次感。

3. 更具沉浸感的空间体验

由于三维声系统能够在三维空间中精确再现声音，使听众能够更加身临其境地感受到声音的环绕和包围，增强了听觉体验的沉浸感。以古典音乐会为例，听众坐在音乐厅中，除感受到来自舞台的直达声外，还有来自四面八方的反射声和混响声，让听众产生沉浸式的听感体验。环绕声系统可以通过平面的环绕声道再现水平面的混响声，但是对于来自垂直方向的反射声或混响声却无能为力。而三维声系统可以通过设置空间环境传声器，将来自垂直方向的空间信息较好地呈现出来，让听众更加逼真地感受到类似在音乐厅的听感体验。

4. 更加灵活的声音设计

三维声系统提供了更加灵活的声音设计工具，通过控制声源在三维空间中的位置、运动轨迹和音量，能够让混音师更加自由地布置声源，创造出更加丰富和立体的声音场景。在电影制作中，混音师可以利用三维声技术实现更加生动逼真的环境音效，如风吹树叶声、位于不同垂直高度和方向的鸟叫声等，从而增强电影的视听效果。在音乐制作中，混音师可以将乐器放置在不同的位置，以及利用各种空间效果处理，使听众能够更加清晰地感受到音乐的空间层次和纵深度，增强音乐的表现力和情感共鸣。

5. 更加广泛的应用场景

三维声技术具有广泛的应用场景，涵盖电影、音乐、汽车、游戏、虚拟现实（VR）等多个领域。在电影领域，三维声技术已经逐渐成为标配的音频制作工具，绝大多数大型电影制作采用了该技术来实现更加真实和震撼的音频效果。在音乐领域，三维声技术也被广泛应用于音乐录制和演出中，使听众能够在音乐会现场享受到更加立体和沉浸式的音乐体验。苹果音乐（Apple Music）也在2021年推出空间音频专区，让听众可以在移动终端体验空间音频。当下，汽车沉浸视听变革到来，不同公司都着力将空间音频引入车载场景。在游戏和虚拟现实领域，三维声技术能够为玩家创造出更加真实和身临其境的游戏体验，增强游戏的沉浸感和互动性。

1.3.2　三维声系统

从原理上来看，三维声系统主要基于以下3个原理：心理声学与物理声场的近似重放方法、物理声场的精确重构方法和双耳声信号的精确重放方法。从商业落地的角度来看，心理声学与物理声场的近似重放方法采用基于声道（Channel-based）与基于声音对象（Object-based）相结合的方式，现在流行的三维声系统，如杜比全景声、AuroMax、MPEG-H和DTS:X等均采用此方式。物理声场的精确重构方法通常也称为基于场景（Scene-based）的方法，主要包括波场合成（WFS）和Ambisonic两种声场重构的技术。双耳声信号的精确重放方法是通过精确重构双耳声信号而重放声音的方法，目前多用于耳机重放三维声的场景。下面将以时间轴为主线，简述三维声系统的发展历史。

早在2005年，大部分商业公司仍在大力发展环绕声系统时，日本NHK公司的音频工程师Hamasaki就在AES学术会议上宣讲，公司推出了一套22.2的三维声系统，该系统是为了匹配公司推出的8K分辨率的超高清视频（Super Hi-Vision）而设计的。这应该是全球首个公开的三维声系统，它于2005年在日本世界博览会亮相。该系统在垂直方向上分成3层，共包含24个声道。

2006年，Auro Technologies的首席执行官范贝伦（Van Baelen）在AES的"Surround with Height Channels"研讨会上正式向公众介绍Auro 3D系统。该系统首次推出了Auro 9.1和Auro 10.1系统，即在传统5.1系统之上，增加4个或5个高度声道。该系统最大的优点是向下兼容性好。2010年10月，Auro 3D又推出了适用于专业影院的Auro 11.1和Auro 13.1，并同时推出Auro-Codec和其他工具套件。2011年，Auro Technologies与比利时投影机制造商Barco达成合作，同年部署了首批安装Auro 11.1的专业影院，并宣布卢卡斯影业的《红色机尾》是首部以Auro 11.1发行的电影作品。

2012年，杜比公司宣布推出杜比全景声系统，最初该系统主要面向专业影院，并快速在美国多个影院普及。杜比公司与多家好莱坞影业公司合作，推出多部支持杜比全景声格式的电影，首部采用杜比全景声的电影是皮克斯动画电影《勇敢传说》（Brave）。杜比全景声系统被推出后，极大地推动了空间音频技术的发展。该系统最多支持128个独立通路，并且首次提出声音对象（Object）的概念，基于矢量的幅度平移（VBAP）算法可以实现单个声源在三维空间的精准定位，这相较于环绕声无疑有了更大的技术进步。而与声场信息相关的声音仍然以传统声道（Channel）的形式呈现，128个通路中包含7.1.2的10个声道和118个声音对象。杜比公司在专业影院领域取得成功后，2014年，开始将杜比全景声向家庭影院市场推广，并与多家音频设备制造商合作，推出支持该格式的家庭影院音响系统。

虽然在环绕声技术上，杜比公司与DTS公司齐头并进，良性的商业竞争极大地推动环绕声技术的发展，但是在三维声领域，DTS推出的DTS:X三维声系统比杜比全景声系统晚了3年。DTS:X于2015年在国际消费电子展（CES）上首次亮相。在技术层面上，与杜比全景声相类似，DTS:X也采用基于声道与基于声音对象相结合的方式。但是由于DTS:X推出时间较晚，为了能在商业上占有一席之地，该系统最大的特点是其灵活性较强，即无论在专业影院还是家庭影院中，对于扬声器的摆位并没有严格的要求，它可以自适应地根据扬声器的摆位改变馈送给不同声道的声音信息。

2015年，国际电信联盟（ITU）对于三维声的格式规范形成了国际标准ITU-R BS.2051。

该标准将三维声按照垂直方向分成 3 层，分别是上层、中层和下层。根据每层包含的声道数量和摆位的不同，一共推荐了 10 种格式，既涵盖了最简单的双声道立体声，又包括前面提及的 NHK 22.2 系统。同年，Barco 和 Auro Technologies 推出了 AuroMax 格式，它使用 26 个独立的音频通道，在技术上也采用基于声道与基于声音对象相结合的方式。国际标准化组织（ISO）与运动图像专家组（MPEG）于 2015 年推出三维声标准 MPEG-H。MPEG-H 也采用基于声道与基于声音对象相结合的方式，支持多种不同的多声道、Ambisonics 和虚拟听觉重放等。

2016 年被称为 VR 元年，主要是因为在这一年，VR 技术开始进入了大众视野并获得了广泛的关注和应用。许多大型科技公司推出了首批商用化的 VR 产品，如 Oculus Rift、HTC Vive 和 PlayStation VR 等。随着 VR 视频的不断发展，VR 音频也越来越受到关注。由于 VR 视角是随时变换的，而 Ambisonic 拾取的声音可以十分便捷地进行旋转与视频匹配。因此一阶 Ambisonic 传声器成为 VR 音频拾取的重要设备，不少公司相继推出了相应的传声器，如森海塞尔的 Ambeo、Zoom 的 H3-VR 和罗德（Rode）的 NT-SF1。同年，WANOS 中国全景声技术和中国全息声（China HoloSound）相继推出，标志着我国在空间音频处理技术上的自主创新和进步。这两款三维声系统也采用了基于声道和基于声音对象相结合的方式，已经在专业影院、汽车音响和 VR 等领域得到应用。

从 2017 年起，随着科技的不断演进，三维声的发展进入了一个新的阶段，特别是在消费级市场的拓展。2017 年，杜比全景声在家庭影院系统中的应用逐步普及，许多音响产品和智能电视开始内置支持杜比全景声的硬件和软件，为用户带来更加沉浸的观影体验。此外，流媒体服务如 Netflix 和腾讯视频开始提供杜比全景声音轨的电影和电视剧内容，使高质量的空间音频内容更加容易被普通消费者获取。而在专业音频领域，数字音频工作站 Pro Tools 开始支持原生的杜比全景声混音。2017 年，游戏界也迎来了三维声的革新。Blizzard Entertainment 的《守望先锋》引入了杜比全景声技术，标志着三维声在游戏行业得到了实际应用。通过在游戏终端上支持 Dolby Atmos，游戏玩家能够体验到更加真实和方位明确的声音效果，这对于玩家的沉浸感和游戏表现至关重要。

到了 2019 年，索尼（Sony）发布了 360 Reality Audio 技术。该技术是与欧洲最大的应用研究组织之一 Fraunhofer IIS 合作开发的，是一种基于对象的空间音频技术。用户在同时使用特定的索尼耳机和"Sony|Headphones Connect"应用程序时，就可以享受为自己优化定制的沉浸式音乐声场。索尼后续推出的 360 临场音效套件，允许音乐制作人和艺术家以新的方式创建和分发音乐，给听众带来空间立体的音乐体验。

2020 年，苹果公司积极拥抱三维声技术，其发布的 iOS 14 更新中引入了空间音频特性，最初是为其 AirPods Pro 耳机提供的。随后这一功能扩展到了其他支持该项技术的设备上，包括 iPhone 和 iPad 等设备。2021 年，Apple Music 推出了支持杜比全景声的空间音频音乐流服务，这一年出现大量的经典作品；通过杜比全景声的方式，让普通消费者体验到沉浸式的听觉效果，为音乐制作人提供了全新的声音设计空间。主流的音频工作站，如 Avid 的 Pro Tools、Steinberg 的 Nuendo 和 Apple 的 Logic Pro X 等软件都已支持杜比全景声和其他三维声制作工具，让音乐制作人能够在日常的工作流程中轻松实现空间混音。

从全球发达国家电视音频技术的演进路线来看，超高清电视与空间音频配套发展。由世界超高清视频产业联盟（UWA）主导，中央广播电视总台、华为技术有限公司等牵头的菁彩声（Audio Vivid）于2022年8月发布1.0版本的技术白皮书。该技术方案支持声道、声音对象及Ambisonic的编解码和渲染，解决声音从构建到还原的整个环节，可以在家庭影院、影院环境、AR/VR、个人移动终端及车载中得以应用。中央电视台在2023年春节联欢晚会首次实现菁彩声直播。为了方便音频工作者进行菁彩声的制作，UHD也推出了"Petal Vivid"等制作插件。

汽车音响也是空间音频近几年各公司主要发力的领域之一。早在2015年的时候，Bang & Olufsen（B&O）就在奥迪Q7上提供了3D音频系统，该系统支持23个扬声器单元，功率高达1900W。随着新能源车越来越普及，普通消费者在汽车上的娱乐性需求越来越高，空间音频在汽车音响领域的应用越来越广泛。由于新能源车在中国市场的快速发展，大量的中国车企也将空间音频引入汽车音响中。奔驰的迈巴赫GLS600配置了27个柏林之声的扬声器硬件，通过与Apple Music的合作，让大家体验到沉浸式的空间音频。国内方面，蔚来与QQ音乐联手，提供车载杜比全景声的音乐服务；理想和小鹏汽车与网易云音乐合作，上线杜比全景声音乐；问界搭配华为音乐提供Audio Vivid空间音频体验。总体而言，汽车音响朝着高功率、多通道、智能化和交互化的方向持续发展。

1.4 空间音频格式概览

如今随着空间音频技术的不断发展，空间音频格式变得多种多样，能够支持空间音频格式的媒体也越来越多。表1-1总结了在不同的应用领域，由不同的组织制定的空间音频格式，表中也包括当下仍在使用的环绕声格式。

表1-1 空间音频重放格式和制定者

应用领域	空间音频格式	空间音频格式制定者
电影	Dolby Digital（5.1）、Dolby Digital Plus（7.1）、Dolby Atmos	杜比
	DTS（5.1）、DTS High Resolution（7.1）、DTS:X	DTS
	Auro 3D	Auro
	WANOS	WANOS
	HoloSound	HoloSound
电视	Dolby Digital（5.1）、Dolby Atmos	杜比
	DTS（5.1）、DTS:X	DTS
	MPEG-H	MPEG
	NHK 22.2	NHK

续表

应用领域	空间音频格式	空间音频格式制定者
电视	Audio Vivid	UWA
音乐	SACD（5.1/5.0）	索尼 & 飞利浦
音乐	Dolby True HD（7.1/7.0）、Dolby Atmos	杜比
	DTS HD Master（7.1/7.0）、DTS:X	DTS
	Auro 3D	Auro
	Audio Vivid	UWA
汽车音响	Dolby Atmos、Audio Vivid	杜比、UWA
游戏	Dolby Digital、Dolby Atmos、DTS、DTS:X	杜比、DTS

　　空间音频从制作到重放的端到端流程主要包括制作端、传输端和重放端 3 部分，如图 1-8 所示。本书将围绕整个流程中的关键技术环节展开阐述，图 1-8 椭圆形里的关键技术将构成本书后面章节的内容。由于心理声学的很多原理会应用于空间音频的各个方面，因此本书首先在第 2 章阐述空间听觉感知与模型。在空间音频的制作端将阐述空间声拾音技术和空间音频录制监听环境及系统校准，分别在第 3 章和第 4 章进行介绍。在空间音频的传输端会阐述空间声编解码技术，将在第 5 章进行详细介绍。在空间音频的重放端首先介绍空间声重放原理（第 6 章）和重放系统（第 7 章），然后就虚拟空间声系统及在 VR 中应用（第 8 章）展开介绍。本书的最后一章是对空间音频的感知评价。

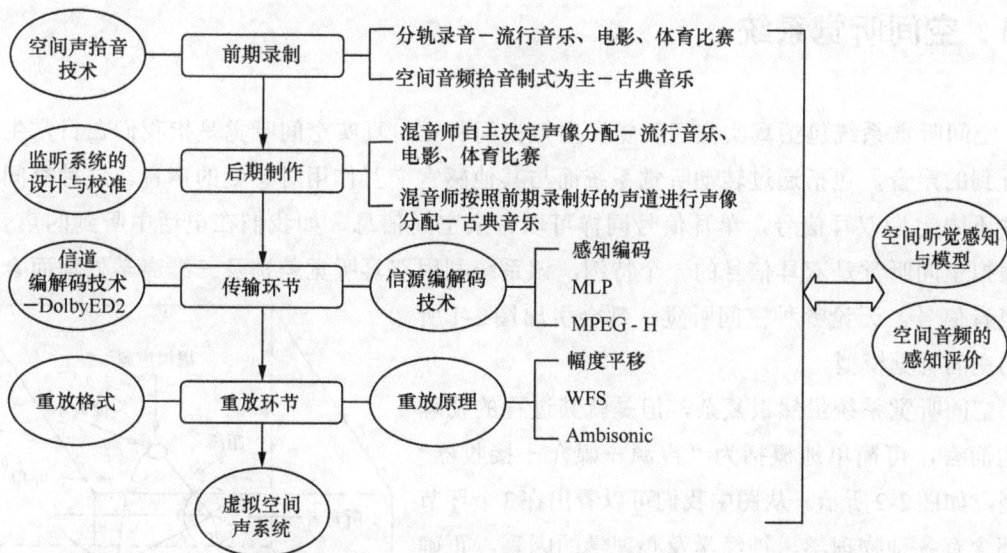

图 1-8　空间音频端到端全流程及关键技术环节

第 2 章
空间听觉感知原理

人的空间听觉系统是一个涉及物理听觉与心理听觉的复杂系统。物理听觉是指听觉各个环节的物理特征，包括声源的结构、传输媒介对声音的反射与吸收、人耳的构造及其对声音的响应等。而心理听觉指的是人脑对各种不同声音激励的响应，这一过程涉及激励与响应之间的关系。由于这个过程有人脑介入，所以它不像人体的血压、心跳等物理特征可以用仪器直接测量出，也不能用普通物理声学的原理来解释，而是属于心理声学的范畴。

2.1 空间听觉系统

空间听觉系统包括真实空间听觉和虚拟空间听觉。真实空间听觉是指我们在日常生活中听到的声音，包括通过转动听觉系统而与其他感官交互作用时感受的声音。这种空间听觉并不限定为双耳信号，单耳信号同样可以带来空间信息，如我们在电话中听到的声音。而虚拟空间听觉是双耳信号的一个特例，该系统利用双耳听觉差别及三维声学处理而合成出声音信号。无论哪种空间听觉，都会引出图2-1所示的空间听觉模型。

空间听觉系统虽然很复杂，但是就其过程的物理结构而言，可简单地概括为"声源－媒介－接收器"模型，如图2-2所示。从图中我们可以看出在3个环节中都含有各种物理学、神经学及心理学的因素，正确认识这些因素的特征和作用对于空间听觉系统的把握具有重要作用。

声源是指一个或多个振动源，一般自然环境中是有多个声源的。声源特性中最重要的是声源的位置特征，空间听觉最直观的响应也是对声源的定位。位置

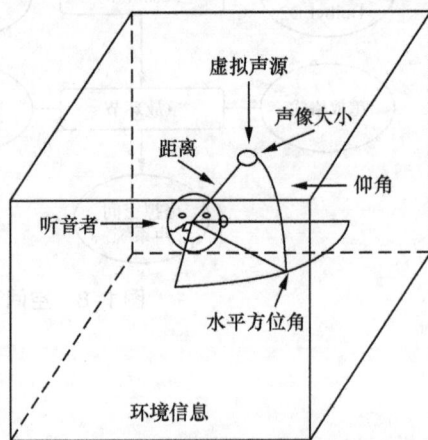

图 2-1　空间听觉模型

特征包括方位和距离两个参量。图 2-3 使用垂直极化坐标系统来表示声源在声场中的位置。声源方向由水平方位角和仰角确定。在只有一个听音者的情况下，坐标的原点位于听音者两耳连线的中点处。x 的正向轴指向人的右耳，y 的正向轴指向人的正前方。xy、yz 和 xz 3 个平面分别定义为水平面、中垂面和侧垂面。在垂直极化坐标系统中，水平方位角 θ 是指中垂面与包含 z 轴和声源的垂直面之间的夹角，而垂直方位角 φ 是指水平面与声源所在平面间的夹角。

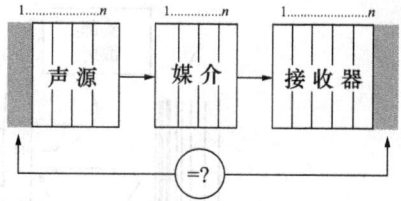

图 2-2　声源 - 媒介 - 接收器模型

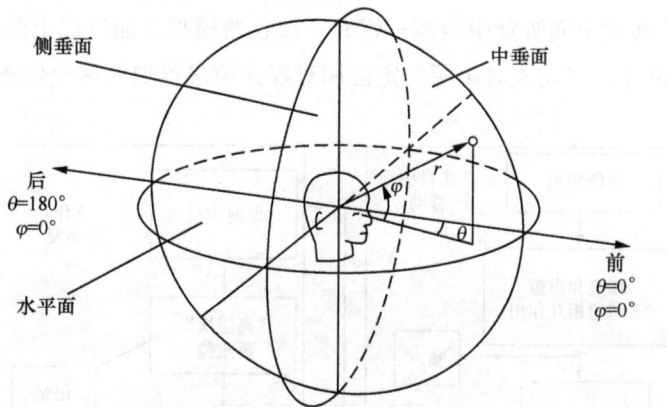

图 2-3　使用垂直极化坐标系统来表示声源在声场中的位置

　　媒介是指从声源到听音者之间影响声波传播的物质，包括周围环境的反射与混响和各种对声波传播路径有影响的物体。环境内容是媒介最重要的因素，也是影响空间听觉的主要因素。当声源和听音者都处于封闭的环境中时，声源经过周围物体的反射将从各个方向到达人耳，我们称之为"球面域"听觉；而当声源和听音者处于开阔无遮挡的环境中时，声波传输了一定距离之后到达听音者基本可视为一个平面波，即为"平面域"听觉；更一般的情况是直接传输的声波与经过周围各种物体反射的声波相叠加，而形成的"混合域"听觉。我们在日常生活中听到的真实的声音都包含非常丰富的环境信息，而如何将这种环境信息录制并重放出来是一个非常重要的课题。

　　接收器即指听音者，听音者的各种物理特征也是影响空间听觉的重要因素。这些物理特征包括听音者身体各个部分对声音信号的反射特征及其听力系统特性，涉及从人耳接收信号直到人脑感知声音并最后在脑中产生对声音信号的具体印象的全部过程。人耳接收声音过程模型如图 2-4 所示。

　　声源 A 首先传到耳廓 B 及距离最近的头部、肩部和躯干，接着传到外耳道 C，然后是中耳的鼓膜 D 和听小骨 E。声音在中耳部位由鼓膜处的声能转换为机械能传到听小骨上，再由听小骨将机械能转变为液体压力通过椭圆窗 F 的运动传到内耳的耳蜗 G。这种液体压力在内耳中引起基底膜 H 以一定的频率振动，刺激听觉系统的神经纤维兴奋，并最终在人脑中形成听觉感知及对声源的认识。

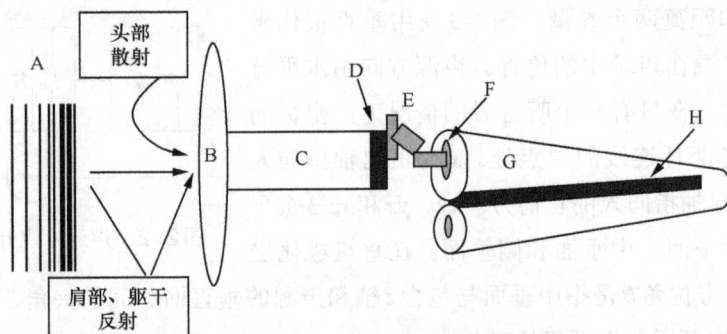

图2-4　人耳接收声音过程模型

　　图2-5显示了真实空间听觉中声源—媒介—接收器模型。通过以上的分析可知，要在人脑中再现所需的声像，需完成对声源的定位和对媒介信息再现这两个任务。

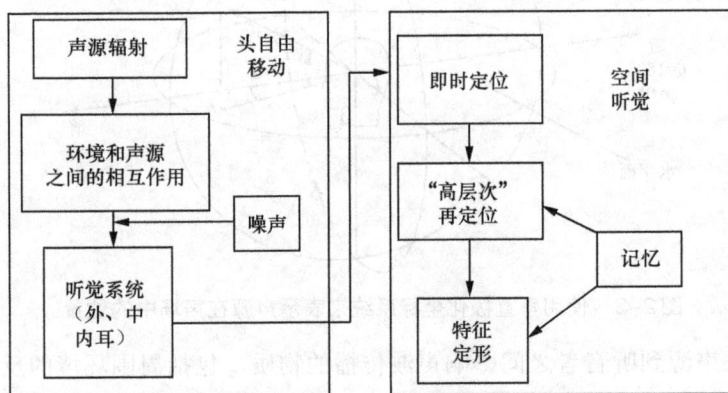

图2-5　真实空间听觉中声源—媒介—接收器模型

2.2　人耳定位的方位感知

　　在自然听音环境中，人的听觉系统对声源的定位取决于多个因素——双耳接收到的信号差异用来决定声源的水平位置，由外耳对高频信号的反射所引起的耳廓效应决定声源的垂直位置，而人耳的某些心理声学特性对于声源的定位也起到很大的作用。

2.2.1　水平方向的感知

2.2.1.1　双耳效应

　　在自然听音环境中，双耳信号之间的差异对于声源的定位是非常重要的。该因素可以在直达声场的听音环境中得到很好的解释，如图2-6所示。

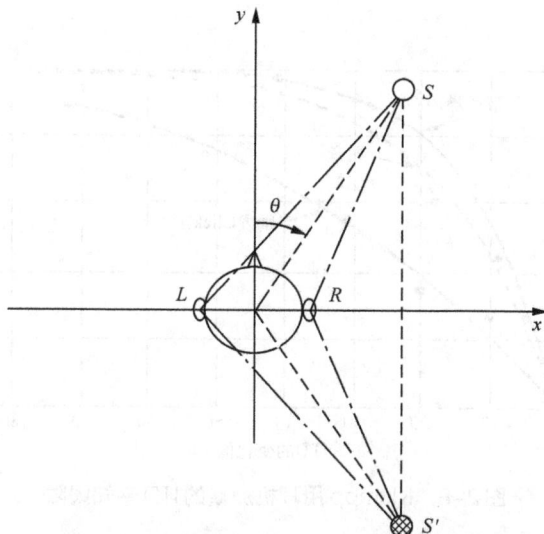

图 2-6　声源 S 与镜像声源 S' 引入最大限度相似的双耳因素

声源位于水平面上，水平方位角为 θ，与人头中心的距离为 r，到达左右耳的距离分别为 SL 和 SR。由于 $SL > SR$，声音首先到达右耳，从而在到达双耳的时间先后上形成时间差。这种时间差被定义为双耳时间差（ITD），它与声源的水平方位角 θ 有关。当 $\theta=0°$ 时，ITD=0；当 $\theta=\pm90°$ 时，ITD 达到最大值，对一般人头来说，ITD 为 0.6～0.7ms 的数量级。

因为不同频率和不同角度的声波接触到人体以后的衍射和吸收情况各有不同，所以 ITD 会随着频率和声源角度而发生改变。图 2-7 是不同水平方位角时，ITD 随着频率变化的测量数据，图 2-7（a）的数据是在人体模型上测得的，图 2-7（b）的数据是在球体模型上测得的。从图中可以看出，ITD 随着频率的升高，总体趋势是下降的。而水平方位角越大，ITD 也越大。图中具体给出了角度为 45° 时 500Hz 的 ITD 为 0.6ms，2kHz 的 ITD 为 0.4ms。此外更重要的一点是不同频率的声音，在不同角度时，可以产生相同的 ITD。因此 ITD 是不能单独用来判断水平方位的。

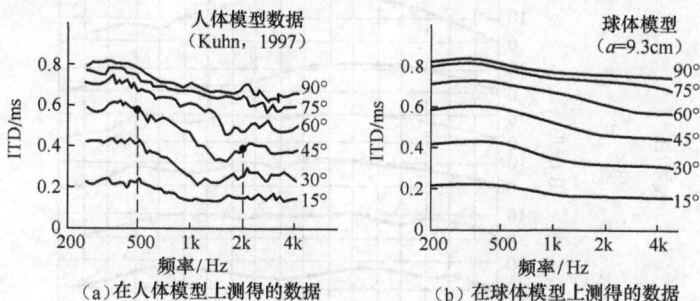

图 2-7　ITD 随频率和水平方位角的变化

人耳对 ITD 的变化也存在感知阈限。图 2-8 是 1956 年 Klumpp 用耳机测量的 ITD 感知阈限。实验采用了 3 种信号，分别是 150Hz～1.7kHz 的带通噪声、1kHz 纯音和 1ms 的瞬发 Click 声，各自测得的阈值依次为 9μs、11μs 和 28μs。由此可见，可以通过增加声音时长来提高ITD感知灵敏度。

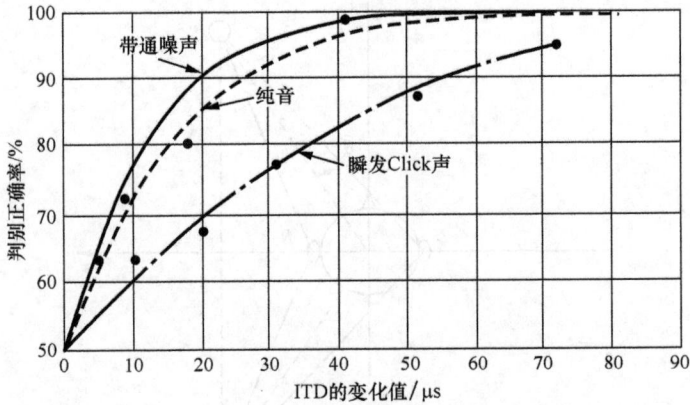

图2-8　Klumpp用耳机测量的ITD感知阈限

另外，人头对入射声波起到了阻碍作用，导致了两耳信号间的声级差（ILD）。声级差除与入射声波的水平方位角有关外，还与入射声波的频率有关。在低频时，声音波长大于人头尺寸，声音可以衍射过人头而使双耳信号没有明显的声级差。随着频率的增加，波长越来越短，头部对声波产生的阻碍越来越大，使双耳信号间的声级差越来越明显——这就是我们常说的人头遮蔽效应。

ILD随着频率和水平方位角的变化如图2-9所示，这是1957年Feddersen测量的结果。从图中可以看出，对于低频声，尤其是200Hz，它在各个方位的ILD几乎无波动，体现了低频声波绕头部衍射的强大能力。对于500Hz的信号则稍有起伏，但最大不超过5dB，它和1kHz的最大值都不是出现在90°的方向。而随着频率升高，ILD也有明显的增加，在5kHz和6kHz处，其最大值达到20dB。这说明高频声波的衍射能力较差。从图中可以看出大部分时候前后方位的ILD基本上是对称的，这也是人耳容易产生前后定位混淆的原因之一。

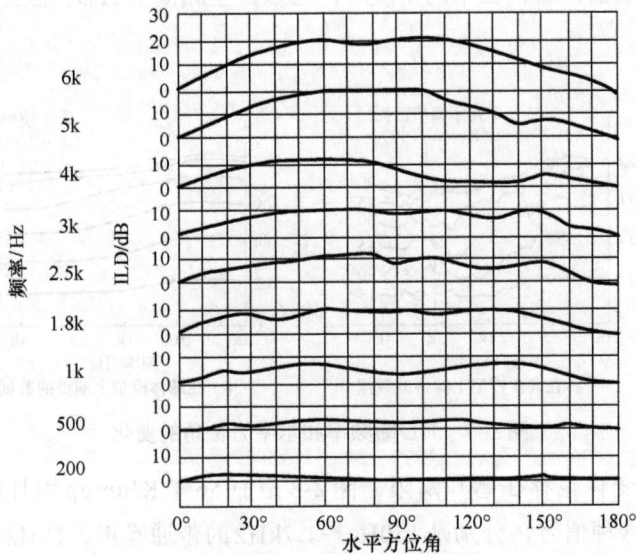

图2-9　ILD随频率和水平方位角的变化

ILD 的感知差别阈限结果来自 1988 年 William 等人的测量。他们测量了不同频率和不同强度差级别下的 ILD 的感知差别阈限，如图 2-10 所示。其中，3 种强度差为 0dB、9dB 和 15dB，而 ILD 感知差别阈限随频率变化的趋势在 3 种强度差下是基本一致的，都是低频和高频处较低，一般在 0.5～1.5dB；而中频处较高，一般在 1～2.5dB。强度差越大，ILD 的感知差别阈限越大。

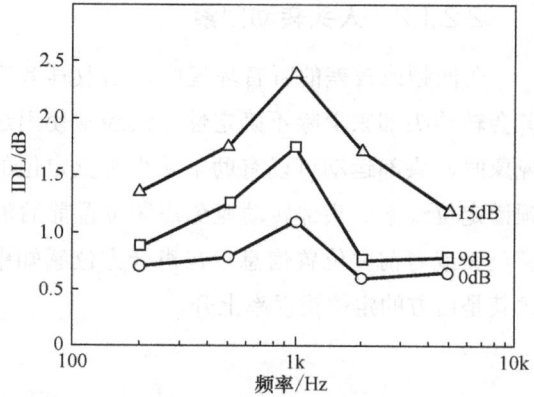

图 2-10　William 等人测量的 ILD 的感知差别阈限

从 ITD 和 ILD 在高频和低频处的不同表现来看，高频的 ILD 容易在不同方位角产生较大差异；低频的 ITD 容易在不同方位角产生较大差异。因而就有了纯音空间方位感知的双工理论（Duplex Theory），即人耳在感知方位时，低频依赖 ITD 提供线索，高频依赖 ILD 提供线索，而中频处反而表现最差。1936 年 Stevens 和 Newman 的定位错误率实验验证了双工理论的有效性，如图 2-11 所示。对于 ITD 和 ILD 有效定位频率范围的分界点，目前并没有明确结论，但是 ITD 一般在 0～0.6ms，信号周期如果大于 0.6ms，人耳便能够清楚地定位双耳相位差别，此时对应的信号频率约为 1.7kHz。

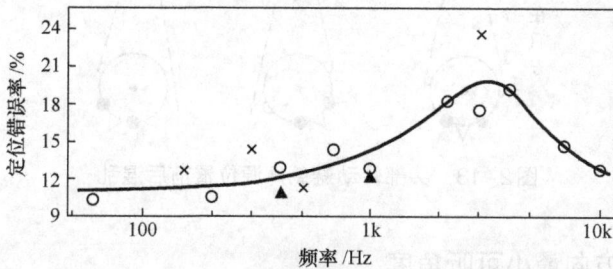

图 2-11　Stevens 和 Newman 的定位错误率实验

但是如果只考虑双耳时间差和声级差两个因素，还不足以完全解释定位问题，其中最典型的问题就是前后镜像声源的定位。假设人头是一个球体，不存在外耳，如图 2-12 所示，水平方位角为 θ 的声源和水平方位角为 180°−θ 的镜像声源在人耳处会产生相同的 ILD 和 ITD。对于实际的人头来说，虽然 ILD 和 ITD 不会完全相同，但是它们会在很大程度上相似。当只考虑双耳时间差和声级差时，就会产生前后镜像声源的混淆，其实这只是空间锥形区域声像混淆的一种特例。为了解决这个问题，就要依赖于其他的因素进行声源定位了。

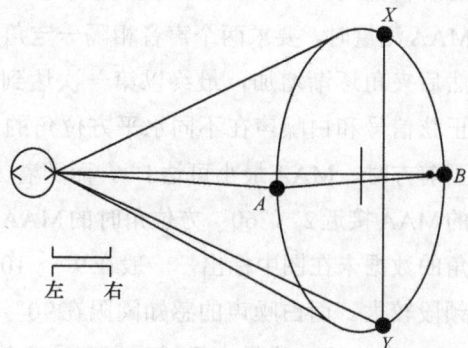

图 2-12　空间锥形区域声像混淆

2.2.1.2 人头转动因素

在低频或较差的听音环境中，当双耳效应对声源的定位不能给出明确的信息时，听音者会转动头部来消除不确定性。最经常使用这种方法的情况是出现空间锥形区域声像混淆现象时，头部运动可以有助于减少听觉定位的混淆，原因就在于头部运动能够捕捉缺失的频谱定位线索。头部转动避免声源位置前后混乱如图2-13所示。另外，头部运动带来的神经反馈或者前庭位置信息也在声音方位感知中扮演重要角色，快速的头部转动会导致侧方尤其是后方的定位错误率上升。

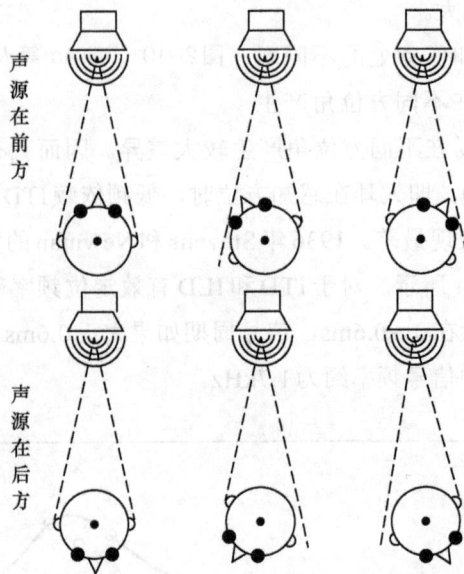

图2-13 头部转动避免声源位置前后混乱

2.2.1.3 水平方向最小可听角度

以上介绍了水平方向定位的感知线索，而人耳在水平方向的定位能力或者说对方位的辨析能力，一般以水平空间解析度来表征，相应的指标主要有最小可听角度（MAA）。MAA测量时，要求两个声音相隔一定角度前后发出，判断后发声音在先发声音的左还是右；然后夹角逐渐增加，最终以第一次达到判断正确率为75%的夹角为MAA。图2-14反映了正弦信号和白噪声在不同水平方位角的MAA。正弦信号的测量结果显示，方位角为0°即正前方时，MAA最小可达1°。而随着方位角的增加，MAA也开始提高，在30°方位角时的MAA接近2°，60°方位角时的MAA接近4°，75°方位角时的MAA接近7°。90°方位角的数据未在图中标出，一般在9°～10°。另外，正弦信号的MAA在高低频段较小，在中频段较大。而白噪声的感知阈限在90°方位角时和正弦信号差别不大，但是在正前方时的MAA为3.6°，明显大于低频和高频正弦信号的结果，但和中频正弦信号很接近。此外白噪声的测量结果表明人耳对正前方的定位能力最强，正后方次之，侧方的定位最差。

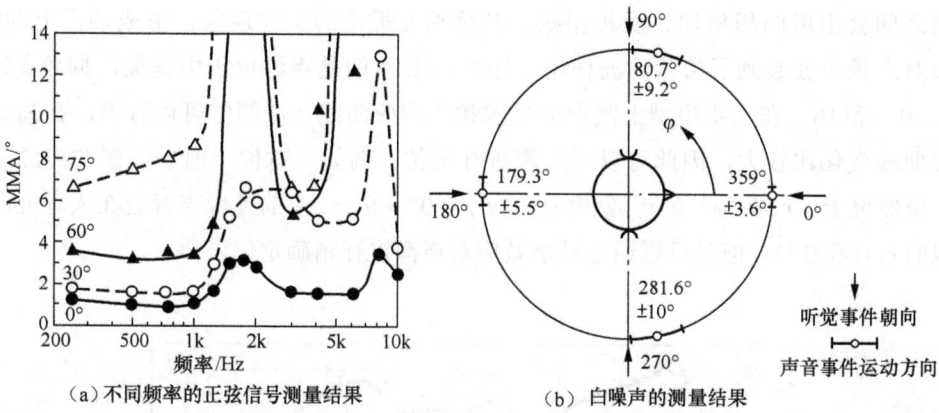

（a）不同频率的正弦信号测量结果　　　（b）白噪声的测量结果

图 2-14　正弦信号和白噪声在不同水平方位角的 MAA

2.2.2　垂直方向的感知

在听觉系统中，对声源进行垂直方向定位的线索来自耳廓，通常被认为是"单耳信号"。耳廓具有不规则的形状，形成一个共振腔。当声波到达耳廓时，一部分声波直接进入耳道，另一部分则经过耳廓反射才进入耳道，如图 2-15 所示。由于声音到达的方向不同，反射声和直达声之间的强度不仅发生变化，而且反射声与直达声之间在不同频率上产生不同的时间差和相位差，使反射声与直达声在鼓膜处形成一种与声源方向位置有关的频谱特性，听觉神经据此判断声音的空间方向。耳廓的本质就是改变不同空间方向声音的频谱特性，也就是说人类听觉系统功能上相当于梳状滤波器，将不同空间方向的声音进行不同的滤波。

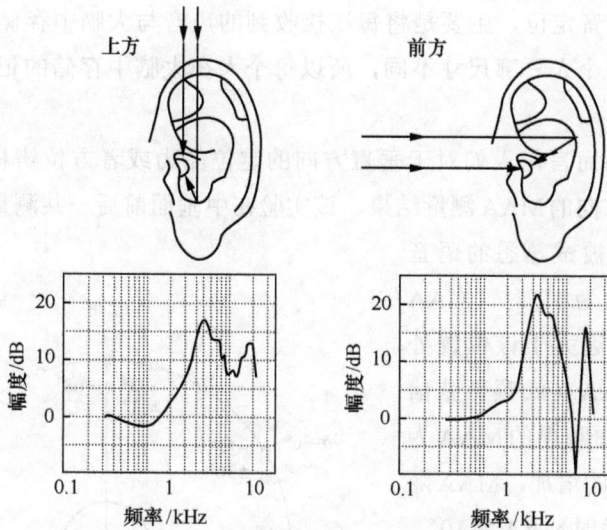

图 2-15　不同入射角的声波产生的耳廓效应

频谱特性的改变主要是针对高频信号，由于高频信号波长短，经耳廓折向耳道的各个反射波之间会出现同相相加、反相相减，甚至相互抵消的干涉现象，形成频谱上的峰谷，即耳廓对高频声波起到了梳状滤波作用。图2-16显示的是声源位于中垂面，仰角 φ 分别为 $-10°$、$0°$ 和 $10°$ 在人头模型上测得的耳廓频率响应曲线。从图中可以看出，在高频处频率响应曲线变化比较大，因此可以对声源进行定位。例如，对位于前后镜像的声源进行定位时，虽然位于 (r, θ, φ) 的声源和位于 $(r, 180° - \theta, -\varphi)$ 的镜像声源会在人耳处产生极为相似的ITD和ILD，但是可以通过耳廓效应对声源进行精确定位。

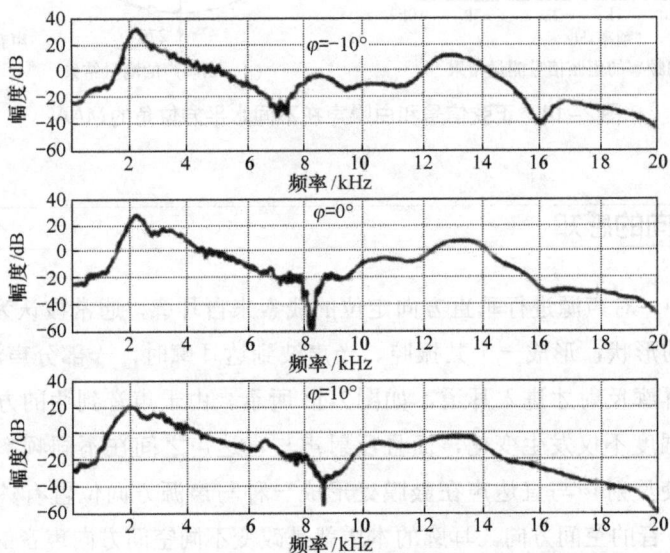

图2-16 在人头模型上测得的耳廓频率响应曲线

耳廓效应进行声音定位，主要是将每次接收到的声音与大脑中存储的声波模式进行比较来实现定位。因每个人耳廓尺寸不同，所以每个人在大脑中存储的记忆是不同的，这一点应引起注意。

相对于水平方向而言，人们对于垂直方向的定位能力或者方位辨析能力的研究较少。图2-17给出了垂直方向的MAA测量结果。该实验在中垂面前后一共测量了5个仰角方位的MAA，所用素材为被试熟悉的语音信号。当正前方仰角为 $0°$ 时，MAA最小可达 $9°$，这远远大于该位置处水平方位的最小MAA（低频正弦信号的MAA为 $1°$ 和白噪声的MAA为 $3.6°$）。而随着仰角的增加，MAA随之变大，在 $36°$ 仰角时MAA为 $10°$，在 $74°$ 仰角时MAA为 $13°$。与前方的垂直方位感知相比，后方在差不

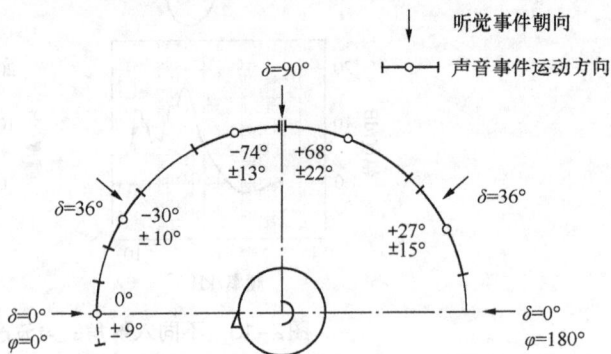

图2-17 用语音素材测量到的垂直方向不同仰角的MAA

多仰角处的 MAA 要明显大于前方：在 27°仰角时的 MAA 为 15°，68°仰角时的 MAA 为 22°。这说明人耳对后方高度方位的听辨能力要弱于前方。另外要注意的是，正弦信号的垂直方向 MAA 在相同条件下要小于语音信号，其前方各仰角的 MAA 一般在 3°～10°。

2.3　动态声源的方位感知

人耳对运动声源的听觉感知，除方位感以外，还包括对运动本身的感知。这种运动感应的具体机理尚未明确，并不一定和视觉上对运动的感应方式相同。因为视网膜上的视觉神经细胞是一个直接的低级空间感受器，而听觉细胞缺乏这种低级感受功能，它更多地需要听觉中枢从收集到的声学线索中去综合分析。听觉中枢乃至相关的神经系统到底是如何感知和判断声源运动的，以及它们主要依赖的声学线索有哪些？这都是动态声源感知的研究内容。

2.3.1　感知机理

从生理角度来讲，人对运动声源的方位感知，其实是包括了声源本身的运动和人自身头部运动的综合影响在内的。Simon Carlile 在 2016 年的研究中指出，人类的听觉运动感知是对实际声源运动和自身头部运动的快速解卷，从中分离出实际声源运动的相关信息，这个解卷过程非常高效，它的运动机理引起了众多研究者的兴趣。我们此处先讨论声源的运动，再专门讨论人自身头部运动的影响。

Grantham 在 1986 年的研究中发现，如果两个移动声源进行相互比较，需要被试判断两个移动声源哪个更快，那么在相同时间内快声源要比慢声源多移动 4°～10°，才能使被试做到准确区分。这个数值跟参考声源的声压大小和声源持续时间无关。一些相关研究结果也一并指向相同的结论：即当被试感知声源移动的时候，强度并不是主要的感知线索，声源移动的距离才是。这个听觉运动感知的实验结果引发了对运动听感机理的一个假设理论的产生，这个假设又被称为"快照假设"。该理论认为，人类处理声音运动信息的时候，不是直接通过强度变化，而是给声源的起始和终止位置"拍快照"，然后比较这两个位置的空间信息和时间信息，从而给出相应的判断。而之后跟进的其他研究，则发现了和快照机理不同的另外一种运动感应机理。Perrot 等人在 1989 年和 1993 年的研究中发现，被试在进行运动声源的感知测量时，能区分在相同时间内经过相同角度位置的减速声源和加速声源，这说明了听觉并不只是靠快照机理，而是能够对运动做出其他更直接的感应。

所以，目前为止还没有研究证据发现人类只依赖于单一的运动听感机理，如直接的运动感应机理和间接的快照机理。人的听觉系统有可能是一个多重机理系统，根据实际环境来调用不同的感知方式。

2.3.2 影响因素

和静态声源的方位感知不同，双耳谱线索是运动声源方位感知的主要影响因素。早在1971年Harris的实验中，就证明了谱线索对于运动声源感知的重要性，他在运动声源的最小可听角度的测量中发现，纯音因为谱线索的缺失，测量值要明显大于白噪声。而Strybel等人在1994年的实验中发现单耳也可以听辨声源方向，不过准确率比双耳要差，这说明双耳谱线索依旧是非常必要的运动感知因素。

动态声源往往有不同的运动方式，如旋转或者线性运动。Feron和Frissen等人在2010年进行了多个有关旋转运动声源的感知研究。他们发现水平旋转运动感知的上限速度是每秒2.8圈，也就是每秒接近1000°。被试对加速运动的敏感性要高于减速运动。对具有低频的复音的敏感度也会更高，可能是因为ITD在低频方位感知中更有效。而旋转运动感知也更依赖于双耳时间差的听觉线索。

Lutfi和Wang在1999年考察了在线性运动声源感知中总体强度、ITD和多普勒频移线索的相对重要性。他们发现，对于低速运动时位移的辨别，如10m/s的速度，强度和ITD是主要因素；而对于50m/s的高速运动的位移辨别，多普勒频移线索则更加重要。如果是速度和加速度的辨别，那么多普勒效应毫无疑问是最相关的因素。

除旋转和水平线性运动以外，还有一种运动是声源远离或者接近，这涉及听觉距离的感知。对于逐渐接近的运动声源，被试通常都会高估它的强度，低估其到达时间。可以从进化论的角度来解释，这种偏差能帮助人类更早地逃避威胁。神经生理的测量结果也发现，接近的声源能激活更多区域的神经网络。

2.4 距离的感知

距离的感知判断分为绝对距离和相对距离两类。前者是对一个声源实际距离的判断，后者是在两个声源中判断哪个更近。绝对距离的判断正确率比较依赖于对声源的熟悉程度，或者说这是基于记忆和经验的判断。影响距离感知的因素可以分为主观因素和客观因素两种。

2.4.1 主观感知因素

人在感知距离时，存在一种心理偏好。即在所谓近体空间内，容易高估距离；而在远体空间内，容易低估距离。2001年Zahorik等人给出了听觉感知距离和实际距离的关系曲线，如图2-18所示。实验素材是猝发噪声，通过耳机重放。横坐标是实际距离，纵坐标是感知距离。结果发现，1.6m左右是分界点。低于1.6m时，感知距离要大于实际距离；高于1.6m时，感知距离要小于实际距离。

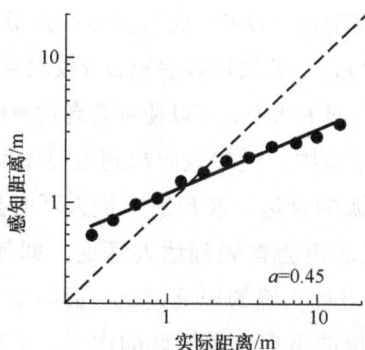

图2-18　听觉感知距离和实际距离的关系曲线

　　感知距离还存在一定的主观模糊性，也就是在给定的声源距离下同一个被试的判断存在可变性。Haustein 在1969年进行的实验中发现，距离感知的"模糊率"大概是 5%～25%，其中，采用单一扬声器的实验中，距离感知判断的可变性甚至可能更大。Zahorik 在2002年对采用9只扬声器的实验数据重新分析后发现，被试感知距离估计的标准差的范围大约为声源实际距离的 20%～60%。

2.4.2　客观声学线索

　　除上述主观因素以外，声源感知距离的远近也受到很多客观因素的影响。响度和直混比（直达声与混响声的声能比）是最有效的两个客观声学线索。响度之所以重要是基于这样的事实，即随着距离的增加，声源的辐射声压在不断地减小。距声源分别为 r_1 和 r_2 的两点，彼此之间的直达声能密度比为：$I_1/I_2 = r_2^2/r_1^2$，因此若听音距离增加1倍，则人耳处的直达声能密度衰减为6dB，因此可对声源的距离进行估测。但是，如果对声音及其特性非常熟悉，会影响基于响度对距离的估测，而且响度线索仅对无混响的听音环境有效。

　　在混响环境中，首先应引入混响半径 r_r 的概念，它是指直达声能与混响声能相等的位置。当距声源距离 $r < r_r$ 时，以直达声为主；当距声源距离 $r > r_r$ 时，以混响声为主。图2-19显示了直达声压级 L_d、混响声压级 L_r 和总声压级 L_t 随距离变化的情况。可以看出在混响半径以外，总声压级几乎恒定，而响度因素正是基于距离的增大声压衰减来形成的。因此在距离 $r > r_r$ 时，响度因素已经不起作用了，它仅在 $r < r_r$ 时有效。

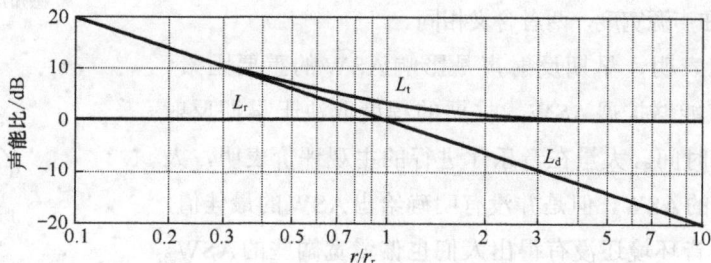

图2-19　在封闭空间中 L_d、L_r 和 L_t 随距离变化的情况

在响度因素变得无效时，直混比（D/R）成为估测声源距离的有效因素。这个比值可以表示为：$D/R=(P_D)_{rms}/(P_R)_{rms}=r_r/r$，由公式可以看出 D/R 仅取决于房间的混响半径和距声源的距离 r。而根据混响时间和混响声级的大小，可以使听音者估算出房间的大小和表面吸声能力。

在混响环境的距离感知与定位中，优先效应起到重要作用。它是心理声学的特性之一。所谓的优先效应是指当同一声源的直达声和反射声被人耳听到时，听音者会将声源定位在直达声传来的方向上，因为直达声会首先到达人耳处，即使反射声的强度比直达声高达10dB。因此，人耳可以对声源进行正确的距离判断，而与来自不同方向的反射声无关。虽然混响对估测声源的距离及环境的再现有很重要的作用，但对声源的水平和垂直定位起到减弱作用。这可以通过强混响环境下，人耳可以辨别早期反射声方向的现象来解释。人耳具有的优先效应仅能抑制反射声的影响，而不能消除反射声影响，这样就会对声源的定位造成干扰。此外混响使听觉系统很难正确估测低频的双耳时间差。

谱线索和前两个线索不同，它不是声源距离的绝对线索（因为谱参数的大小和声源距离之间没有强相关性），只能算是相对线索。有一类谱线索来自空气对声音的吸收。高频声音在空气中传输的衰减要多于低频声音，距离越远越明显，所以高低频能量的比可以作为一种线索。相对地，一定程度上，声源在近距离的时候会因为低频的头部衍射，使低频段的谱信息带来一定的距离线索。要注意的是，当声源距离在1～15m的时候，谱线索其实不能提供距离信息，因为高频成分只有在15m以外才会出现可察觉的损失量；而低频成分因为头部衍射带来的变化量也得在1m以内才会大到足够被察觉。

2.5 空间声场的感知

2.5.1 感知声源宽度

感知声源宽度（ASW）是用于评价音乐厅音质一个重要的参数。所谓感知声源宽度是人耳所感知的声源的宽度范围，如图2-20所示。它是声源发出的声音在空间传播后，经人双耳作用，而被听音者感觉到的声源的声像在空间中的形状和尺寸，又被称为听闻声源宽度或视在声源宽度，两者含义相同。

多年的研究表明，早期反射声是影响ASW的重要因素。增加早期反射声能够扩展ASW，扩展的程度取决于早期反射声的幅度和延迟时间。大量在音乐厅进行的主观评价表明，人们偏爱更宽阔些的ASW，但是并没有明确给出ASW的最佳值，而对于普通的听音环境还没有得出人们也偏爱宽阔些的ASW。通常讨论的早期反射声和后期反射声都是相对于直达声而言

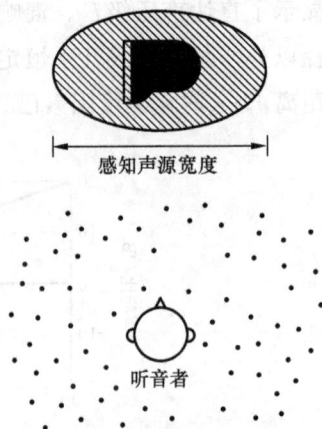

图2-20 感知声源宽度

的，一般情况下，通常取直达声到达后的 80ms 为早期反射声和后期反射声的分界线。音质设计中常用的客观参量如早期双耳听觉互相关系数（$IACC_E$）、侧向声能比（LF）和声源的触发阶段特性等均与早期反射声密切相关。

双耳听觉互相关系数（IACC）是对某一瞬间到达两耳的声压相似性的量度。假设空间某一声源在听音者左、右产生的声压分别为 $p_L(t)$ 和 $p_R(t)$，那么双耳听觉归一化互相关函数为

$$\Phi_{LR}(\tau) = \lim_{T \to \infty} \frac{\int_{-T}^{+T} p_L(t) p_R^*(t+\tau) \mathrm{d}t}{\sqrt{\int_{-T}^{+T} p_L(t) p_L^*(t) \mathrm{d}t \int_{-T}^{+T} p_R(t) p_R^*(t) \mathrm{d}t}} \tag{2-1}$$

式中，*表示复数共轭。由 $\Phi_{LR}(\tau)$ 可以计算出 IACC，即函数 $\Phi_{LR}(\tau)$ 在 $|\tau| \leqslant 1\mathrm{ms}$ 范围内绝对值的最大值。

$$IACC = \left| \Phi_{LR}(\tau) \right|_{\max}, \quad |\tau| \leqslant 1\mathrm{ms} \tag{2-2}$$

由定义可知，$0 \leqslant IACC \leqslant 1$。对应的 $\tau = \tau_{\max}$ 即为双耳信号的时间差（ITD）。IACC 分为早期 IACC（$IACC_E$）和后期 IACC（$IACC_L$）。不同的研究人员使用不同的带宽和时窗来计算 $IACC_E$ 值，目前用 80ms 的时窗计算出来的 $IACC_E$ 值与 ASW 的匹配性最好。两者的关系是 $IACC_E$ 越小，ASW 越宽。

LF 也是影响 ASW 的因素之一。研究表明 LF 越高，ASW 越宽。LF 的定义为

$$LF = \frac{\int_0^{80\mathrm{ms}} \left[侧向声能(t) \right]^2 \mathrm{d}t}{\int_0^{80\mathrm{ms}} \left[总声能(t) \right]^2 \mathrm{d}t} \tag{2-3}$$

对音乐和语言信号而言，ASW 还与声源起振阶段时间的长短相关。声源发声到逐渐消散通常会经历 4 个阶段，即起振阶段（Attack）、衰减阶段（Decay）、保持阶段（Sustain）和释放阶段（Release），通常称为 ADSR。不是所有的声音包络都具有 ADSR 的 4 个阶段，如管风琴就没有衰减阶段。图 2-21 所示为 ADSR 振幅包络曲线。

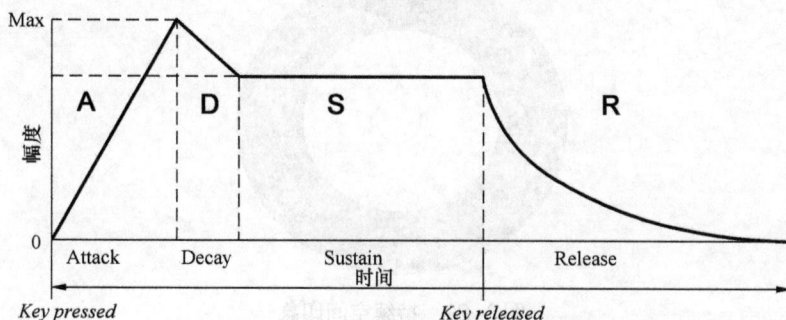

图 2-21　ADSR 振幅包络曲线

起振阶段是指声源发声后，声音逐渐增大，直到到达最大值的这一过程。对于起振阶段时间为 50ms 以内的声源而言，ASW 与起振阶段的 ITD 和 ILD 有关。由于在起振阶段直达

声与反射声之间的相互作用会引起ITD和ILD的变化，从而使得声像展宽。Griesinger曾以语音为声源进行实验，结果表明一个能量较强的侧面反射声出现在起振阶段内，该反射声可以增大声音的声像宽度，否则没有影响。而声像扩展的程度随着起振阶段时间的增长和反射声能的增大而变大。

2.5.2 包围感（LEV）

在立体声的重放系统中，由于只能在听音者前方再现一定的声场，所以包围感并没有成为人们重点关注的主观参数。而空间声系统的出现之后，由于增加了上方和后方的环绕声通道，使得360°的三维声场再现成为可能。如何能够更好地获得包围感也成为空间声系统成功与否的重要参数之一，搞清楚这些问题也能为以后的系统设计提供有力的理论依据。关于包围感的定义有很多，一种比较准确的说法是如果一个声场能够给人提供广阔的环绕包围的空间印象，那么这个声场就有包围感。

2.5.2.1 声源对包围感的影响

人们对包围感的感知是与声源相关的。为了进一步描述，我们引入一个概念"空间印象"（SI），它是指声学印象，所反映的空间可能很活跃，也可能很沉寂。

当持续声源（如白噪声等）作为激励源时，所产生的空间印象我们称之为持续空间印象（CSI），如图2-22所示。由于声源是连续的，将形成具有一定时间长度的独立声音事件，而环绕声可能会因为音色的不同而被人耳所察觉，从而形成包围感。Griesinger使用频率范围为300Hz~2kHz的噪声信号进行相关实验，结果表明信号的响度与包围感无关。而对于含有低于300Hz的噪声信号而言，随着响度的增加，包围感也随之增长。这是由于人耳对低频信号的听阈较高，当提高信号的响度，低频反射声超出听阈门限时就可以被听到，从而形成包围感。CSI与直达声和反射声的比值及反射声的入射角度有关。

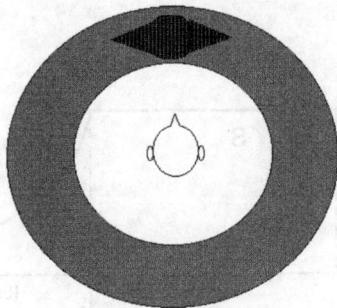

图2-22　持续空间印象

当声源是由单个的声音成分组成时，如语音或者乐音，产生的空间印象将相对复杂。直达声后50ms以内的反射声产生的空间印象称为早期空间印象（ESI），如图2-23所示；由50ms以后的反射声产生的空间印象称为背景空间印象（BSI），如图2-24所示。

图 2-23　早期空间印象

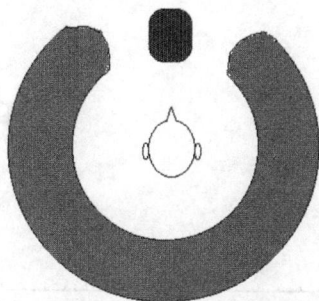

图 2-24　背景空间印象

我们可以看出 ESI 并没有产生包围感，声像仍定位在前方，只是将声像展宽。这可以很容易解释小房间中空间感不足的现象。当两个人在小房间谈话，在房间表面并没有进行太多吸声处理的情况下，人耳能接收到大量的反射声，但是并没有感觉到有太多的包围感，这是由于房间较小，大部分的反射声都位于直达声 50ms 内到达人耳，主要形成了 ESI。

在 BSI 中，后期反射声能会产生良好的包围感，这种空间印象与声源无关，而与空间环境密切相关。

2.5.2.2　后期反射声能对包围感的影响

在后期反射声对包围感影响的初期阶段，人们把注意力主要集中在侧向反射声上。Morimoto 最早提出与 LEV 相关的物理量 $IACC_L$，这个结论是在只考虑后期反射声传播中的前面和侧面方向得出的，而没有考虑其他方向的反射声影响。随后 Bradley 和 Soulodre 通过对很多客观参量研究后发现，在包括不同声级、侧向声能比、早期和后期反射声信号的双耳相关度等参数中，后期侧向声级（GLL）与 LEV 有着最密切的关系。GLL 的公式如下。

$$GLL = 10\lg \frac{\int_{80ms}^{\infty}\left[侧向声能(t)\right]^2 dt}{\int_{80ms}^{\infty}\left[总声能_{10m}(t)\right]^2 dt} \qquad (2\text{-}4)$$

后期侧向声能通过一只主轴指向侧方的八字形指向传声器测得，后期总声能则通过距离声源 10m 处的全指向传声器测得，主轴指向声源方向。

为了验证侧向反射声对 LEV 的影响，Bradley 近年又在之前的研究基础上提出余弦平方计权的 GLL（125Hz～1kHz），这个指标最能反映 LEV，并通过消声室中电声系统模拟声场的主观评价加以验证。余弦所对应的角度是后期反射声传到人耳的方向与水平面上贯穿人双耳的直线方向的夹角，所谓的余弦平方计权就是指不同方向传来的后期反射声能在正对人耳方向上的分量。GLL（125Hz～1kHz）测量方法与GLL是完全相同的。通过听音者对不同声场环境下所产生的LEV的评价，发现LEV随余弦平方计权的GLL（125Hz～1kHz）的增加而呈线性递增，如图2-25所示。通过实验，我们可以看出所有方向的后期声能都对LEV起作用，方向的影响通过余弦平方计权的GLL（125Hz～1kHz）对LEV直接起作用，当后期声与贯穿人双耳的直线方向呈0°时，LEV将达到最大。

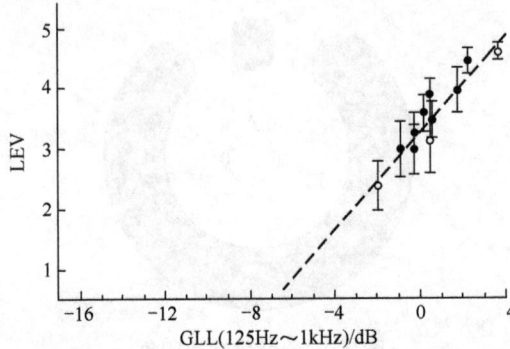

图 2-25　GLL（125Hz～1kHz）与LEV的关系

2.5.2.3　后期反射声方向对包围感的影响

为了研究后期反射声方向对LEV的影响，Furuya等人在Bradley基础上又进行了大量实验。他们将后期反射声分为4个方向进行研究，即前向（FL_{80}^{∞}）、侧向（LL_{80}^{∞}）、后向（BL_{80}^{∞}）和顶向（VL_{80}^{∞}），不同方向的后期反射声用不同的扬声器进行重放，如图2-26所示。

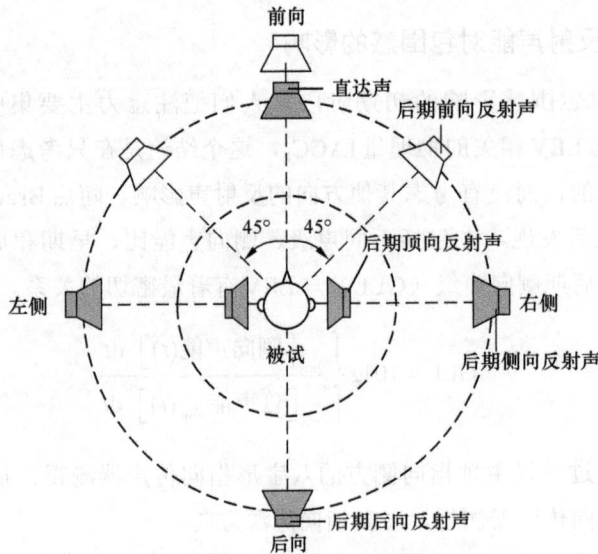

图 2-26　重放扬声器设置

在固定直达声和早期反射声能量及其延时的情况下，他们通过改变 FL_{80}^{∞}、LL_{80}^{∞}、BL_{80}^{∞} 和 VL_{80}^{∞} 的值来观察 LEV 的变化，实验结果如图2-27所示。

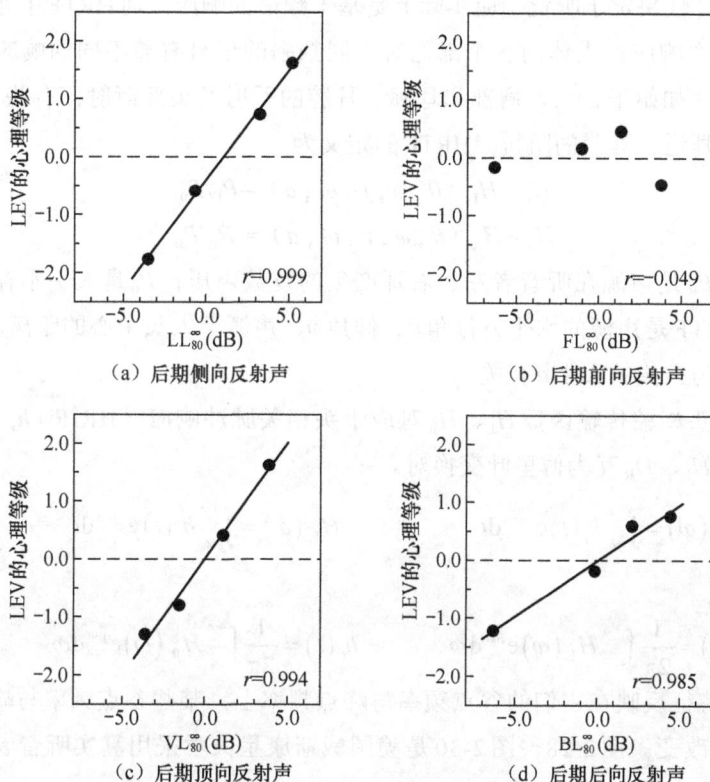

图2-27　FL_{80}^{∞}、LL_{80}^{∞}、BL_{80}^{∞} 和 VL_{80}^{∞} 与 LEV 的关系

实验结果表明，除后期前向声级 FL_{80}^{∞} 的值对 LEV 没有影响外，其余的 3 个参量 LL_{80}^{∞}、BL_{80}^{∞} 和 VL_{80}^{∞} 都与 LEV 有很大的关联，LEV 分别随 LL_{80}^{∞}、BL_{80}^{∞} 和 VL_{80}^{∞} 值的增加而呈线性递增。这说明不仅后期侧向反射声对 LEV 起作用，来自顶向和后向的反射声都与 LEV 紧密相关。

此外，他们在另一个实验中，在保持后期反射声能和 FL_{80}^{∞} 所占比例（10%）不变的情况下，通过随机改变 LL_{80}^{∞}、BL_{80}^{∞} 和 VL_{80}^{∞} 的比值来观察 LEV 的变化。经过统计回归法处理，得出 LL_{80}^{∞}、BL_{80}^{∞} 和 VL_{80}^{∞} 的系数分别为1.558、0.783和0.433。由此我们可以看出，各个方向按对 LEV 的影响大小排序依次为侧向、后向、顶向和前向。这个实验结果对于如何通过声学设计获得包围感有重要的指导意义。

2.6　头相关传输函数

如果将声源到达耳膜之前的传输路径看成一个滤波器，这一滤波器的频率响应就包含了传输路径和耳廓对声音的共同响应，这一频率响应就是所谓的"头相关传输函数"（HRTF）。从心理声学的角度来看，HRTF 是综合了 ITD、ILD 和频谱结构特性的听觉定位模型。

2.6.1 HRTF的定义与基本性质

人耳的听觉特性决定了听觉响应实际上是基于频谱的响应，而 HRTF 中包含了人体结构对声音信号的频率响应。人体的各个部位对不同频率的信号有着不同的响应，这些响应有些是有方向性的，如躯干、头、肩部和耳廓、耳腔的反射及头部衍射；有些是无方向性的，如耳腔的回响和耳道、耳膜的阻抗。HRTF 的定义为

$$H_L = H_L(\theta, \varphi, r, \omega, a) = P_L/P_0$$

$$H_R = H_R(\theta, \varphi, r, \omega, a) = P_R/P_0$$

其中，P_L、P_R 是声源在听音者左、右耳产生的复数声压；P_0 是人头不存在时头中心处的复数声压。HRTF 是声源的水平方位角 θ、仰角 φ、声源至人头中心的距离 r 和声波的角频率 ω 的函数，且与人头的大小 a 有关。

在时域中，头相关传输函数 H_L、H_R 对应于头相关脉冲响应（HRIR）h_l、h_r，也称双耳脉冲响应，并与 H_L、H_R 互为傅里叶变换对。

$$H_L(\omega) = \int_{-\infty}^{+\infty} h_l(t) e^{-j\omega t} dt \qquad\qquad H_R(\omega) = \int_{-\infty}^{+\infty} h_r(t) e^{-j\omega t} dt \qquad (2\text{-}5)$$

及

$$h_l(t) = \frac{1}{2\pi} \int_{-\infty}^{+\infty} H_L(\omega) e^{j\omega t} d\omega \qquad\qquad h_r(t) = \frac{1}{2\pi} \int_{-\infty}^{+\infty} H_R(\omega) e^{j\omega t} d\omega \qquad (2\text{-}6)$$

HRTF 的谱特征反映在它们的谷点频率与峰点频率上，某些谷点频率与峰点频率随着声源方向的改变而改变。图 2-28～图 2-30 是美国威斯康星大学采用真实听音者测量的不同方向上的 HRTF 幅频特性，从图中我们可以得出下面一些规律。

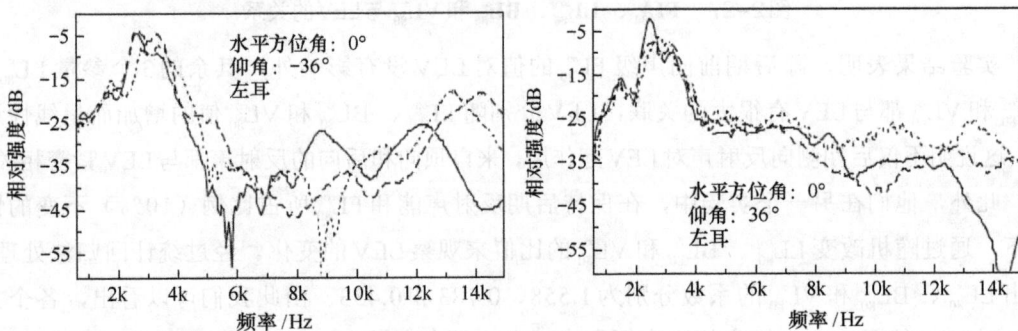

图 2-28 上下HRTF的对比

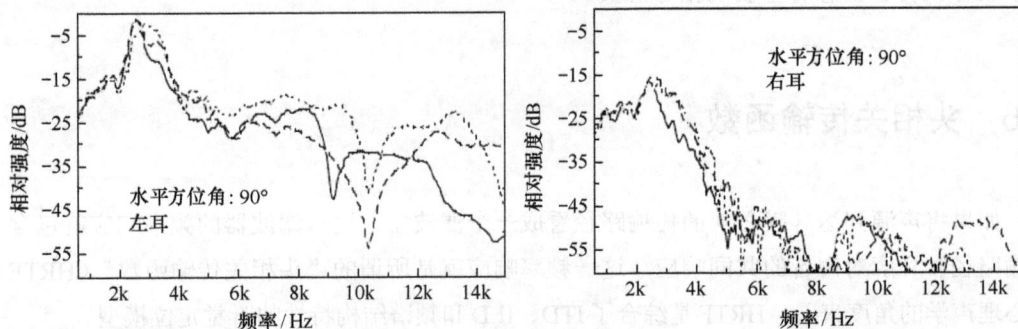

图 2-29 左右HRTF的对比

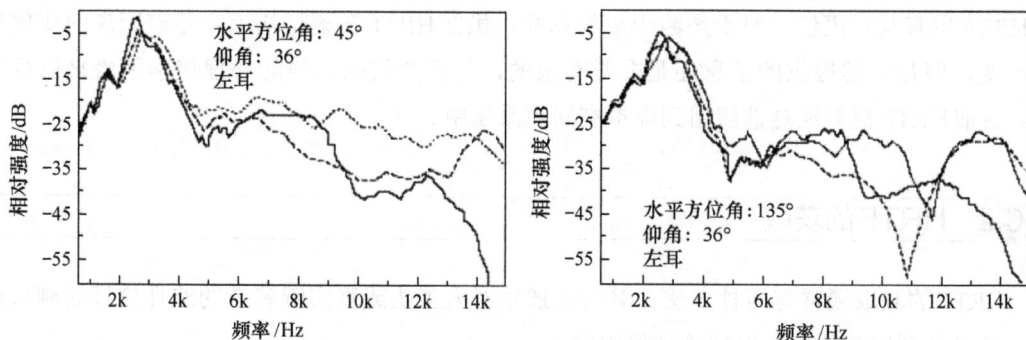

图 2-30　前后 HRTF 的对比

① HRTF 是一个不对称的函数，无论在左右、前后还是上下方向上其谱结构都是有差别的。声源同侧的 HRTF 的强度明显大于声源异侧的 HRTF 的强度，而且同侧的 HRTF 的波形也较声源异侧的波形复杂，起伏变化剧烈，在高频部分能量也更大一些。这是由人体对声音信号响应具有方向性所造成的。这些都是 HRTF 包含的重要方位信息。HRTF 中包含的这种有方向性的频率响应，使它成为一个在各个方向上都不对称的函数。因此，通过 HRTF 定位可以解决 ITD、ILD 的"空间锥形区域声像混淆"问题。

② 每幅图中都含有对 3 个不同听音者测试的 HRTF，由此可以看出 HRTF 是由被测者特定的响应特性决定的，不同的人有不同的 HRTF。由于 HRTF 包含了个体结构对声音信号的响应，每个人身体结构不一样，对信号的频率响应也千差万别，因此每个人的 HRTF 都是不同的。研究表明，当听音者头部尺寸与测量 HRTF 使用的头部模型不相等时，前方范围内的声像位置畸变较小，但侧向的声像位置畸变较大。因而采用 HRTF 进行声源定位的时候听音者头部尺寸的不同是侧向的声像位置畸变的重要原因。

③ HRTF 是声源位置尤其是声源方向的函数，从定义的公式上也可以看出这一点，而距离对于 HRTF 的谱结构的影响也是存在的。当声波在媒体中传播时，媒体对不同频率声音的衰减是不一样的。一般而言，高频声音受到的吸收衰减总是相对大一些，所以远距离传来的声音中高频成分能量较低，相应 HRTF 的高频部分幅度也要降低一些。

④ 在 HRTF 的谱结构中，相位特征也是非常重要的。但是由于单边 HRTF 的相位信息对声源定位的作用并不是很明显，所以我们研究的一般是两耳间的差值。如果一个包含所有频率的脉冲信号从声源位置传至听音位置，则不同的频率的信号会产生不同的耳间延迟，如图 2-31 所示。其中，图的纵轴是耳间相位差，图中 0°～150°的角度标注表示的是声源的水平方位角。

以上分析了 HRTF 特点及其对听觉系统的定位起到的重要的作用，但

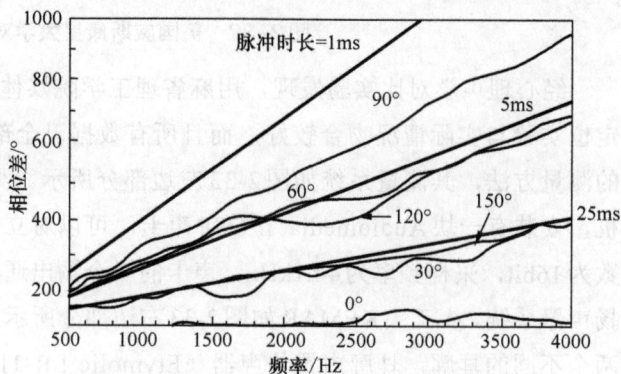

图 2-31　HRTF 的耳间相位延迟

是 HRTF 也有其局限性。对于声源距离的判断，虽然 HRTF 在谱结构上会随着距离的变化有所改变，但是能够提供的信息还是非常有限的，仍需要借助其他的心理声学因素来进行判断。目前 HRTF 更多地是被应用到虚拟空间声系统中。

2.6.2　HRTF 的获取

HRTF 的获取通常有两种方法：其一是通过对人工头或真实听音者的双耳信号的测量得到；其二是利用声波的散射理论计算得到。

近年来，随着数字技术和测量技术的发展，国内外的一些科研单位已对 HRIR 进行了较精确的测量。例如，美国麻省理工学院媒体实验室、德国奥尔登堡（Oldenburg）大学心理声学研究所均采用人工头测得了不同水平方位角和仰角下的一整套 HRIR，而美国威斯康星大学的研究小组则直接采用了真实听音者来测量 HRIR（如图 2-32 所示）。我国的华南理工大学声学研究所也建立了中国人听音者样本的 HRIR 数据库。用人工头来进行测量，操作比较简单，由于人工头装有耳廓，测得数据与真实情况比较相似。但是由于不同的人，其头部及耳廓尺寸各有不同，而人工头的形状和大小并不能调整，使得人工头测出的 HRIR 对不同的真人适用情况不一样。采用真实听音者测量，理论上测得的数据更加可信，但因为要照顾到听音者头部活动等因素，实际操作相当困难，而且同样存在从某个听音者测得的 HRIR 只适用于本人，不一定适用于其他人的问题。研究表明，当听音者头部尺寸与头部模型不相等时，前方范围内的声像位置畸变较小，但侧向的声像位置畸变较大，因而听音者头部尺寸是侧向声像位置的重要影响因素。

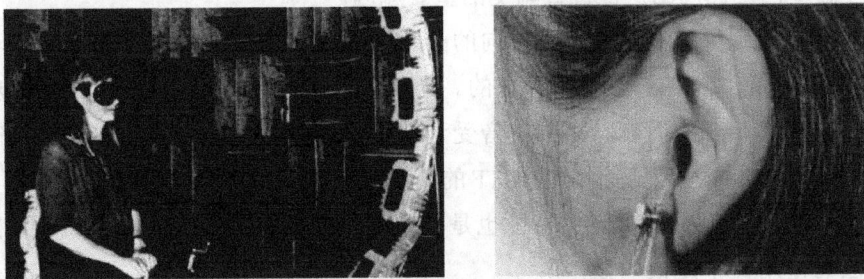

图 2-32　美国威斯康星大学对 HRIR 的测量

经心理声学对比实验发现，用麻省理工学院媒体实验室测得的 HRIR 数据所进行的声像定位实验与实际情况吻合较好，而且所有数据已全部在网上公开。下面简单介绍一下他们的测量方法，其测量系统如图 2-33 左边部分所示。测量设备为一台 Macintosh Quadra 计算机，安装有一块 Audiomedia Ⅱ DSP 声卡，可以对立体声信号进行 A/D、D/A 转换，量化位数为 16bit，采样频率为 44.1kHz。声卡的一个输出通路经过放大驱动 Realistic Optimus Pro7 扬声器系统。人工头 KEMAR 如图 2-33 右边部分所示，其上装有左（DB-061）、右（DB-065）两个不同的耳廓，耳廓内置传声器（Etymotic ER-11），拾取的信号经过内置的前置放大器放大送入声卡的立体声输入。

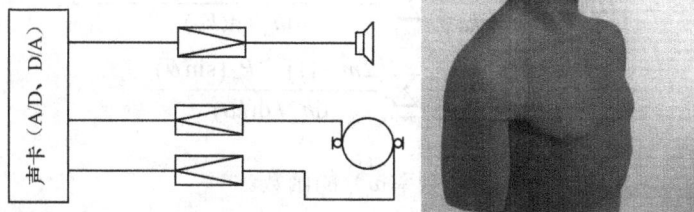

图 2-33　麻省理工学院测量系统（左）与用到的人工头 KEMAR（右）

测量是在消音室中进行的。人工头垂直安放在一个机动转盘上，可以精确旋转到任意水平方位角。扬声器的高度可以精确调节，从而改变人工头对声源的仰角。在 $-40°\sim90°$ 仰角范围内，研究人员可一次从 $0°\sim360°$ 的水平方位角范围内对总共 710 个测量位置的双耳脉冲响应进行采样。对于每个测量位置，首先记录了 16383 个采样点。在剔除了因系统延迟和环境反射声而造成的冗余数据后，每个测量位置保留了 512 个采样点，以 16bit 整型进行记录，保存为 Motorola 格式的原始采样数据文件。

探测传声器的摆放位置是获得 HRTF 数据的关键。将传声器摆放在鼓膜处无疑是最佳点，但是在实际测量中存在一定难度（尤其是在以真人作为测量对象时），因此人们开始研究是否在外耳道中存在某些点可取代鼓膜的位置，且使结果不受影响。Hammershøi 及 Middlebrooks 等人经过大量实验得出结论：外耳道入口处及以内的任何一点均可作为传声器的摆放点，并且堵塞的外耳道入口处的声音信息不仅包含所有的空间信息，还含有最少的个人信息。

若用半径与人头相似的钢球模型来类比人头，根据理论声学中的声波散射理论，可计算出近似的 HRTF。为简单起见，这里只讨论水平面的情况，把人头近似成一个中心在原点、半径为 a 的固定不动的钢球，人的双耳位于钢球上相对的左右两点。对于水平面内 θ 方向的声源，可以作为远场平面波近似。这样，水平方位角为 θ 的点声源在双耳处产生的复声压为

$$\begin{cases} P_{\text{L}} = P_0 \text{e}^{-\text{j}\omega t}\left(\dfrac{1}{ka}\right)^2 \displaystyle\sum_{m=0}^{\infty}\dfrac{2m+1}{B_m}P_m(-\sin\theta)\text{e}^{-\text{j}\omega\left(\delta_m-\frac{1}{2}\pi m\right)} \\ P_{\text{R}} = P_0 \text{e}^{-\text{j}\omega t}\left(\dfrac{1}{ka}\right)^2 \displaystyle\sum_{m=0}^{\infty}\dfrac{2m+1}{B_m}P_m(\sin\theta)\text{e}^{-\text{j}\omega\left(\delta_m-\frac{1}{2}\pi m\right)} \end{cases} \tag{2-7}$$

式中，P_m 为 m 阶勒让德多项式，k 为波数，P_0 为常数，a 为人头半径，θ 为声源的水平方位角（$-180° < \theta \leqslant 180°$，$\theta = 0°$ 为正前方，$\theta = 90°$ 为正左方），B_m 由下式给出。

$$B_m = -\text{j}\text{e}^{-\text{j}\delta_m(\xi)}\dfrac{\text{d}}{\text{d}\xi}h_m(\xi) \tag{2-8}$$

其中 h_m 为 m 阶第二类球汉克尔函数。

根据 HRTF 的定义式，并经过进一步的整理，可以得到计算 HRTF 的公式，即

$$\begin{cases} H_{\mathrm{L}} = \dfrac{P_{\mathrm{L}}}{P_0} = \left(\dfrac{1}{ka}\right)^2 \sum_{m=0}^{\infty} \dfrac{(2m+1)(-1)^m \mathrm{j}^{m+1} P_m(\sin\theta)}{\mathrm{d}h_m / \mathrm{d}(ka)} \\[4mm] H_{\mathrm{R}} = \dfrac{P_{\mathrm{R}}}{P_0} = \left(\dfrac{1}{ka}\right)^2 \sum_{m=0}^{\infty} \dfrac{(2m+1)\mathrm{j}^{m+1} P_m(\sin\theta)}{\mathrm{d}h_m / \mathrm{d}(ka)} \end{cases} \tag{2-9}$$

由上可知，HRTF 是 θ 与 ka（即角频率 ω）的函数。

根据式（2-9），利用计算机即可算出任意人头半径与任意方向的 HRTF。但由于该公式是根据钢球模型计算出来的，与真实的人头形状有一定差别，并且忽略了肩部、耳廓等对声波的反射，所以与真实的人头相关传输函数会有差异，只能算作一种中低频时的近似。

目前，在网上公开的 HRTF 数据库已经很多，基于仿真头或真人测量的各自都有十多个可下载的数据库，数据格式既有适用于 Matlab 程序调用的 Mat 文件格式，又支持最新的 SOFA 文件格式。SOFA 是一种定义空间听觉数据的文件格式，目前音频工程学会（AES）也有了针对这个格式制定的标准 AES69-2022：AES Standard for file exchange-Spatial acoustic data file format。标准中规定了各种空间信息在 SOFA 数据文件中的表示方式和数据结构类型及相应的存储和读取方法。这也大大促进了不同国家不同科研机构的研究数据之间的互通，为空间音频技术的研究提供了极大的便利。

第3章
空间声拾音技术

通过第1章对空间声技术发展的介绍可知，根据空间声应用领域不同，空间声领域可以分为伴随图像的空间声（如电影、游戏等）领域和纯音乐的空间声领域。伴随图像空间声的节目制作与音乐空间声的节目制作在前期拾音、重放系统和制作理念等方面都存在较大区别。因此在具体阐述拾音技术之前，严格区分音乐空间声节目制作的理念和伴随图像空间声节目制作的理念是十分有必要的。当下空间声传声器拾音阵列更多地应用在音乐制作中，因此本章也将重点放在音乐空间声的节目制作中。

3.1 音乐空间声节目制作的理念

音乐空间声节目制作的理念主要是指在空间声节目制作过程中音乐音响创作人员获取多声道信号的指导思想，它决定了音乐空间声节目制作的主要设备和技术手段。当今空间声音乐节目的制作理念延续了传统立体声时代曾采用的主要制作理念，分为两种形式：一种是通过前期的分轨录音来组织节目的声音素材，之后在后期制作中利用具有空间声制作功能的电声设备来完成音乐节目的最终空间声母带合成；另一种是通过构建空间声拾音系统，同期拾取空间声信号来完成节目的制作，亦可称之为空间声信号的传声器拾取技术。

前者对于空间声信号的加工主要依赖于后期制作，录音师通过音频工作站中的空间声制作工具完成声源声像分配、响度平衡等的设置，并通过元数据的设置最终完成空间声的渲染处理。可以说，此种制作方式受客观条件的制约较少，录音师进行音响创作的自由度比较大，因此形成的节目形式较为多样化，流行音乐、电子音乐中空间声的制作主要采取了这种方式。换句话说，通过这种制作方式得到的空间声节目主要是依靠录音师的艺术创作。本章不讨论此种制作理念，因为其不涉及较为复杂的空间声传声器拾音技术，而只采用了较为简单的单声道和双声道立体声拾音方式。而相比较这种制作理念，后者由于利用了传声器阵列同期拾取空间声信号，对于传声器摆放的要求较为复杂，其中包括了传声器系统对于声源定位信号及反射声信号的拾取，这样拾取到的空间声信号比较自然，听者的临场感也更强。因此，如何在保证声源良好定位的同时拾取饱满而又具有真实感的环境声信号，是当今从事空间声音乐节目制作的技术人员非常关注的课题。现在许多传统音乐、古典音乐的空间声制作都采用了这种空间声传声器拾取技术。

一切拾音系统的构建都是以重放系统的特点为基础的，音乐空间声拾音系统的构建理念也是基于音乐空间声扬声器系统的。通常环绕声系统是 5.1 的重放系统，而空间声系统为 5.1.4 或者 7.1.4 的重放系统。众所周知，无论是对环绕声还是空间声的制作，捕捉并真实还原声音信号，让听音者有身临其境的感觉，是录音师利用传声器拾音系统拾取信号的主要目的。而对于声音信号传播的拾取则主要是有效地拾取声源信号的直达声和由于厅堂所形成的反射声及混响声。这其中，直达声包含了声源的定位信息和声源本身的音色信息，而厅堂反射声和混响声则包含了可以营造空间感和临场感所需的环境信息，当然早期反射声也会影响到声源的音色。

相较于与立体声时代相同的节目源，空间声信号可以更加充分地获取在声源传播时产生的反射声和混响声。一般来说，在一定的空间声场内，声源的传播不是从单一方向进行的，在双声道立体声时代，由于 2 只扬声器位于听音者前方，传声器拾取的声音信号只能从前方传达给听音者，这给声源反射声及混响声的重放带来了较大的局限。而在空间声重放系统中，环绕声道及高度声道的引入，使重放系统可以从水平侧向、后向及垂直方向模拟这种传播，这与真实厅堂中声源信号的传播特点是一致的。这样可以在听音区域内建立起一个自然的漫射声场，大大增强听音者的临场感，实现了一种自然声场状态下的空间声学印象。因此，如何获取充分的包含反射声及混响声的环境信号用于空间声节目的重放，以塑造逼真的现场感，对于录音师来说是非常重要的。

综合以上对于空间声节目中直达声、反射声和混响声拾取的特点和要求的论述，在空间声信号拾取时，传声器拾音阵列构建的原则如下。

① 正常状态下来自舞台前方声源的直达声信号是必不可少的，这类信号成分由空间声系统中的前方左、中、右 3 只扬声器重放，它提供的主要是声源的定位信息及音色等。

② 在水平面上，能够用于除中置声道以外的其他水平声道重放的环境信号，用于构建水平面的空间感和包围感。

③ 在垂直层面上，有用于高度声道重放的环境信号，用于扩展在垂直方向的空间感和包围感。

以上 3 种信号通常需要单独的传声器系统来拾取，由此产生了传声器拾音系统功能的分化。对于 5.1 的环绕声信号而言，传声器拾音阵列需要由两个功能的拾音系统组合而成，分别是拾取声源直达声的前方 3 声道拾音系统和拾取左（L）、右（R）、左环（Ls）和右环（Rs）声道环境信号的 4 声道拾音系统。对于 5.1.4 的空间声信号而言，传声器拾音阵列需要由 3 个功能的拾音系统组合而成，分别是拾取声源直达声的前方 3 声道拾音系统，拾取 L、R、Ls 和 Rs 4 个水平声道环境信号的 4 声道拾音系统，拾取左前上（Ltf）、右前上（Rtf）、左后上（Ltr）、右后上（Rtr）4 个高度声道环境信号的 4 声道拾音系统。从传声器拾音阵列构建可以看出，空间声拾音阵列是环绕声拾音阵列在垂直方向上的扩展，拾音理念都是一脉相承的，因此本章首先对环绕声的拾音阵列进行阐述，然后再展开空间声拾音阵列的介绍。

3.2 多通路环绕声拾音系统

3.2.1 多通路环绕声的前方3声道拾音系统

3.2.1.1 前方3声道重放系统的定位理念及特点

德国音频工程专家格拉泽·泰雷（Güther Theile）认为："在5.1声道场合下，音响的心理参数与双声道立体声不同。首先，必须考虑前方的声像定位是依靠3只扬声器L、C、R，因此需要适合的拾音声道用于拾取声源的直达声，其次，应该考虑到大约50%的间接声能量分配给环绕声道Ls、Rs。"因此当声源只位于拾音系统前方时，环境信号在重放中比例将大大增加，这种情况下听音者的临场感和包围感固然加强，但对用于声源定位的直达声质量也提出了更高的要求。当拾取的反射声过多，而直达声信息不够充分时，容易造成声像定位的精确性下降，从而影响声源信号的重放质量。这就要求我们在构建环绕声拾音系统时，设计合理的前方3声道拾音系统，以确保在重放信号临场感和包围感加强的同时，声源的声像定位依然清晰。

国际电信联盟（ITU）于1992年发布了ITU-R BS.775标准，约定了环绕声系统的结构，其中包括了电影环绕声、高清晰度电视多声道伴音系统和音乐环绕声重放系统的扬声器布局，如图3-1所示。该标准中5只扬声器呈圆形布局，听音者位于圆心位置，与5只扬声器等距，前方扬声器系统由3只扬声器组成，相对于正前方向的听音轴，扬声器的轴向角度分别为+30°（左声道）、-30°（右声道）、0°（中央声道），2只侧后环绕扬声器的摆放角度则分别为-100°～-120°（右环绕声道）、+100°～+120°（左环绕声道）。

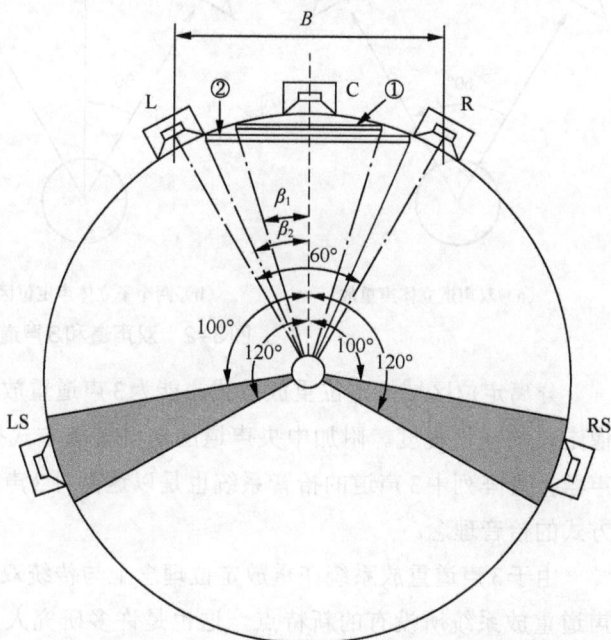

图3-1 ITU-R BS.775环绕声重放标准

在双声道立体声重放系统中的左、右2只扬声器，通过重放信号在时间、强度、相位、音色的差别来模拟人耳对前方声源的定位，从而有效地利用了"双耳效应"。在双声道立体声重放系统中，声源的定位是建立在左、右2只扬声器之间的一个区域（L-R区域）中的，如图3-2（a）所示。而在环绕声重放系统中，由于中央声道的加入，双声道重放系统结构发生了变化，从而在重放的理念上形成下面两种不同的可能。

第一种是将原来的左、右2只扬声器之间的单一定位区域划分成两个相等30°的区域（以标准扬声器重放定位系统为例），这样就形成了图3-2（b）所示的左中、右中的2个子立体声定位区域（L-C区域和R-C区域），声源在扬声器之间的定位是分别建立在2个子立体声定位区域中的。这种重放理念实际上是将原来的单个立体声声像定位区域划分成2个相连接的立体声重放区域。

第二种是对传统双声道重放定位的一种延续，这种3声道重放技术是起源于电影环绕声的混音技术。在电影环绕声中，中央声道的信号实际上是作为电影对白加入的，因此，对于左、右扬声器来说，中央声道只是一个附加声道，构建声像定位的主体仍然是图3-2（c）所示的左、右扬声器之间的整体区域（L-R区域），中央声道在整个前方3声道重放系统中作为一个附加声道提供了一个位于中央的稳定声源（实声像点），是一个单声道信号，它不参与左、右扬声器之间的声像定位。许多研究人员将这种定位理念称之为"Stereo+C"（立体声加中央声道）。

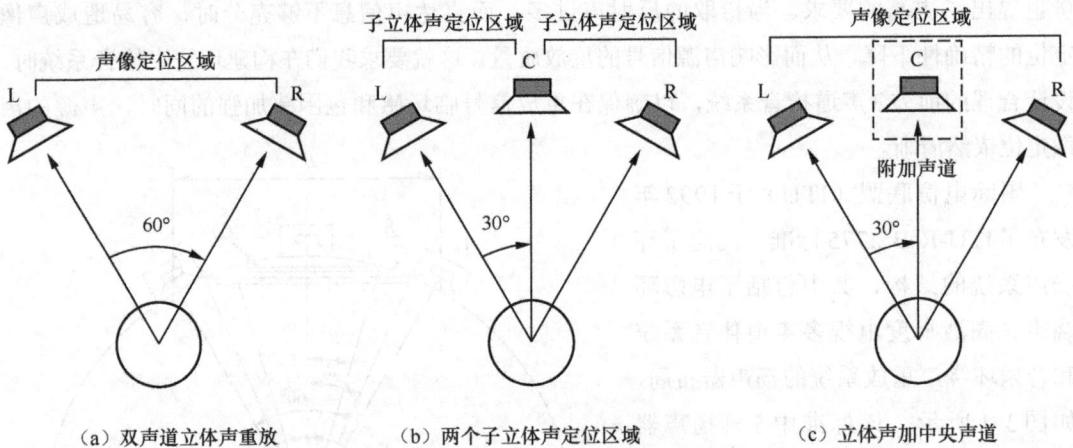

（a）双声道立体声重放　　　（b）两个子立体声定位区域　　　（c）立体声加中央声道

图3-2　双声道和3声道重放定位

分离定位区域的定位重放方式，能为3声道重放系统扩大有效听音区域，优化了水平声像定位的线性程度。附加中央声道的定位重放方式提供了一个稳定的中央声源。环绕声传声器拾音阵列中3声道的拾音系统也是以这两种3声道的定位重放理念为依据，形成了不同方式的拾音理念。

由于3声道重放系统在重放定位理念上与传统双声道立体声存在的差异，使其具有了双声道重放系统所没有的新特点，这也是许多研究人员认为3声道系统优于双声道系统的原因。以下将进行简要阐述。

（1）重放系统的有效听音区域的扩大

传统的双声道立体声重放系统中使用2只扬声器对称摆放，它们之间的连线与听音者构成一个等边三角形，听音者位于这个等边三角形的顶点，该位置为最佳听音位置。如果听音者偏移理想位置，会由于额外增加的时间差和强度差，导致原有正常声像定位遭到破坏，形成声像移位和平衡比例变异。偏移幅度越大，这种声像定位的畸变就越大。在这种情况下，人们界定了一个可以容忍的听音位置偏移范围，这个范围称为有效听音区域，它是一个呈喇叭状的狭小区域，如图3-3所示。

根据在有效听音区域中声像定位随听音者偏离中轴线而变化的特点，格拉泽·泰雷于1990年在国际录音师协会年会上发表的文章中提出了声像定位与听音者位置的关系图，如图3-4所示。从图中可以看出，在标准监听位置处，声像偏移度为10%时，允许听音位置偏移中轴线的范围是±5cm。可见双声道立体声的有效听音区域是较为有限的。

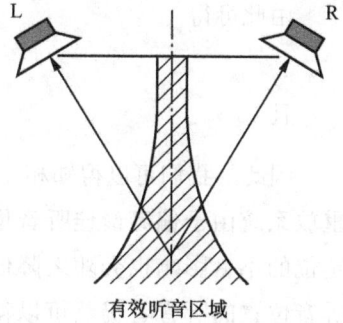

图3-3　双声道立体声重放系统有效听音区域

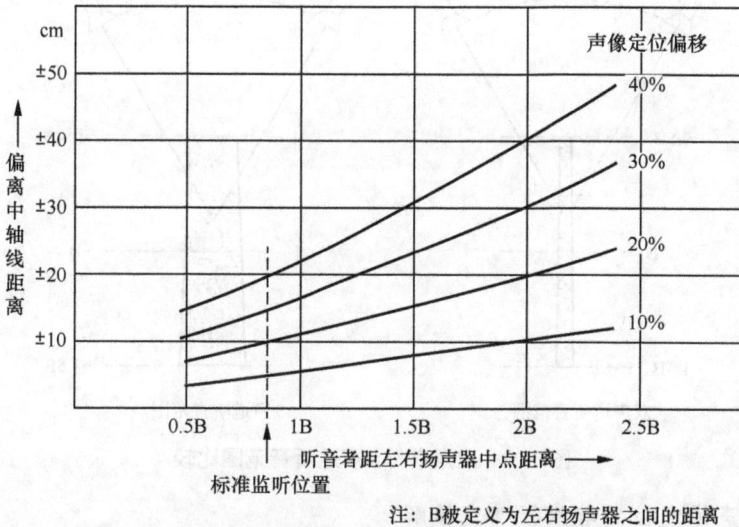

图3-4　声像定位与听音者位置的关系图

在3声道重放系统中，这种横向听音区域狭小的状况有了较大的改善。以3声道重放系统的双定位区域重放理念为例，通过简单的数学推导来进行说明。

图3-5显示了听音者在3声道重放系统中偏移的情况，假设听音者往右侧偏移，因为 $D_L > D_C$，则有

$$D_L - D_R > D_C - D_R \quad (D_R > 0) \qquad (3-1)$$

同理，在 D_C 和 D_R 构成的三角形中 $D_C > D_R$，即 $-D_C < -D_R$，有

$$D_L - D_C < D_L - D_R \quad (D_L > 0) \qquad (3-2)$$

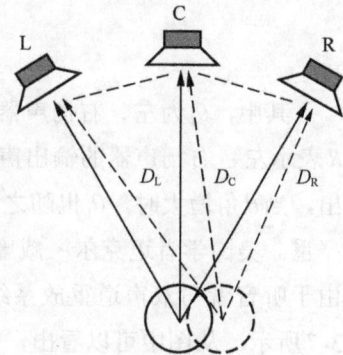

图3-5　听音者偏移最佳位置

由此可得

$$D_L - D_R > D_L - D_C \qquad (3\text{-}3)$$

且

$$D_L - D_R > D_C - D_R \qquad (3\text{-}4)$$

因此，我们可以得知相对于单一定位区域的双声道重放系统来说，双定位区域的3声道重放系统由于偏离最佳听音位置产生的距离差带来的附加信号差别会减少，其对原有声像定位的不良影响也会随之降低。因此双声道系统的有效听音区域被扩大了，更多偏移最佳听音位置的听音者仍然可以得到较好的声像定位信息。根据格拉泽·泰雷的研究结果（如图3-6所示），在同样距离的左、右扬声器设置条件下（B=2m），增加了中央声道的双定位区域3声道重放系统的有效听音区域相较于单一定位区域的双声道系统扩大了一些，此时的声像定位偏移度 $V \leqslant 10\%$。

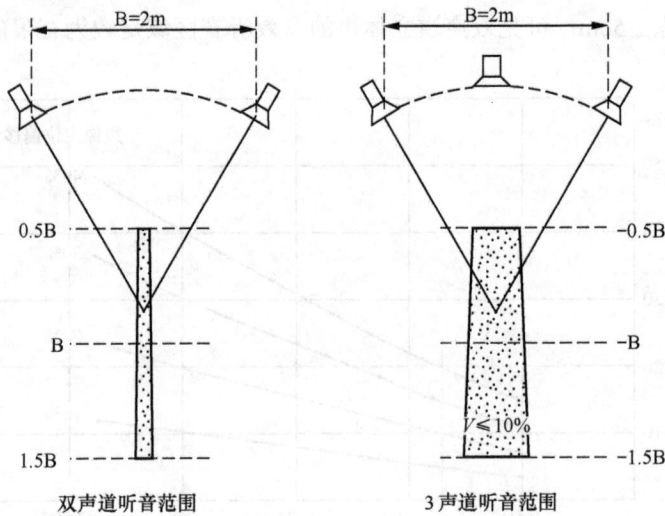

图3-6　双声道与3声道听音范围比较

（2）整体声像定位的非线性畸变缓解

在前文中我们讨论听音者横向偏移最佳听音区域时，会造成声像定位的偏移。而听音者在纵向上移动时，也会造成声像定位的畸变。由双声道立体声正弦定理可得到以下公式。

$$\sin\theta_I \approx K\frac{L-R}{L+R}\sin\theta = \sqrt{2}\frac{L-R}{L+R}\sin\theta \qquad (3\text{-}5)$$

其中，θ_I 为左、右扬声器产生的声像与听音中轴线的夹角；θ 为听音位置的半张角；L、R 表示左、右扬声器的输出声能；K 为由于人头的掩蔽效应而增加的修正值。从公式可以看出，当 θ 角增大时，θ_I 也随之增大，这说明听音者距离扬声器越近，声像定位的变化也会越严重。美国学者迈克尔·威廉姆斯（Michael Williams）在2003年发表的论文中描述了这种由于听音者与双声道重放系统距离缩小发生的声像畸变带来的声像定位的恶化情况，如图3-7所示。从图中可以看出，听音者距离扬声器越近，两侧的声源定位越向左、右扬声器方向挤压，造成"中空效应"。

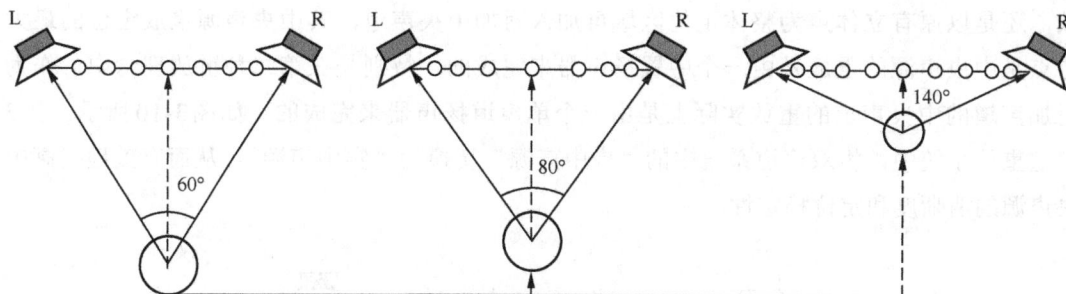

图3-7　距离改变引起的声像畸变

由于3声道重放理念建立了2个立体声重放区域，那么其重放的声像展开宽度较双声道重放来说要狭窄，如图3-8所示。实际上对于听音者来说，是处于2个比双声道重放距扬声器系统更远的位置上，也就是说当听音者向扬声器系统靠近时，相对于双声道重放系统来说靠近扬声器系统的程度要大大减轻，那么这种双声道重放系统中由于听音者沿中轴线靠近扬声器系统而造成的声像定位的非线性畸变和由其产生的"中空效应"，就可以减轻。

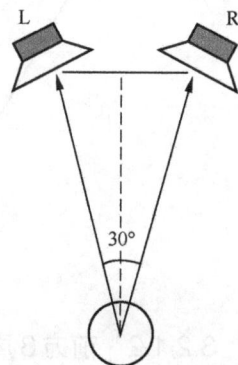

图3-8　子立体声重放区域

（3）中央声道清晰度的提高

在双声道立体声重放系统中，当2只扬声器输出的信号不存在时间差和强度差时，人耳能感觉到在左、右扬声器的连线中点上出现一个声像定位点。它不是一个实际的声源，而是与左、右扬声器输出的电平信号紧密联系的一个虚声像点，它不仅受左、右扬声器输出信号的影响，同时也与听音者所在的位置有关。当听音者偏离最佳听音位置时，这种重放特点将导致中央声像会产生偏移，而且有可能产生声染色现象。产生声染色的原因在于中央声像的定位是由左、右扬声器输出相同的信号叠加产生的，有可能在高频段存在梳状滤波效应。图3-9显示了在消声室里使用粉红噪声在双声道系统重放条件下测得的中央声像的信号输出，可以看出在高频部分产生了较为明显的梳状滤波效应。

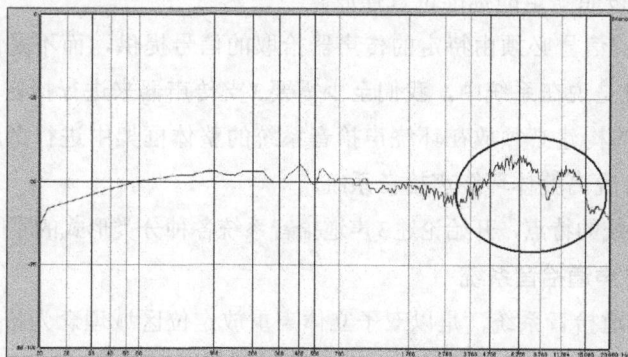

图3-9　消声室中重放粉红噪声测得的中央声源频响曲线

3声道重放系统的重放理念决定了其中央声源重放的特殊性，无论是划分成2个重放区域，还是以原有立体声为整体定位区域再加入附加中央声道，其中央声源重放定位的最大特点是中央声源的重放是由一个中置扬声器来完成的，特别是在第二种重放理念中，作为附加声道的中央声道的重放实际上是由一个单声道扬声器来完成的。如图3-10所示，在3声道重放系统中，将双声道系统中的"虚中声源"转换为"实中声源"，从而有效地提高中央声源的清晰度和定位稳定性。

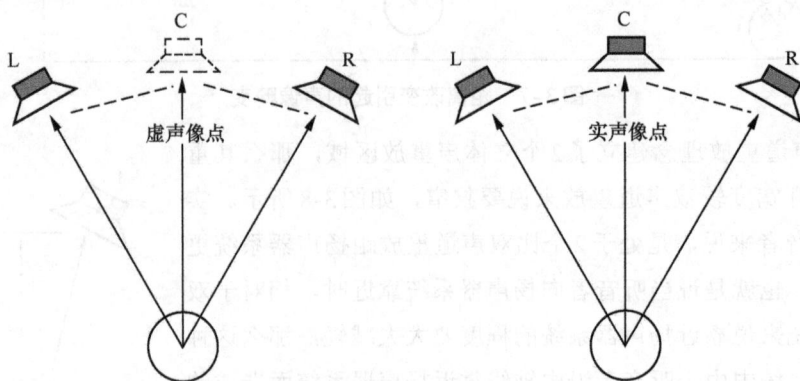

图3-10　虚声像点与实声像点

3.2.1.2　前方3声道传声器拾音系统

1. 前方3声道传声器拾音的分类标准及构建原则

一切拾音方式都是基于重放系统理念构成的，由前文可知，对于3声道扬声器重放系统来说，存在着2种不同的重放理念，即双子立体声重放定位区域理念和单一立体声定位区域附加中央声道重放理念。因此，使用传声器拾取3声道信号应遵循这2种重放机理。第一类拾音系统是以双子立体声重放定位区域理念为理论基础，称作双子立体声3声道拾音系统；第二类是以单一立体声定位区域附加中央声道重放理念为理论基础，称为立体声附加中央传声器拾音系统。3声道拾音系统的构建原则必须具备以下3个条件。

① 3声道拾音系统对应的重放系统必须使用标准的3只扬声器重放，系统由左、中、右3只扬声器构成，并按照一定的标准位置摆放。

② 中置扬声器的信号必须由特定的传声器拾取的信号提供，而不是由左、右传声器的信号合成得到，也就是说在系统中，我们至少需要3支传声器来进行拾音。

③ 传声器系统的构建必须放在环绕声拾音系统的整体框架中进行考虑，适应环绕声系统的技术要求，不可脱离整体环绕声拾音系统。

下面结合重放系统的特点，开始论述3声道拾音系统各种分类形式的不同特点和系统要求。

2. 双子立体声3声道拾音系统

双子立体声3声道拾音系统，是以双子立体声重放定位区域理念为拾音理论基础建立起来的一种环绕声前向3声道拾音系统。该拾音系统具有2个子立体声拾音系统，分别是L-C和C-R这2个子立体声拾音系统。建立这种双子立体声拾音方式，至少需要3支或3支以上的传声器进行系统构建，2个子立体声拾音系统的传声器可以是彼此独立的，也可以有共用的。在 2 个子立体声拾音区域中，可以利用已有的立体声拾音理论对声源进行有效的拾取。

根据传声器的使用数量和在系统内部构建的差别，双子立体声 3 声道拾音系统又可以分为 L-C-R 方式（共用中央传声器系统）与 L_L-R_L-L_R-R_R 方式（双独立立体声传声器系统）。两者在传声器的设置与声像定位的构建方式上都有各自的特点，以下分别论述。

（1）L-C-R 方式（共用中央传声器系统）

L-C-R 方式是目前使用较普遍的一种 3 声道拾音系统，该系统使用 3 支传声器，彼此间隔一定的距离，形成 2 个子立体声拾音系统，即 L-C 立体声拾音系统与 C-R 立体声拾音系统，如图 3-11 所示。中央传声器是作为形成 2 个子立体声拾音系统的共用传声器而存在的，它与后面将要介绍的双独立立体声传声器系统不同。

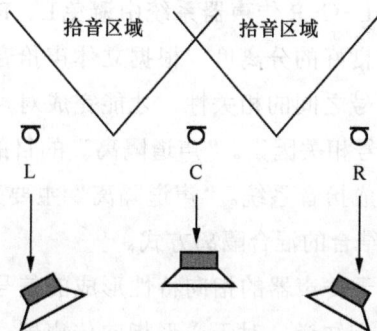

图 3-11　2 个子立体声拾音系统

① L-C-R 方式的声道间串扰问题

从双子立体声重放定位原理出发，理想的 L-C-R 拾音方式应满足如下要求：位于左拾音区域的声源只被 L-C 子拾音系统所拾取而不被 C-R 子拾音系统拾取，位于右拾音区域的声源只被 C-R 子拾音系统所拾取。实际情况是由于使用了 3 支传声器的设置，在形成 2 个所需的拾音系统的同时，我们发现左、右传声器也存在形成一个立体声拾音系统的可能，也就是说，不能排除 3 支传声器彼此两两形成立体声拾音系统的可能性，即系统中的 L、C、R 传声器实际上分别形成了 L-C、C-R、L-R 3 个立体声拾音系统。同时，由于传声器系统彼此相邻，这 3 个立体声拾音系统的拾音范围可能是相互覆盖的。在这种情况下，位于左拾音区域的声源在被 L-C 子拾音系统拾取的同时，其信号可能会串入 C-R、L-R 这 2 个拾音系统；位于右拾音区域的声源在被 C-R 子拾音系统拾取的同时，其信号也可能会串入 L-C、L-R 这 2 个拾音系统。这种现象我们称之为"声道间串扰"。

由于"声道间串扰"的存在，声源被 3 个拾音系统拾取后会在相对应的 L-C、C-R、L-R 重放扬声器中形成 3 个不同声像还原点，由于这 3 个立体声传声器系统相对于声源的几何位置是不同的，由此形成 3 个幻像声像声源点的位置也是不同的，我们称之为"三重幻像声源"，如图 3-12 所示。"三重幻像声源"的产生，严重影响我们在重放听音时对声源定位的判断，声源重放的清晰度和定位聚焦感下降。为了避免"声道间串扰"所形成的"三重幻像声源"的不良声学现象，保证 L-C-R 传声器系统遵循双子立体声定位原理的可实用性，必须对原有3支传声器的设置进行调整，以尽量避免这种现象的存在。

根据双子立体声区域的理论，要得到理想的前向3声道重放定位，首先我们就必须排除L、R传声器形成的立体声拾音系统对重放声像定位的不良影响，进而只留下L-C、C-R这2个子定位立体声传声器系统。同时还要保证L-C、C-R这2个所需的双子立体声传声器系统的有效拾音区域彼此不相互覆盖并形成良好的衔接。这是建立L-C-R传声器系统的2个先决条件，也是衡量该系统是否具有可靠性的2个标准。

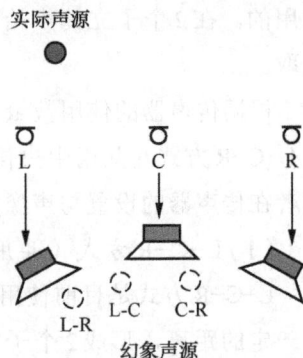

图3-12　三重幻像声源

②L-C-R传声器系统的声道隔离

所谓"声道隔离"是指在L-C-R传声器系统中避免L、R传声器形成多余的立体声拾音系统，保证左、右声道具有良好的分离度。根据立体声拾音原理，传声器系统拾取到声源信号的信号差别，并建立信号之间的相关性，才能完成对声源立体声信号的定位，在这其中包括强度差、时间差等信号相关因素。"声道隔离"的目的就是将信号之间的这种相关性尽可能地减小，以阻止其形成拾音系统。"声道隔离"主要采用3种方式，即强度差隔离方式、时间差隔离方式及两者结合的混合隔离方式。

强度差隔离方式是利用由于传声器的指向特性形成的信号强度差来完成左、右声道隔离的。由传声器的指向特性我们知道，对于心形指向传声器、超心形指向传声器来说，当声源入射偏离传声器正方向的膜片主轴时，声源信号会有不同程度的衰减，其偏离膜片主轴的角度越大，膜片两侧信号衰减的程度就越大；传声器的指向性越尖锐，这种信号衰减的程度也越大。

根据这种特性，我们将L-C-R传声器系统中的L与R传声器设置为指向性传声器，并使2支传声器膜片形成一定的夹角，如图3-13所示。当传声器系统前方的声源偏离2支传声器之间的中线时，声源相对于较远的那支传声器来说，其信号的衰减程度要大于较近的那支传声器，通过增加2支传声器之间的强度差异，而减少信号之间的相关性，从而起到声道隔离的作用。

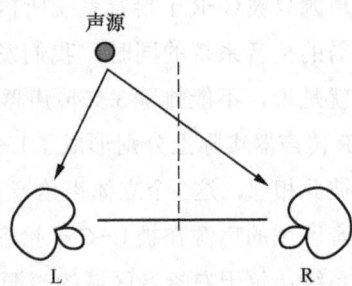

图3-13　L、R传声器设置

根据L-C-R传声器系统的"声道隔离"的要求，想要达到理想的"声道隔离"效果，最好是使左、右2支传声器无法构成正常的立体声拾音系统，从而避免"三重幻像声源"的产生。成熟的立体声拾音原理已经论证：2支指向性传声器在同一位置时，膜片形成一定夹角，可以构成强度差立体声拾音制式。此时，当2支传声器拾取得到的信号相差达到18dB时，声源的声像在重放时直接定位于信号较强的那支扬声器，也就是说当2支传声器信号差始终大于等于18dB时，其相对于彼此来说，只是各自独立的单声道传声器。假设2支传声器的膜片半张角为 α，声源指向角为 β（如图3-14所示），要取得良好的"声道隔离"，必须使2支传声器拾取到信号相差达到18dB，即

$$\Delta L = 20\lg \frac{A + B\cos(\alpha - \beta)}{A + B\cos(\alpha + \beta)} \geqslant 18 \qquad (3\text{-}6)$$

由此得：

$$\frac{A + B\cos(\alpha - \beta)}{A + B\cos(\alpha + \beta)} \geqslant 7.94 \qquad (3\text{-}7)$$

其中，A、B 为传声器的指向性因数。

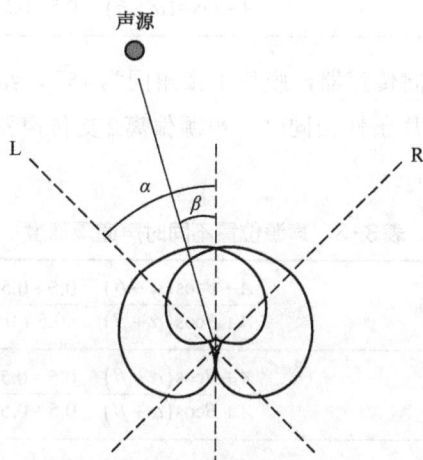

图3-14　强度差隔离方式

根据以上公式，我们可以得到在不同条件下，对于传声器系统的固定声源的声道隔离效果。设膜片半张角为45°，声源的指向角为15°，则结果如表3-1所示。由结果可知，当固定声源的位置条件相同时，左、右传声器的指向性越尖锐，得到的声道隔离效果越明显。

表3-1　传声器指向性不同时声道隔离度

指向性为心形	$A = 0.5$ $B = 0.5$	$\dfrac{A + B\cos(\alpha - \beta)}{A + B\cos(\alpha + \beta)} = \dfrac{0.5 + 0.5 \times 0.866}{0.5 + 0.5 \times 0.5} = 1.24$
指向性为超心形	$A = 0.366$ $B = 0.634$	$\dfrac{A + B\cos(\alpha - \beta)}{A + B\cos(\alpha + \beta)} = \dfrac{0.366 + 0.634 \times 0.866}{0.366 + 0.634 \times 0.5} = 1.34$
指向性为锐心形	$A = 0.25$ $B = 0.75$	$\dfrac{A + B\cos(\alpha - \beta)}{A + B\cos(\alpha + \beta)} = \dfrac{0.25 + 0.75 \times 0.866}{0.25 + 0.75 \times 0.5} = 1.44$
指向性为8字形	$A = 0$ $B = 1$	$\dfrac{A + B\cos(\alpha - \beta)}{A + B\cos(\alpha + \beta)} = \dfrac{0.866}{0.5} = 1.73$

假设传声器的指向性固定，同为心形指向传声器，声源指向角为15°，则结果如表3-2所示。由结果可知，膜片夹角越大，得到的声道隔离效果越明显。此外我们还可以看出当使用心形指向传声器时，位于左、右传声器前方15°的声源都不能得到理想的声道隔离。

表3-2 传声器主轴夹角不同时声道隔离度

膜片半张角为30°	$\dfrac{A+B\cos(\alpha-\beta)}{A+B\cos(\alpha+\beta)}=\dfrac{0.5+0.5\times0.966}{0.5+0.5\times0.707}=1.15$
膜片半张角为45°	$\dfrac{A+B\cos(\alpha-\beta)}{A+B\cos(\alpha+\beta)}=\dfrac{0.5+0.5\times0.866}{0.5+0.5\times0.5}=1.24$
膜片半张角为60°	$\dfrac{A+B\cos(\alpha-\beta)}{A+B\cos(\alpha+\beta)}=\dfrac{0.5+0.5\times0.707}{0.5+0.5\times0.259}=1.36$
膜片半张角为90°	$\dfrac{A+B\cos(\alpha-\beta)}{A+B\cos(\alpha+\beta)}=\dfrac{0.5+0.5\times0.259}{0.5-0.5\times0.423}=2.18$

假设传声器同为心形指向传声器，膜片半张角同为45°，结果如表3-3所示。由结果可知，当传声器的指向性与膜片条件相同时，声源偏离2支传声器之间的中点连线角度越大，得到的声道隔离效果越明显。

表3-3 声源位置不同时声道隔离度

声源指向角为15°	$\dfrac{A+B\cos(\alpha-\beta)}{A+B\cos(\alpha+\beta)}=\dfrac{0.5+0.5\times0.866}{0.5+0.5\times0.5}=1.24$
声源指向角为30°	$\dfrac{A+B\cos(\alpha-\beta)}{A+B\cos(\alpha+\beta)}=\dfrac{0.5+0.5\times0.966}{0.5+0.5\times0.259}=1.56$
声源指向角为60°	$\dfrac{A+B\cos(\alpha-\beta)}{A+B\cos(\alpha+\beta)}=\dfrac{0.5+0.5\times0.966}{0.5-0.5\times0.259}=2.65$

通过上述计算的统计结果，我们可以看出在左、右传声器的不同设置与声源位置的不同条件下，传声器指向性的尖锐性、膜片夹角的增大及声源指向角度的增大都可以增加左、右声道的信号隔离。但由计算结果也可知，通过常规的同一位置指向性传声器设置所得到的计算数值都远小于7.94这个规定数值，不能达到理想的声道隔离要求。因此，我们也可以推断在环绕声的前向3声道拾音系统中，单纯利用传声器拾取信号的强度差进行声道隔离是不充分的。

在传声器拾取的声源信号信息中，决定声源有效定位的另一个重要因素是时间差。当声源偏离左、右传声器之间的中点连线时，声源到达较靠近的那支传声器的距离较短，其信号被拾取的时间就较短，声源的重放定位也向较靠近的那支传声器所用于的重放扬声器方向移动。根据哈斯效应及德国录音师埃伯哈德·森格皮尔（Eberhard Sengpiel）的相关研究得知，当声源到达2支传声器的时间差大于等于1.5ms时，其定位停留在未延时的那只扬声器上。时间差隔离方式就是利用传声器拾取信号的时间差来对3声道系统中的左、右声道进行信号隔离的。为了达到理想的"声道隔离"效果，利用时间差减少左、右传声器拾取信号的相关性，使其彼此形成相对独立的2支单声道传声器，避免"三重幻像声源"的形成。

根据时间差立体声拾音的计算方式，假设声源的指向角为α，2支传声器的膜片距离为

D（如图3-15所示），根据立体声信号时间差计算公式，要达到理想的声道隔离效果，可得：

$$\Delta t = \frac{D}{c}\sin\alpha \geqslant 1.5\text{ms} \qquad (3\text{-}8)$$

其中，$c = 343\text{m/s}$。由此得：

$$D\sin\alpha \geqslant 0.5145 \qquad (3\text{-}9)$$

由式（3-9）我们可以容易地看出，当声源位置一定时，效果就越明显；当传声器间距一定时，声源指向角越大，声道隔离的效果也越理想。由于传声器的间距不受条件限制，因此理论上我们是可以通过时间差方式得到理想的声道隔离的。但通过计算推导可得，当声源指向角为90°时，要满足该条件，2支传声器间距的取值至少为0.52m，在实际的录音环境下，0.52m的传声器间距是完全可以实现的。因此，利用加大左、右传声器之间的时间差方式可以有效地进行声道隔离，其具有较强的适用性。

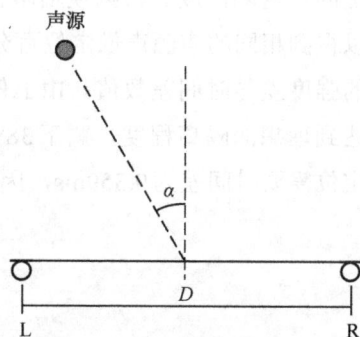

图 3-15 时间差隔离方式

强度差与时间差结合的混合隔离方式是将上述我们论述过的两种声道隔离方式结合使用的方法，也就是在左、右声道传声器设置时，不仅使用指向传声器，并使两者膜片形成一定夹角，而且2支传声器之间彼此拉开一段距离，同时使用强度差与时间差来进行有效的声道隔离，如图3-16所示。

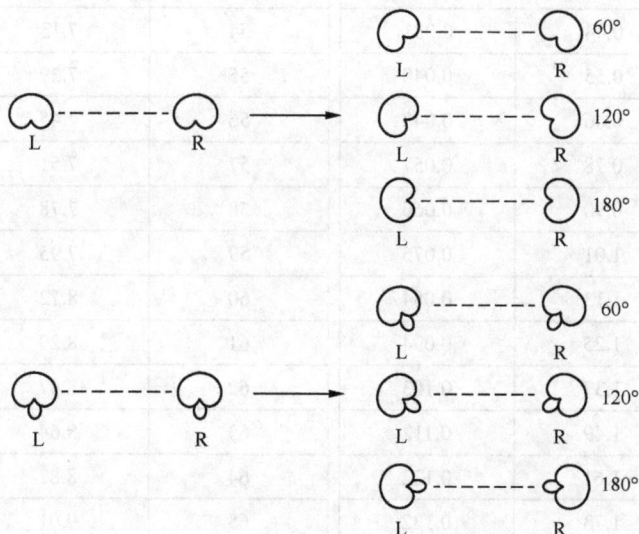

图 3-16 强度差与时间差结合的混合隔离方式

通过对强度差与时间差声道隔离方式的分析，我们知道采用单一的强度差或时间差方式，得到的声道隔离效果是有限的。而强度差与时间差结合的声道隔离方式可以将两者综合作用于系统的声道隔离，使这种声道隔离方式具有更强的适应性。假设声源面对传声器

的指向角度为15°，利用强度差设置左、右传声器为超心形指向性，夹角为180°时，我们得到的声道间强度差为

$$20\lg\frac{0.366+0.26\times0.634}{0.366-0.26\times0.634}=8.46\text{dB}\leqslant18\text{dB} \tag{3-10}$$

这并不是理想的声道隔离结果，因此需要在2支传声器之间加入适当的时间差以补偿不足的声道隔离度。根据埃伯哈德·森格皮尔的研究，利用一定量的信号强度差与时间差可以得到相同的声源声像定位百分数。表3-4列出的是要达到相同的声像定位百分比，所需要的强度差与时间差数值。由上例的计算可得，8.46dB的强度差产生62%的声像定位，要想达到理想的隔离程度，剩下38%的声像定位要依赖时间差去实现。查表可知，38%的声像定位需要时间差为0.359ms，因此

$$\Delta t=\frac{D}{c}\sin\alpha=0.359\text{ms} \tag{3-11}$$

$$D=0.47\text{m}$$

表3-4　强度差与时间差对应关系

定位百分比/%	强度差 ΔL /dB	时间差 Δt /ms	定位百分比/%	强度差 ΔL /dB	时间差 Δt /ms
—0—	—0—	—0—	—50—	—6.6—	—0.48—
1	0.11	0.008	51	6.55	0.491
2	0.22	0.015	52	6.81	0.501
3	0.33	0.023	53	6.97	0.512
4	0.44	0.031	54	7.13	0.523
5	0.55	0.040	55	7.29	0.534
6	0.66	0.048	56	7.45	0.545
7	0.78	0.057	57	7.51	0.556
8	0.90	0.066	58	7.78	0.568
9	1.01	0.075	59	7.95	0.580
10	1.13	0.084	60	8.12	0.592
11	1.25	0.094	61	8.29	0.604
12	1.37	0.103	62	8.47	0.616
13	1.49	0.112	63	8.64	0.629
14	1.61	0.122	64	8.82	0.642
15	1.73	0.132	65	9.01	0.655
16	1.86	0.131	66	9.19	0.669
17	1.98	0.151	67	9.38	0.683
18	2.11	0.161	68	9.57	0.697
19	2.23	0.171	69	9.77	0.712

定位百分比/%	强度差 ΔL /dB	时间差 Δt /ms	定位百分比/%	强度差 ΔL /dB	时间差 Δt /ms
20	2.36	0.180	70	9.96	0.727
21	2.49	0.190	71	10.16	0.743
22	2.61	0.200	72	10.37	0.759
23	2.74	0.210	73	10.57	0.775
24	2.78	0.220	74	10.79	0.792
—25—	—3—	—0.23—	—75—	—11—	—0.81—
26	3.13	0.240	76	11.22	0.828
27	3.26	0.250	77	11.44	0.847
28	3.39	0.260	78	11.67	0.866
29	3.53	0.270	79	11.90	0.886
30	3.66	0.280	80	12.13	0.906
31	3.79	0.290	81	12.37	0.928
32	3.93	0.299	82	12.62	0.949
33	4.06	0.309	83	12.87	0.972
34	4.20	0.319	84	12.12	0.996
35	4.33	0.329	85	13.38	1.020
36	4.47	0.339	86	13.65	1.045
37	4.61	0.349	87	13.92	1.071
38	4.75	0.359	88	14.19	1.097
39	4.89	0.369	89	14.47	1.125
40	5.03	0.379	90	14.76	1.154
41	5.17	0.389	91	15.06	1.183
42	5.32	0.399	92	15.36	1.214
43	5.46	0.409	93	15.66	1.246
44	5.60	0.419	94	15.97	1.278
45	5.75	0.429	95	16.29	1.312
46	5.90	0.439	96	16.62	1.347
47	6.05	0.449	97	16.95	1.384
48	6.20	0.459	98	17.30	1.421
49	6.35	0.470	99	17.64	1.460
—50—	—6.5—	—0.48—	—100—	—18—	—1.5—

当 2 支传声器的间距为 0.47m、指向性为超心形、膜片夹角为 180°、声源处于指向角为 15°的位置时，就可以得到较为理想的左、右声道隔离效果。因此，混合隔离方式是较为有效的一种声道隔离方式，其有效地消除了由于左、右传声器形成的多余立体声传声器系统

所形成的声像定位恶化现象，从而提高了3声道拾音系统的信号质量。这是当今许多环绕声前方拾音系统普遍采用的隔离方式。

③ L–C和C–R子立体声拾音系统的补偿

"三重幻像声源"的不良现象的消除，除了要消除L、R传声器形成的立体声拾音系统，还要保证L–C、C–R这2个所需的双子立体声传声器系统的有效拾音区域彼此不相互覆盖，并形成良好的衔接。

根据传统立体声拾音技术的原理，首先我们必须保证位于左拾音区域的声源不被右子拾音系统拾取到，右拾音区域的声源不被左子拾音系统拾取到。决定拾音系统拾音范围的因素是有效拾音角。由图3-17可以看出在常规的双子立体声传声器系统的布局中，其拾音角度是向正前方展开的。而2个子立体声拾音系统的拾音角度同时向前展开时，两者的相互重叠是必然存在的，许多声源的定位会集中于2个子重放定位区域中间。要避免2个子立体声拾音系统拾音区域的相互覆盖，就必须采取一定的方法使两者的拾音角产生旋转，进而使2个立体声拾音区域彼此不产生交叠，如图3-18所示。

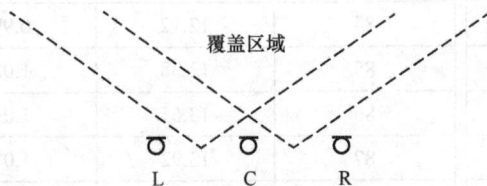

图3-17　双子立体声传声器系统　　　图3-18　理想的2个子拾音区域

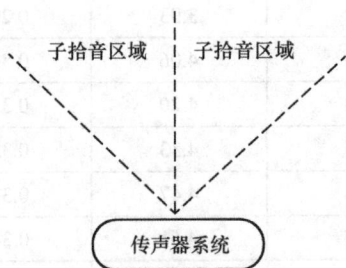

如何使正面朝向的拾音角按一定的要求发生偏转呢？美国著名录音学者迈克尔·威廉姆斯在其关于多声道传声器拾音阵列（MMAD）的相关论文中，对使立体声传声器系统拾音角产生旋转的方法有着较为详尽的阐述。在传统的立体声拾音系统中，为了拾取传声器系统前的声源立体声信号，双声道传声器都是对称摆放的，其结果必然形成一个正对声源的立体声拾音区域，位于传声器系统正中央的声源到达两支传声器的信号在时间与强度上没有差别，重放定位时是位于2只扬声器中央位置的，在此之后再根据声源的具体情况调整拾音角度的大小（如图3-19所示）。而拾音角度的确定则是根据具体的拾音方式中左、右传声器所达到的最大时间差与强度差上限（Δt=1.5ms，ΔL=18dB）来确定的。想要使原来的拾音角度发生偏转，就必须改变原有2支传声器之间的信号对比关系。迈克尔·威廉姆斯将偏转拾音角的方法归纳为两大类，即时间差补偿法（Time Offset）与强度差补偿法（Intensity Offset），两者都可以利用声学补偿方式（调整传声器的摆放方式，Microphone Position Offset）与电补偿方式（利用设备对原有信号

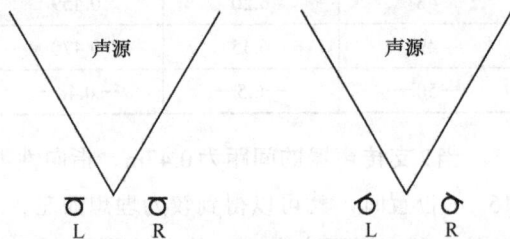

图3-19　传统立体声拾音系统

进行处理，Electronic Offset）两种方式来实现。

时间差补偿法是指利用在原有立体声传声器的信号之间加入附加的时间差的方法来使传声器系统的拾音角发生偏转。具体方法就是在原有的传声器摆放基础上增加 2 支传声器膜片的距离而不改变 2 支传声器的膜片夹角，从而改变信号到达 2 支传声器的时间差关系，这样使原来位于系统拾取的声源相对位置发生变化，其信号到达 2 支传声器的时间产生了差别，最终达到偏转原有拾音角的目的。

如图 3-20 所示，在左、右传声器的膜片主轴夹角保持不变的前提条件下（强度差关系一致），向前移动左传声器，那么以中央声源为例，原先信号到达 2 支传声器的时间是相同的，由于此时加入了新的时间差进行补偿，使中央声源更早地到达被提前的左传声器，其重放定位就比原来向左偏移，原先两声道之间的时间差关系被改变了。那么，对于传声器系统前的声源来说就如同其拾音角向右发生了偏转，反之，则向左偏转。我们也可以通过传声器拾取的信号加入延时来实现时间差的电补偿方式。根据被改变的传声器的位置是可以大概计算出所产生的信号时间差补偿的。

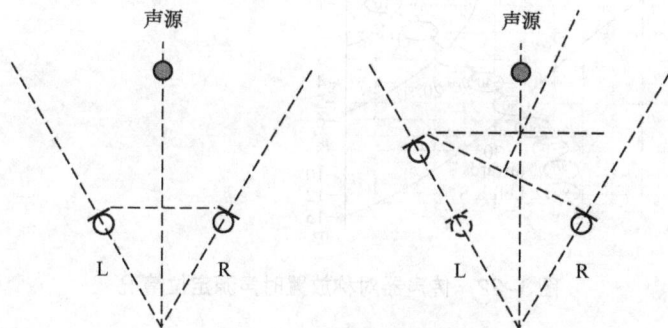

图 3-20 时间差补偿法

以中央声源为例，根据传声器相对于原先位置的变化距离 h 及声源与传声器主轴垂线的夹角 b，可得出传声器位置改变前后所产生的时间差为 $\Delta t_1 = \dfrac{h}{c}\sin b$（实际上是将传声器前后移动的位置假想成一个理想的时间差立体声拾音制式），如图 3-21 所示。另外，由于中央声源到达 2 支传声器的信号原先是不存在时间差的，所以该值也就是左传声器发生改变后相对于右传声器信号的延时。这样，对于任何的双声道立体声拾音制式来说，我们都可得到其中某一声道加入的信号时间差补偿数值。对于一定的声道时间差，幻像声源的偏移量与扬声器配置之间有着恒定关系，对于 3 声道系统中子立体声重放扬声器的张角为 30°时，每 0.1ms 产生的时间差偏移量为 2.2°。

迈克尔·威廉姆斯就时间补偿后拾音角的偏转进行了相关计算和统计，并给出了不同情况下拾音角发生偏转的具体数值。图 3-22 显示了 2 支心形指向传声器间距为 25cm、主轴夹角为 70°对称放置时，左、右传声器之间的时间差与强度差、有效拾音角及声源重放定位角度的相互关系。由图

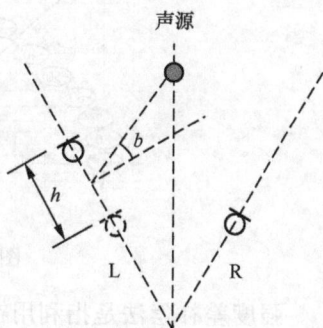

图 3-21 中央声源的时间差补偿

中的坐标系第 I、III象限可以看出，有效拾音角的平分线是垂直于2支传声器连线的，其角度朝向是正向前方的，此时声源扬声器重放定位为30°时，其位于拾音范围张开角的50°位置上，此时的有效拾音角度为100°。而当给右传声器加入0.28ms的延时后，如图3-23所示，左侧声源重放角度为30°时，其位于左侧拾音范围35°的张开角位置上；右侧声源重放定位为30°时，其位于右侧拾音范围张开角的68°位置上，此时整个有效拾音角度变为103°，同时比起原先的对称张开状态向右侧偏转了。

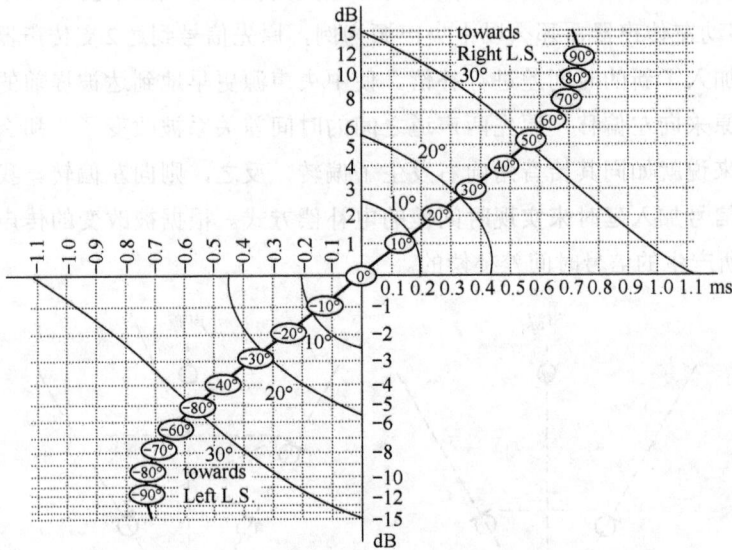

图3-22　传声器对称放置时声源定位情况

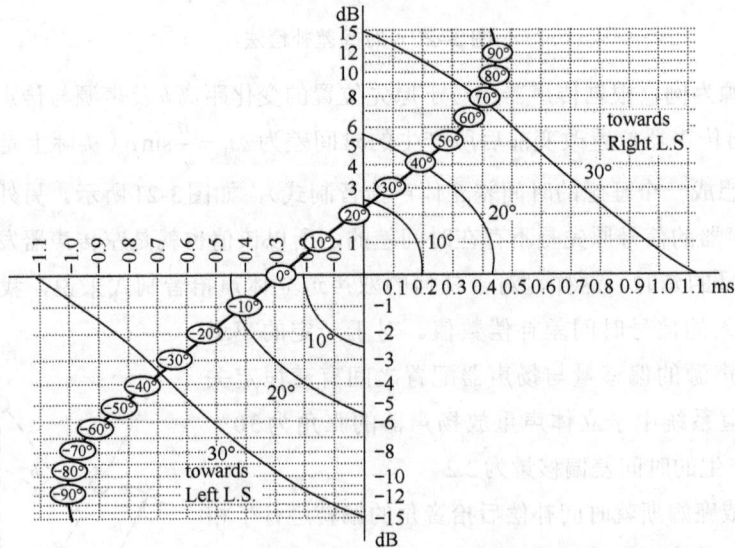

图3-23　加入时间补偿后的声源定位情况

强度差补偿法是指利用在原有立体声传声器的信号之间加入附加的强度差方法来使传声器系统的拾音角发生偏转。具体做法是在原有的传声器摆放基础上增加2支传声器膜片的夹角而不改变 2 支传声器与声源的相对位置，从而改变信号到达 2 支传声器的强度差关系，这样使拾取声源的相对位置发生变化，最终达到偏转原有拾音角的目的，如图 3-24 所示。

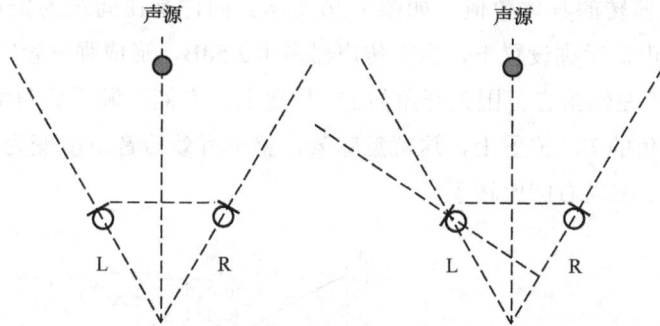

图 3-24　强度差补偿法

在 2 支传声器的时间差保持一致的前提下，改变左传声器的膜片半张角，使其与右传声器膜片的夹角增大，并形成左、右 2 支传声器的不对称摆放。此时，由于加入了新的强度差补偿，中央声源到达左传声器的信号要小于原来的信号，则在重放时定位要向右偏移，原来左、右传声器拾取信号的强度差关系被改变了。由此系统拾取到的声源定位都向右偏移，也就是说有效拾音角向左旋转了，反之，则向右旋转。所谓的电平强度差补偿就是在原有传声器设置不变的情况下，通过变化其中一支传声器的输出电平来实现拾音角的旋转，就如同我们在调音台上利用声像电位器来调整拾音角度一样。在调整了传声器的设置之后，我们可以根据调整的角度来计算强度差补偿的具体数值（此时，需要结合所使用传声器的指向性来进行计算）。以中央声源为例（如图 3-25 所示），根据原先的系统主轴张开角 a 与传声器偏转的角度 b，可得出传声器位置改变前后所产生的强度差为

$$\Delta L_1 = 20\lg \frac{A + B\cos a}{A + B\cos(a+b)} \tag{3-12}$$

其中，A、B 为传声器的指向性因数。

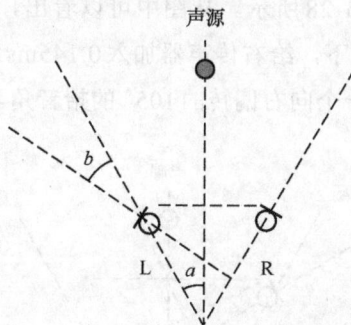

图 3-25　中央声源的强度差补偿

又由于中央声源到达 2 支传声器的信号原先是不存在强度差的，所以该值也就是左传声器发生改变后相对于右传声器信号所发生的强度差变化。因此对于任何的双声道立体声拾音制式来说，我们都可得到其中某一声道加入强度差的补偿数值。对于 3 声道系统中子立体

声重放扬声器的张角为30°时，每ms产生的强度差偏移量为1.1°。

迈克尔·威廉姆斯对强度差补偿后拾音角的偏转也进行了相关计算和统计，给出不同情况下拾音角发生偏转的具体数值，如图3-26所示。同样是在间距为25cm、主轴夹角为70°的心形指向传声器对称设置下，当右传声器多出2.5dB，形成强度差时，左侧声源重放角度为30°，其位于左侧拾音范围张开角的35°位置上；右侧声源重放角度为30°，其位于右侧拾音范围张开角的70°位置上，这就意味着，整个有效拾音角度变为105°，同时也比起原先的对称张开状态向右侧偏转了。

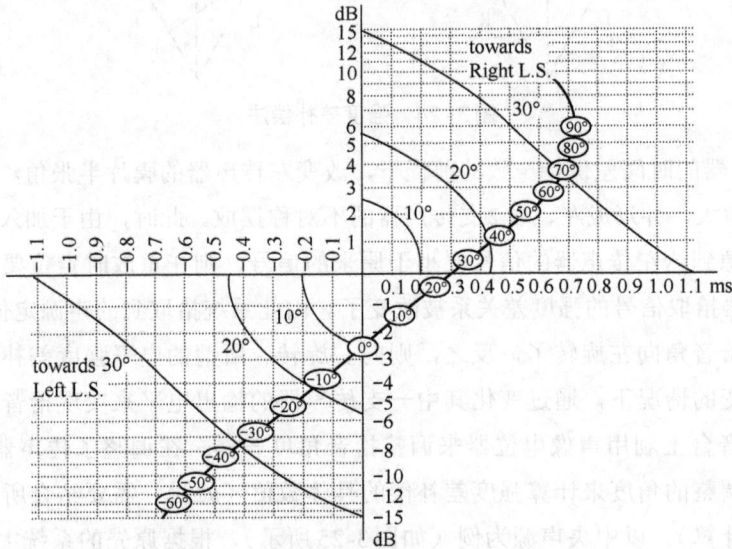

图3-26　加入强度差补偿后的声源定位情况

时间差补偿法与强度差补偿法也可以同时使用。也就是说，相对于对称放置的左、右传声器来说，其不仅可以改变相对位置，还可以改变主轴膜片夹角。原有2支传声器中的强度差与时间差关系同时发生变化，拾音角也同时产生旋转，如图3-27所示。同样，文献中也有相关的统计结果，如图3-28所示。从图中可以看出，在间距为25cm、主轴夹角为70°的心形指向传声器对称设置下，给右传声器加入0.145ms的延时，同时比左传声器多出1.15dB的强度差时，也得到了一个向右偏转的105°的拾音角。

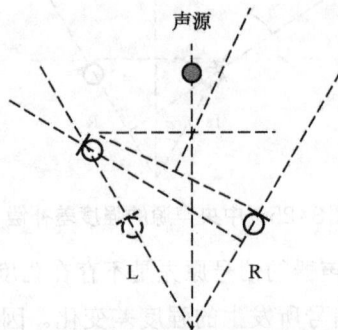

图3-27　时间差补偿与强度差补偿结合法

　　时间差补偿与强度差补偿结合法为我们在 L-C-R 3 声道拾音系统中防止 2 个子立体声拾音系统的拾音区域发生交叠提供了行之有效的手段。根据使用方式的不同，可以分为两种方式，即中央传声器调整法与左、右传声器调整法。

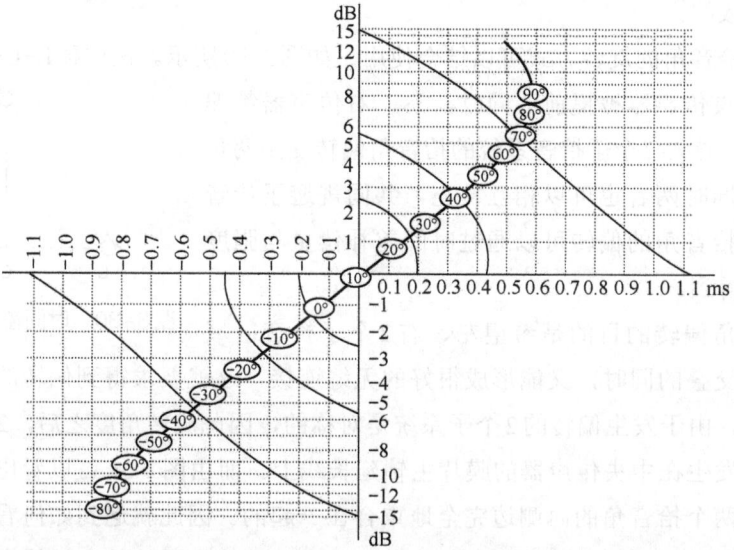

图 3-28　同时使用时间差补偿与强度差补偿时声源定位情况

　　中央传声器调整法是利用时间差补偿的方式，通过调整中央传声器的位置来旋转子立体声系统的拾音角，以实现子立体声系统的拾音区域隔离。如图 3-29（a）所示，在原先的 L-C-R 方式传声器设置基础上，将中央传声器的位置向前移动，这样中央传声器的信号加入了时间差信号补偿。根据上面的推导，由于在 L-C-R 方式中，中央传声器是两个子立体声拾音系统的共用传声器，因此对于 L-C 子系统来说，拾音角是向左侧偏转；对于 C-R 子系统来说，拾音角则是向右偏转。这一结果恰好符合我们对子立体声拾音区域的控制要求。值得注意的是，这样的传声器布局使人很容易联想到迪卡树（Decca Tree）拾音方式。如果说在迪卡树的传声器设置中，被用于减少"中空效应"的中央传声器被提前放置的原因存在许多观点和不同看法，那么此时中央传声器本身的作用及其提前的原因是为适应 L-C-R 拾音方式而出现的。

（a）中央传声器前置　　　　　（b）左、右传声器调整法

图 3-29　中央传声器调整法与左、右传声器调整法

　　左、右传声器调整法则是利用强度差补偿的方式，通过改变左、右传声器与中央传声器的膜片主轴夹角来旋转子立体声系统的拾音角，以实现子立体声系统的拾音区域隔离，

如图 3-29（b）所示。在原先的 L-C-R 方式传声器设置基础上，将左传声器的膜片主轴向左旋转，右传声器的膜片主轴向右旋转。根据对强度差声道补偿方式的论述，L-C 子系统的拾音角向左偏转了；C-R 子系统的拾音角向右偏转了。这一结果与我们对整个系统的控制要求也是一致的。

上述两种拾音角的旋转方式可以结合使用，如图 3-30 所示。在这种 L-C-R 方式的传声器设置中，中央传声器被提前的同时，左、右传声器都偏转了膜片主轴，这样 2 个子拾音系统的拾音角偏转受到两种因素的制约，同时两者也可以相互补充，共同规避子拾音区域的交叠。拾音角的偏转可以通过时间差补偿量与强度差补偿量叠加得到。

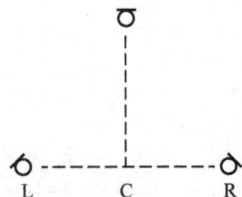

图 3-30　时间差和强度差结合法

实现拾音角偏转的目的是希望左、右 2 个子拾音区域能够在不发生交叠的同时，又能形成很好的无缝连接，这就要求得到偏转的具体数值。根据上面的论述，由于发生偏转的 2 个子系统是对称的，因此旋转角度之后，2 个子拾音区域的衔接一定是发生在中央传声器的膜片主轴延长线上。而由图 3-31 可以看出，通过旋转的方法是无法将两个拾音角的内侧边完全地重合在一起的。因此就遇到如何看待有效拾音角顶点的问题。依据传统的立体声拾音系统原理，在计算拾音系统的有效拾音角时，是将该角的顶点 P 设置在左、右传声器膜片中心连线的中点上，传声器的膜片主轴夹角与有效拾音角有着本质区别。因此，两者不能等同，其顶点也不是同一个点。而此时情况有所变化，根据迈克尔·威廉姆斯的研究，当声源与传声器系统的距离远远超过拾音系统中左、右传声器的间距时，可以近似地将 2 支传声器的膜片主轴延长线的交点看作有效拾音角的顶点 P，如图 3-32 所示。

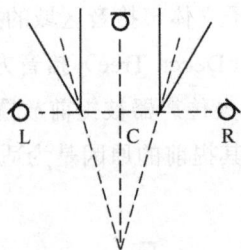

图 3-31　补偿后的子拾音区域有效拾音角

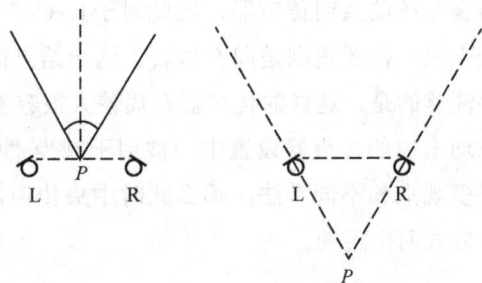

图 3-32　重新定义有效拾音角顶点

在实际的录音实践中，通常声源与拾音系统的距离是要远远大于传声器间距的。因此，上述的理论适用于多数的录音情况。如图 3-33 所示，改变了有效拾音角顶点，就可以实现 2 个子拾音区域的衔接了。根据原先状态下的拾音角度，调整传声器的膜片间距与主轴夹角来旋转子拾音区域，如图 3-34 所示。在该图中，当 L、C 与 C、R 的膜片间距为 25cm，主轴夹角为 70° 时，L-C 与 C-R 子系统的有效拾音角为 100°，此时，由于没有对拾音区域进行角度补偿，两个拾音角有一个明显的 30° 交叠区域。当分别对 2 个拾音区域进行 ±15° 的角度补偿后，可以得到两个彼此不相互重叠的拾音区域，同时两者的边缘完全重叠，形成很好的衔接。

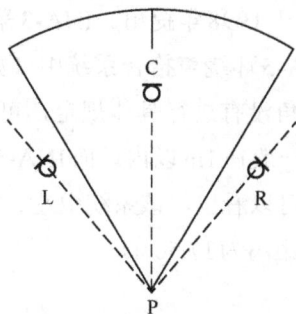

图 3-33 子拾音区域有效拾音角的无缝衔接

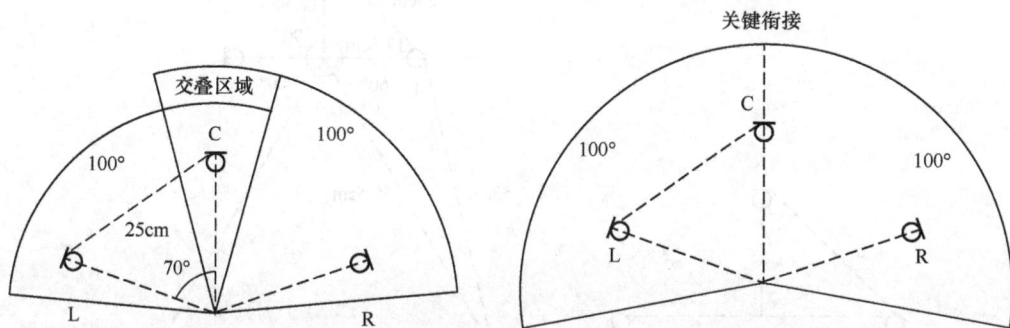

图 3-34 未补偿的有效拾音者与补偿后的有效拾音角对比

以上在讨论 L-C-R 方式的子拾音区域的交叠问题时，借用了迈克尔·威廉姆斯的 MMAD 设置理念中关于前方 3 声道拾音范围的解决方案。由于 MMAD 理论构建系统的子拾音系统采用的是心形指向传声器，相对于 L-C-R 方式来说，显得较为单一，有些传声器的设置还无法完全借用该理论进行解释。因此关于完全合理地利用该理论解释 L-C-R 方式的子拾音区域的交叠问题，今后还需要进一步的探讨和更深入的研究。

④常用的 L-C-R 拾音制式

L-C-R 拾音方式符合 3 声道的定位原理，它借助一支共用的中央传声器组成双子立体声 3 声道拾音系统，使用传声器的数量比较少，是当今许多环绕声拾音系统在前方 3 声道拾音设置上的主流形式。

由于理想的双子立体声拾音系统重放定位必须保证左、右声道的信号隔离与双子立体声拾音系统有效拾音角的无缝衔接，因此根据系统采用的声道隔离和补偿方式，可以分为以下 3 个大类：小间距的 L-C-R 系统，同时采用时间差与强度差声道隔离与补偿方式；大间距的 L-C-R 系统，采用时间差声道隔离与补偿方式；同轴 L-C-R 系统，采用强度差声道隔离与补偿方式。

小间距的 L-C-R 系统，采用了时间差与强度差声道隔离与拾音角补偿方式，系统中 3 支传声器的间距通常不超过 1m，且选用指向性传声器。由于同时采用了时间差与强度差声道隔离与补偿方式，中央传声器一般被提前，其与左、右传声器形成三角形设置，左、右传声器膜片形成一定的角度，代表性的拾音制式包括 INA-3 和 OCT 等。

INA系统全称为理想的心形指向传声器布局（Ideal Cardioid Array），由赫尔曼（Hermann）和亨克尔（Henkel）于1998年提出。INA-3采用3支心形指向传声器组成（如图3-35所示），其后被应用于INA-5环绕声拾音系统中（如图3-36所示）。INA-3对系统各传声器之间的间距及主轴膜片夹角没有进行具体规定，可以根据不同情况进行调节，但传声器的间距调整的范围并不大，一般在1m以内。而INA-5环绕声拾音系统中的前方INA-3系统则有明确的规定，由图3-36可以看出，该系统中左、右传声器间距为35cm，膜片主轴夹角为180°，中央传声器前置的距离为17.5cm。

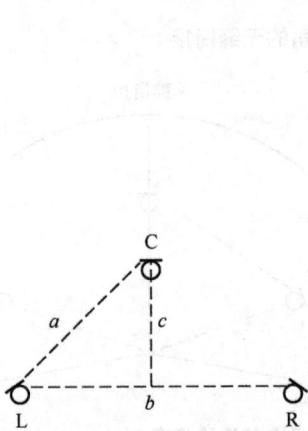

图3-35 INA-3系统　　图3-36 INA-5系统

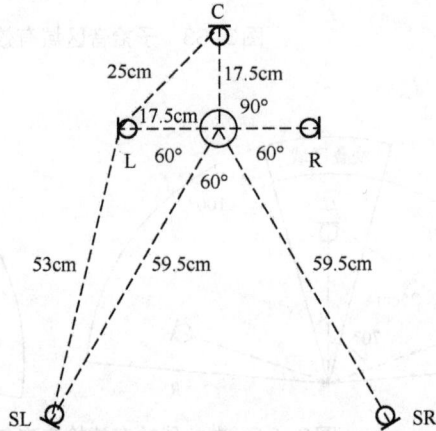

根据迈克尔·威廉姆斯在多声道传声器拾音阵列中对前方3声道的研究，可以得到在不同传声器设置下，INA-3系统中由L-C与C-R子拾音系统有效拾音角经角度补偿合成的整体拾音角度如表3-5所示。表中a、b、c所代表的距离如图3-35所示。

表3-5　经角度补偿合成的整体拾音角度

有效拾音角	a /cm	b /cm	c /cm
100°	69	126	29
120°	53	92	27
140°	41	68	24
160°	32	49	21
180°	25	35	17.5

由于较为合理的传声器设置，使INA-3系统中子系统L-C与C-R可以采取有效的时间差与强度差角度补偿。从格拉泽·泰雷的文献中，得到图3-37所示的INA-3系统的定位测试结果。在图中，3条虚线分别代表可能形成的3个立体声拾音系统。传声器的设置为有效拾音角100°（如图3-34所示），可以看出，L-C与C-R的定位曲线在扬声器重放角度−30°～30°，形成了较为良好的线性连接，但由于左、右声道的隔离度不够，在中置扬声器附近，L、R传声器还是形成一个立体声拾音系统，存在定位干扰的情况。

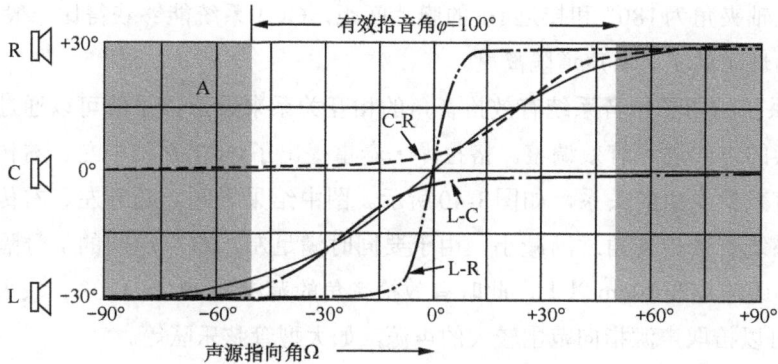

图3-37 INA-3系统的定位结果图

INA-5系统的前方三声道拾音角为180°。由于过于宽大的拾音角度，使INA-5系统在拾取较宽声源（如管弦乐队）时，不得不缩小传声器系统与声源的距离，否则可能会使声源在重放时过于集中于L、R两只扬声器中间。然而由于系统与声源的距离过近，会使后方的SL与SR声道拾取到过多的前方声源的直达声，由此影响到环境信号的重放效果。由此可见，INA-5的前方3声道拾音系统存在着一定的局限性。虽然该系统存在上述的缺点，但由于INA-5的传声器间距较小，加之有固定的支架，便于调整，同时易于携带，其仍然在实况现场的多声道信号拾取方面，具有一定的优势。

OCT的3声道拾音系统，是由格拉泽·泰雷提出的，全称为优化的心形指向传声器三角设置（Optimum Cardiod Triangle）。OCT系统的左、右传声器间距在40～100cm，主轴膜片夹角为180°，两者均采用超心形指向传声器，中央传声器被提前放于8cm的位置，采用心形指向传声器，如图3-38所示。OCT系统可被作为前

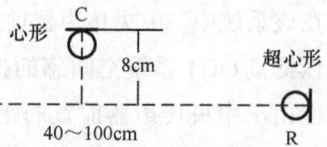

图3-38 OCT系统

方3声道拾音系统，用于OCT环绕声（OCT-Surround）拾音系统中，如图3-39（a）所示。此外，OCT系统也可作为独立的3声道拾音系统，与其他的环境声拾音系统组合形成环绕声拾音系统，如图3-39（b）所示，具有较大的灵活性与适应性。

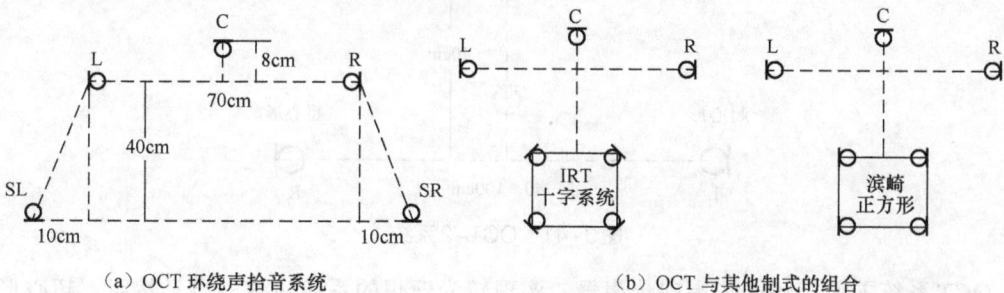

（a）OCT环绕声拾音系统　　　　　　　　　（b）OCT与其他制式的组合

图3-39 OCT系统的应用

较为良好的左、右声道隔离是OCT系统的最大优势。OCT系统的左、右声道使用了超心形指向传声器，众所周知，超心形指向传声器比心形指向传声器更为尖锐，再加之2支传

声器的膜片主轴夹角为180°和接近1m的膜片间距，OCT系统能够获得比一般小间距的L-C-R方式更为理想的左、右声道隔离度。

从OCT系统的两子拾音系统有效拾音角的相互关系来看，该系统可以通过强度差补偿与时间差补偿的方式进行有效调整。格拉泽·泰雷提出了OCT系统中左、右传声器的距离与整个系统有效拾音角的关系，如图3-40所示。图中结果表明，随着左、右传声器膜片间距的增大，系统有效拾音角逐渐减小，由于要同时满足左、右声道间的信号隔离，建议传声器的膜片间距应该在70cm以上，此时有效拾音角的范围是90°～110°。较大的拾音角度使OCT系统可以拾取声源指向范围较大的声源，如大型管弦乐队等。

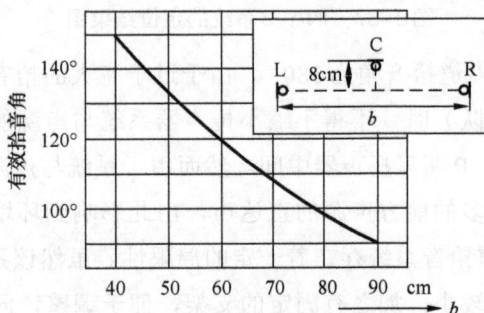

图3-40　OCT传声器距离与有效拾音角的关系

格拉泽·泰雷曾于2004年对OCT系统进行改进，提出了OCT-2系统，如图3-41所示。在该系统中，中央传声器前置的距离被增加到40cm，其意图在于通过增加传声器膜片间距，以提高OCT系统空间感的拾取能力，并接近后文要提到的大间距迪卡树方式的拾音特性。但由于中央传声器前置的距离被加大，子系统中拾音角的时间差补偿值也随之加大，这样势必使子系统的拾音角偏转量过大，导致中间声源超出有效拾音范围，重放定位时会出现幻像声源向中央集中的不良定位（后文将进行论述）。

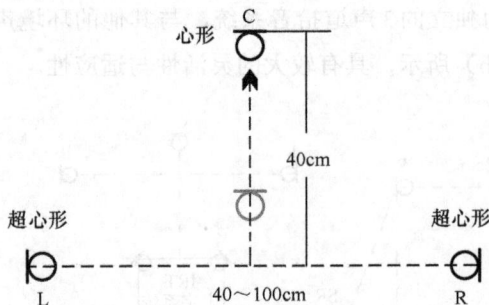

图3-41　OCT-2系统

OCT系统采用了超心形指向传声器，实现较为理想的系统声道隔离。然而，超心形指向传声器较之全指向传声器来说，低频响应较差。因此，对于OCT系统来说，解决系统拾取信号低频响应不足，是不得不面对的问题。格拉泽·泰雷提出了利用全指向传声器补齐OCT系统低频响应不足的方法。图3-42中显示了3种OCT系统低频补偿的方法。方法A和

B 都是在原有拾音系统基础上，增加全指向传声器，经过 100Hz 低通滤波，将低频信号馈送到左、右声道或者中央声道。方法 C 是将中央声道的心形指向传声器替换成全指向传声器。但是这种做法，会改变原有 OCT 系统的拾音特性，特别是声像定位方面的特性。因此，一般是不可取的。

　　大间距的 L-C-R 系统，采用了时间差声道隔离与拾音角补偿方式。由于只是用了时间差方式而不通过强度差方式进行声道隔离与拾音角补偿，因此，传声器间距一般较大（超过 1m），指向性通常选择全指向。但也有例外，如后文论述的深田树（Fukada-Tree）设置。这类系统以迪卡树与深田树的前向 L-C-R 方式为典型。

图 3-42　3 种 OCT 系统的低频补偿的方法

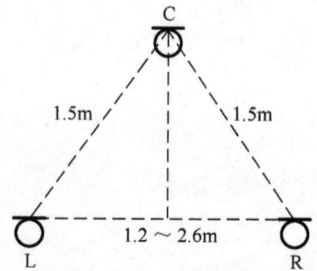

　　迪卡树被应用于 L-C-R 方式似乎是必然的，因为不能回避双子立体声拾音系统与其在传声器设置上的天然继承性关系，所以许多录音师将其应用于环绕声的前向 3 声道信号的拾取。原来用于弥补立体声"中空效应"的中央传声器，被用于拾取独立的信号送入中置扬声器。迪卡树在传声器的设置上较为自由，如图 3-43 所示。由于迪卡树在传统双声道立体声拾音领域的成熟应用，其可以作为独立的 3 声道拾音系统与多种的环境信号拾音系统组成环绕声拾音系统，如图 3-44 所示。

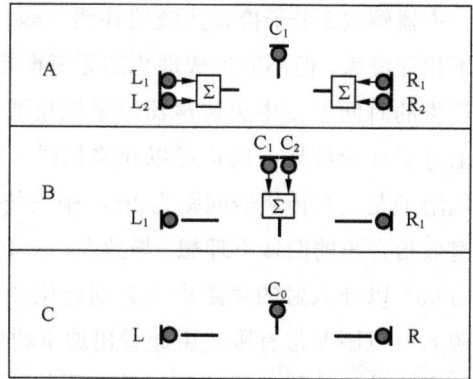

图 3-43　迪卡树系统

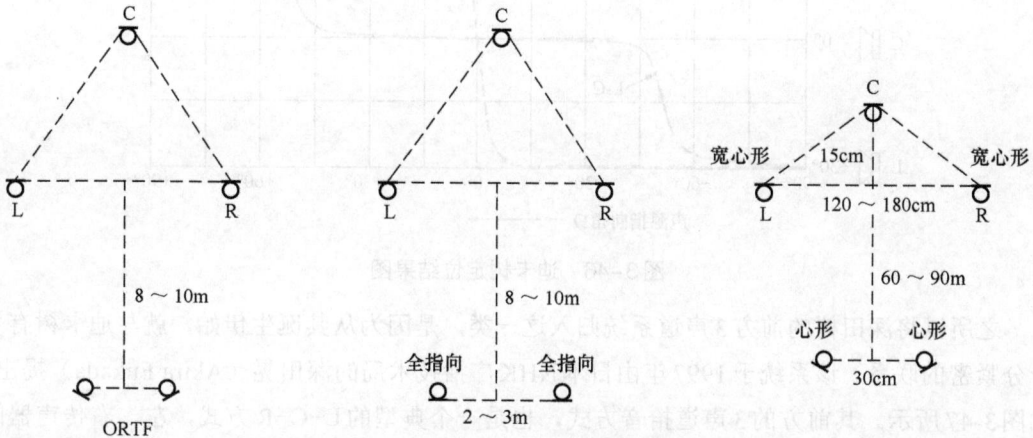

图 3-44　迪卡树与其他制式组合

　　全指向传声器的应用能使该系统具有更好的中低频响应，而左、右声道的隔离问题仅能依赖加大传声器膜片间距的时间差方式来解决。迪卡树左、右传声器膜片 1.2～2.6m 的大间距，为其进行时间差声道隔离提供了条件。由前文的计算可得，1.2～2.6m 的大间距完全满足了时间差声道隔离的要求。同时，该系统应用了时间差补偿方式，通过提前放置中央传声器解决2个子拾音区域的补偿问题。虽然这种方法使2个子拾音系统的有效拾音角彼此不相互覆盖，但不能形成理想的无缝衔接，如图3-45所示。此外，由于中央传声器前置过多，产生的时间差使中央传声器过早地拾取到中央声源的信号，影响双子立体声重放定位。以上分析理论结果，同样可以在格拉泽·泰雷的文献实验中找到答案，如图3-46所示。实验选用了左、右传声器间距为2m，中央传声器前置1.5m的迪卡树设置，由于子传声器系统的有效拾音角的衔接不理想，导致左、右45°内入射的声源重放定位被集中于中央声道，而左、右60°以外入射的声源重放分别定位在左声道和右声道上，真正能够实现立体声展宽的声源入射范围非常有限。由此看出迪卡树的L-C-R方式在双子立体声定位重放上存在着明显的定位缺陷。但由于迪卡树被使用的悠久历史及其良好的空间与低频响应，其仍然受到许多古典音乐录音师的青睐。

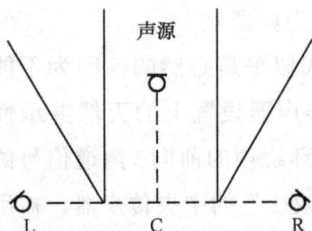

图3-45　迪卡树的有效拾音角

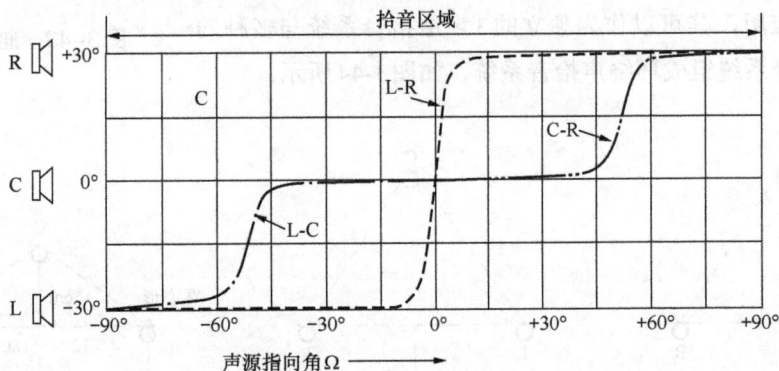

图3-46　迪卡树定位结果图

　　之所以将深田树的前方3声道系统归入这一类，是因为从其诞生伊始，就与迪卡树有着十分紧密的联系。该系统于1997年由日本NHK广播技术局的深田晃（Akira Fukada）提出，如图3-47所示。其前方的3声道拾音方式，也是一个典型的L-C-R方式，左、右传声器间距为0～3m可调，主轴膜片夹角为110°～130°，中央传声器前置距离为1～1.5m，3支传声器都使用心形指向传声器。从左、右声道的信号隔离来看，心形指向传声器可以引入强度差隔离，这无疑提高了原有信号的隔离效果，这对整体系统的拾音及重放定位是有帮助的。而对于2个子拾音系统而言，中央传声器的大距离前置，会导致与迪卡树系统同样的定位畸变问题。此外，采用心形指向传声器会失去全指向传声器带来的良好低频响应与空间感。因此在深田树的设置中，为了减少这一不良影响，在左、右声道加入了辅助的低频全指向传声器 L_L 与 R_R，这与 OCT 补充低频特性的做法是一致的。

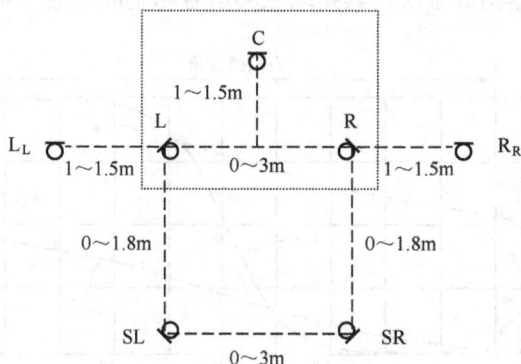

图 3-47 深田树系统

准同轴 L-C-R 系统，采用强度差声道隔离与拾音角补偿方式。由于仅采用了强度差补偿方式，中央传声器没有被提前放置，3 支传声器处于同一水平线上。看上去似乎是对传统立体声加中央辅助传声器的一种回归。

柯莱普克（Klepko）于 1997 年提出了"准同轴"（Near-coincident）拾音系统，左、中、右 3 支传声器膜片两两间距为 17.5cm 且处于同一水平位置，左、右传声器主轴夹角为 60°，左、右传声器使用的是超心形指向传声器，中央传声器使用的是心形指向传声器，如图 3-48所示。该方式与仿真人头组合被应用于环绕声拾音系统中，如图 3-49 所示。

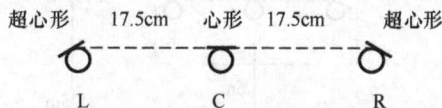

图 3-48 准同轴系统

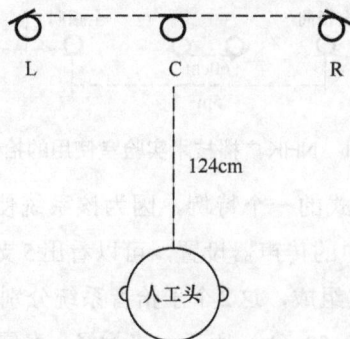

图 3-49 准同轴与人工头拾音系统的组合

经计算可知，仅仅依赖强度差进行隔离和补偿是不充分的，前文中提出的三重幻像声源的问题依然存在。格拉泽·泰雷也对该系统进行了测试，如图 3-50 所示。从图中可以清楚地看出，由于该系统不能进行较为有效的声道信号的补偿，2 个子拾音系统的重放定位形成了比较严重的相互干扰，不能形成良好的线性连接。此外，左、右声道的隔离度不够，导致 L-R 定位仍然存在，这样的结果势必要恶化整个系统的重放定位准确度。由于使用了指向性较为尖锐的传声器构成系统，其拾取低频信号和空间感的效果也不会太理想。

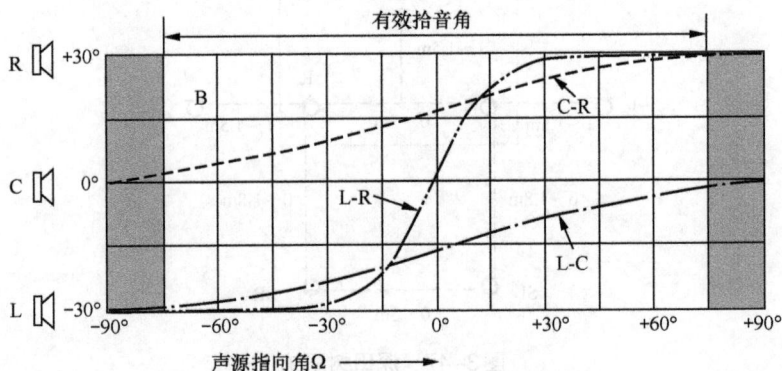

图 3-50　准同轴系统的定位结果图

如图 3-51 所示，NHK 广播技术实验室的滨崎公男（Kimio Hamasaki）等人在论述其分层环绕声拾音系统时，前方的 3 声道系统也采用了类似的准同轴 L-C-R 系统，前方 3 支传声器都采用了心形指向传声器。同样的 L-C-R 方式也曾被德国的 DG 唱片公司用于环绕声的前向 3 声道系统。然而通过理论分析可知，这样的设置会对前方声源的定位精确度产生明显的恶化。

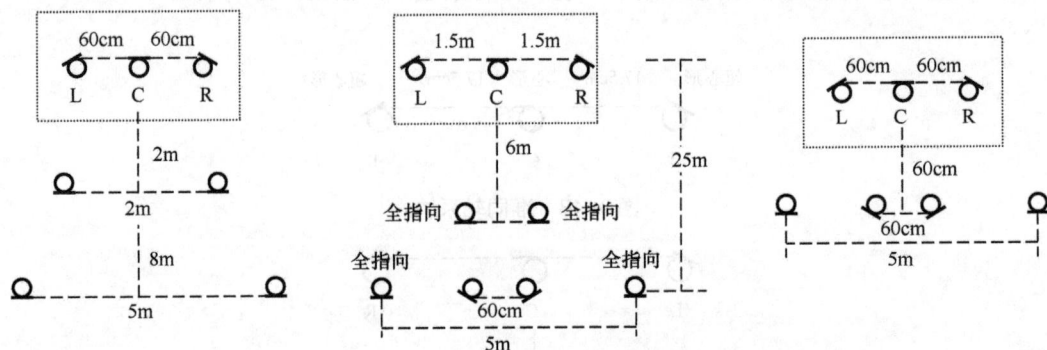

图 3-51　NHK 广播技术实验室使用的拾音系统

Multiple-A/B 是 L-C-R 方式的一个特例，因为该系统使用了 5 支全指向传声器，膜片间距为 2m。根据图 3-52（a）中的传声器设置，可以看出 5 支传声器的设置实际上是由两组时间差加中央传声器的 AB 方式组成，这 2 个子拾音系统分别控制 2 个拾音区域来完成 L-C、C-R 的重放及声像定位，如图 3-52（b）所示。格拉泽·泰雷认为，由于三点方式的时间差拾音方式早已被广泛应用，因此该系统在拾音上有空间感较好、定位略差的特点。该系统由于采用了较大距离的传声器设置，使左、右传声器膜片的间距达到了 10m，这样对于偏离中央的声源来说，可以产生较大的时间差，显而易见左、右声道的信号隔离被完全满足了。但是，从子拾音系统的构建来看，间距为 4m 的 2 支传声器，有效拾音角很小，一定不能产生理想的声像定位。同时，由于使用了全指向传声器而并没有采用信号补偿措施，2 个子拾音系统的有效拾音角还是有覆盖的可能，这势必也会影响系统整体的重放定位。

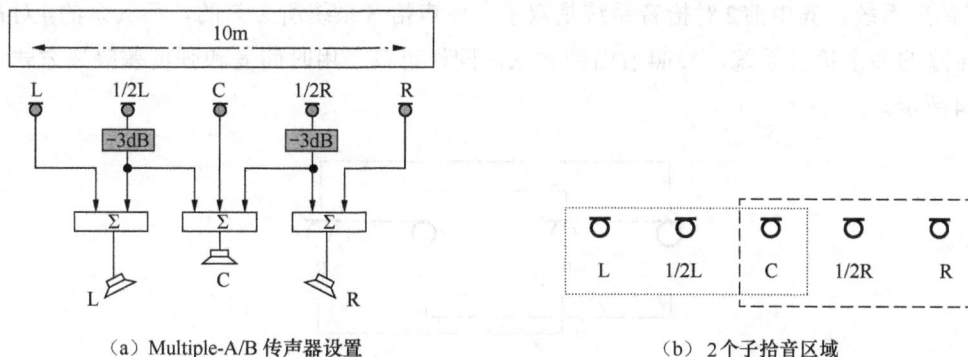

（a）Multiple-A/B 传声器设置　　　　　　（b）2 个子拾音区域

图 3-52　Multiple-A/B 拾音系统

（2）$L_L-R_L-L_R-R_R$ 方式（双独立立体声传声器系统）

以双子立体声定位理念为基础的 $L_L-R_L-L_R-R_R$ 方式，是以 2 个独立的子立体声拾音系统构成的 3 声道拾音系统，因此亦称为双独立立体声传声器系统。它与前文所述的 L-C-R 方式就像 2 个同胞兄弟，两者以相同的重放定位理念为基础，而在传声器的设置上又存在一定差别。该系统分类由 L_L、R_L、L_R、R_R 4 支传声器构成，由于使用 2 个独立的子立体声拾音系统，因此没有共用的中央传声器。传声器 L_L、R_L 构成左方子拾音系统，其拾取的信号用于扬声器 L-C 的子立体声区域进行重放；传声器 L_R、R_R 构成右方子拾音系统，其拾取的信号用于扬声器 C-R 的子立体声区域进行重放，如图 3-53 所示。相对独立的子立体声拾音系统为选择子系统的拾音方式提供了较大的空间，多种传统双声道立体声拾音制式可以被使用在子系统中。对于 2 个子立体声系统来说，原有的立体声拾音定位原理都可以适用，其中包括强度差、时间差等。

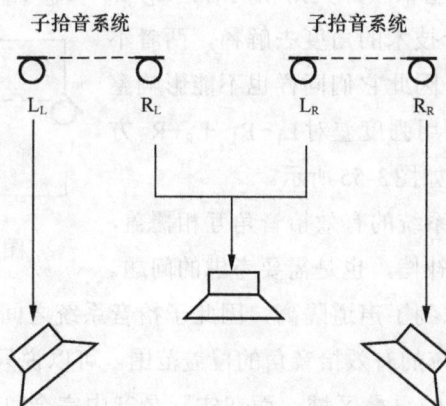

图 3-53　双独立立体声传声器系统

① $L_L-R_L-L_R-R_R$ 的声道隔离与补偿

由于使用了双子立体声拾音定位原理，$L_L-R_L-L_R-R_R$ 方式也存在多重幻像声源问题，需要进行声道隔离。从传声器的设置上看，构建 $L_L-R_L-L_R-R_R$ 方式的传声器数量要多于 L-

C-R，因此传声器的组合方式要多于后者，这样就有形成更多立体声传声器系统的可能性。初步判断可能形成的立体声传声器系统有 L_L-R_L、L_R-R_R、R_L-L_R、L_L-R_R、L_L-L_R 和 R_L-R_R 6对立体声系统，其中前2对拾音系统是双子立体声拾音系统所必需的，而其余的4对都是必须排除的多余拾音系统，参照前面的方法，同样可以采用时间差和强度差隔离方式，如图3-54所示。

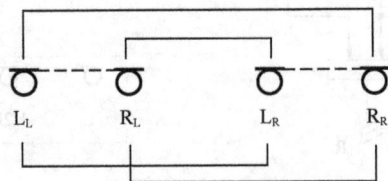

图3-54　声道隔离问题

"大间距"可以用来概括 L_L-R_L-L_R-R_R 方式的时间差声道隔离。由于使用的是2个子拾音系统，且其之间没有共用传声器，它们彼此是相互独立的，因此子系统的间距调整起来较为自由。通过大间距来获得更大的声道隔离是 L_L-R_L-L_R-R_R 方式进行时间差声道隔离的特点。只要2个子拾音系统之间的间距足够大，剩余的4个拾音系统就都不能形成良好的系统连接，因此通过时间差方式的声道隔离是十分有效的。

在使用有指向性传声器的时候，L_L-R_L-L_R-R_R 方式的强度差隔离显得很特殊。由于不共用中央传声器，子系统拾音制式的选择较为自由。当使用带有强度差的拾音制式时，L_L-R_R 系统的声道隔离由2支传声器的膜片主轴张角与指向性来决定，子拾音系统传声器的主轴膜片张角越大，两声道之间的声道信号隔离越大。观察 R_L-L_R 系统可以发现2支传声器的膜片主轴张角并不像常规的拾音系统那样向外侧张开，从原理上来说，两者不能形成正常的拾音系统强度差，因此可以排除 R_L-L_R 的信号干扰。再看 L_L-L_R 和 R_L-R_R 这2对系统，如果2个子拾音系统的传声器主轴膜片夹角相同时，L_L-L_R、R_L-R_R 的传声器膜片是平行没有夹角的，同样从立体声拾音技术的角度去解释，两者不能形成正常的强度差关系，因此它们同样也不能影响整个系统的声像定位。因此利用强度差对 L_L-R_L-L_R-R_R 方式进行声道隔离是可行的，如图3-55所示。

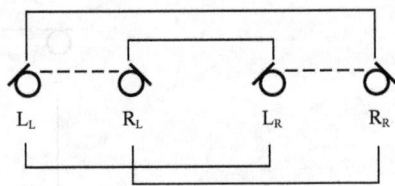

图3-55　强度差隔离方式

避免2个独立的子拾音系统的有效拾音角互相覆盖，进而进行2个子拾音区域的补偿，也是需要考虑的问题。在设置系统时由于首先考虑到了声道隔离，因此子拾音系统之间的间距通常较大，这样无形之中减少了2个子拾音系统的有效拾音角的覆盖范围。可以说只有距离拾音系统较远的声源才会进入2个子拾音系统的重叠区域，而在实际录音中完全可以通过加入辅助传声器的方法来加强定位。对于子拾音系统有效拾音角的调整，许多文献认为，2个子拾音系统的相对位置不一定是固定的，可以不像常规设置那样处于同一水平线上，如图3-56所示。根据声源的实际情况进行调整，同样可以运用前文提及的声道信号补偿方式。但必须注意的是，由于2个子拾音系统之间的距离较大，当运用声道补偿方式调整2个子拾音系统的有效拾音角时，2个子拾音系统的间距会使部分声源向中央声道移动，造成一定的定位比例失调。

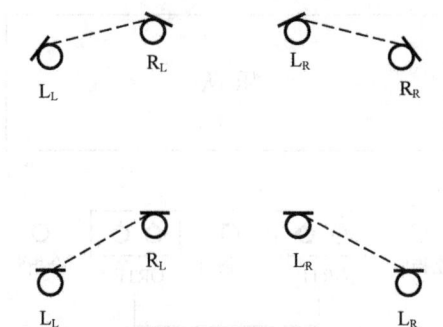

图3-56　传声器设置

与L-C-R方式相比，考虑到声道隔离的要求，2个子拾音系统之间的间距一般较大，与之相适应的声源范围也应较大，因此L_L-R_L-L_R-R_R方式比较适合大型管弦乐队的拾音，而对于小型乐队或独奏节目就不太适合了，所以它在实践中应用范围有限。当然独立的子拾音系统使录音师可以根据具体情况选择合适的立体声拾音方法组成该系统。传统的时间差与强度差立体声拾音方式的组合是首选。

②L_L-R_L-L_R-R_R常见拾音方式

格拉泽·泰雷提出了基于典型强度差立体声拾音制式的L_L-R_L-L_R-R_R方式，如图3-57所示。独立的子立体声拾音系统由XY制式组成，2个子拾音系统之间的间距是8m，并形成2个子拾音区域，较大的间距保证了2个子拾音系统间良好的声道隔离。同时，两侧传声器加入了0.15ms的时间差，时间差的电补偿方式实际上是考虑到了2个子拾音系统的拾音角覆盖问题。8m的子拾音系统间距可以看出2个子拾音区域的覆盖范围不大。

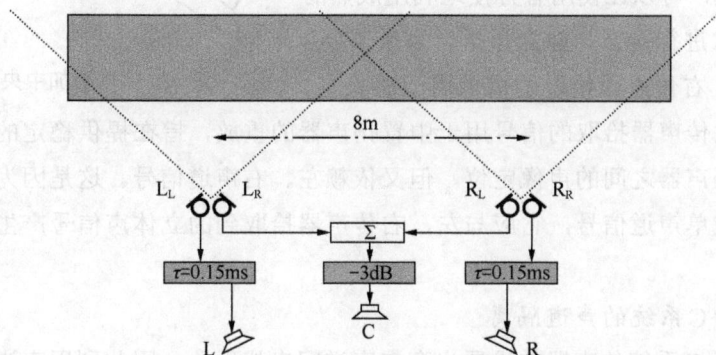

图3-57　基于XY方式的双独立立体声传声器系统

泰拉克公司的环绕声拾音系统中，曾使用过L_L-R_L-L_R-R_R方式，如图3-58所示。子拾音系统由2个独立的ORTF拾音制式组成。由于ORTF拾音制式的有效拾音角为96°，因此2个ORTF子系统足以拾取前方较大范围内的声源。中间加入的全指向传声器，目的是提高前方拾取信号的空间和低频响应。该系统并没有具体规定各个传声器的膜片间距，但根据双子立体声3声道拾音系统的声道隔离要求和保证3支全指向传声器拾取信号的非相关性，2

个ORTF子系统的传声器膜片间距一定比较大，至少应大于2m。

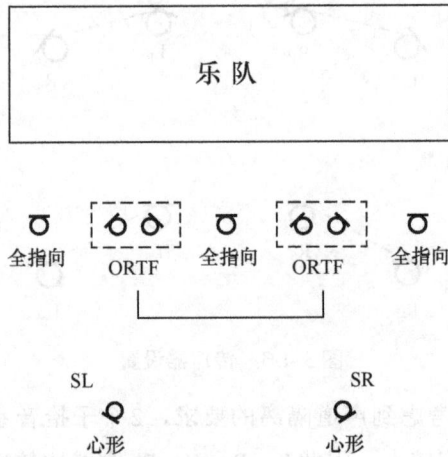

图3-58 双ORTF系统

3. 立体声附加中央传声器的3声道拾音方式

3声道拾音系统的另一大类，是立体声附加中央传声器的方式，简称Stereo+C系统，如图3-59所示。该类系统是以立体声附加中央声道重放定位理念为基础而建立起来的拾音系统。这种起源于电影环绕声混音技术的3声道重放理念，实际上是钟情于传统双声道立体声拾音技术的录音师对3声道系统的一种妥协。它保留了的左、右扬声器形成的单一声像定位区域，可以让使用者方便地利用成熟的立体声拾音技术进行录音。建立该拾音系统需要3支传声器，左、右传声器拾取的信号用于送入左、

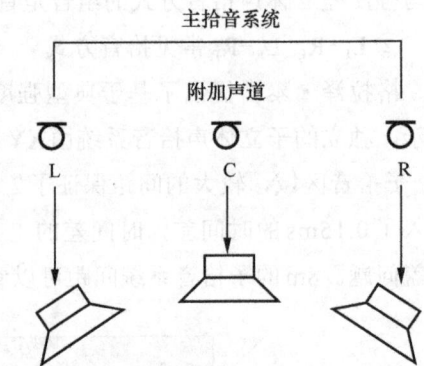

图3-59 立体声附加中央传声器拾音系统

右扬声器。中央传声器拾取的信号用于中置扬声器的重放，旨在提供稳定的中央声像，它不参与左、右扬声器之间的声像定位，但又依赖左、右声道信号。这是因为由中央传声器拾取的信号形成单声道信号，它应与左、右传声器拾取到的立体声信号产生的中央幻像声源相一致。

（1）Stereo+C系统的声道隔离

根据Stereo+C系统传声器的设置也存在声道间串扰现象，因此利用声道隔离来减少声道间串扰也是必不可少的。由于该系统保留了L-R这个单一拾音系统，由它来完成系统声像定位信号的拾取，相比之下L-C、C-R则成为多余的拾音系统。因此，Stereo+C系统声道隔离是避免形成L-C、C-R这2个多余的拾音系统。同时，Stereo+C系统采用单一拾音系统模式，因此不必考虑到2个有效拾音区域的覆盖问题。

在避免形成L-C、C-R这2个多余系统的声道措施上，考虑到L和R主拾音系统的传声器设置，可以自由调整的传声器就只剩下中央声道传声器了。因此Stereo+C系统正确的声

道隔离，应该在保证 L-R 系统正常的拾音状态的前提下，调整中央传声器的设置，使之符合系统声道隔离的要求。根据对中央传声器调整的不同方式，Stereo+C 系统的声道隔离可分为时间差隔离方式、强度差隔离方式和 MS 方式。

　　Stereo+C 系统的强度差隔离方式是利用中央传声器的指向特性，增加其与系统中 L、R 传声器之间拾取信号的相对强度差，来避免 C-L 和 C-R 形成多余的立体声拾音系统，从而尽可能地减少声道间串扰带来的不良影响。中央传声器的指向性越尖锐，与 L、R 传声器的膜片主轴夹角越大，由其产生的信号非相关性越大，声道隔离度也越大，如图 3-60 所示。此外，由于 Stereo+C 系统的强度差声道隔离只牵涉到一支中央传声器，因此相对减少中央传声器拾取信号电平的电声方式，也可以被看作一种强度差声道隔离。但要根据实际声源的情况适量调整，以保证在整个声像定位重放范围内的平衡。

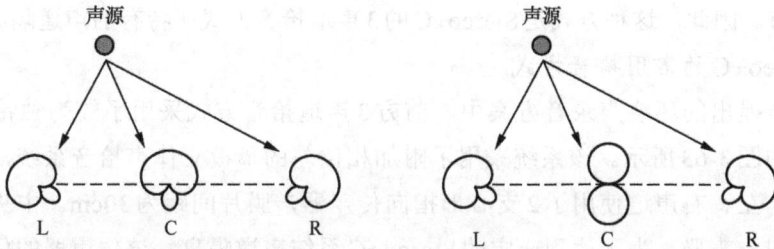

图 3-60　强度差隔离

　　Stereo+C 系统的时间差隔离方式是通过调整中央传声器相对位置，来增加其与左、右传声器的膜片距离，利用由此产生的时间差来进行声道的声道隔离。在不影响 L-R 传声器设置的前提下，加大 L-C、C-R 系统传声器膜片距离的唯一有效方法就是将中央传声器的位置提前，如图 3-61 所示。时间差补偿方式为 Stereo+C 系统提供了更大的空间，特别是使主拾音系统的拾音方式有了更多的选择余地，因此较之强度差隔离方式具有一定的优越性。

　　MS 方式是在传统立体声拾音时经常使用的一种强度差拾音制式，从表面上看，它似乎与 Stereo+C 系统的声道隔离不存在联系。但是，有效地利用 MS 立体声拾音制式的特性却能给 Stereo+C 系统的声道隔离带来意想不到效果，如图 3-62 所示。常规的 MS 立体声拾音系统是由一支单声道传声器（指向性没有规定）和一支与其膜片垂直的 8 字形指向传声器组成的，其中膜片正对声源的单声道传声器为 M 传声器，而横向放置的 8 字形指向传声器为 S 传声器，左、右声道的输出分别为 M+S

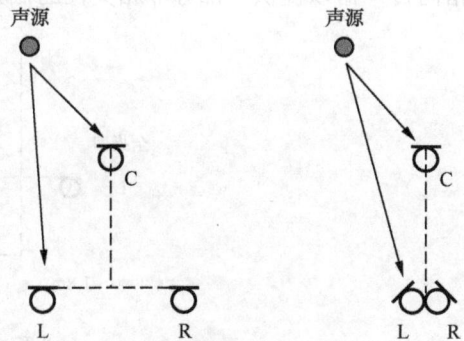

图 3-61　中央传声器前置

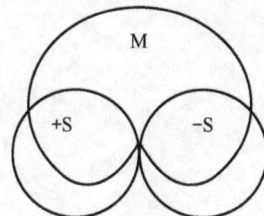

图 3-62　MS 方式

与M–S。

采用MS方式时，M+S与M–S用于3声道左、右声道的信号重放，中央声道使用原始的M信号，使得

$$L = M + S$$
$$C = M$$
$$R = M - S$$

可以发现，用于L–R主拾音系统的M+S与M–S构成了正常的立体声定位信息，而中央声道的单声道M信号不参与L–R的定位，也就是说M信号与M+S与M–S都无法构成正常的立体声拾音系统，那么声道间串扰就不会发生。由以上的分析可以看出，通过矩阵变换的左、右声道信号使中央声道的M信号天然地独立于主拾音系统的立体声信号，使两者自然形成声道隔离。同时，还可以有效地利用MS传声器系统的优点，对系统的有效拾音角进行适时的调节。因此，这种方式是Stereo+C的3声道拾音方式所特有的声道隔离方式。

（2）Stereo+C的常用拾音方式

滨崎公男提出的环绕声录音方案中，前方3声道拾音方式采用了较为独特的Stereo+C拾音方式，如图3-63所示。该系统采用了附加相位差的障板立体声拾音系统，类似于人工头拾音方式，左、右声道使用了2支心形指向传声器，膜片间距为30cm。中央传声器同样使用心形指向传声器，为了达到一定的Stereo+C系统声道隔离，该传声器的位置被提前放置，提前的距离虽然没有明确规定，但想要达到理想的声道隔离，中央传声器被提前的距离最好要达到3～5ms的时间差提前量。由于使用心形指向传声器，因此在拾音时可能会因为传声器的指向特性损失部分的低频信号和空间感，因此在系统两边加入了间距较大的全指向传声器以提供一部分非相关性的低频信号与空间感。

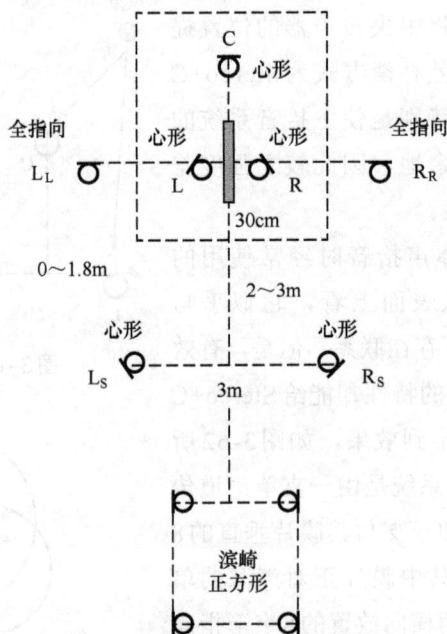

图3-63 滨崎公男的Stereo+C系统

　　埃德温·普法纳扎格（Edwin Pfanzagl）提出了时间差附加中央复合心形指向传声器（AB-PC）系统，如图3-64所示。他通过详细比较不同立体声拾音制式在录制管弦乐队时的不同特点，认为较大间距的AB拾音方式在拾取空间信息方面更具有优势，但会产生"中空效应"。对于中空问题，埃德温·普法纳扎格采用一组心形指向传声器系统弥补中央声源信号的不足，该系统由一个ORTF立体声拾音系统和一个单声道中央传声器组成，称为ORTF三角形布局（ORTF-Triple）。当该系统用于3声道系统拾音时，ORTF三角形布局的中央传声器信号可被应用于中央声道的信号重放，ORTF立体声拾音系统拾得的信号则被送入左、右声道用以弥补大间距的AB拾音方式产生的"中空效应"。

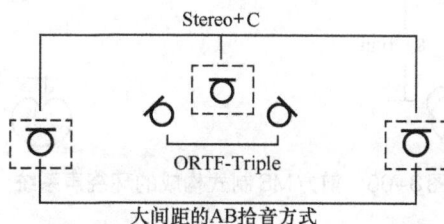

图3-64　时间差附加中央复合心形指向传声器系统

　　绝大多数论述环绕声拾音技术的文献都要谈到双MS方式，该方案由库尔特·威廷（Curt Witting）等人提出，如图3-65所示。它由两个相互重叠的MS立体声系统组成，一个为前方3声道提供重放信号，另一个为后方环绕声道提供重放信号，两个MS立体声系统共用一个S信号。前方3声道信号的拾取显然是由一个依赖于MS矩阵系统的Stereo+C方式来完成的，左、右声道的信号由MS系统矩阵变换得到，而中央声道信号则由M传声器来拾取。当然也有些理论家提出在前方MS方式的前面再增加一支心形指向传声器，用以提供额外的中央声道信号，并加入一定的延时以保证与主拾音系统的时间一致。但笔者认为，可以不必给附加的中央传声器加入延时，反而可以利用提前放置传声器产生的时间差来控制中央传声器与主传声器系统的信号分离度，进行有效的声道隔离。

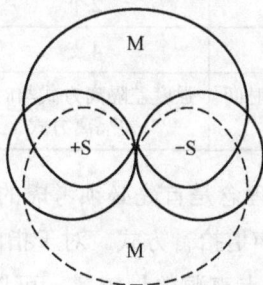

图3-65　双MS立体声系统

　　丹麦广播公司在音乐环绕声录音中，大量采用了MS方式为前方的3声道系统提供重放信号，体现了他们在使用MS方式作为环绕声前向3声道拾音系统的成熟观点，如图3-66所示。该系统使用了一个MS立体声拾音系统和一个用于拾取中央声道的心形指向传声器作为3声道拾音系统的组成，主拾音系统为左、右声道提供一个具有良好定位特性的MS矩阵解码信号，前置的心形指向传声器则提供了一个稳定的中央声源信号，由中置扬声器重放。两组信号相互不产生关联，不会造成信号的串扰而影响整个3声道系统的重放定位。

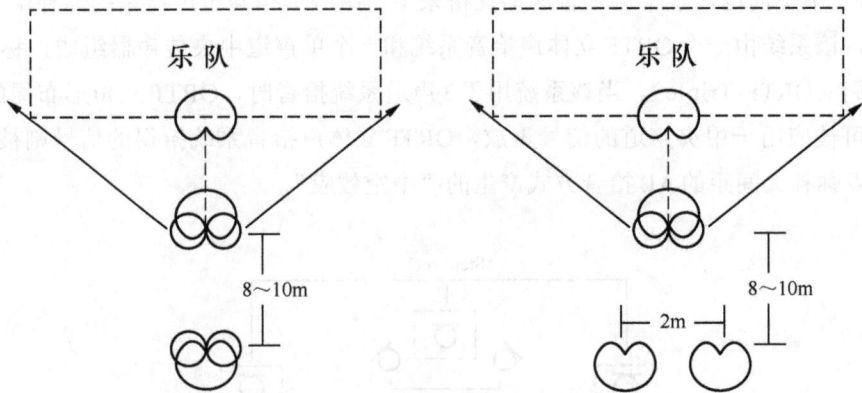

图3-66　前方MS制式构成的环绕声系统

3.2.1.3　前方3声道拾音系统的建议

我们对于3声道重放系统的特点及由其决定的传声器拾音系统的分类和拾音原理进行分析，目的是希望通过较为详尽的讨论，为录音师进行音乐环绕声录音提供具有理论价值的指导原则，以便在今后的工作中能根据实际需要采用最为合适的传声器系统。根据前文对于3声道拾音系统的论述，我们可以清晰地得到现有可使用的3声道传声器系统及其相互关系，如表3-6所示。如何选择多声道拾音系统中的前方3声道拾音方式，应该把握以下重要因素。

表3-6　3声道拾音系统总结

重放定位理念	双子立体声定位理念		立体声加中央声道定位理念
传声器拾音系统	L-C-R方式	L_L-R_L-L_R-R_R方式	立体声拾音系统加中央传声器
有效拾音区域	1个	2个	1个
使用传声器数量	3支	4支	2支及2支以上
声道隔离方式	强度差隔离方式与时间差隔离方式	强度差隔离方式与时间差隔离方式	强度差隔离方式、时间差隔离方式与MS隔离方式

首先，确定采用何种重放定位理念是首先必须考虑的问题，只有确定了重放定位原理，我们才可以根据其确定所使用的3声道拾音方式。对于指向角度范围较大的声源，如管弦乐队、大型混声合唱队等，所拾取的点声源数量较多，可以选择以双子立体声定位理念为基础的3声道拾音系统，这样通过2个定位区域来展现的声源更为细腻。对于小型室内乐和协奏曲这类的音乐体裁，立体声加中央声道定位理念更为适合，因为小型乐队的展开范围较小，乐器较少，更为强调融合性，这与以单个拾音系统为核心的3声道拾音系统的特点相符。对于协奏曲类音乐节目，此种方式就更为适合，我们可以使用中央声道传声器拾取独奏的

乐器声部，以满足特殊音乐体裁的需要。

其次，处理好声道隔离和传声器有效拾音范围之间的矛盾关系。为了消除声道间串扰产生的不良影响，必须采取有效的声道隔离措施，根据强度差和时间差声道隔离的技术要求，系统的传声器膜片间距往往要超出正常的范围，传声器可能使用指向性较强的类型。这样的传声器设置无法为拾音系统的有效拾音角提供太大可调整的余地。因此在实际使用时，需要根据实际拾取声源的需要，在同时体现两者需求的前提下，寻找两者的平衡点。对于强调声像定位的声源来说，可以把重心放在声道隔离的设置上；而对于强调整体性和融合性的声源来说，可以多顾及有效拾音角与声源的关系。

最后，处理好传声器指向性的选择与声源信号音色品质之间的矛盾关系。根据前文的分析可知，在使用强度差进行声道隔离时，3 声道拾音系统大都使用指向性较为尖锐的传声器，这样的设置不仅会限制系统的拾音范围，还会给拾取信号的音色带来影响。由于指向性传声器的低频响应较差，通常会引起所拾取信号的低频成分不足，音色较为单薄。同时，强指向性传声器还会减少厅堂反射声的拾取，从而影响节目整体的厅堂临场感。因此我们需要在设置传声器系统时再次寻找一个平衡点，在选择传声器指向性时，应考虑其与音色品质的矛盾关系，必要时可以加入辅助的低频信号传声器用于补齐低频信号的不足。

综上所述，可以将选择 3 声道拾音系统的重要因素归纳为"一个关键，两对矛盾"。当然，实际的录音状态还要受到许多客观条件的制约，仅此精练的概括不能涵盖所有的情况，特别是在多声道录音的条件下，考虑的因素要更加复杂，这就要求录音师有着较为周全的思考，这其中包括对现场客观状况的把握、传声器系统构建的经验及对录制作品的理解。

3.2.2 多通路传声器拾音系统中的环境信号拾音系统

完整的多通路拾音系统除前方 3 声道拾音系统以外，另一个就是环境信号拾音系统。多声道信号的重放由于后方扬声器的引入，在环境信号的重放方面，不仅可以从前方扬声器系统得到舞台方向声源信号的直达声和反射声，而且还能够通过后方扬声器获得来自侧面及后方的反射声信号，形成一个环境信号声场，这可以大大增强听音者的临场感。环境信号需要一个较为独立的拾音系统来拾取。正确构建多声道传声器系统中的环境信号拾音系统是多声道系统优势的关键体现，没有充分的临场感及环境信号的润色，即使前方声源的直达声信号定位再清晰，也无法称为真正意义上的环绕声信号。

3.2.2.1 环境信号的特点及重放系统要求

环境信号的组成部分主要是声源由于所处厅堂环境特性而产生的近次反射声（早期反射声）和混响声信号，它们各自的强度变化、频响特性、持续时间的长短，相互之间的比例关系、间隔时间，以及其造成整个厅堂整体声压的变化等问题都直接反映出厅堂的声学特性，并直接影响最终聆听的声音效果。近几年随着三维声系统中声音对象（Object）的兴起，环境信号也包含了环境声中精准定位的点声源，如在塑造森林的声音场景中，会存在精准定位的鸟叫声等。环境信号重放系统的目的在于充分地重现以上这些信号成分，以建立足够的听音包围感和临场感。在多声道条件下，对于环境信号重放的描述、指标数据和影响它们变化因素的研究是非常重要的。在第2章的论述中可以看出，对于空间声场而言，最重要的两个参数分别是感知声源宽度（ASW）和包围感（LEV），应该合理地设置环境信号拾音系统，从而较好地呈现这两个参数。

对于ITU-R BS.775标准，除前方的L、C、R 3声道重放系统以外，实际上还可以得到重放环境信号的另一个扬声器组合，即前方的L、R声道和后方的L_S、R_S声道，如图3-67所示。L和R这两个声道在信号的重放上具有双重功能，它们既承担着重放前方声源的直达声的任务，又需要重放来自听音者前方与侧方的反射声信号。而后方扬声器的加入则可以与前方的两个声道组合来完成来自听音者侧面和后方的环境信号重放，这就形成了一个由4个声道构成的环境信号重放系统。

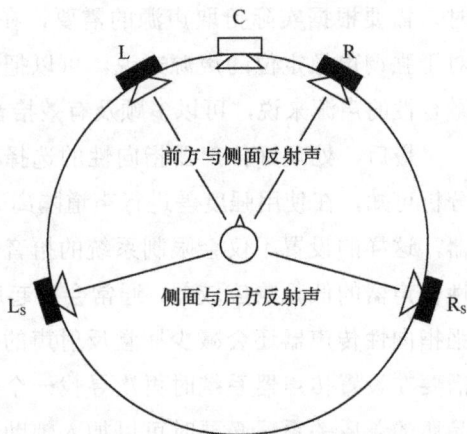

图3-67　环境信号重放系统

相关心理声学实验表明，当反射声来自听音者四周时，环境氛围感最大，要充分呈现出各个方向的空间信息，应该在至少4只扬声器上加上不相干的混响声信号。格拉泽·泰雷在文献中将其称之为"4声道房间系统"（Four channel room configurations），即构成4个重放区域，分别是L-R、L-L_S、R-R_S、L_S-R_S。值得注意的是，根据人耳的听觉特性，人耳对于侧方L-L_S和R-R_S区域及后方L_S-R_S区域声源的定位能力并不理想，但此时由于重放信号以反射声和混响声为主，因此声像定位的要求变得不再重要了，我们也无须构成特定的立体声重放定位区域。

3.2.2.2　环境信号拾音系统

1. 环境信号拾音系统的构建原则

以早期反射声和混响声为主的环境信号不包含任何声源信号的定位信息，因此对于如何有效地拾取反射声信号，并没有成熟且系统的立体声拾音理论规律可循。在设置传声器系统时，核心问题是选择合理的拾音系统有效地拾取环境信号。根据前文论述，在构建环境信号拾音系统时应建立以下基本原则。

① 必须以多声道环境信号监听系统为基础，建立环境信号拾音系统，该系统中除为前方L、R扬声器提供必要的环境信号以外，还应为后方的L_S、R_S扬声器提供必要的厅堂空间信息信号。

② 在设置环境信号拾音系统的传声器摆放方式时应尽量避免拾取来自舞台声源的直达声信号，以免干扰实际声源的定位，影响前方3声道系统重放质量。

③ 拾取环境信号应兼顾来自厅堂侧面和后方的反射声信号，使拾取的信号充分有效。

在设置环境信号拾音系统时，主要涉及传声器的数量、指向性、在厅堂中设置的位置和各个传声器彼此之间的关系等一系列问题。与此同时，拾取的环境信号的直混比也是必须考虑的重要因素。特别需要注意的是，一定要避免直达声过多地进入环境声重放系统，否则会干扰听音者对声源定位的判断，甚至于对声源的音色产生不良影响。

以上 3 个原则对于建立真正的多声道环境信号拾音系统是十分重要的，必须明确的是：建立环境信号拾音系统的目的是通过传声器系统拾取到厅堂内自然反射声能信号，这与在后期制作中利用人工混响器所制造出的环境信号是完全不同的。

2. 环境信号拾音系统

对于多声道环境信号系统的类别界定，并不像前方 3 声道拾音系统那样有重放机理作为划分的标准，其划分依据可以从系统传声器的设置及其功能入手，根据现今普遍使用的传声器设置方式，环境信号拾音系统可以分为两种基本形式，即非独立两声道拾音系统（L_S-R_S 方式）和独立 4 声道拾音系统（FL_S-FR_S-L_S-R_S 方式）。

（1）非独立两声道拾音系统（L_S-R_S 方式）

非独立两声道拾音系统一般由两支传声器构成，彼此间隔一定的距离，用于拾取送入 L_S 和 R_S 两个环绕声道的环境信号。由前文可知，完整的环境信号重放由 4 只扬声器构成，因而至少需要有 4 个用于重放的信号，该系统不能独立完成整个系统对于环境信号的拾取任务，而需要借助已有的前方 3 声道拾音系统来完成对于前方声道环境信号的拾取。从这类传声器系统的设置来看，它无疑是对于立体声时代"混响传声器"的直接继承和发展，两者共同采用了两支传声器的设置，实际上就是将本来被送入前方左、右扬声器的信号改为送入后方的两只扬声器，以构成对多声道环境信号的拾取形式。

① 非独立两声道拾音系统的信号隔离

根据环境信号拾音系统的属性要求，用于后环绕声道信号拾取的两声道拾音系统主要拾取的是来自听音者后方和侧面的声源反射信号，同时应尽量避免拾取到来自前方舞台上声源的直达声信号。因此，对于传声器的设置应采取一定的措施，使之与前方 3 声道系统拾取的直达声信号隔离。此处所提及的"信号隔离"不同于先前 3 声道拾音系统时的"声道隔离"。根据传声器的本身的特性和拾取信号的特点，环境信号拾音系统可以采取两种方式进行信号隔离，即强度差隔离方式和时间差隔离方式。

利用传声器的指向特性可以大大减少环境信号拾音系统拾取的直达声信号，通常将两支传声器膜片输出最大的部分朝向厅堂的后方或侧方，同时使其输出最小的位置朝向声源。这样既保证充分拾取到厅堂后方及侧方的反射声信号，又避免拾取到过多的声源直达声，如图 3-68 所示。

虽然采用指向性传声器可以有效避免声源直达声信号的拾取，但是由于传声器的指向特性使其不能充分拾取到厅堂各个方向的环境信号，特别是来自侧方的反射声，同时拾取信号的低频也不够充分。因此可以采用两支全指向传声器来解决上述问题。为了避免直达声摄入过多，此时应该采用时间差隔离方式，通过加大传声器与声源之间的距离来增大直达声信号到达传声器的时间（一般大大超过混响半径），如图 3-69 所示。

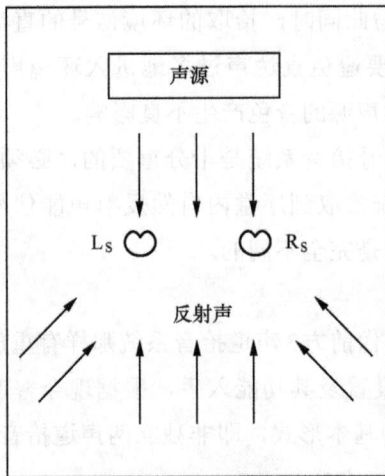

图3-68　强度差隔离方式　　　　　图3-69　时间差隔离方式

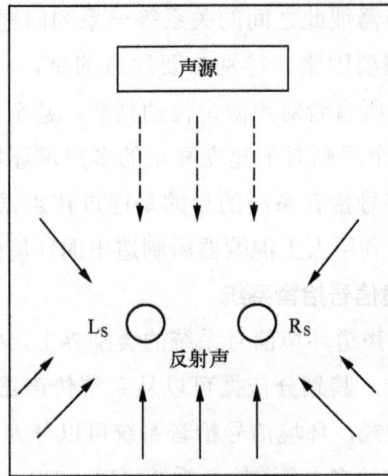

② 非独立两声道拾音系统的传声器设置

进行必要信号隔离是非独立两声道拾音系统的传声器设置的前提，在此基础上，还需关注系统内传声器之间的设置距离及角度，以及两声道环境信号拾音系统在厅堂中的设置位置。由于两个声道的环境信号拾音系统需要借助前方3声道拾音系统中的传声器来共同完成环境信号的拾取，因此传声器的间距与拾音系统的放置位置是紧密联系的。

当非独立两声道拾音系统采用强度差隔离方式时，通常选用心形指向传声器，传声器膜片主轴尽量偏离声源，并且要充分拾取到反射声，可以采用两种形式，如图3-70所示。一种形式是传声器主轴正方向背对声源，此时声道信号隔离最好，但传声器对于反射声信号的拾取并不是最佳的。另一种形式是调节传声器膜片角度，使其偏向厅堂两边，这样就兼顾拾取了来自后方和两侧的反射声，此时，来自声源的直达声信号可能会有所加强，补救的方式是加大系统与声源的距离，引入适量信号的时间差隔离方式，以加大与直达声信号的隔离。采用强度差进行直达声隔离时，两声道环境信号拾音系统与前方3声道拾音系统的距离可以不必设置得过远，通常可以控制在1m左右，甚至1m以内。

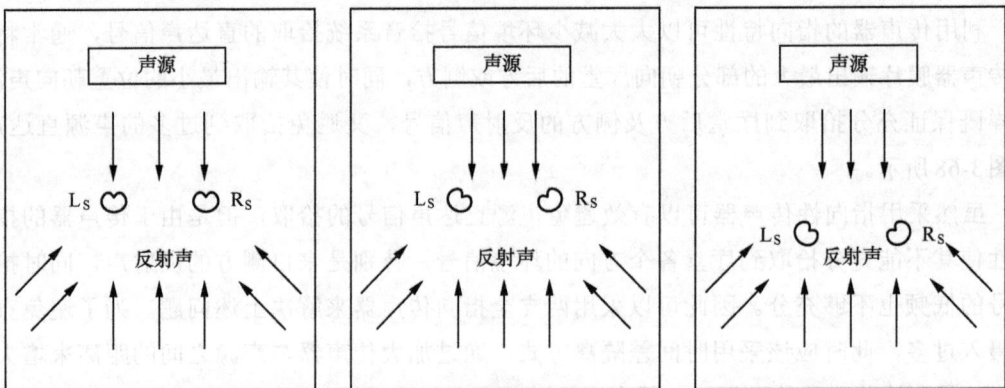

图3-70　两声道环境传声器设置

全指向传声器可以更容易地拾取到来自各个方向的反射声信号，而且由于其良好的低频响应特性可以带来满意的低频反射声，对于大多数录音师来说，在拾取环境信号时更愿意采用全指向传声器。在这种情况下，只能采用时间差隔离方式，将两声道环境信号拾取系统放置在厅堂的后方，通常是在混响半径以外的较远处。这个位置的设定要根据所在厅堂的声学特点及录音师的经验来决定，通常是被设定在距离前方 3 声道系统 3～15m 的范围。由于直达声与反射声拾音系统相距较远，不可避免地导致声道之间信号的时间差状态改变，间隔距离较大时需要通过设置延时来解决这个问题。

根据第 2 章的讨论可知，信号之间的非相关性越大，包围感就越强。当采用全指向传声器时，可以通过加大膜片间距获取更多的非相关反射声信号。当采用指向性传声器时，可以通过增大传声器膜片主轴夹角建立非相关的反射声信号。当然，对于两支环境信号传声器的设置距离还应根据厅堂的具体情况而定，并不意味着两个环境信号传声器设置得越远，声道的隔离程度越大，就一定能够得到很好的环境信号回放效果。英国萨里大学的弗朗西斯·拉姆齐与温·刘易斯曾经采用两支全指向传声器组成的两声道环境信号拾音系统进行了相关的主观听音实验，在其他设置不变的前提下，实验考察了不同传声器间距对包围感、空间感、自然感的影响。图中的横坐标为传声器膜片间距包含 2m、3m、4m 和 5m 四种设置。相关数据表明，传声器膜片间距为 3～4m 时，听音者能够感受到比较好的空间自然感，间距为 2m 时不能提供足够的包围感和空间感，而 5m 这类较大的间距虽然能够提供较强的包围感，但会使听音者感到不自然，如图 3-71 所示。

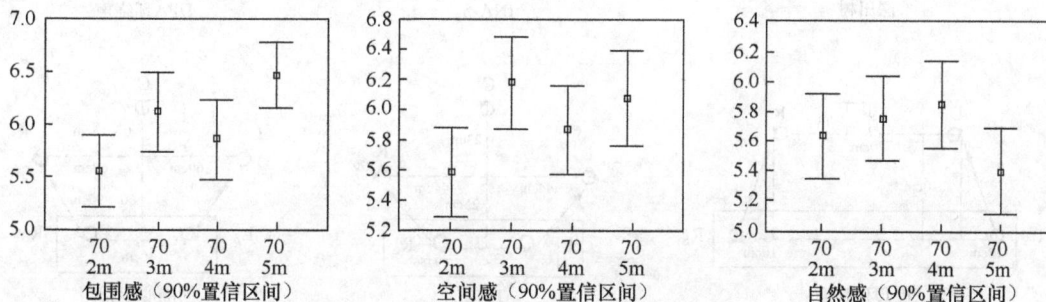

图 3-71　不同间距两声道拾音系统主观评价

在讨论 3 声道拾音系统构建时，并没有关于传声器系统设置高度的讨论。因为对于前方声道来说，传声器的高度应主要根据 3 声道拾音系统的拾音范围和厅堂特性来定，并没有特定的数值。而对于环境信号传声器来说，设置一定的高度是十分必要的。这是因为传声器系统位于一定的高度有利于其更好地拾取来自厅堂顶部和侧墙的反射声。此外由于传声器系统可能被放置在与舞台间隔一定距离的听众席中，在进行实况录音时，一定的高度可以保证听众席的噪声不干扰正常信号的拾取。这个高度根据不同厅堂的特点，一般设置在 3m 以上。

③ 常见的非独立两声道环境信号拾音系统

依据前后方信号隔离的方式不同，非独立两声道环境信号拾取系统分成两个大类：采用强度差信号隔离方式的非独立两声道系统和采用时间差信号隔离方式的非独立两声道系统。采用强度差信号隔离方式的非独立两声道系统一般采用指向性传声器，其中以心形指向传声器居多。因为采用了指向性传声器，这使两声道环境信号系统可以减少前方声源直达声的拾取，其与前方3声道拾音系统的距离则一般较近，通常在1m左右。先前讨论3声道拾音系统时提到的INA-5、OCT环绕声及深田树等信号拾音系统中的环境信号拾音系统都采用了这种方式，如图3-72所示。从图中可以看出，采用强度差信号隔离方式的两声道系统常常与双子立体声L-C-R 3声道拾音方式组合拾取环绕声信号，这种5支传声器系统布局似乎是在模仿重放时的5只扬声器布局。较小的前后系统间距，避免了前后声道由于时间差产生的不良效应，保证了拾取信号的整体性，做好了前后声道信号的良好衔接。此外在这些系统中，L-L$_S$、R-R$_S$、L$_S$-R$_S$之间的间距并不是固定的，由于都使用了指向性传声器，并且膜片都有一定的夹角，因此有些系统虽然采用了30cm这样的小间距，仍然可以获得一定的信号非相关性，以提高空间包围感。

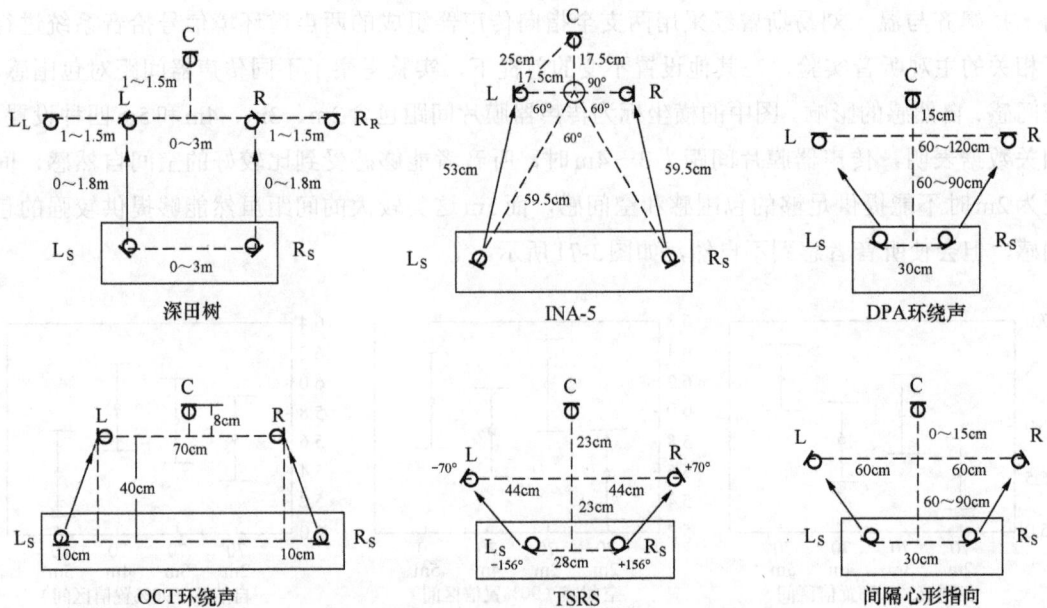

图3-72 采用强度差信号隔离方式的非独立两声道系统

此外，小间距的两声道环境信号还有两种特殊形式——双MS方式和KFM360方式。它们产生的两声道环境信号不是由两支传声器拾取的信号直接得到，而是通过MS方式矩阵解码得到，如图3-73所示。双MS方式中拾取前后方声道M信号的心形指向传声器膜片主轴夹角为180°，这使拾取环境信号的M信号实际上背对声源。由于心形指向传声器（有时也可能使用超心形指向传声器）的存在，大大减少了直达声的拾取。当然，由于两组MS拾音系统几乎处于同一位置，泄露到后方两声道的直达声仍然比较多，为了能使这种双MS方式环境信号能够达到更好的直达声隔离，丹麦广播公司的拉斯·克里斯坦森（Lars Christensen）曾提出对环境传声器信号加入与厅堂早期反射声相对应的延时量（大约为24ms），以消除L$_S$和R$_S$声道存在前方信号的影响。然而，需要注意的是，用MS立体声拾

音系统来拾取 L_S 和 R_S 信号相关性较大，并不能得到令人满意的听音空间感，因此 MS 拾音系统对于两声道环境信号的拾取是存在缺陷的。

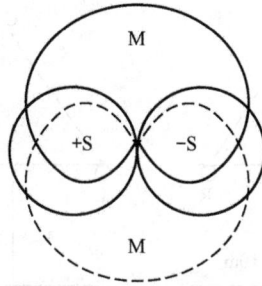

图 3-73 双 MS 拾音系统

KFM360 传声器是 Schoeps 公司推出的球形立体声拾音系统，它利用人工头技术进行立体声拾音。1997 年，杰里·布鲁克（Jerry Bruck）在多声道拾音中使用了 KFM360 传声器系统，并在球形传声器系统两侧的全指向传声器上各加入一支 8 字形指向传声器（其位置放置在全指向传声器的膜片下方，以免影响全指向传声器的频率响应），从而构成两个 M 信号面向两侧的 MS 立体声传声器系统，如图 3-74 所示。根据 MS 传声器系统原理，其可以解码输出得到 L、R、L_S 和 R_S 4 个信号。人工头技术的运用可以消除部分高频的声道串扰，但前后系统的传声器设置并不能使直达声和反射声得到良好的隔离。因此这种利用 KFM360 传声器系统拾取多声道信号的方式并不能得到令人满意的结果。

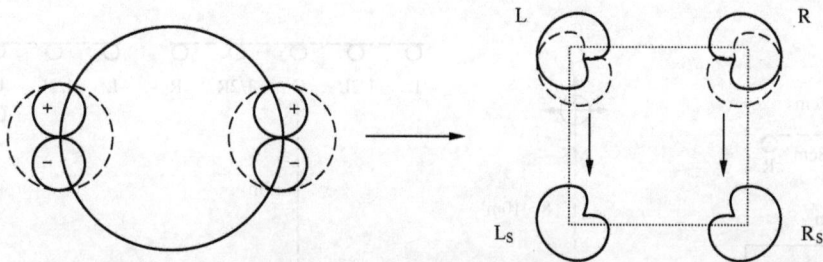

图 3-74 KFM360 拾音系统

采用时间差进行直达声和反射声信号隔离时，两声道环境信号系统距离前方 3 声道拾音系统一般较远（可达到 10m），两支传声器的指向性可以采用全指向性。由于较大的前后系统距离使两者在相对位置上比较独立，这种独立性使在设置前方 3 声道拾音系统时更加灵活，因此这种类似于立体声拾音时的"混响传声器"的设置在多声道拾音系统中常常被采用。

使用大间距的两声道环境信号拾音系统最典型的设置是前方为类似迪卡树的 L-C-R 3 声道拾音方式的组合，DPA 公司及法国广播电台在录制音乐时采用的多声道传声器设置都属于此种类型，如图 3-75 所示。环境信号拾取传声器通常距离前方 3 声道拾音系统 7～15m，这个间距足以使得两支传声器拾取到充足的反射声和混响声，同时又大大衰减了直达声。值得注意的是，图中环境信号采用全指向传声器拾取时，传声器间距在 2～3m，而采用心形指向传声器时，间距可以减小到 1m 内，甚至出现了 ORTF 这类立体声拾音系统。这是由于传声器指向性可以加大两者的信号非相关性而不用拉开太大的距离。当然，这样做的代价是不可避免地丢失一部分反射声信号及对于环境感起重要作用的低频信号成分。

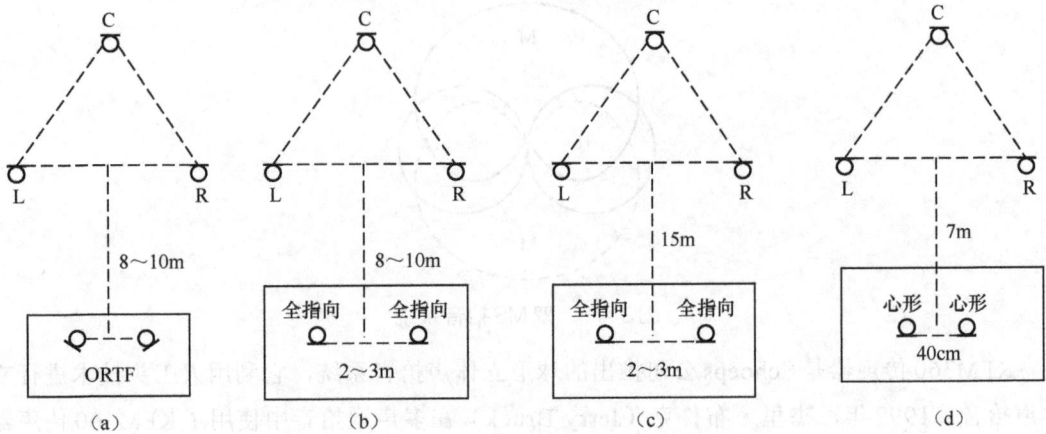

图3-75　采用时间差信号隔离方式的非独立两声道系统

此外，类似的系统还有德国巴伐利亚广播电台在录制古典音乐时采用的全指向环境传声器布局[如图3-76（a）所示]；丹麦广播公司的前方MS 3声道拾音系统，也附加了这种时间差信号隔离方式的两声道环境信号拾音系统[如图3-76（b）所示]；格拉泽·泰雷曾提出前方采用Multiple-A/B，环境信号采用全指向的两个传声器系统[如图3-76（c）所示]；滨崎公男也曾提出间距前方3声道拾音系统达15m的环境信号拾音系统[如图3-76（d）所示]。

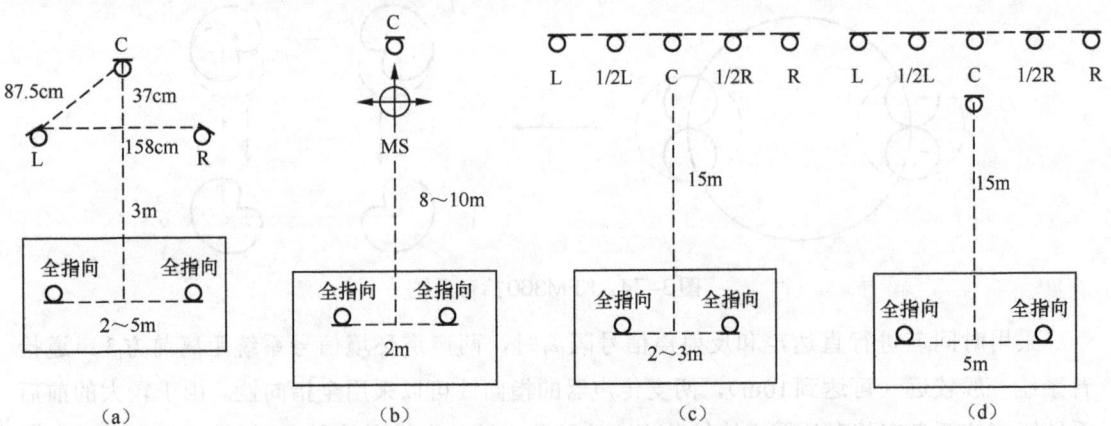

图3-76　其他学者采用时间差信号隔离方式的非独立两声道系统

采用时间差信号隔离方式的非独立两声道系统的另一种特殊方式是采用人工头立体声拾音系统作为两声道环境信号拾音系统。泰拉克公司的迈克·比肖普（Michael Bishop）在其双ORTF的前方3声道布局之后4～6m设置了一个人工头立体声拾音系统[如图3-77（a）所示]；柯莱普克使用的准同轴3声道拾音系统的后方也采用了人工头拾音系统来拾取后方环境扬声器信号，其间距较小只有1.24m[如图3-77（b）所示]。这种两声道布局类似于上面提到的KFM360的后方环境信号拾音系统。由于人工头系统并不能提供较好的非相关反射声信号，较之大间距的全指向传声器设置，其应用并不是那么广泛。

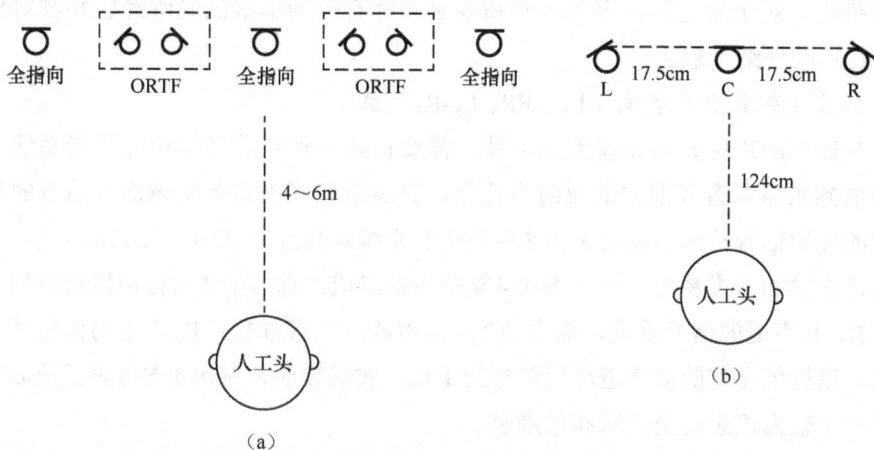

图3-77　人工头两声道的环境信号拾音系统

从以上的采用时间差隔离方式的非独立两声道系统中可以看出，被推荐采用的设置中较远的达到15m，而最近的只有1.24m，这说明对于前方3声道拾音系统与后方环境信号拾音系统的距离设置，并没有一个统一的标准，而应根据拾取所在厅堂的具体声学特点及所拾取声源的特征而定。在设置时我们应把握好两个原则：一是保证两声道系统与前方3声道系统距离一定间距（混响半径外），以防止过多的直达声进入后方声道，同时能使传声器拾取到更为充分的厅堂反射声和混响声；二是前后拾音系统的间距也不能过远，以防止由于前后系统传声器间距所带来的直达声与反射声在到达听音者时间关系上的改变。应在两者之间找到一个平衡点，这需要录音师较为丰富的经验及其对现场厅堂的了解。

④ 非独立两声道系统的局限性

非独立两声道系统利用了前方3声道系统的传声器来拾取前方厅堂反射声信号，这使前方3声道拾音系统和环境信号拾音系统形成一个整体。由于共用了前方3声道系统，对于传声器数量的使用是十分精简的。这种设置方便了实况录音时传声器的摆放和调节，同时前后系统形成良好的衔接。但是它也不可避免存在一些局限性。首先，该系统中来自舞台方向的反射声信号需要依靠前方3声道拾音系统来拾取，而先前论述的3声道拾音系统为了能实现前方声源的准确声像定位，往往采用指向性传声器及子立体声拾音系统等不利于环境信号拾取的设置，这大大影响了环境信号的整体重放。其次，对于后方的两声道拾音系统而言，为了能使前后方的环境信号拾取建立较好的衔接，其设置的位置往往受到前方拾音系统的限制，并不能放置在理想的位置，特别是利用强度差进行直达声与反射声信号隔离时。由于其与前方3声道拾音系统距离设置得比较近，很难在厅堂找到一个最佳的位置，这使前方系统能够实现良好的声像定位的同时又能拾取到充分的反射声信号。最后，由于两声道系统的非独立性，前方3声道系统在整个系统具有双重功能，这使环境信号拾音系统和前方声源的直达声拾音系统不能彼此独立。在这种情况下，录音师很难对两种信号分别进行调整。而实际的厅堂声学条件下，很多时候需要临时对两种信号进行不同的调整，两声道环境信号拾音系统为此留下的调整空间并不是很大。因此，在使用非独立两声道环境信号拾音系统时，对于系统传声器的设置需要录音师有较为丰富的聆听经验和其对拾音所在厅堂声学特点的仔细了解。

（2）独立4声道拾音系统（FL_S-FR_S-L_S-R_S方式）

鉴于非独立两声道拾音系统的局限性，需要构建一种新的环境信号拾音系统，它既能独立地拾取到来自听音者前方的反射声信号，又能拾取到来自听堂侧面及后方的反射声信号，这样的环境信号拾音系统与前方3声道拾音系统是相互独立的。独立4声道环境信号拾音系统正是这样的一类系统，该系统由4支传声器组成，前方的2支传声器拾取的环境信号用于前方L、R声道的信号重放，后方的2支传声器用于后方L_S、R_S声道的信号重放。整个拾音系统可以提供完整的多声道环境信号的重放，实践表明，利用4支传声器拾取环境信号能够建立一个较为理想的空间感和包围感。

① 独立4声道拾音系统的信号隔离与位置

对于独立4声道环境信号拾音系统来说，也应避免系统拾取到过多的直达声信号，因此，采取相应的措施进行反射声与直达声的信号隔离也是十分必要的。4声道系统中L_S与R_S声道信号的传声器隔离方法与前文所述非独立两声道系统基本一致。而此时由于前方反射声使用了单独的传声器来拾取，其拾取到的反射声信号与直达声信号又来自同一方向，其信号隔离的方式有所不同，这主要体现在利用传声器指向性进行强度差隔离的情况，如图3-78所示。以心形指向传声器为例，前方2支传声器FL_S与FR_S正对声源时，可以充分地拾取到来自舞台前方的反射声信号，但是这种设置会导致传声器同时拾取到过多的声源直达声信号。

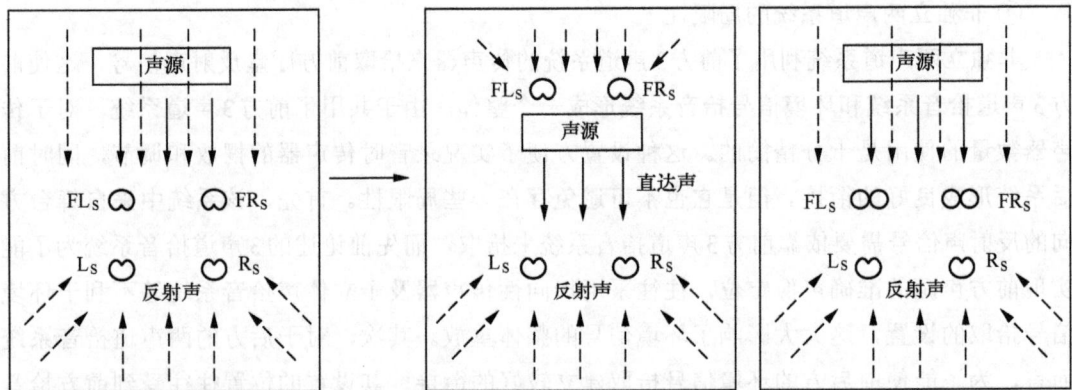

（a）4声道拾音系统设置　　　　　　　　　　　（b）改进方案

图3-78　4声道拾音系统设置与改进方案

面对上述的问题，改进的方法两种。第一种是将FL_S与FR_S传声器放置在声源的后方，这样依靠传声器的指向性可以有效地避免拾取到声源的直达声信号，同时又能拾取到来自舞台方向的反射声信号。值得注意的是，采用这种方式时FL_S、FR_S与L_S、R_S传声器的距离比较大，这使整个环境信号拾取处于较为分离的状态，会导致厅堂侧面反射声拾取不够充分，听音者听到的声音不自然。第二种是FL_S与FR_S声道使用8字形指向传声器，将其膜片主轴垂直于声源方向放置，这样可以有效避免前方直达声信号的射入，从而达到反射声信号与直达声信号之间的隔离。此时传声器可以拾取到厅堂侧墙的反射声信号，这种拾音方式更值得推荐。

如果FL_S和FR_S传声器设置的位置距离声源足够远（混响半径以外），此时依然可以如同两声道环境信号拾取系统那样采用时间差的方式进行信号隔离。从图3-79可以看出，在使用独立4声道环境信号拾音系统时，直达声能随距离增加而明显衰减。在该条件下，为了进行有效的直达声隔离，环境信号拾音系统距离前方3声道拾音系统较远，会引起由时间差造成的反射声与直达声信号重放时间关系上的改变，因此可能需要后期的延时处理来改善这个问题。

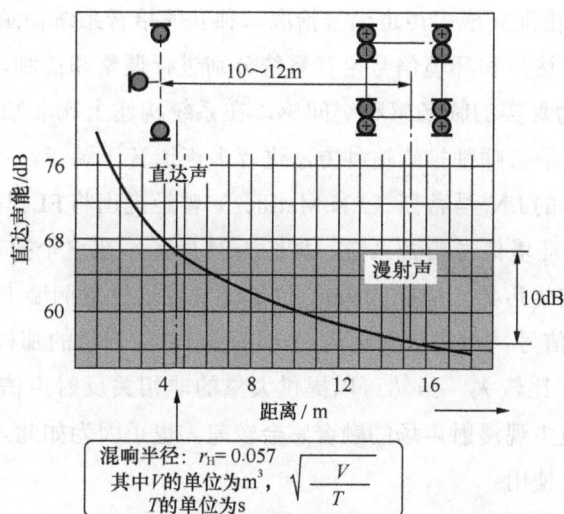

图3-79　直达声能随距离的增加而衰减的状况

对于采用第二种改进方式的独立4声道拾音系统，其4支传声器间距的设置需要兼顾主观漫射声场融合感与声源感知宽度及氛围感之间的平衡。格拉泽·泰雷认为，在混响声场中，反射声可以认为由镜像声源产生，如果听音者在听觉上有良好的均衡分布，则形成的声场为"主观漫射声场"。当声道之间存在一定的相关性时，会在听感上形成漫射声场的融合效应。与之对应地，当加大不同传声器的间距时，声道之间的非相关性会降低，从而增强重放信号的感知声源宽度和氛围感。因此如何在两种主观感受之间找到平衡点成为关键。格拉泽·泰雷曾经就这个问题进行过相关研究，他探究了在不同全指向传声器间距d拾取噪声信号（250Hz～2.5kHz）时，4只扬声器重放时产生的主观漫射声场感知的情况，如图3-80所示。图中结果表明，当传声器间距为60cm时，由于间距过宽，导致主观漫射声场融合感较差，漫射声场的均衡分布趋向集中在4只扬声器周围。但是当传声器间距为25cm时，由于间距过窄，导致幻像声源集中在听音区中央位置，从而无法得到理想的感知声源宽度和氛围感。格拉泽·泰雷通过实验建议，在采用4支心形指向传声器布局时，最佳传声器间距应在25cm左右，而采用全指向传声器时最佳间距为40cm。当然，这只是供参考的实验数据，具体的间距还要根据实际的录音情况而定，并有待更进一步的研究。

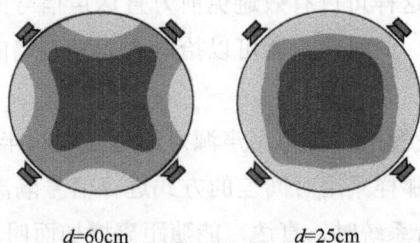

$d=60cm$　　　　　$d=25cm$

图 3-80　主观漫射声场的融合感及氛围感

② 常见的独立 4 声道环境信号拾音系统

独立 4 声道系统由于完全独立于前方 3 声道系统，因此具有更大的自由性，它可以与现今各类前方 3 声道系统搭配完成多声道信号拾取。独立的拾音系统使录音师可以根据厅堂的具体情况，方便地对直达声和环境信号拾音系统分别进行调整和控制。同时，4 支传声器的结构也可以建立起更为真实的临场感和空间感，在系统构建上比非独立的两声道系统更具有科学性。因此，许多录音师都推崇这种方法进行多声道音乐录音。

德国柏林艺术大学的 J.N. 马蒂斯（J.N.Matthes）曾经提出将 FL_S 与 FR_S 传声器放置在声源后方的分离式 4 声道环境信号拾音系统，如图 3-81 所示。在这个拾音系统中，FL_S 与 FR_S 传声器都采用心形指向传声器，间距为 9m。位于厅堂较远位置侧墙上放置了两支界面传声器，拾取 L_S 与 R_S 声道信号，与舞台间距为 11m。正如之前分析的那样，这种分离式 4 声道拾音系统传声器间距都比较大，虽然可以提供大量的非相关反射声信号，有利于加强感知声源宽度和氛围感，但主观漫射声场的融合感会较差。也正因为如此，这种分离式 4 声道传声器系统布局较少被人使用。

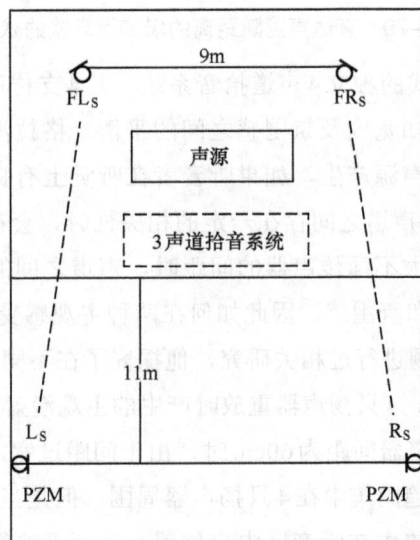

图 3-81　分离式 4 声道环境信号拾音系统

整体 4 声道环境信号拾音系统，4 支传声器设置在厅堂中同一区域（一般是在厅堂的听众席位置）。由于 4 支传声器位于厅堂中环境信号最丰富的区域同时拾取反射声信号，因此可以得到较为充分的环境信号，其在环境信号拾音系统中使用较为广泛。著名的 4 声道十字传声器布局（IRT-Cross）是整体 4 声道环境信号拾音系统的典型范例（IRT 为德国广播技术研究所），由格拉泽·泰雷提出。该系统由 4 支传声器构成，可选用全指向传声器和心形指向传声器两种形式，如图 3-82 所示。4 支全指向传声器的间距一般设置在 40～45cm，选用心形指向传声器时，间距一般设置为 20～25cm，4 支传声器膜片主轴夹角为 90°。德国 Schoeps 公司为其设计了专用的传声器支架，以方便 IRT 十字系统的使用。奥利弗·纽曼（Oliver Neumann）及马寇斯·舍夫勒（Markus Schäffler）等人也针对 IRT 十字系统进行了听音实验，结果表明过宽的传声器间距不能提供较为自然的环境声，只有较窄间距的传声器设置条件下附加有相关信号的立体声拾音区域才能有效地塑造整个厅堂的环境声。

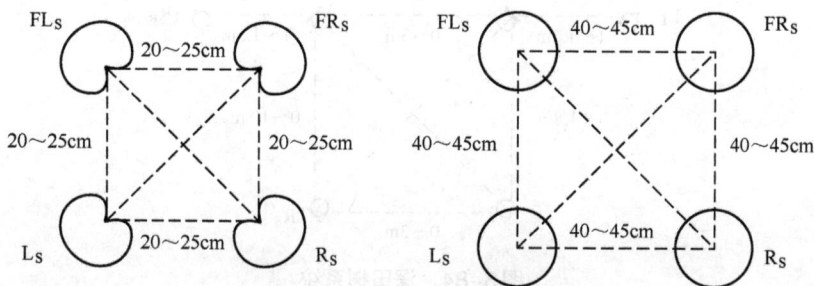

图 3-82 IRT 十字传声器布局

由于在窄间距下可以获得较好的空间反射声场，IRT 十字传声器布局常被设计与定位特点较强的前方 3 声道系统搭配拾取多声道信号。在 3 声道系统中，OCT 由于其在主观听觉上具有较强的定位特性常被建议与 IRT 十字系统搭配组成多声道拾音系统，如图 3-83 所示。IRT 十字系统采用时间差的信号隔离方式，鉴于前后拾音系统间距过大会产生时间差问题，格拉泽·泰雷建议独立的环境信号拾音系统与前方 3 声道拾音系统的间距应控制在 10m 以内、厅堂的混响半径以外，以保证一定信号隔离。在奥利弗·纽曼及马寇斯·舍夫勒等人的实验中，这个距离被设置在 8.5m。当然，实际的环境信号传声器位置应根据录音现场的厅堂条件而定。

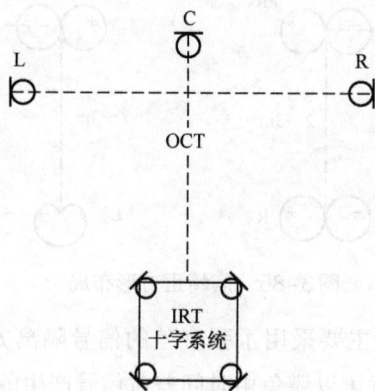

图 3-83 OCT+IRT 十字系统

IRT十字系统的另一种特殊形式被应用于前文提到的深田树，如图3-84所示。在深田树系统设置中，前方3声道系统的L、R传声器与后方非独立两声道环境信号系统的L_S、R_S传声器组成了一个IRT十字系统。由于非独立两声道系统的特点，此时IRT十字系统中FL_S与FR_S声道传声器与前方的双子立体声L-C-R拾音系统共用了两支传声器，同时由于深田树本身的结构特点，这个隐含在系统中的IRT十字可以采用不同的间距方式拾取环境信号，当然其还是受到前方L-C-R系统构建的约束，可以说深田树在一定程度上利用了IRT十字来提供环境信号。

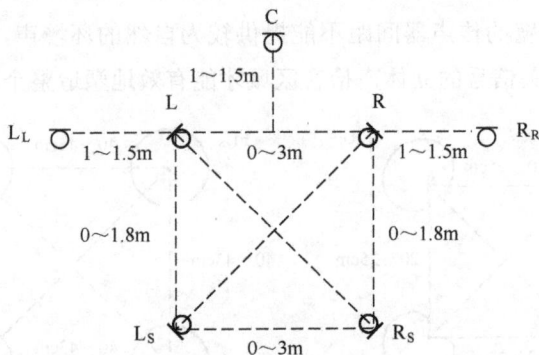

图3-84　深田树系统

滨崎公男在多声道拾音系统中使用了独立4声道环境拾音系统，被命名为"滨崎正方形"（Hamasaki Square），该系统主要由彼此间距为2~3m的4支8字形指向传声器构成，如图3-85所示。4支传声器膜片都与舞台方向垂直，传声器主轴正方向分别指向厅堂的侧墙。这样可以利用8字形指向传声器的特性，有效地隔离前方直达声信号的射入，同时传声器的主轴指向侧方，可以有效地拾取侧向反射声信号，提升感知声源宽度和包围感。采用4支8字形指向传声器对于拾取厅堂侧面的反射声信号起到了作用，但对于来自厅堂其他方向的反射声信号的拾取就显得较为薄弱，特别是来自厅堂后方的反射声信号。为此滨崎公男提出了第二种方案，即将L_S与R_S声道传声器改为心形指向传声器，其主轴正方向面对厅堂后墙。

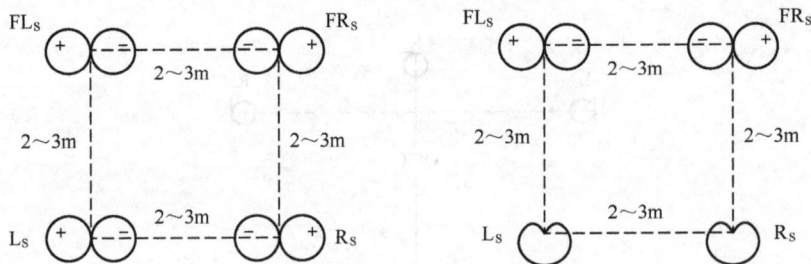

图3-85　滨崎正方形布局

由于滨崎正方形布局系统主要采用了强度差的信号隔离方式，因此可以不必过分地远离前方3声道拾音系统，这样就可以避免由时间差对信号产生的不良影响。与IRT十字系统一样，由于滨崎正方形布局系统能提供较为理想的环境信号成分，除了与原有的前方拾音系统配合，还常被推荐与OCT 3声道拾音系统搭配完成多声道信号的拾取，如图3-86所示。

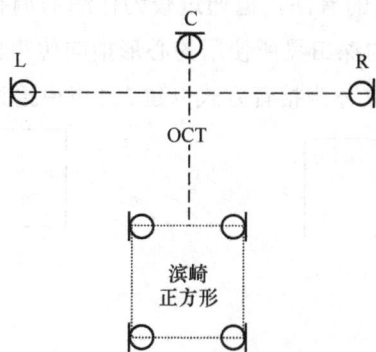

图3-86 OCT+滨崎正方形布局

瑞典的汉斯·埃弗斯（Hans Evers）在为英国广播公司（BBC）录制芭蕾舞剧《天鹅湖》时采用了一种较为特殊的独立4声道环境信号拾音系统，如图3-87所示。该系统采用4支心形指向传声器，并将其分别设置在厅堂后方两侧靠墙的位置，传声器膜片主轴正方向朝上。这种方法的设置类似于前面提到的J.N.马蒂斯使用的界面传声器方式。这种设置可以发挥界面传声器的优势，防止由于信号相位产生的梳状滤波效应，同时又可以拾取到较为充分的厅堂反射声，但环境信号拾音系统内传声器的间距超过了一般的设置距离，对于环境信号产生的主观漫射场融合感是不利的。

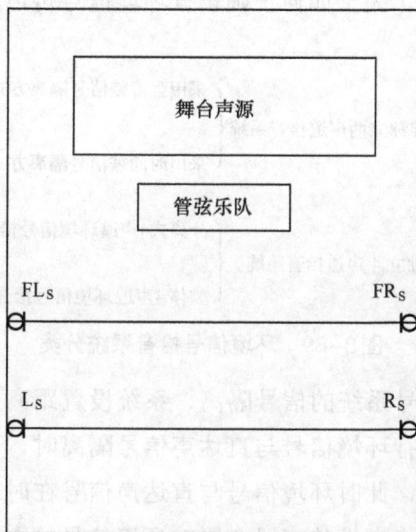

图3-87 大间距的心形指向传声器设置

采用两个独立的MS立体声拾音系统拾取环境信号是泰拉克公司的迈克尔·比肖普曾采用的设置。两个MS立体声拾音系统分别放置在距声源6m（可以根据情况调整）的厅堂位置，两个拾音系统间距为6m，如图3-88（a）所示。MS系统拾取到的信号经过矩阵解码分别送入FL_S、L_S与FR_S、R_S声道，系统中M信号传声器使用了超心形指向传声器，S信号传声器指向听众席的中央位置。使用MS立体声系统的目的在于加强边侧信号的链接，这样在重放时听音者能感觉到 $L-L_s$ 及 $R-R_s$ 的信号融合感更强。迈克尔·比肖普认为虽然对于利用边侧信号的做法仍存在不同的看法，但通过较为仔细的调整和后期处理能够获得一定的效果。类似的系统还有 NHK 的深田晃所使用的心形指向传声器布局，如图 3-88（b）所示，其在厅堂后方放置了两组 XY 立体声拾音方式以建立 4 声道拾音系统。

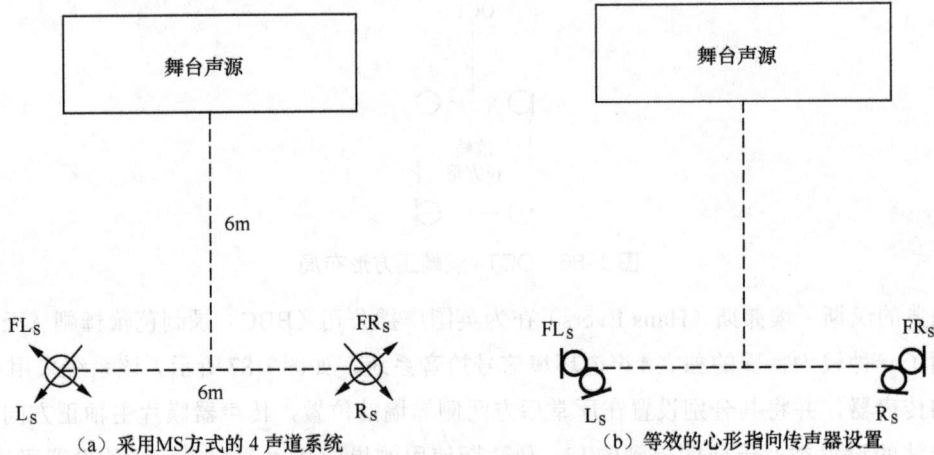

（a）采用MS方式的4声道系统　　　　　　　　　（b）等效的心形指向传声器设置

图 3-88　采用MS方式的4声道系统及等效的心形指向传声器设置

（3）设置环境信号拾音系统的几点建议

本节详细阐述了环境信号拾音系统的分类及其各自特点，现在可使用的各类环境信号拾音系统分类如图 3-89 所示。关于如何正确设置环境信号传声器拾音系统，应把握好以下几个重要因素。

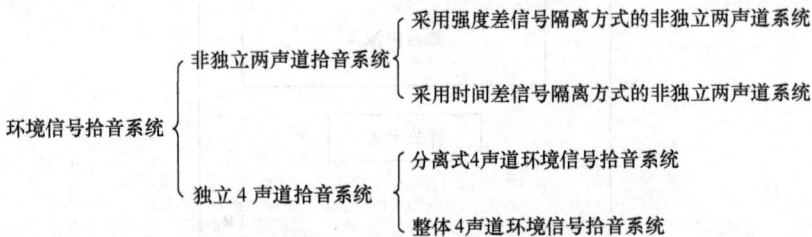

图 3-89　环境信号拾音系统分类

第一，要把握好环境信号系统的信号隔离、系统设置距离及传声器指向性选择之间的关系。在选择强度差方式进行环境信号与直达声信号隔离时，可以在近距离下设置指向性传声器的环境信号拾音系统，此时环境信号与直达声信号在时间上衔接较好，符合人耳在厅堂中的听音规律，但使用指向性传声器会影响环境信号拾取的效果，同时离舞台较近的位置也会使系统拾取的环境信号不够充分。而选择时间差方式进行信号隔离时，可以在离舞台较远的位置上设置全指向传声器组成环境信号拾音系统，此时拾取到环境信号较为充分，低频响应也较好。但与此同时，引入时间差所带来的影响会使环境声到达人耳的正常时间发生变化。因此应正确把握好这三者之间的关系，在实际录音时根据不同情况对传声器系统进行调整以满足多声道环境信号重放的要求。

第二，要把握好环境信号拾音系统传声器的间距、主观漫射场融合感、感知声源宽度及氛围感之间的关系。环境信号拾音系统的传声器间距设置影响着主观漫射场融合感与感知声源宽度及氛围感，传声器间距越小，其拾取的环境声信号主观漫射场融合感越好；传声器间距越大，其拾取的环境声信号的非相关性越强，所产生的感知声源宽度及氛围感越好。这两组关系是一种此消彼长的矛盾关系，在多声道拾音系统的讨论中时常遇到这类关系，而在实际的操作中，对于两者的把握很难用具体的标准去设置，录音师们力图找到两者之间的平衡点，以兼顾两者，这需要具备一定的聆听经验及其对于现场状况的把握。

3.3 三维声拾音系统

随着三维声重放系统的普及，近些年许多录音师们开始研究三维声拾音系统。从理论上来讲，三维声拾音系统是在环绕声拾音系统基础上进行扩展的。按照拾音系统的物理构成方式，三维声拾音系统可以分成大间距空间间隔型拾音系统、小间距空间间隔型拾音系统和无间距型拾音系统。这三种类型由于传声器间距不同，其物理声学特性也存在较大的差异。

3.3.1 大间距空间间隔型拾音系统

大间距空间间隔型的概念主要源自 Howie 等人对三维声拾音制式的对比实验。但与其所定义的"空间间隔型技术"略有差异的是，本文强调的"大间距"，特指在实际摆放中具有非常大的空间间隔，进而在通道间产生显著的时间差和一定的强度差的拾音制式。该类拾音系统往往能够获得充分的声场氛围感，在实践运用中根据实际需求可以灵活调整摆放的空间位置。根据前方主拾音系统与环境拾音系统的间隔大小，大间距空间间隔型拾音系统可以分成整体式大间距空间间隔型拾音系统和分离式大间距空间间隔型拾音系统。以下将分别进行介绍。

3.3.1.1 整体式大间距空间间隔型拾音系统

整体式大间距空间间隔型拾音系统传声器间距通常为1~3m，以全指向传声器为主，负责三维声的整体拾音，即同时拾取直达声、早期反射声和混响声。在录音实践中，需要补充辅助传声器以确保声部、乐器的清晰度和定位感，这与双声道立体声和环绕声的拾音理念是相通的。

1. 迪卡树立方体（Decca Cuboid）拾音系统

迪卡树立方体（Decca Cuboid）是基于 Decca Tree 拓展而来的三维声拾音系统，如图3-90所示。迪卡树在前面已经详细阐述，是古典音乐录音师在录制环绕声时，经常使用的前方3声道拾音系统。迪卡树拾音系统可以提供较好的音质、感知声源宽度及声源纵深感。在三维声拾音的场景下，迪卡树作为前方主拾音系统，配合放置在后方2m左右的全指向传声器和高度在1m左右的上方4支全指向传声器，组成 Decca Cuboid 制式。

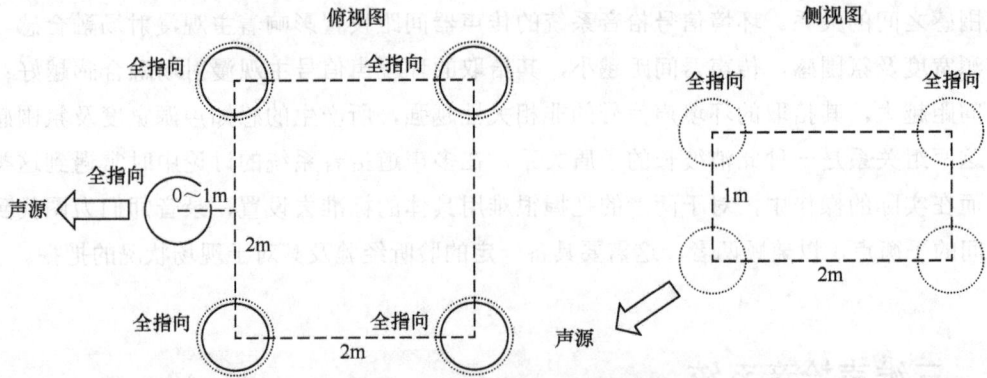

图3-90　Decca Cuboid拾音系统

2. 2L Cube拾音系统

2L Cube是由2L唱片公司的录音师Lindberg开发的，全部采用全指向传声器进行拾取。其结构为9支全指向传声器构成一个约1m×1m×1m的立方体结构，在实际使用中往往根据声源规模，在40~120cm调整传声器的水平间距，如图3-91所示。据Lindberg所说，该系统设计受到了迪卡树的影响，同时较好地契合了5.1.4重放格式下最"原汁原味"的信号到达时间、声压级和轴向高频质感。他建议在大型音乐厅、教堂等场地使用该制式。这并不是为了追求大混响，而是这些声学场景下空间足够开阔，不会过于贴近反射墙面。因此可以依靠传声器阵列本身的平衡和摆位来获得平衡的录音效果。此外还可以让演奏者围绕着该传声器阵列进行录音，通过调整演奏者与传声器阵列之间的距离以获得最佳声能平衡，形成一种被乐队所包围的全新体验。

正如迪卡树那样，全指向传声器能够提供良好的音色和低频响应。但由于全部采用全指向传声器，而且传声器与传声器之间的间距仅有1m，每个声道都会拾取到大量声级差异较小的直达声，水平方向上的定位可能会出现模糊，而高度声道中的串扰可能导致垂直方向上定位出现偏移。所以根据实际情况，上方声道的传声器可以加装声学压力均衡器（Acoustic Pressure Equalizer），以形成中高频信号的指向性，增加高度声道与水平声道之间的隔离度，增强声像在垂直方向上的稳定性。

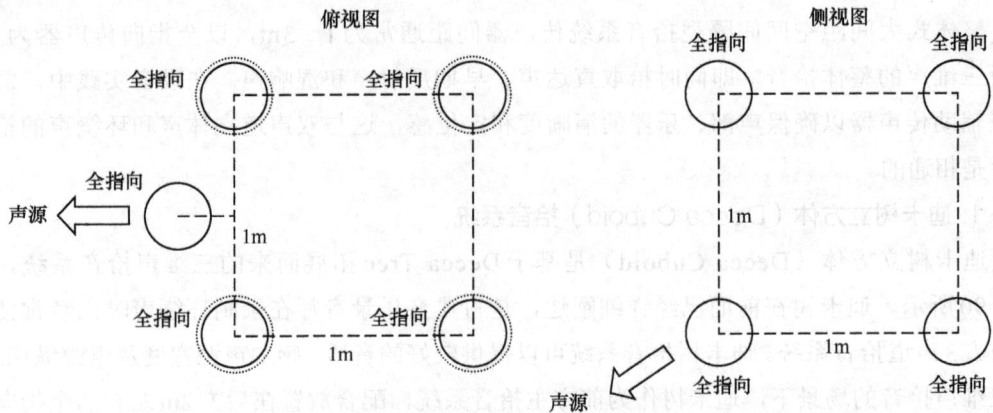

图3-91　2L Cube拾音系统

3. AMBEO Cube拾音系统

AMBEO是森海塞尔公司针对空间音频提出的一系列拾音方案的名称。其中,针对5.0.4扬声器重放所设计的AMBEO Cube是官方认为最佳且最灵活的拾音系统,是在德国录音师Gregor Zielinsky 开发的 Zielinsky Cube 基础上进一步发展而来的。该拾音系统的特点在于所有传声器采用了森海塞尔MKH800 TWIN,该传声器具有前后双振膜,两个振膜指向相反方向,它们单独输出两路信号,可以通过改变两通道的电平比例和相位从而改变传声器的指向性和方向,或者直接通过Ambeo Pattern插件调整指向性和方向。这使录音师可以在录音、混音的前、后期灵活地控制每个声道传声器的指向特性,获得从全指向到8字形的平滑过渡,进而控制整体声场的宽度、声源定位清晰度及空间包围感等感知特性。

在布局设置上官方建议传声器水平间距保持一致,并在前方中心补充中置传声器,而高度传声器则放置在下层传声器正上方,高度间距为水平间距的一半,各传声器指向前方声源。在录音实践中,我们可以根据场地和声源大小的情况对立方体大小进行适当的调整,通常水平间距会在2~3m,如图3-92所示。

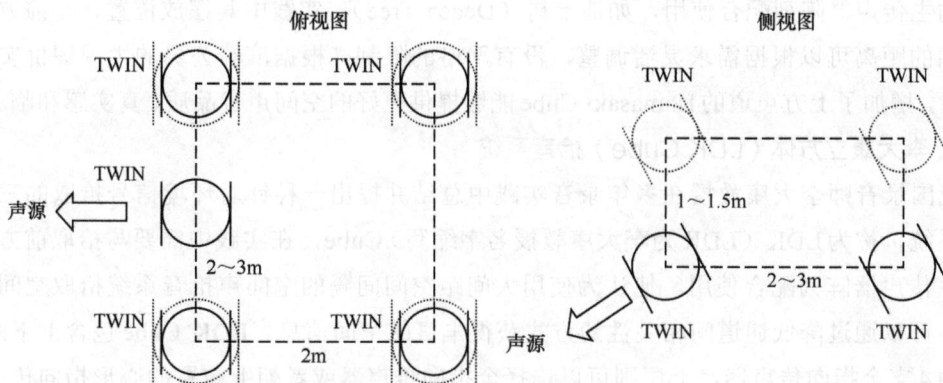

图3-92 AMBEO Cube拾音系统

3.3.1.2 分离式大间距空间间隔型拾音系统

分离式大间距空间间隔型拾音系统与环绕声拾音系统类似,前方3声道拾音系统在舞台附近,通常采用迪卡树拾音系统,拾取声源的直达声和早期反射声。环境信号拾音系统通常放置在声场混响半径之外,与前方主拾音系统间距为10~15m,拾取反射声和混响声。

1. 滨崎立方体(Hamasaki Cube)拾音系统

在前面环绕声拾音系统中曾经介绍了日本NHK录音师滨崎公男提出的"滨崎正方形"(Hamasaki Square),该系统用于拾取环境信号,在现场音乐会录音领域广受录音工程师们的喜爱。在音乐会录音发展到三维声阶段后,滨崎公男将该系统进一步拓展了垂直方向的声道,在原先水平阵列上方2~3m,采用超心形指向传声器主轴向上放置,从而形成一个立方体布局,因此被称为滨崎立方体(Hamasaki Cube)。此外还可以根据需要在上层中心处补充一个额外的超心形指向传声器以馈送给顶部中置声道。后续Hyunkook Lee等人运用该拾音系统进行录音时,将上层传声器改为心形指向传声器,主轴背对声源放置,且与水平层传声器阵列间距改为1~2m，他们认为这种设置会比使用超心形指向传声器能更有效地抑制直达声，如图3-93所示。

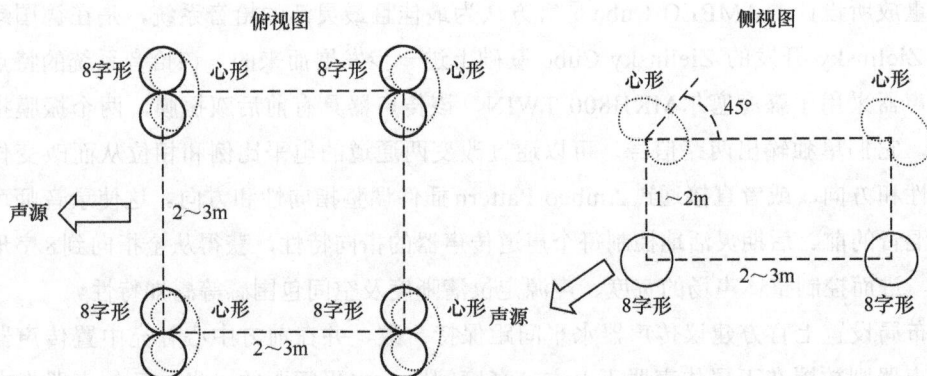

图3-93 滨崎立方体（Hamasaki Cube）拾音系统

　　该拾音系统通常摆放于混响半径之外用作环境声的拾取，因此往往需要与拾取前方直达声的主传声器阵列配合使用，如迪卡树（Decca Tree）。实践中其摆放位置、与前方主阵列之间的距离可以根据需求灵活调整，没有严格的限制。根据滨崎公男的主观评价实验结果来看，增加了上方声道的Hamasaki Cube能够提供更好的空间声音品质、真实感和临场感。

2. 李大康立方体（LDK Cube）拾音系统

　　我国录音师李大康教授在多年录音实践中总结并提出一种针对环境信号拾取的三维声拾音系统，称为LDK（LDK为李大康教授名字缩写）Cube，在实践中需要与拾取前方直达声的主传声器阵列配合使用。他认为使用大间距空间间隔的空间声拾音系统拾取空间环境信息，可以通过降低通道间相关性的方式获得丰富的空间信息。LDK Cube包含上下两层，下层由4支全指向传声器，上层则可以选择全指向传声器或者朝上布置的心形指向传声器。在录音实践中该系统可根据乐队和音乐厅的大小灵活调整传声器之间的间距，通常建议长、宽、高间距在5m及以上，如图3-94所示。

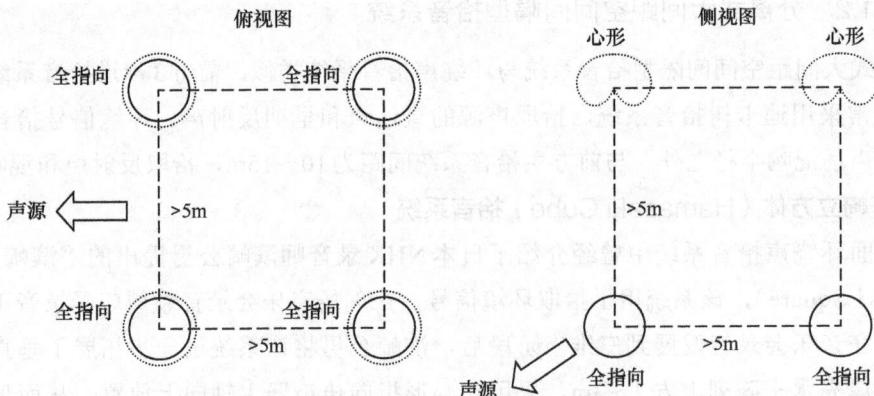

图3-94 LDK Cube拾音系统

　　采取大间距空间间隔的目的在于信号可以在足够低的频率形成去相关特性，且能够根据空间大小在多个位置均匀地捕获声场能量。采用全指向传声器也能够带来优良的低频响应，在音质和自然度上具有优势。另外，LDK Cube 灵活运用的另一种形式，还可以利用音乐厅的反射面设置上下两层界面传声器作为环境信号拾取阵列，这将充分利用场地的空间大小和形状，拾取到自然开阔的声场。

3.3.2　小间距空间间隔型拾音系统

小间距空间间隔型的三维声拾音制式通常将拾取前方声像的主阵列和拾取反射声场的环境信号阵列组合为一个整体，形成 5.0.4 或者 7.0.4 声道的拾音制式。其特点在于，主阵列和环境信号阵列之间不会在空间上拉开太大的距离，间距通常在 1m 以内，传声器也多采用指向性传声器，通过增加强度差来避免声道之间的信号串扰。

1. OCT 3D 拾音系统

OCT-3D（Optimized Cardioid Triangle-3D）拾音系统是由 Theile 和 Wittek 提出的时间差与强度差结合的三维声拾音系统，如图 3-95 所示。该拾音系统使用 OCT-Surround 的 5 通道传声器阵列作为下层，下层的中央传声器采用心形指向传声器，前置 8cm。左前和右前声道的传声器均采用超心形指向传声器，间距为 70cm 并指向两侧。左环和右环声道均为指向后方的心形指向传声器，间隔为 1m 左右。而高度层则采用超心形指向传声器向上摆放，在水平层上方高 1m 处组成 1m×1m 的方形阵列。这样的设计使得前方声道、后环绕声道、高度声道的信号隔离度都比较高，规避了声道间串扰带来的梳状滤波、声像漂移、声音清晰度变差等问题。

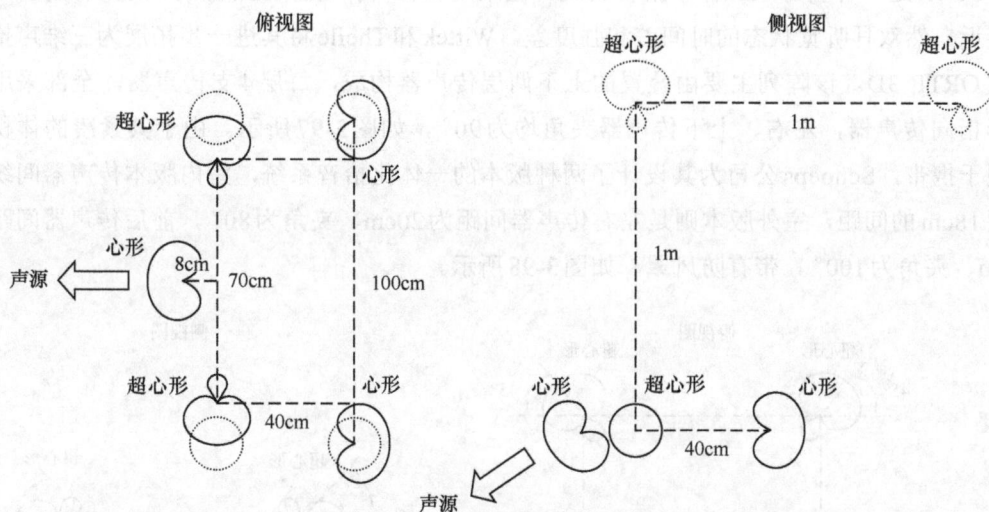

图 3-95　OCT 3D 拾音系统

2. PCMA 3D 拾音系统

PCMA 3D（Perspective Control Micphone Array 3D）是 Lee 基于感知可控传声器阵列所设计的三维声拾音系统。PCMA 拾音系统，在每个拾音位置叠置摆放两支具有一定张开角的心形指向传声器，在后期混音时控制二者的电平比例形成虚拟传声器指向性，进而控制声场直混比、声源感知宽度和纵深感。后来 Lee 和 Gribben 在对高度传声器与水平传声器摆放间距的探究实验中发现，在间距为 0～1.5m 高度之间的空间感并无显著差异。且由于 0m 高度的传声器与水平传声器没有时间差，所以不会在重放时形成梳状滤波问题，反而更受到被试的喜爱。因此，Lee 将 PCMA 拾音系统中同位置处的传声器对调整为主轴分别指向声源和上方，形成 PCMA 3D 拾音系统，如图 3-96 所示。为了满足高度声道与水平声道至少 7dB 声级差以避免垂直声像偏移的问题，高度声道可以选用心形指向传声器或者超心形指向传声器。

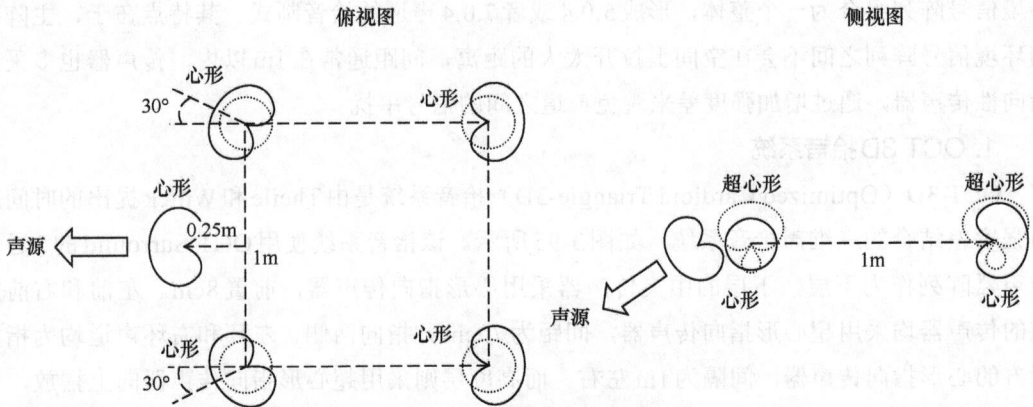

图 3-96　PCMA 3D 拾音系统

3. ORTF 3D 拾音系统

ORTF 是一种复合式立体声拾音制式。它采用 17cm 传声器间距和 110° 的张开角，带来了接近自然双耳听觉状态的时间差和强度差。Wittek 和 Theile 将其进一步拓展为三维声拾取制式 ORTF 3D。该阵列主要由叠置的上下两层传声器构成，每层 4 支传声器，全部采用超心形指向传声器，左右、上下传声器夹角均为 90°，如图 3-97 所示。由于其紧凑的体积十分便于携带，Schoeps 公司为其设计了两种版本的一体化拾音系统，室内版本传声器间统一采用 18cm 的间距，室外版本则是左右传声器间距为 20cm、夹角为 80°，前后传声器间距为 10cm、夹角为 100°，带有防风罩，如图 3-98 所示。

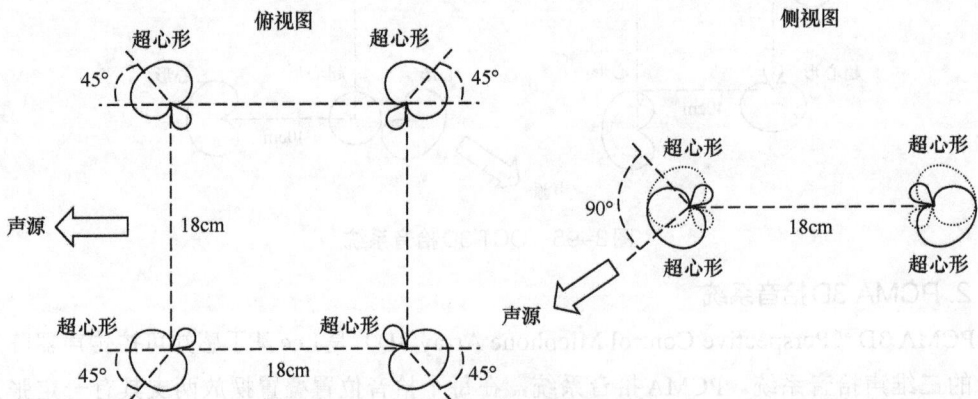

图 3-97　ORTF 3D 室内版拾音系统

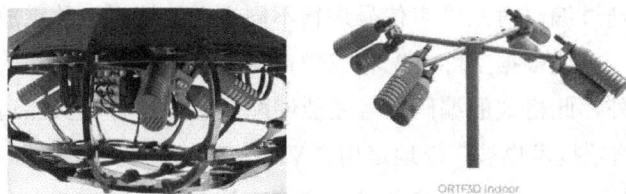

图3-98　ORTF 3D的两种版本实物图，左侧为室外版，右侧为室内版

3.3.3　无间距型拾音系统

在无间距型的三维声拾音制式中，理论上传声器振膜之间的相对位置可以等效为一个空间点，因此它依赖于通道间强度差进行声像定位和空间拾取。但在实践中难免受到物理体积制约，所以通常只能尽可能贴近摆放以趋近位于一个空间点。

1. Ambisonics拾音系统

采用Ambisonics技术进行拾音、制作的工作模式，即对应于三维声制作中基于场景式的音频制作模式，Ambisonics拾音系统最大的特点在于，能够将360°球形声场视为一个整体，以平等的重要性对信号进行拾取。此类拾音系统中传声器的振膜在结构上构成球形分布，且随着通道数量增加，Ambisonics的阶数会提高，进而带来更高的空间方位解析度。最低阶的1阶Ambisonics称为FOA（First Order Ambisonics）拾音系统，更高阶的则为HOA（High Order Ambisonics）拾音系统。

Ambisonics编码本质上是通过球谐函数的分解，将不同方向的振膜信号形成声音的三维空间解析信号。随着阶数提高，空间解析信号会越来越精细，如图3-99所示。Ambisonics技术原理的详细介绍请参见本书的第5章。

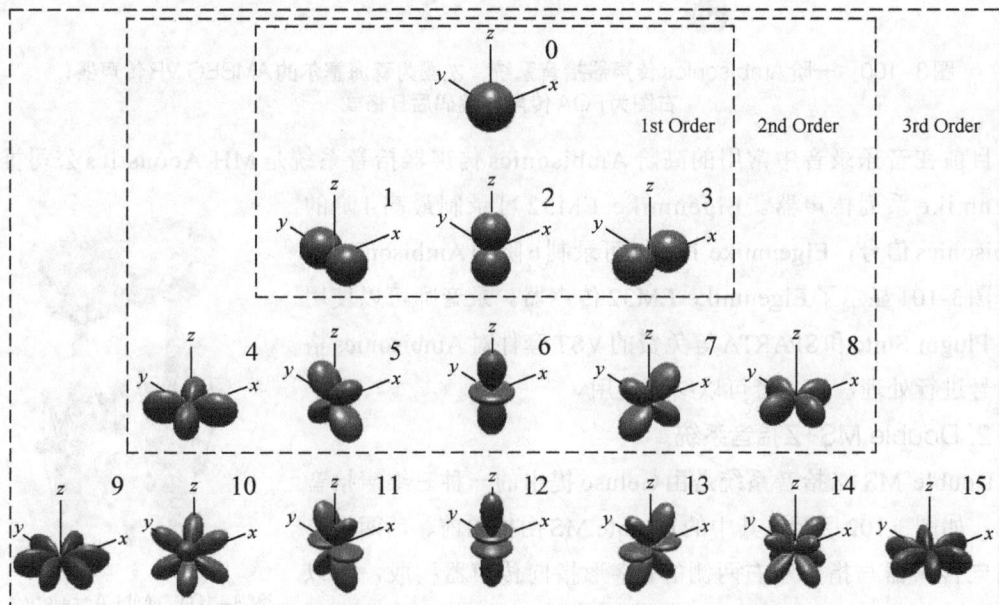

图3-99　Ambisonics球谐函数1阶至3阶空间轴示意

Ambisonics技术通过编码对三维声信号进行不同方向的解析，故重放时不会受到扬声器数量、布局的限制，可以根据实际情况将三维声信号重构为对应方向的虚拟传声器信号以适应重放需求。另外，此格式的编码信号还能够配合交互设备、头显追踪设备等手段对声场进行旋转，因此这项技术也被广泛地运用在VR音频、游戏音频领域。

目前一阶的Ambisonics传声器拾音系统，有森海塞尔的AMBEO VR、Zoom H3-VR、Rode NT-SF1、Core Sound TetraMic、Brahma Field 4、MiniDSP ambiMIK-1、Oktava MK-4012、Reynolds A-type 4、Soundfield SPS200等。其中Sennheiser Ambeo VR、Rode NT-SF1在古典音乐三维声录音中使用的较多，Zoom H3-VR作为手持的可内置转换格式的Ambisonics传声器，有方便携带和格式转换的优点。图3-100（彩图见文末）显示了森海塞尔的AMBEO VR传声器，图中4个振膜构成几乎没有间距的四面体拾音系统，直接输出左-前-上（LF）、右-后-上（RB）、左-后-下（LB）和右-前-下（RF）4声道信号，这种格式被称为A格式。经过Ambisonics编码，会输出B格式信号，即对三维声信号进行最简单的空间解析信号，形成表示前后方向信息的X、左右方向信息的Y、上下方向信息的Z和声能信息的W 4声道信号。

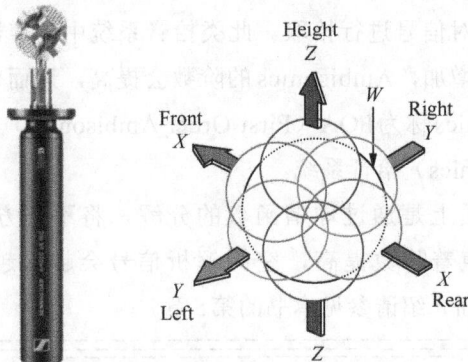

图3-100　一阶Ambisonics传声器拾音系统，左图为森海塞尔的AMBEO VR传声器，
右图为FOA传声器编码后B格式

目前在音乐录音中常用的高阶Ambisonics传声器拾音系统是MH Acoustics公司推出Eigenmike系列传声器。Eigenmike EM32可录制最高4阶的Ambisonics信号，Eigenmike EM64可录制6阶的Ambisonics信号。图3-101显示了Eigenmike EM32传声器。录音师可以使用IEM Plugin Suite和SPARTA等免费的VST套件对Ambisonics格式信号进行处理，且二者可以结合使用。

图3-101　MH Acoustics公司的Eigenmike EM32传声器

2. Double MS+Z拾音系统

Double MS+Z拾音系统是由Geluso提出的一种三维声拾音制式，如图3-102所示。其中的Double MS由指向前、后两个心形指向传声器与指向左右两侧的8字形指向传声器构成，可以通过调节8字形指向传声器与心形指向传声器的电平比例分别

控制前后声场宽度。以此为基础，再叠置一个垂直摆放的8字形指向传声器，与水平传声器间形成和差信号，即可合成垂直方向的虚拟传声器指向性，分别馈送到上、下层扬声器中。该制式的特点在于可以通过控制Z声道混合的电平以控制整体垂直方向的声场宽度。从形成虚拟指向性的角度而言，Double MS+Z 与 Ambisonics 原理十分相似，故一些研究中也将此类技术称为Native FOA。

俯视图　　　　　　　　　　侧视图

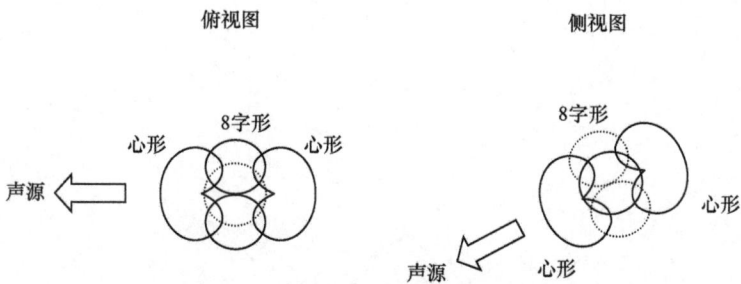

图3-102　Double MS + Z拾音系统

3.4 空间声拾音技术总结

对本章介绍的各类空间声拾音技术进行梳理和总结，如图3-103所示。无论是环绕声拾音系统还是三维声拾音系统，都主要包含以拾取直达声的前方3声道拾音系统和拾取反射声及混响声的环境信号拾音系统。三维声拾音系统中，将水平面4声道的环境信号扩展到8声道，增加了垂直方向的环境信号。

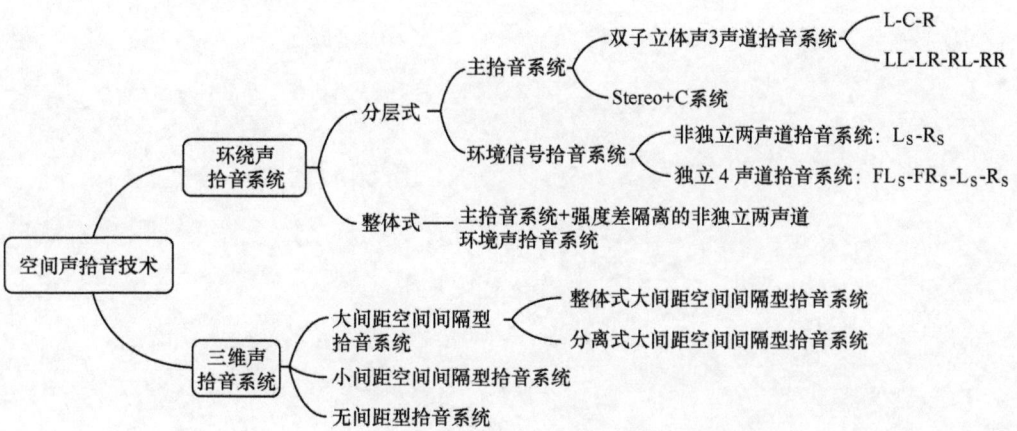

图3-103　空间拾音技术的总结

前方3声道拾音系统为了避免三重幻像声源的问题，需要进行声道隔离和拾音区域的补偿。而环境信号拾音系统，为了避免录制过多的直达声信息，对前方声源定位造成干扰，需要对前方直达声进行有效的信号隔离，同时要保证获取充分的反射声和混响声，增加声音的包围感和空间感。在实际的录音实践中，如果以追求定位精准为目标，通常应该选择小间距的拾音系统，环绕声拾音系统包括INA-5和OCT-S等，三维声拾音系统包括OCT 3D和ORTF 3D等系统。如果以自然饱满的音质和充分的厅堂空间感为目标，通常应该选择大间距的拾音系统，环绕声拾音系统包括Decca Tree与Hamasaki Square的组合等，三维声拾音系统包括Decca Cuboid和Decca Tree、LDK Cube等系统。

第4章
空间音频录制监听环境及校准

目前环绕声及三维声节目在广播电视、电影、音像制品等行业中越来越多地被采用，这些节目源的制作绝大多数是在专业录音棚中完成的，监听环境对节目的录制起着至关重要的作用。1992—2012年，ITU多次更新ITU-R BS.775标准——伴随图像和不伴随图像的环绕声系统，用于指导环绕声监听环境的设计；2014—2022年，ITU又推出了ITU-R BS.2051标准——声音制作的高级音频系统，用于指导三维声监听环境的设计。无论是制作环绕声还是三维声，目的都是为听音者带来声源精准定位和声场空间感之间的平衡。最终重放环境和重放格式的不同会导致监听环境变得非常复杂，因此监听环境的设计和校准变得十分重要。

4.1 空间音频录制监听环境的影响因素

空间音频录制监听环境通常受3个因素的影响，即重放格式、控制室设计和最终用户的重放环境。空间音频重放格式将在第6章介绍，在此不再赘述。控制室设计包括房间声学设计、监听扬声器系统设置及设备系统的校准等，这是本章的重点。

最终用户的重放环境也是影响录音棚监听环境设计的重要因素。在录制过程中为了保证声音节目适合不同的重放环境，往往会在声音质量上进行尽可能小的折中处理。目前空间音频节目主要在以下5个重放环境中播放：专业控制室、专业影院、家庭影院、汽车音响和移动终端。

专业控制室通过房间声学设计、扬声器合理摆位和准确校正来保证监听系统能够在全频带提供平直的频率响应，为录音师提供标准的监听环境。如何真实再现声音而不受房间及设备的干扰成为控制室设计的重点。图4-1显示了ITU-R BS.2051标准中5.1.4的空间音频监听扬声器系统摆位。

专业影院由于听音区较大，往往采用扬声器阵列的方式来重现环境声。在现如今支持空间音频的专业影院中，重放环境声扬声器除在专业影院水平层的侧面和后面放置外，在专业影院的天花板也会放置高度声道。图4-2（彩图见文末）显示了AuroMax 20.1声道的专业影院扬声器重放系统。该系统在屏幕前方共包含六个声道，分别是水平层和高度层的左、中、右声道，在水平层的侧向和后向，分别设置了左/右前环绕、左/右侧环绕和左/右后环绕声道；在高度层的侧向和后向，也分别设置与水平层相对应的高度环绕声道；在天花板还分别设置顶部左、右声道。制作电影的控制室在空间、坐席及声学条件通常与普通影院一样，在观众席位置设有缩混的调音台。这样最终完成的影片在影院达到的效果，通过控制室的监听环境就可以体验到。

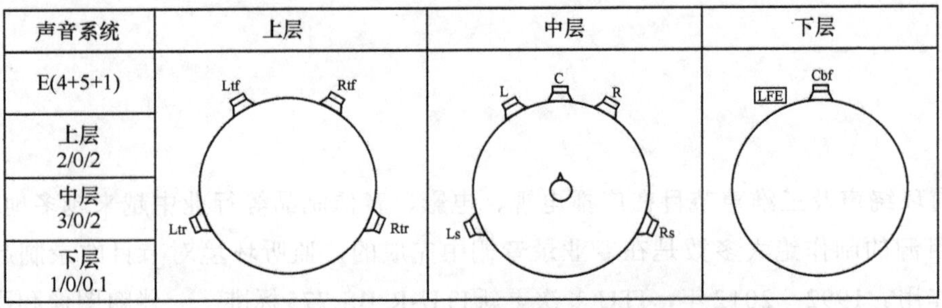

图4-1　专业控制室5.1.4的空间音频监听扬声器系统摆位

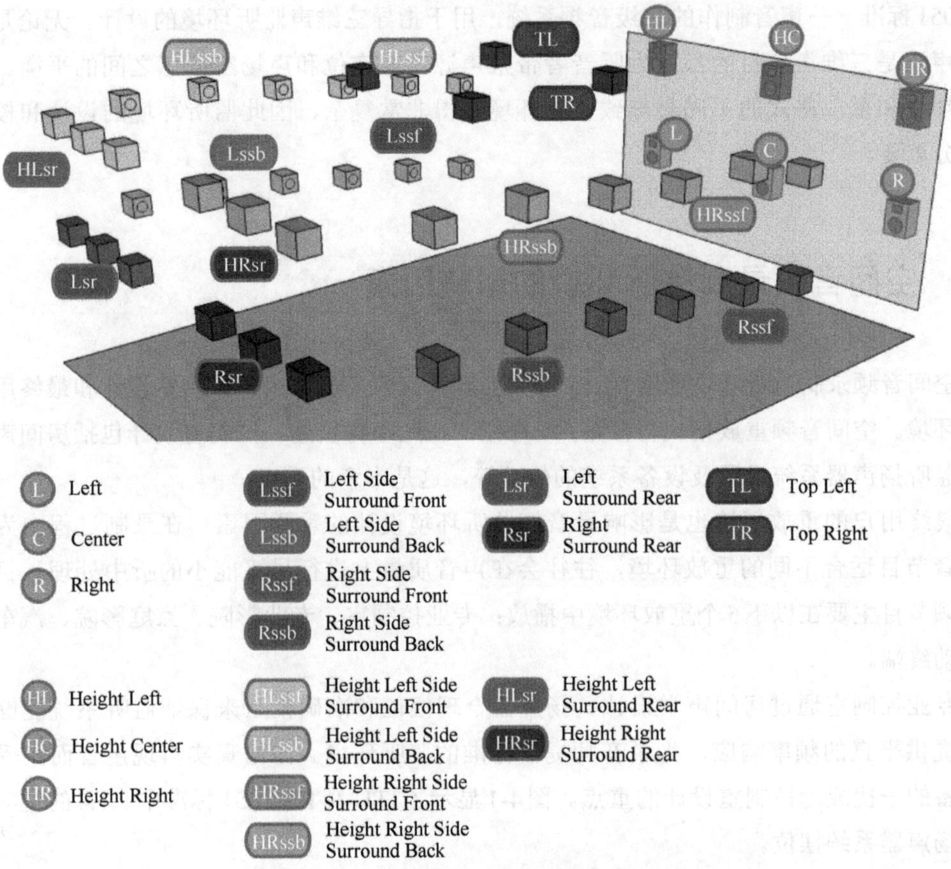

图4-2　AuroMax 20.1声道的专业影院扬声器重放系统

家庭影院通常安装在没有经过声学处理的矩形房间中。虽然不同房间的高度相差不大，但是长和宽却是多样的，因此可能会出现不可预知的早期反射声。不同的家具及墙面材料都会对声音的重放产生影响。在家庭影院的系统中往往采用卫星箱扬声器，因此很难获得平直的频率响应。由于受房间的限制，扬声器摆位经常出现变形，如环绕扬声器通常放置在听音者侧面而不是后面，或者直接安装在后墙面上。这种放置方式往往导致不同声道之间出现时间差，影响重放的声音质量。进入三维声时代，在家庭影院中重放空间音频更加困难，通常需要在天花板上安装高度声道，或者需要购置能够通过天花板反射形成高度声道的扬声器单元，如图 4-3 所示。因此如何能够保证录制的空间声节目适应不同的家庭影院重放系统成为极大的挑战。

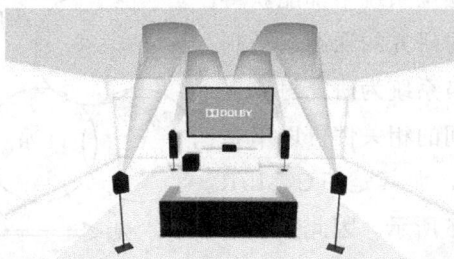

图 4-3　通过天花板反射形成的 5.1.4 的家庭影院系统

汽车音响近年来越来越受到人们的关注，尤其随着新能源车的普及，不同车企都在探索如何在狭小的空间中再现空间音频。一般汽车音响采用卫星箱扬声器，尺寸为 1～7in。对于能够重放环绕声的汽车音响系统，中置扬声器通常放置在前方仪表板的中部。左右扬声器通常放置在前方车门处，有时也采用分离式放置，即将左右扬声器的高音单元放置在前方仪表板的两边，而将低音单元放置在前方车门处。后置扬声器放置在后方车门的面板上或者后围上盖板上。超低音扬声器单元尺寸范围为 6～18in，一般放置在后围上盖板上或者行李舱中。汽车音响开始支持空间音频后，往往会在汽车天花板上放置多只高度声道扬声器，如图 4-4 所示（彩图见文末）。

图 4-4　雅马哈 30 个扬声器单元的空间音频重放系统

近几年，空间音频在移动终端快速发展，并为用户带来了更为沉浸的音频体验。这一技术在移动设备上的应用涵盖了多个领域，尤其是在音乐、游戏、电影和虚拟现实等领域。

随着智能手机、平板电脑和无线耳机硬件能力的提升，设备能够更高效地处理复杂的音频渲染算法，为用户提供动态的三维声场效果。借助陀螺仪等传感器，移动终端能够感知用户头部的运动，从而实时调整音频的方向，使用户能够从不同的方位感受到声音的来源，进一步提升沉浸感。例如，Apple 和 Android 生态系统中的空间音频技术，已经被集成到了流媒体平台和社交媒体应用中，允许用户以更直观的方式体验音频内容。此外，随着内容制作者和开发者对空间音频制作工具的广泛采用，越来越多的应用程序和娱乐内容正在拥抱这一技术，推动了空间音频在移动终端上的普及。

以上的分析可以看出，不同的重放环境使用的监听标准不同，而且不同的节目类型也要求有不同的监听环境。因此如何使制作好的空间声节目在不同扬声器摆位系统中都能获得良好的重放效果是一个值得研究的课题。从制作角度而言，学者以环绕声系统为研究对象提出，通过减少重放信号之间的相关性可以增强不同重放环境间的兼容性，尤其是在 C、L/R 和 Ls/Rs 声道之间，如图 4-5 所示。因此在使用延时处理创建声场或者通过声道间的相关性来制作空间声节目时，要特别留意在不同的重放系统可能会产生不同的声像。

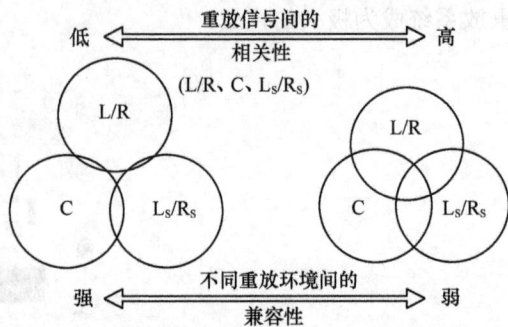

图 4-5　重放信号之间的相关性和重放环境之间的兼容性

从制作监听环境而言，主要包括两个方面：一个是控制室声学环境，另一个是监听扬声器系统及摆位。广播、电视及音像制作领域进行环绕声制作时，一般采用 5.1 的环绕声格式。在进入三维声制作之后，也是在 5.1 格式的基础上进行扩展，采用 5.1.4 或者 7.1.4 的三维声格式。本章将主要以 5.1 的监听环境为主展开阐述，在此基础上再扩展到三维声的监听环境。

4.2　控制室声学环境

在立体声监听环境中控制室往往被设计成半活跃、半沉寂的声学环境，而这种设计已经不再适合空间声节目的重放。由于环绕和高度扬声器的加入，使监听环境中每个方向都应受到同等的重视，声学特性应尽量保持一致。

4.2.1　控制室的基本参数

4.2.1.1　房间尺寸

一般房间面积为 30～70m^2，关于房间的比例尺寸，以保证房间低频振动模式分布均匀为原则，应确保 20～150Hz 之间不发生共振。此外考虑到兼容立体声重放，L 和 R 扬声器之间的距离应选为 2.5～3m。综合以上因素，控制室的土建净尺寸如下：宽度为 6m 左右，不小于 5m；长度为 7m 左右，不小于 6 m；高度为 5m 及以上。表 4-1 给出了通用的指导性参数，这是参照 ITU-R BS.1116 标准给出的控制室房间比例及大小。虽然这并不能完全描述一个优化的控制室，至少能为后续的工作提供一个良好的开端。

表4-1　控制室房间尺寸

参数	单位/条件	取值
房间地板面积		大于 30 m²
房间体积		大于 300 m³
房间性质	l 为长度，h 为高度，w 为宽度	$1.1w/h \leqslant l/h \leqslant 4.5w/h-4$，同时满足 $l/h<3$，$w/h<3$，且每个比值都不能接近整数（±5% 以内）

　　房间形状设置的不合理很容易引起梳状滤波效应和"对拍回声"，因此一般设计成以中轴线为对称的不规则形状，底面积最好应该呈矩形或梯形。切记不要有相互平行的大面积反射面，否则会严重影响声音质量。如果迫不得已，必须使用吸声材料或漫射材料覆盖墙壁。覆盖区域在相对墙面交错开，可在同样的效果下节省材料。虽然不平行的墙面可以减少由于建筑结构引起的低频驻波，但是由于参数太多，这种非平行房间的声学特性无法计算，许多声学专家都试图寻找拥有符合"螺栓形区域"比例的矩形房间，如图 4-6 所示。图中 A 点是由塞普迈尔（Sepmeyer）建议的房间比例，长宽高比例为 1.54：1.28：1；而 B 点是由劳登（Louden）建议的取值，长宽高比例为 1.9：1.4：1。

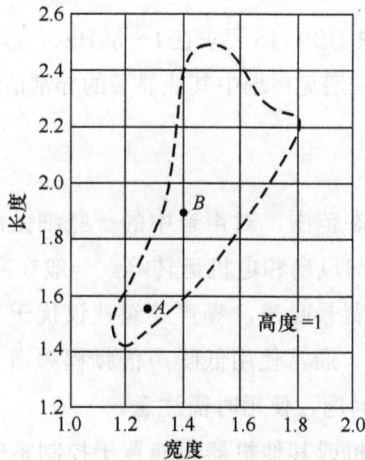

图4-6　螺栓形区域

4.2.1.2　房间的混响时间

　　上述推荐的控制室尺寸并不大，所以一般不会有过长的混响时间导致声音质量下降，但是混响衰减过程是否平缓会影响声音质量，推荐平缓减小的混响衰减过程。另外过度的吸声处理也会严重影响声音质量。控制室混响时间偏差如图 4-7 所示。下面分别对中、低、高频进行分析。

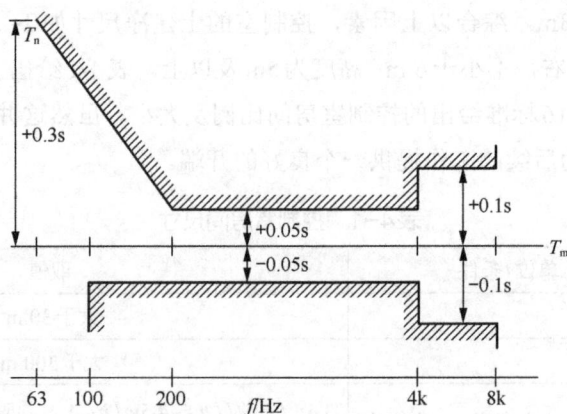

图4-7 控制室混响时间偏差

① 中频范围（200～4000Hz），混响时间平均为0.2～0.4s，应满足下列关系式。

$$T_m = 0.25(V/V_0)^{1/3}$$

式中，T_m 是中频范围内1/3倍频程（1/3oct）内的混响时间平均值；V 是控制室体积；V_0 是参考体积，其数值为100m³。

② 低频范围（63～200Hz），混响时间由图可以看出随着频率的降低数值逐渐增加，在大约63Hz时混响时间平均值相对200Hz而言增加了0.3s。

③ 高频范围（4～8kHz），混响时间相较于中频范围有了更大的容差范围，以 T_m 为参考，容差范围在 ±0.1s。

对于早期反射声，在ITU-R BS.1116要求在1～8kHz、直达声之后15ms以内，反射声至少比直达声衰减10dB。此外还应避免声场中其他显著的异常情况，如颤动回声、声染色等。

4.2.1.3 背景噪声

背景噪声会影响声音的动态范围，对声音中的一些细微部分造成掩蔽。背景噪声一般来自空调系统、机械系统、冷却风扇和电机运转等。一般在高于地面1.2m的听音处测量由空调系统或其他噪声源产生的背景噪声，噪声等级建议优于NR-10，要求不严格可放宽到NR-15，如表4-2和图4-8所示。通常使用低噪声倍频程频谱分析仪进行测量。通常我们使用的霓虹灯和荧光灯存在噪声问题，使用时需注意。

对于空调系统来说，压缩机或其他机器不能置于控制室的正上方屋顶，只能放置在屋顶上时也不能位于屋顶中央，应当弹性连接地悬挂于建筑结构上。通常，防振橡胶吊装的选择应该做到使机器重量导致的房顶弯曲量缩小到1/10以下。空调管道的尺寸应大些，镶衬吸声材料。管道进入室内之前至少应该有4个拐弯，而到达调节阀之前的最后一个拐弯距阀门应大于1.5m。冷暖空气的送出口和吸入口应选择低噪声型。控制室内有一台以上的空调机器运转时，应防止机器不同的风扇转速之间产生出的差拍频率干扰。

控制室内的设备运行噪声也往往是产生室内背景噪声的重要因素。如控制室内的电脑等一些设备往往具有较大的风扇声，因此有必要将主机置于设备间，用遥控器和监视器来控制其操作。

表4-2　NR曲线倍频程声压值（以20mPa为参考值）

NR曲线	声压级/dB								
	31.5Hz	63Hz	125Hz	250Hz	500Hz	1kHz	2kHz	4kHz	8kHz
10	62.2	43.4	30.7	21.3	14.5	10.0	6.6	4.2	2.3
15	65.6	47.3	35.0	25.9	19.4	15.0	11.7	9.3	7.4

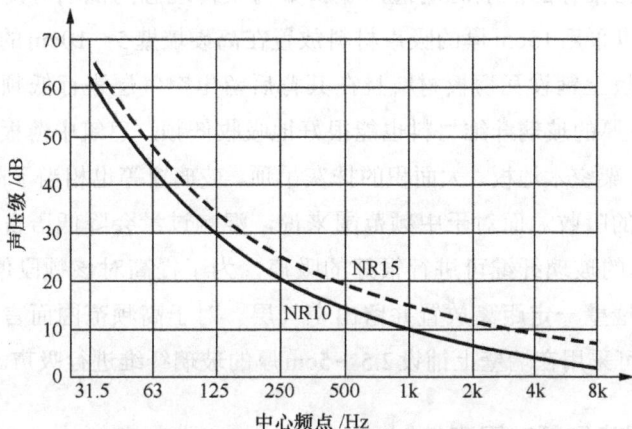

噪声等级曲线NR-10（建议）和NR-15（最大）

图4-8　NR曲线（声压级—频率曲线）

4.2.1.4　房间响应曲线

房间响应曲线是指在任一听音点测得的由所有扬声器产生声压的频率响应曲线，测试信号一般为1/3oct的粉红噪声。ITU-R BS.1116标准推荐的房间响应曲线偏差如图4-9所示。其中L_m是250Hz～2kHz的平均值，在250Hz～2kHz频带内不均匀度在±3dB以内，低于250Hz和高于2kHz允许适当下降。当房间响应曲线达不到该标准时，可以使用均衡器进行修正。

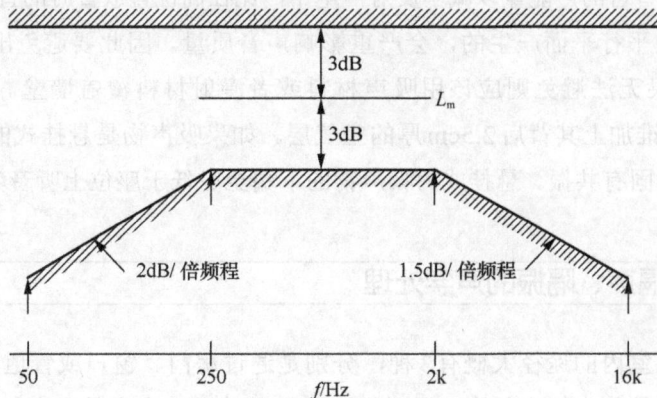

L_m：声压电平的平均值

图4-9　房间响应曲线偏差

4.2.2 控制室吸声的声学处理

吸声处理主要作用有合理地控制混响时间，有效地控制反射声和颤动回声、声聚焦等音质缺陷。影响吸声材料吸声性能的因素主要有材料的空气流阻、孔隙率、表面密度和结构因子，此外材料厚度、背后条件、表面情况及环境条件等因素也会影响吸声性能。

4.2.2.1 混响时间的控制

上一节我们给出推荐的混响时间值，那么如何获得理想的混响时间呢？首先对于低频范围而言，我们可以采用15cm厚的吸声材料放置在离硬墙壁5～10cm的地方进行吸声。此外也可通过在天花板上铺设瓦楞板材料且在其背后留出空气层进行低频能量的吸收，在天花板上面填充15cm厚的玻璃纤维材料也能很好地吸收低频。建筑中薄板吸声结构的共振频率多在80～200Hz，架空木地板、大面积的抹灰吊顶、玻璃窗等也相当于薄板共振吸声结构，对低频声也有较大的吸收。而对于中频范围来说，混响过量会降低语言的可懂度，在墙壁上铺设2.5～5cm厚的玻璃纤维可进行很好的吸声，为了提高对该频段偏低频部分的吸声，可使玻璃纤维离开墙壁一定距离放置并留出空气层。对于高频范围而言，为防止高频过多造成的咝咝声，也可采用在墙壁上铺设2.5～5cm厚的玻璃纤维进行吸声。

4.2.2.2 反射声和颤动回声控制

过强的早期反射声容易产生梳状滤波效应，导致音质变差。早期反射声是指直达声发出后15ms之内达到人耳的反射声，通常可由控制室前侧方墙壁和调音台反射产生。一般应保证较直达声延时15ms之内的早期反射声的声压级至少低于直达声10dB。因此往往需要在控制室前方和侧方进行吸声处理，如使用玻璃布加玻璃棉，或使用玻璃棉成形板。查找吸声材料覆盖面的方法是拿一面镜子沿墙壁移动，在听音者的位置处正好能通过镜子反射看到扬声器的位置是声音的反射点，需要在此覆盖吸声材料来消除影响。为了防止调音台台面反射声波，应将监听扬声器放低，使直达声掠过表桥而不落在调音台面板上是较为实用的方式。调整掠过调音台的声能量以减小反射声电平，比在高位置放置时的直接反射要小得多。

颤动回声是由平行平面产生的，会严重影响声音质量。因此要避免出现相互平行的大面积反射面，如果无法避免则应该用吸声材料或者漫射材料覆盖墙壁。吸声材料可以是2.5cm厚的玻璃纤维加上其背后2.5cm厚的空气层。如果吸声物是悬挂式的，应当具有阻尼性而能抑制本身的固有共振。悬挂式的吸声物的下端至少低于座位上听音者耳朵的高度。

4.2.3 控制室隔声、隔振的声学处理

外界声音进入室内的途径大概有3种，分别是通过房门、窗户或管道的缝隙传入室内；透过墙壁等隔离物传入；撞击传声。对于第一、二种情况，声音是在空气中产生和传播的，可称为"空气声"。第三种情况可称为"撞击声"。对于"空气声"的隔绝称为隔声，对于"撞

击声"的隔绝称为隔振。隔声、隔振的处理主要用于阻止外来干扰声，包括管道噪声、脚步声、交通噪声等。为了能够有效地隔声，通常需要考虑的因素有：房间结构的重量，如地板、天花板、墙壁、窗户、门等；隔声结构如双层墙；各结构之间的密封；消除或者控制外层结构和内套房之间的刚性连接；防止或控制周围的噪声从诸如插座之类渗入。

对于管道噪声控制，如空调系统外露的管道引起的噪声，应在管道外包裹吸声材料，并且在送气调节阀前安装消声器。交通噪声不容易控制，因此在建设之前要特别注意周围交通设施，是否存在地铁、音乐厅、机场等不可避免的噪声源。否则只能通过构建"房中房"的结构，通过减少使用面积来获得理想的隔声效果。总之目前为了获得良好的隔声效果，通常采用双重悬浮结构。隔振方面要在墙壁的构造上下功夫，较好的方法是将质量重的墙壁与独立支持壁面的弹性吸振件结合起来。

4.2.4　声扩散

为了使控制室内声场各处的声能密度分布均匀，声波应在房间内充分扩散。为了达到良好的扩散，在房间设计时应考虑以下几个方面：

① 墙面和天花板可以设计成不规则形状，应避免凹面设计，以免产生声聚焦；

② 安装凸面结构扩散体；

③ 不对称地布置吸声材料和吸声结构。

通常在控制室的侧壁、后壁和顶棚背后设置一种声音扩散体，结合墙壁和顶棚角度的不规则性，充分漫散射中频和高频信号。这样能够满足随机方向来的延时约15ms之后的强反射声充分扩散开。

4.2.5　共振

共振是指当某一物体被外界干扰振动激发时，将按照它的某一固有频率振动的现象。共振声是动荡不定的嗡嗡声，通常来自建筑部分的吊挂件、空调通风的出入口、照明装置和器材机柜等。凡是有振动可能性的物件都必须牢靠固定。

对于此类共振声的检测可以用95dB声压级的正弦波通过重放系统来监听，频率慢慢从20Hz扫频到500Hz。如果房间内有发生共振的物件，则在信号频率扫描到它的固有频率时会出现嗡嗡声。此时应该关断信号源，追寻嗡嗡声发生地点，采取必要的措施抑制该共振。解决的方法有使用粘贴剂或堵塞物等阻尼共振的物体，将装置不够紧固的物件牢靠地固定住，对共振的金属器件填充楔形玻璃纤维。

对于中小型的控制室，除会发生固体共振以外，还可能发生房间共振。共振频率主要由房间的大小来决定。而房间内所激发的共振频率的分布则与房间的比例有关，如果共振频率分布不均匀，就会使某些频率得到加强，出现声染色现象。对于中小型的矩形房间容易在低频段出现该现象，要特别注意。

在矩形房间中，房间共振包括轴向共振、斜向共振和切向共振3种，如图4-10所示。通常共振频率可由下式来计算。

$$f = \frac{c}{2}\sqrt{\left(\frac{n_x}{l_x}\right)^2 + \left(\frac{n_y}{l_y}\right)^2 + \left(\frac{n_z}{l_z}\right)^2}$$

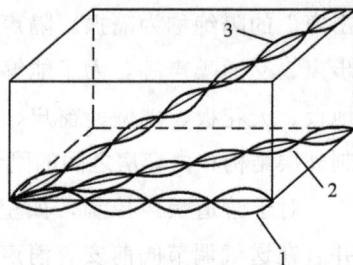

式中，l_x、l_y、l_z分别为房间的长、宽、高；n_x、n_y、n_z均为任意非零正整数。

图4-10 矩阵房间内的共振

由此可见，房间尺寸l_x、l_y、l_z的选择对确定共振频率有很大关系。为了使共振频率分布比较均匀，不出现简并现象，应该避免房间的长宽高尺寸相同或呈简单倍数关系。除了控制房间尺寸比例，还应该避免采用相互平行的表面，也可将房间的墙面和天花板进行不规则处理，使声音达到扩散，或者将吸声材料分散在房间的内表面上。

4.3 扬声器的设置与摆放

空间音频系统监听扬声器数量的增加，使重放系统变得越来越复杂。在环绕声时代，对于电视或音乐环绕声节目的制作，通常采用ITU-R BS.775标准。而用于电影环绕声节目制作时，往往采用环绕声扬声器阵列的摆放方式。进入三维声时代，ITU在2014年推出了ITU-R BS.2051-1标准，经过几番修订，最新的版本是在2022年推出的ITU-R BS.2051-3标准。ITU-R BS.2051标准是在ITU-R BS.775的基础上，进行了更多声道及更多重放原理的扩展。

4.3.1 ITU-R BS.2051标准

该标准阐述了伴随图像及不伴随图像的多种声音重放系统，涵盖从最简单的双声道立体声到最复杂的22.2的空间音频重放系统，支持基于声道、基于对象或基于场景的输入信号或此类输入信号与元数据组合的再现配置重放系统。重放扬声器在垂直方向上可以分成3层，分别是上层（Up）、中层（Middle）和下层（Bottom）。根据上层、中层和下层包含的扬声器数量，该标准一共给出10种扬声器重放系统，分别是A（0+2+0）、B（0+5+0）、C（2+5+0）、D（4+5+0）、E（4+5+1）F（3+7+0）、G（4+9+0）、H（9+10+3）、I（0+7+0）、J（4+7+0）。需要特别说明的是，以上关于重放系统的描述都未包含低频效果声道。通常在制作域较为常用的重放系统分别是A、B、D和J系统，以下进行详细介绍。为了较为清晰地介绍不同扬声器的设置角度，引入水平方位角和垂直方位角。水平方位角表征声源相对于听音者正前方的角度，取值范围通常为-180°～180°。其中0°代表声源位于听音者的正前方，90°代表声源位于听音者的左侧，而-90°则代表声源位于听音者的右侧，180°/-180°代表声源位于听音者的正后方。垂直角表征声源相对于听音者水平面的角度，其取值范围为-90°～+90°，其中0°代表声源处于听音者的水平面上，+90°指声源直接位于听音者的正上方，而-90°则意味着声源直接位于听音者的正下方。

A重放系统是最为简单的双声道立体声系统，左右扬声器之间夹角为60°，听音者位于形成等边三角形的第三个顶点处。该系统扬声器摆位角度如表4-3所示。

表4-3　A重放系统的扬声器摆位角度

SP标签	声道		水平方位角	垂直角
	标签	名称	范围	范围
M+030	L	左	+30°	0°
M−030	R	右	−30°	0°

B重放系统即为ITU-R BS.775给出的5.1环绕声扬声器系统，该系统的扬声器摆位如图4-11所示，其扬声器摆位角度如表4-4所示。ITU提出的一些参数是推荐建议，非强制性的。在实际应用中，根据具体情况，可能有变化。例如，听音距离根据房间大小不同可能会有很大的差别，小于2m、大于4m的情况都是可能的。扬声器的高度通常为1.2m，是为了满足扬声器能跟听音者人耳在同一水平线上的要求，并且中置扬声器建议与左右扬声器处在同一高度。因此如果含有视频，建议采用透声屏幕，否则中置扬声器只能置于高于或低于屏幕的位置。

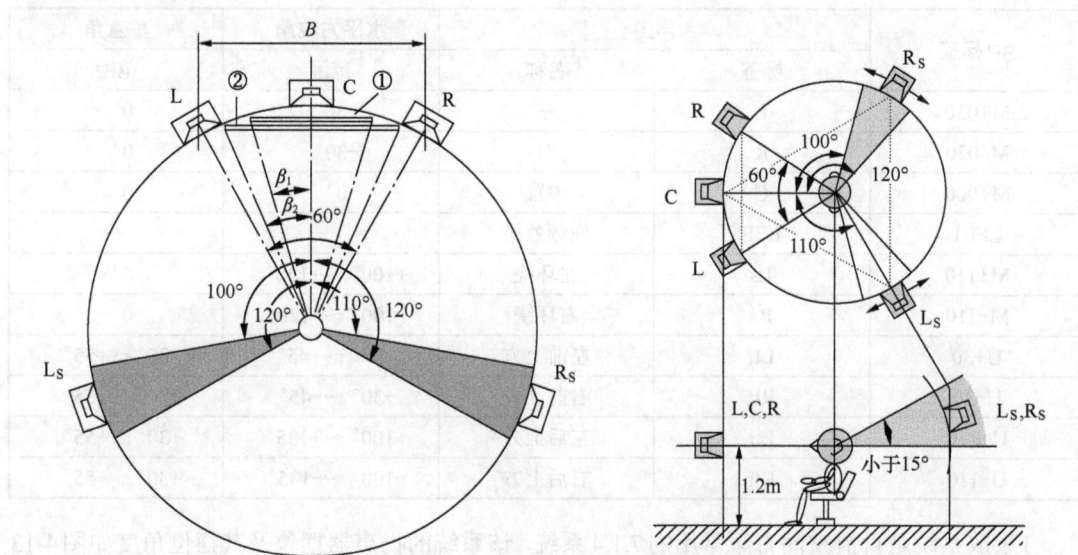

图4-11　5.1重放系统的扬声器摆位

表4-4　5.1重放系统的扬声器摆位角度

SP标签	声道		水平方位角	垂直角
	标签	名称	范围	范围
M+030	L	左	+30°	0°
M−030	R	右	−30°	0°
M+000	C	中置	0°	0°
LFE1	LFE	低频效果	—	—

SP标签	声道		水平方位角	垂直角
	标签	名称	范围	范围
M+110	L$_s$	左环绕	+100°～+120°	0°～+15°
M-110	R$_s$	右环绕	-100°～-120°	0°～+15°

D重放系统是目前空间音频常用的5.1.4系统，该系统的扬声器摆位和其摆位角度如图4-12和表4-5所示。系统中所有扬声器都位于以监听距离为半径，听音者为球心的球上。对于中层的环绕声道及上层的环绕声道可以根据监听环境进行适当的角度调整。

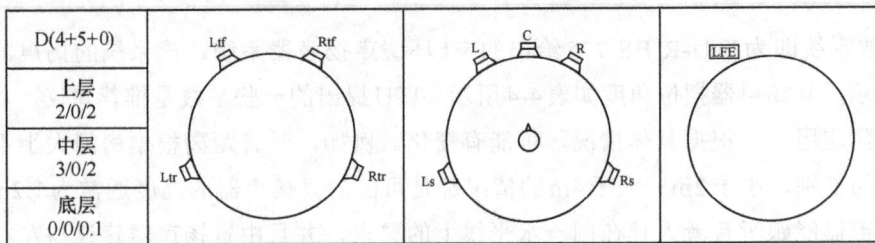

图4-12　5.1.4重放系统的扬声器摆位

表4-5　5.1.4重放系统的扬声器摆位角度

SP标签	声道		水平方位角	垂直角
	标签	名称	范围	范围
M+030	L	左	+30°	0°
M-030	R	右	-30°	0°
M+000	C	中置	0°	0°
LFE1	LFE	低频效果	—	—
M+110	Ls	左环绕	+100°～+120°	0°
M-110	Rs	右环绕	-100°～-120°	0°
U+30	Ltf	左前上方	+30°～+45°	+30°～+55°
U-30	Rtf	右前上方	-30°～-45°	+30°～+55°
U+110	Ltr	左后上方	+100°～+135°	+30°～+55°
U-110	Rtr	右后上方	-100°～-135°	+30°～+55°

J重放系统是目前空间音频常用的7.1.4系统，该系统的扬声器摆位及其摆位角度如图4-13和表4-6所示。系统中所有扬声器的设置也都与5.1.4重放系统一样。此外对于中间层，同一侧的两个环绕扬声器（如左侧环绕和左后环绕声道）之间的角度α应该在$30°\leqslant\alpha\leqslant60°$范围内。

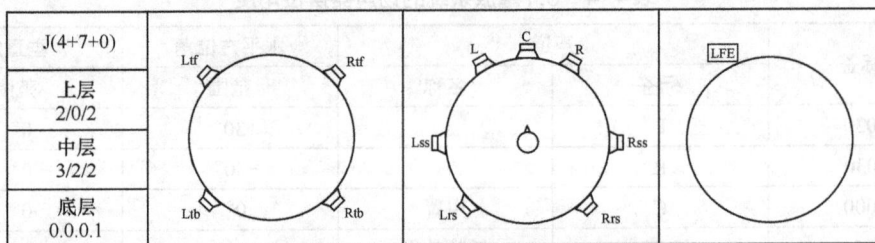

图4-13　7.1.4重放系统的扬声器摆位

表4-6 7.1.4重放系统的扬声器配置

SP标签	声道		水平方位角	垂直角
	标签	名称	范围	范围
M+030	L	左	+30°	0°
M-030	R	右	-30°	0°
M+000	C	中置	0°	0°
LFE1	LFE	低频效果	—	—
M+090	Lss	左侧环绕	+85°～+110°	0°
M-090	Rss	右侧环绕	-85°～-110°	0°
M+135	Lrs	左后环绕	+120°～+150°	0°
M+135	Rrs	右后环绕	-120°～-150°	0°
U+30	Ltf	左前上方	+30°～+45°	+30°～+55°
U-30	Rtf	右前上方	-30°～-45°	+30°～+55°
U+110	Ltr	左后上方	+100°～+135°	+30°～+55°
U-110	Rtr	右后上方	-100°～-135°	+30°～+55°

中间层扬声器的安装多采用嵌入式，这样可以良好地消除背后墙壁引起的梳状滤波效应。需要注意的是，扬声器埋入墙内时声音辐射负载将随频率发生变化，必须将扬声器在200Hz以下的频率响应特性校正到平坦状态。在扬声器四周与墙壁之间的残留缝隙上不可覆盖面板，否则会形成共振腔导致频率特性变差，而应该在缝隙中填充吸声物质。上层的环绕扬声器通常采用支架方式进行安装。无论中间层还是上层的扬声器，在采用支架方式摆放时，扬声器距离周围反射墙面的间距至少为1m。当然在中间层前方的主扬声器与重低音扬声器同时摆放时，距离周围反射墙面的间距应发生变化，具体请见后文。

为了提高低频重放效率，墙面应该是刚性的。但是在空间音频重放系统中前方的刚性墙壁会成为背后扬声器的反射面，因此建议在这类墙壁上覆盖能吸收中、高频而不吸收低频的吸声材料。由于电影屏幕和电视屏幕大小不一样，所以扬声器的摆位会不同。为了增强兼容性，建议增大电视屏幕。理想的扬声器摆放需要根据房间的大小、监听距离和房间声学特性而定。

4.3.2 监听扬声器的选择

通常建议所有声道的扬声器应使用同一型号保证声场的一致性，如果做不到，至少保证L、R、C使用的扬声器型号一致，其他环绕声道使用同一生产厂家的小型号产品。表4-7显示了空间音频监听系统扬声器特性。

表4-7 空间音频监听系统扬声器特性

参　数	指　标
频率响应 对于40Hz～16kHz	在主轴方向上（方向角=0°），使用粉红噪声测得1/3倍频程频率响应曲线起伏不能超过4dB 在方位角±10°方向与主轴频率响应曲线相差不能大于3dB 在方位角±30°方向与主轴频率响应曲线相差不能大于4dB
扬声器指向性指数D	250Hz～16kHz范围内：4dB≤D≤12dB
谐波失真 （频率：250Hz～2kHz SPL=90dB）	对于40～250Hz：不能超过-30dB（3%） 对于250～16kHz：不能超过-40dB（1%）
群延时失真	小于0.5ms（200Hz～8kHz） 小于3ms（100Hz，20kHz）
衰减时间T	从正常声压到1/e（约0.37）声压的时间$T<2.5/f$，f为频率
电阻抗	3.2Ω以上
系统动态范围	最大有效声压级大于108dB
噪声电平	不超过10dBA
时间延时	不超过10μs
有效带宽	40Hz～20kHz

4.3.3 扬声器摆位设置

根据ITU-R BS.2051标准，空间音频存在多种重放格式，本文将以5.1.4的重放格式为例，以专业控制室或家庭影院为应用场景，详细阐述不同声道扬声器的摆位设置。

4.3.3.1 左、右扬声器

对于左、右扬声器的分离角度通常有45°和60°两种选择，如图4-14所示。当我们强调与传统立体声系统（音乐节目）的兼容时，可以将其分离角度设为60°。如果考虑到家庭影院的监听环境，建议设为45°。用于音乐制作一般将左、右扬声器的分离角度设置为60°；而用于电影制作时左、右扬声器分离角度的设置，主要还是根据节目的制作目的进行考虑。关于L/R的设置高度，一般不超过15°，否则由L和R产生的幻像声像将变得模糊。

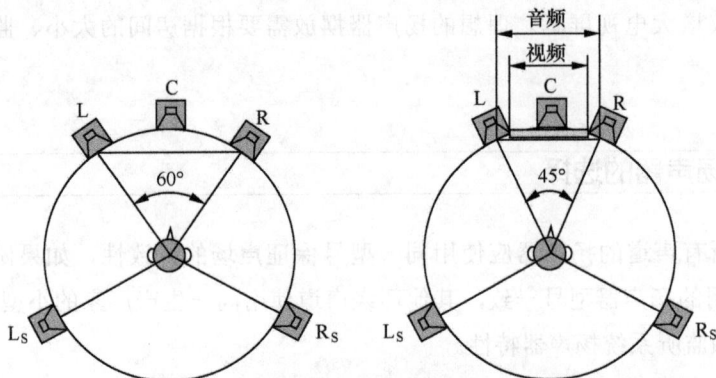

图4-14 左、右扬声器的分离角度选择

当扬声器不采用嵌入式安装，而采用支架方式进行摆位时，要特别小心扬声器辐射的直达声与墙面产生的反射声叠加造成梳状滤波问题。为了避免这个问题，真力公司给出扬声器在不进行低频管理时采用支架式摆放的距离墙面的间距参考，如图4-15所示。从图中可以看出，为了避免在低频段产生梳状滤波问题，建议扬声器前面板距离墙面5～60cm，尤其要避免距离墙面的间距在60cm以上，否则会在约150Hz以下的频段产生严重的梳状滤波问题。对于后倒相的扬声器，扬声器背板需与墙面留出至少5cm的缝隙。

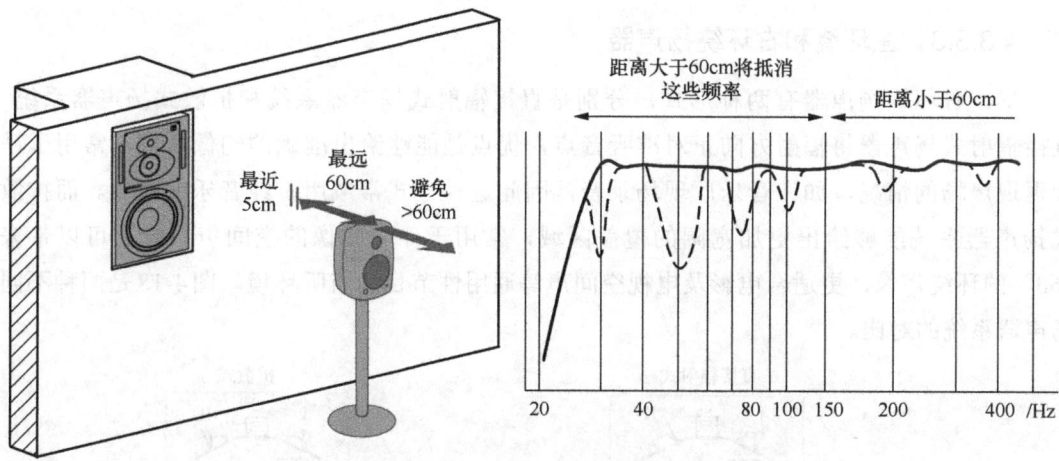

图4-15　支架式摆放时扬声器距离墙面的间距设置

4.3.3.2　中置扬声器

在伴随图像的空间声监听系统中，如果使用透声屏幕，中置扬声器的高度应该与L/R扬声器相同。为了更好地做到声画对位，扬声器的高度应该位于屏幕的中上部，因为中置声道主要重放对白，这样可以增加对白声与画面在高度上的一致性。而对于纯音乐监听系统，扬声器的高度应保持和人耳的听音高度一致，如图4-16所示。

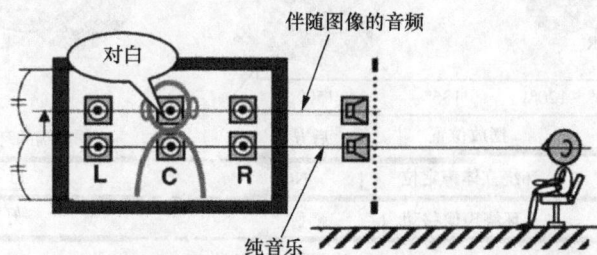

图4-16　中置扬声器的高度选择：透声屏幕和纯音乐重放

当没有透声屏幕时，中置扬声器应该放置在屏幕上方或者下方。如果放置在下方，很容易建立起与左右声道在垂直方向的关联，形成良好的重放声场。另外，中置扬声器放置在屏幕上方更容易保证对白与画面的匹配。根据人耳的垂直分辨率小于7°，因此中置扬声器和左/右扬声器之间的高度变化应在7°之内，如图4-17所示。

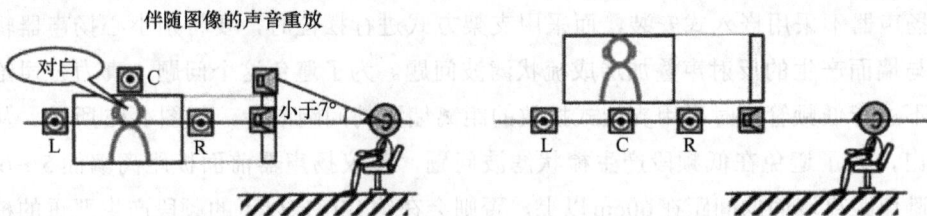

图4-17　中置扬声器的高度选择：视频监视器

4.3.3.3　左环绕和右环绕扬声器

左、右环绕扬声器有两种形式，分别是直接辐射式扬声器系统和扩散式扬声器系统。直接辐射式扬声器将辐射方向正对准听音点，优点是能够给出准确的幻像声像，常用于精确再现声场的情况，如在音乐厅现场录音，因此这种方式常被用于纯音乐的重放。而扩散式扬声器系统能够给出更加宽阔的覆盖区域，常用于伴随图像的空间声系统，可以带来360°的环绕声像，更适合电影及电视空间声等通用性节目的监听环境。图4-18是两种不同扬声器系统的对比。

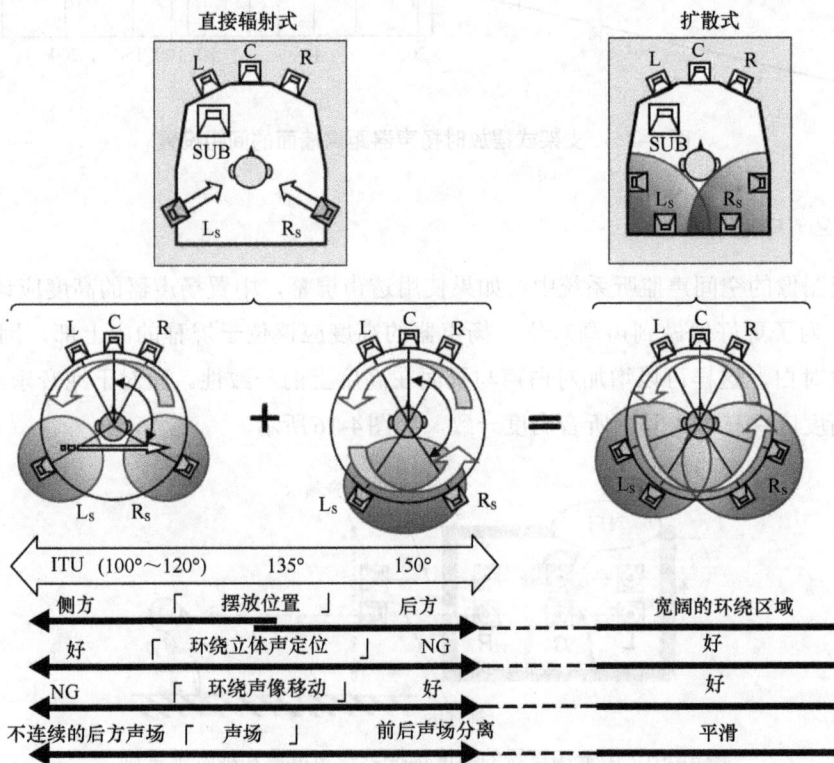

图4-18　直接辐射式扬声器系统和扩散式扬声器系统

（1）直接辐射式扬声器系统

使用这类扬声器是为了能够保证环绕声像和后方立体声定位之间的平衡。一般左、右环绕扬声器的摆位有3种，分别为±110°、±135°、±150°，如图4-19所示。

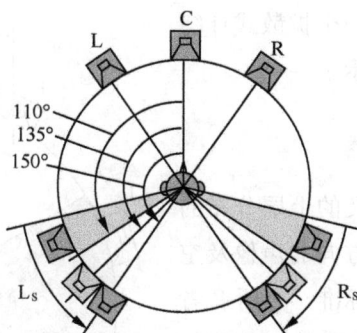

图4-19　左、右环绕扬声器的摆位

① 110°：准确地说扬声器摆放在"侧方"而不是"后方"，使左、右环绕声道良好地分离，可以获得丰富的声场信息。但是环绕声像的移动受到限制，会使倾听者后方的声像快速移动，而没有深度感（即环绕声像不是在圆上移动）。

② 135°：为了能够让倾听者感知声源来自"后方"而不是"侧方"，应该将左、右环绕扬声器放置在135°或者更向后方的位置。在一般家庭影院重放系统中，往往将左、右环绕扬声器摆放在135°位置。这种摆位方式跟20世纪70年代出现过的"四方声"的环绕扬声器摆位相同。虽然"四方声"由于与传统的立体声不兼容而消失了，但是最近的研究表明"四方声"的摆位方式可以很好地再现声场信息，因此目前在研究领域这种摆放方式仍用于虚拟环绕声系统。目前IRT传声器阵列常用于录制环绕声场，也进一步说明这种摆位是使用最少的声道再现环绕声场的方式。

③ 150°：如果需要前后重放声场完全对称，则采用这种方式。由于L/R和L_S/R_S完全一样，很容易实现有深度的环绕声像。这种方式适用于前后声像移动都很重要的情况。但是如果扬声器摆位再偏向后方的话，形成的环绕声场类似一个单声道系统，而且前后方声场分离的情况会更加明显。因此不建议环绕扬声器再向后方移动。

（2）扩散式扬声器系统

该系统中一个环绕声道需要使用多只环绕扬声器，且辐射方向并不正对听音位置，所用扬声器不是单极型扬声器，而是三极型扬声器，如图4-20所示。

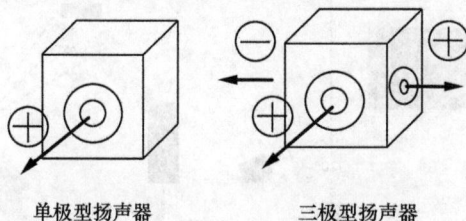

单极型扬声器　　　　　三极型扬声器

图4-20　单极型扬声器和三极型扬声器

扬声器必须摆放在侧方（小于135°）和后方（大于135°）位置，这样既能保证立体声的分离度又能保证360°的环绕声像。但是值得一提的是，当左半平面的两只扬声器分别位于100°和150°时，产生的幻像声像为125°，与直接辐射式扬声器位置存在差异，需要特别注意。ITU-R BS.775 也曾给出一个扩散式环绕声场的摆放形式，如图4-21所示。

4.3.3.4 高度环绕扬声器

高度环绕扬声器是前文提及的上层分布的扬声器，主要功能是再现垂直方向的声像及空间声场。根据ITU-R BS.2051标准，以听音者为球心、监听距离为半径，高度环绕扬声器位于球面上。左前上方和右前上方声道与正前方的水平夹角在30°～45°，与水平面的垂直夹角在30°～55°；左后上方和右后上方声道与正前方的水平夹角在100°～135°，与水平面的垂直夹角在30°～55°。

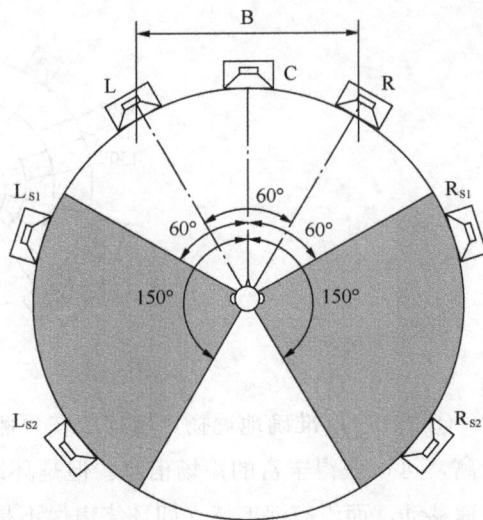

图4-21 扩散式环绕声场的扬声器摆位

杜比公司在配置家庭影院的5.1.4空间声重放系统时，给出了两种不同的设置。第一种是在天花板安装高度空间声道，如图4-22所示。从图中可以看出，高度环绕扬声器垂直角的设置与ITU-R BS.2051标准相同，也是在30°～55°。左侧高度环绕扬声器的水平方位角与左扬声器有关，左前上方和左后上方扬声器与左扬声器形成一条直线，该直线与左、右扬声器连线相垂直。右侧高度环绕扬声器采用与左侧相对称的设置。

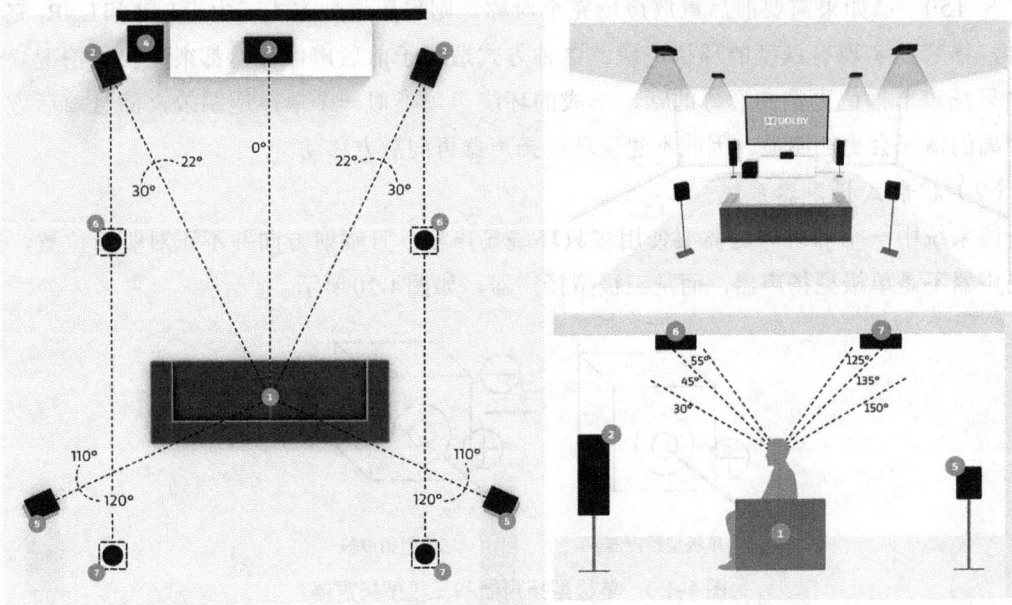

图4-22 杜比公司提出的设置高度声道的5.1.4重放系统

杜比公司提出的另一种设置如图4-23所示。这种设置其实是一种妥协方式，在家里不方便设置高度环绕扬声器时，可以在水平层的左、右、左环绕和右环绕扬声器分别加装主轴指向天花板的扬声器模块,通过天花板的反射形成虚拟的高度环绕声道。当然这种情况要求天花板能够实现理想的反射,否则听感效果会大打折扣。

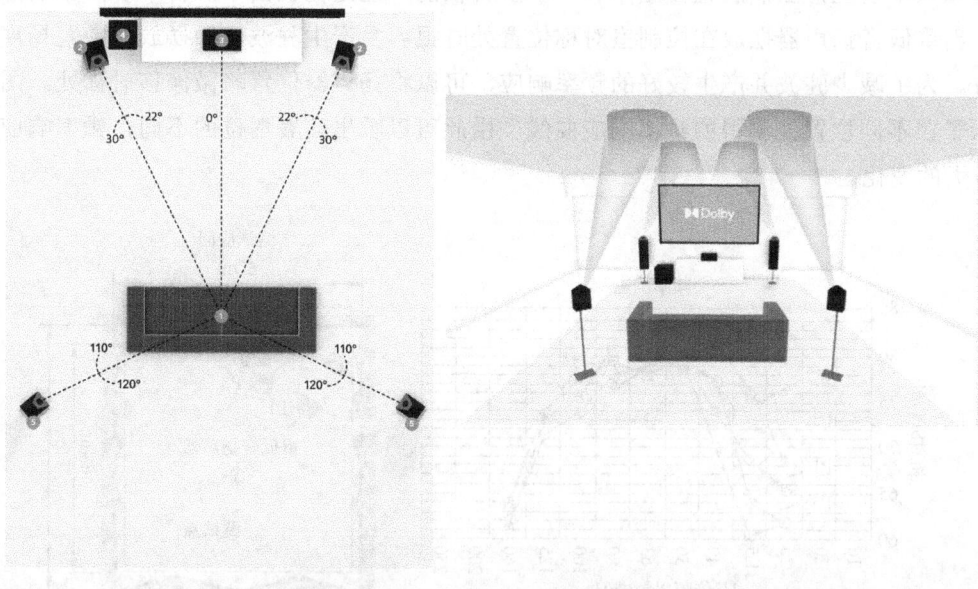

图4-23 杜比公司提出的设置虚拟高度声道的5.1.4重放系统

Auro 3D针对家庭影院的配置也给出了Auro 9.1的扬声器摆位,如图4-24所示。4只高度环绕扬声器的水平方位角要与对应的水平面扬声器角度一致,以右侧高度声道为例,右前上方扬声器的水平方位角应设置在30°,右后上方扬声器的水平方位角在110°。左侧扬声器设置与右侧左右对称。4只高度环绕扬声器的垂直角都在25°~40°。

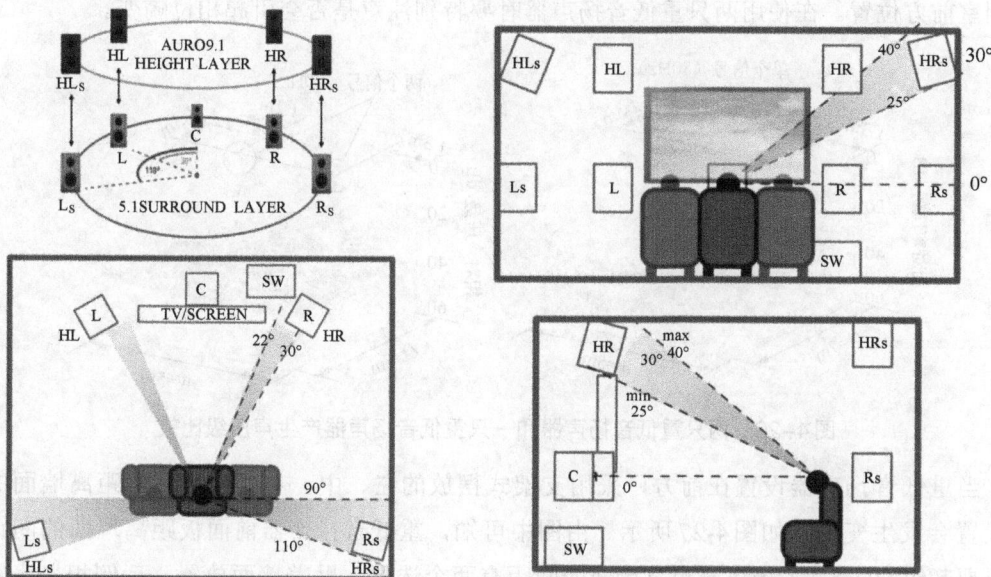

图4-24 Auro 3D提出的5.1.4重放系统的扬声器摆位

4.3.3.5 重低音扬声器

设计重低音扬声器的位置时，必须考虑房间声学特性。重低音扬声器的摆放要兼顾声功率和频率响应，虽然放置在墙角有利于声音辐射，但是往往由于声音干涉而影响频率响应。当重低音扬声器摆放在控制室对称位置处时很容易产生驻波，如摆放在中置扬声器的下方。为了减少驻波并产生较好的频率响应，可以将扬声器位置略微偏移对称处。图4-25显示了在不同位置处测得的频率响应曲线。由此可以看出随着摆位的不同，频率响应会发生较大的变化。

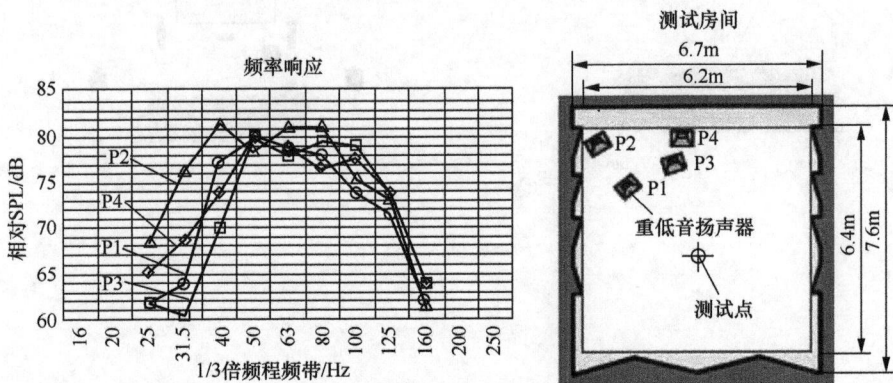

图4-25　重低音扬声器位置与频率响应的关系

对于体积较大的控制室，为了增加其重放声场的稳定性，可以考虑使用两只重低音扬声器。图4-26显示了两只重低音扬声器和一只重低音扬声器产生不同声压级的情况。由图可以看出增加一只重低音扬声器，沿着房间宽度的方向声压级的起伏变化小于仅用一只重低音扬声器的情况。两只重低音扬声器的摆放位置除了可以前后放置，也可以平行放置在控制室前方位置。在使用两只重低音扬声器时要特别注意是否会引起相位畸变。

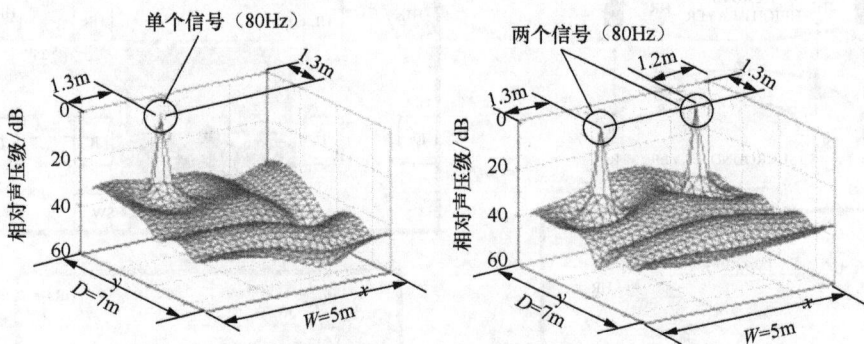

图4-26　两只重低音扬声器和一只重低音扬声器产生声压级比较

当重低音扬声器设置在前方，采用支架式摆放的左、中、右的主扬声器距离墙面的间距设置会发生变化，如图4-27所示。由图中可知，重低音扬声器前面板距离墙面的间距最大不要超过60cm，主扬声器距离墙面的间距有两个选择：贴着墙面放置，后倒相扬声器保留5cm间隙；或者与墙面的间距在1.1m以上。

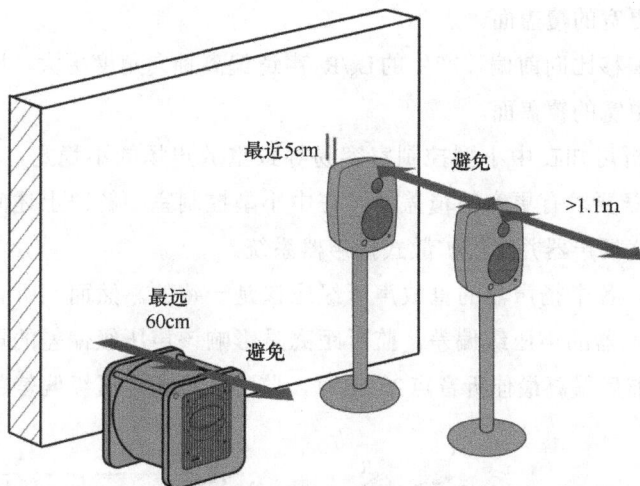

图 4-27　重低音扬声器与主扬声器距离墙面的间距设置

4.3.4　监听距离

通常监听距离越大，重放声场的稳定性越好。因此大控制室的稳定性往往会好于小控制室。但是随着监听距离的增大，受房间的影响也随之增加，因此控制室的声学特性是至关重要的。当下基于空间声重放系统，探讨监听距离的相关文献仍不多见，因此本文仍以 5.0 环绕声重放系统进行分析。图 4-28 显示了在 5.0 的标准扬声器摆位下，当听音位置前后偏离最佳听音点 25cm 时，每只扬声器产生的偏离轴向角度与监听距离之间的关系。

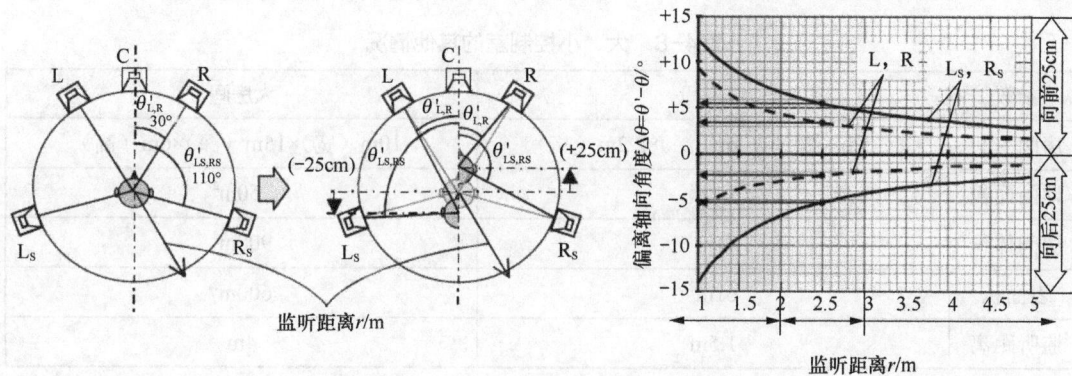

图 4-28　偏离轴向角度与监听距离的关系

由图可以看出以下内容。

① 随着监听距离变小，各个扬声器的偏离轴向角度快速增大，意味着监听距离越小，有效听音范围越小。

② 监听距离相同的情况下，L_S/R_S 声道的偏离轴向角度大于 L/R 声道，说明在环绕声道中更容易出现声场的不稳定，左、右环绕扬声器应该比左、右扬声器有更大的覆盖面。

③ 听音点向前偏移比向后偏移产生的 L/R 声道偏离轴向角度更大，因此要求前方扬声

器应该对于前方有更宽的覆盖面。

④听音点向后偏移比向前偏移产生的L_S/R_S声道偏离轴向角度更大，因此要求环绕扬声器应该对于后方有更宽的覆盖面。

通过以上的分析可知在中小型控制室容易导致重放声场的不稳定，尤其是环绕声道，因此对环绕声扬声器要求有更宽的覆盖面。在中小型控制室中解决上述问题的有效方法是选择宽指向性的环绕扬声器并采用扩散式扬声器系统。

在监听系统中，各个扬声器的重放声压级应该是一致的。然而当听音者偏离最佳听音点时往往会导致扬声器的声压级偏差。监听距离是影响该声压级偏差的重要因素。图4-29显示了当听音位置前后偏离最佳听音点25cm时，监听距离和声压级偏差之间的关系。

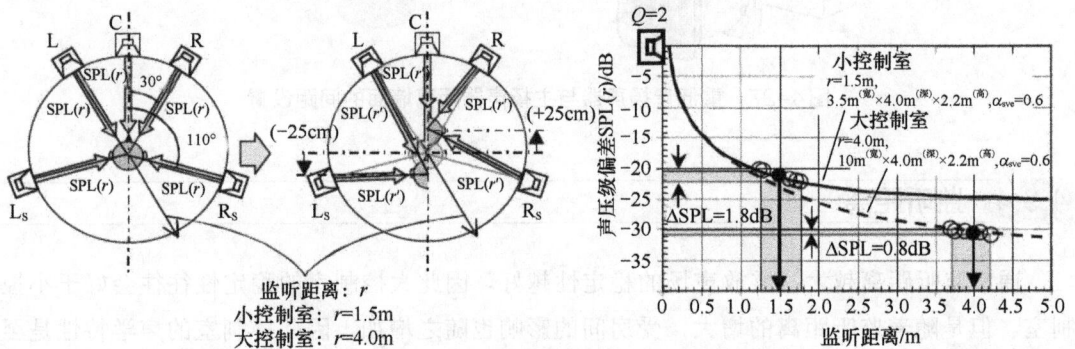

图4-29　监听距离和声压级偏差之间的关系

图4-29中的扬声器采用嵌入式安装（指向性因数$Q=2$），两个房间的平均吸声率均为0.6，扬声器安装角度都参照ITU-R BS.2051建议摆放。大、小控制室的其他情况如表4-8所示。

表4-8　大、小控制室的其他情况

参数	小房间	大房间
房间空间	3.5m（宽）×4.0m（深）×2.2m（高）	10m（宽）×15m（深）×6m（高）
地面面积	14m²	150m²
房间体积	31m³	900m³
表面积	61m²	600m²
监听距离	1.5m	4m

图4-29中的黑线表明小控制室中随着监听距离的增大，重放声压级衰减的情况，而虚线则表明了大控制室的情况。当听音者偏离最佳听音点时，与每只扬声器的距离不再相同，也就失去了声道间重放声压级的平衡。由前后偏离最佳听音点25cm引起的声压级偏差用"O"来表示。在大控制室中声压级偏差约为0.8dB，而在小控制室中声压级偏差约为1.8dB。所以，小型控制室内听音点位置较小的偏离就容易影响重放声压级，需要通过扩大扬声器覆盖区来解决。

总结来看，监听距离可以分为以下3种情况。

① 监听距离不小于3m：理想的情况，此时的重放声场稳定，但要特别注意控制室的声学处理。

② 监听距离2～3m：目前常用的情况。对于某些特殊情况采取测量的方法来减弱不稳定性。

③ 监听距离小于2m：这种情况往往会造成重放声场的不稳定性。建议扩展环绕声扬声器的覆盖区。

关于监听扬声器高度的设置通常有3种情况，如图4-30所示。

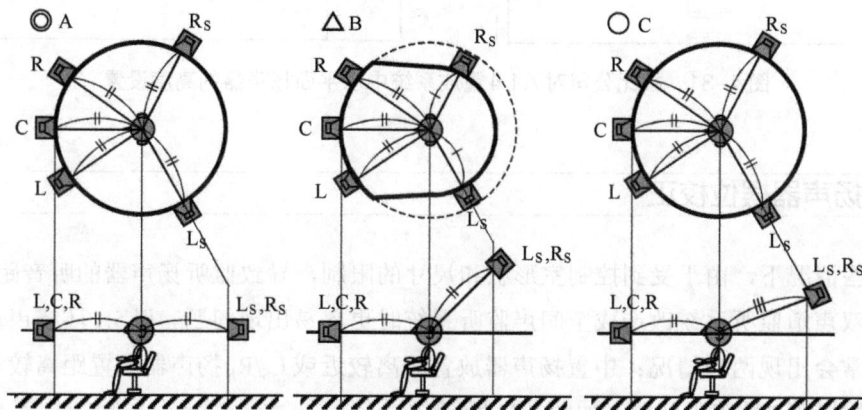

图4-30 监听扬声器高度的设置

① A方式：这是标准的扬声器摆位，所有扬声器位于同一水平面上，可以形成自然的环形声场，且距离听音点位置相同，保证了良好的重放频率响应。

② B方式：这种方式由于所有扬声器距离听音点位置相同，不会产生梳状滤波效应和优先效应，因此可以获得良好的频率响应。但是在水平面上，环绕扬声器距离听音点更近，而圆形的环绕声场是通过在同一水平面上所有扬声器距离听音点相同而获得的，因此重放出来的环绕声场缺乏深度。

③ C方式：在该方式下，环绕扬声器映射到水平面的监听距离与其他扬声器相同，但实际监听距离大于其他扬声器。由于在水平面上所有扬声器距离听音点相同，因此可以产生自然的环形声场。但是由于实际距离的不同，会产生梳状滤波效应等，从而影响重放的频率响应。

在扬声器高度设置上，建议使用A方式，如果由于特殊原因无法实现A方式，则要根据情况选择B或C的摆位。例如，在音乐重放时，往往通过前方和环绕声道间的信号相关性产生声像定位，建议选择B方式能够保证良好的重放频率响应。如果重现自然的环绕声场更重要，如电影，则建议采用C方式。

此外关于水平面扬声器的设置，杜比公司针对7.1.4三维声重放系统进行了更为详细的说明，如图4-31所示。从图中可以看出，对于左、中、右和侧向左、右环绕声道扬声器而言，建议垂直角度不能超过20°，且距地面的最大高度 $H_{MAX} = 0.7H$，其中 H 表示高度声道扬声器距地面的高度。对于左后、右后环绕声道扬声器，建议其垂直高度不能超过25°，且距地面的最大高度 $H_{MAX} = 0.75H$。

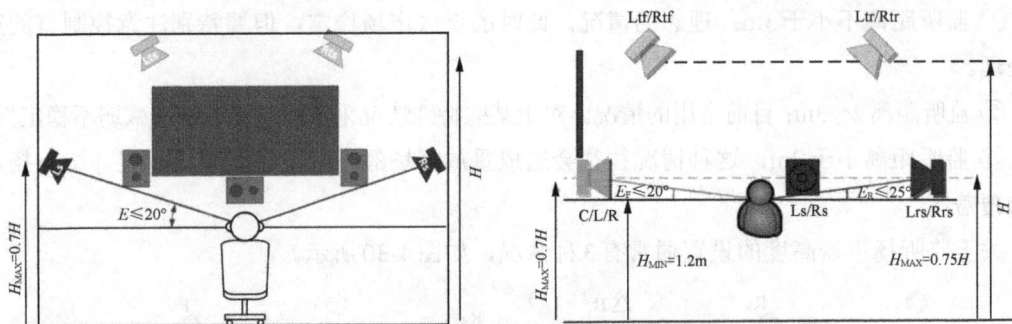

图4-31　杜比公司对7.1.4重放系统中水平面扬声器的高度设置

4.3.5　扬声器摆位校正

在某些情况下，由于受到控制室形状和尺寸的限制，导致监听扬声器的听音距离不同，尤其在将双声道监听系统改造成空间声监听系统时更容易出现问题。以5.1环绕声重放系统为例，通常会出现两种情况：中置扬声器放置距离较近或L_S/R_S扬声器放置距离较近，此时很容易引发以下3种监听问题，如图4-32所示。

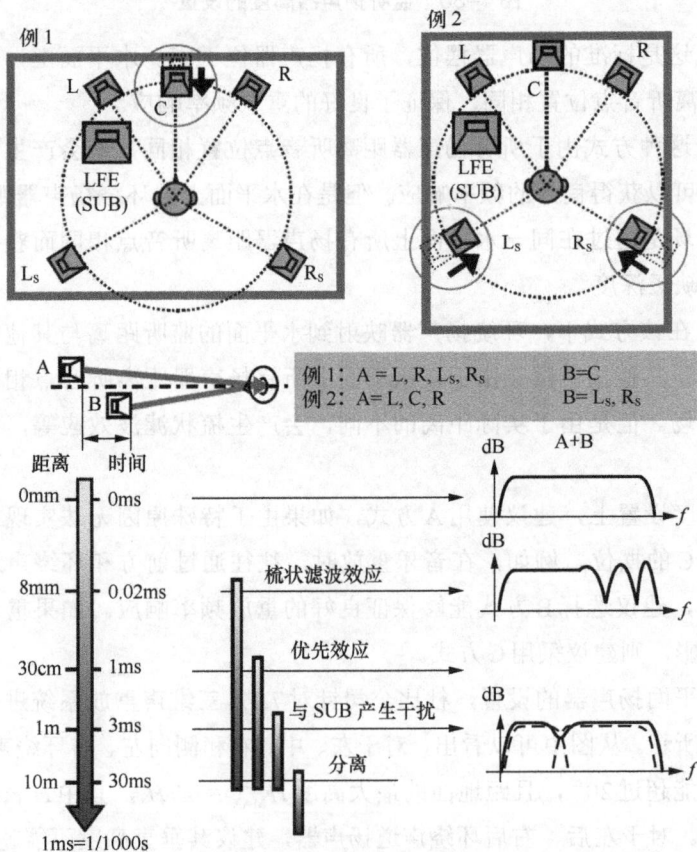

图4-32　监听距离差引发的监听问题

① 梳状滤波效应：监听距离差大于 8mm

如果同一声音信号由监听距离相差 8mm 的两只扬声器重放，在可听频域内（小于 20kHz）的频响曲线会出现凹陷点。8mm 的距离差会产生约 0.024ms（按声速 340m/s 来计算）的时间差，可能是由扬声器的摆位造成的，也可能是由重放设备的电子延时产生的。

② 优先效应：监听距离差大于 30cm

优先效应是关于人耳定位的一种心理声学现象，通常当两只扬声器监听距离差大于 30cm 时，由于优先效应的存在会对声源定位产生干扰。假设环绕扬声器（L_S/R_S）较前方扬声器（L/C/R）监听距离少 30cm，那么当一个声音从后往前声像移动时，由于优先效应人耳总感觉声音来自环绕扬声器，因此不容易判断声源方向的变化。

③ 与重低音扬声器的交叉干扰：监听距离差大于 1m

当重低音扬声器和其他扬声器的监听距离相差 1m 以上时，往往在重低音扬声器的截止频率处产生严重的凹陷，对频率响应产生干扰。

鉴于以上出现的问题，通常可以采用增加延时器和均衡器来改善重放的频率响应。

4.3.6　低频效果声道和低频管理系统

低频效果（LFE）声道最早出现在电影中，用于传输超低频的信号，体现视频节目中爆炸、轰鸣等特殊低频效果。不同空间声重放格式对 LFE 声道的上限频率有不同的规定，杜比数字规定为 120Hz，DTS 规定为 80Hz。

用于电影和家庭影院中的 LFE 声道信号在工作频带内，每 1/3oct 的声压级比其他单独主声道每 1/3oct 的平均声压级高出 10dB（用宽带粉红噪声测量）。由等响曲线可知，如果低频和中频获得一样的响度，低频就需要更大的声压级。该增益是在信号重放阶段通过提升 LFE 声道的电平来实现的，而不是在录音阶段提升 LFE 声道的录音电平。在专业影院的 5.1 重放系统中，LFE 声道是直接传输给重低音扬声器的，如图 4-33 所示。

对于家庭影院而言，由于使用低频管理系统的多样化，导致 LFE 声道传输的多样性。在家庭影院系统中并没有明确规定低频信号一定要传输给 LFE 声道，甚至在没有重低音扬声器的情况下，LFE 信号可以通过其他主扬声器进行传输。而在没有 LFE 信号时，重低音扬声器也可以重放其他主扬声器中的低

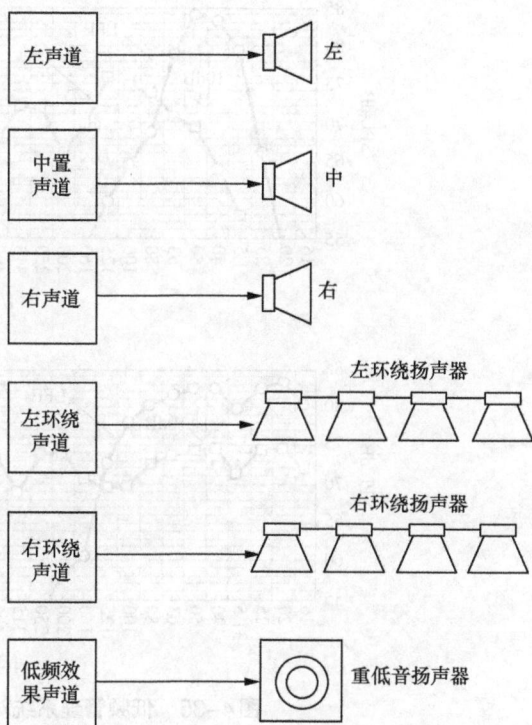

图 4-33　影院及电影混录棚常用监听系统

频信号。通常对于纯音乐的重放，为了保证低频信号在空间感上的平衡，往往将所有低频信号传输到主扬声器中，而不使用重低音扬声器。

在控制室中为了保证良好的低频响应，要对监听系统进行低频处理，通常从以下两个方面考虑：改善房间声学特性及扬声器摆位；使用低频管理系统的电声措施。低频管理系统的电路图如图4-34所示。低频管理系统是一个交叉耦合滤波器，用于将主声道和低频效果声道的低频送至一个或多个重低音扬声器中。

低频管理系统除了为主声道补偿低频响应，还有以下的优点。

① 由于主声道的低频部分统一由重低音扬声器来重放，因此可以保证主声道低频响应的一致性。

② 当重放房间尺寸较小时，重低音扬声器的摆放位置限制较多，而采用低频管理系统可以增大摆放位置的自由度。

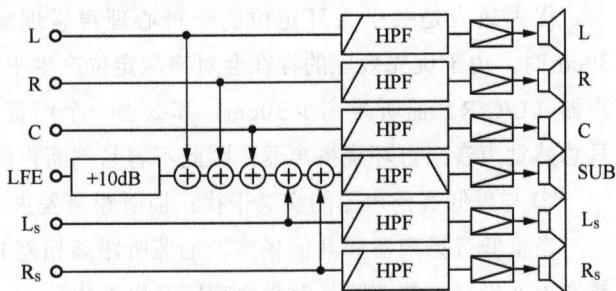

图4-34　低频管理系统

③ 用于电影和家庭影院中的LFE声道信号在工作频带内平均声压级要高出主声道10dB，低频管理系统可以有效保证这一点。图4-35的上图显示了没有低频管理系统的控制室LFE声道和C声道的频率响应曲线，而下图显示了有低频管理系统的控制室LFE声道和C声道的频率响应曲线。对比两图可以清晰地看到，低频管理系统可以有效保证LFE声道10dB的增益。

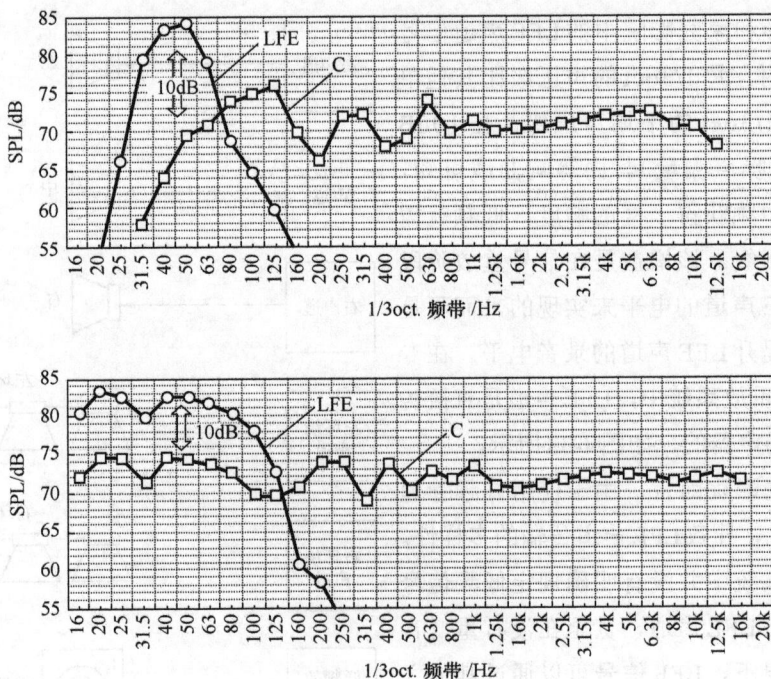

图4-35　低频管理系统对LFE声道频率响应的改善

低频管理系统中主要包括低通滤波器（LPF）和高通滤波器（HPF）。低通滤波器根据低通滤波器类型是否与主声道扬声器响应匹配进行选择，常用的有巴特沃斯（Butterworth）和林奎兹（Linkwitz）滤波器。而高通滤波器则要根据使用的扬声器特性进行选择。

滤波器包含两个参数，一个是截止频率（f_c），另一个是斜率。关于低通滤波器中截止频率的设置，要考虑两个方面：不能设置太高，否则过高频率的信号会让人察觉到方向性，影响重低音扬声器的摆位；也不能设置过低，否则超低频的震撼效果就丢失了。因此截止频率通常设置为80Hz。而高通滤波器的截止频率通常与低通滤波器相同。关于斜率的设置既不能过陡也不能过缓。设置过陡，会导致重低音扬声器和主扬声器频率交叉区较少，容易产生低频信号和中频信号分离的感觉；设置过缓，会造成高于截止频率之上的声频成分进入重低音扬声器，破坏听音效果。通常斜率一般设置为-24dB/oct。而关于高通滤波器斜率的设置要相对复杂一些，不仅要考虑低通滤波器的特性还要考虑主扬声器的特性。假设低通滤波器的两个参数 f_c = 80Hz、斜率为-24dB/oct。如果主扬声器低频响应特性在低于80Hz有-12dB/oct衰减，则高通滤波器的斜率设置为-12dB/oct；如果主扬声器低频响应特性在低于80Hz没有衰减，则斜率设置为-24dB/oct。

前面提到不同格式LFE声道的上限频率不同，如杜比数字的上限为120Hz，而DVD Audio和SACD重放格式并没有上限，通常80Hz是民用设备常用的截止频率。为了能够完全重放不同格式的LFE声道信号，因此建议将低频管理系统进行改进，如图4-36所示。该系统含有两个低通滤波器，将LFE声道和主声道分别进行处理，如可以将HPF和LPF1的截止频率设置为80Hz，而将LPF2的截止频率设置为120Hz。目前大多数的专业低频管理系统都具有类似的结构。

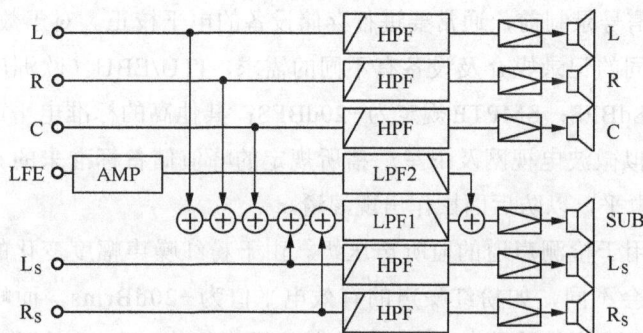

图4-36 改进的低频管理系统

4.4 重放系统的检测与校准

随着高解析度的空间音频解决方案的诞生，高解析度的声频格式能得到更大的动态范围、跨越更宽的频谱，尤其追求通过重放超高频信号获得"空气感"。保证声道之间重放电平的一致性能够良好地控制声音平衡和声音质量。同时进行监听系统的校准也便于空间声节目在不同监听环境中的交换和对比。因此在使用前进行监听系统的检测和校准是非常必要的。监听系统检测和校准的常规方法是输入标准的检测信号,利用声级计和实时分析仪(RTA)来测定全部声道的监听电平特性和相关数据,如图4-37所示。

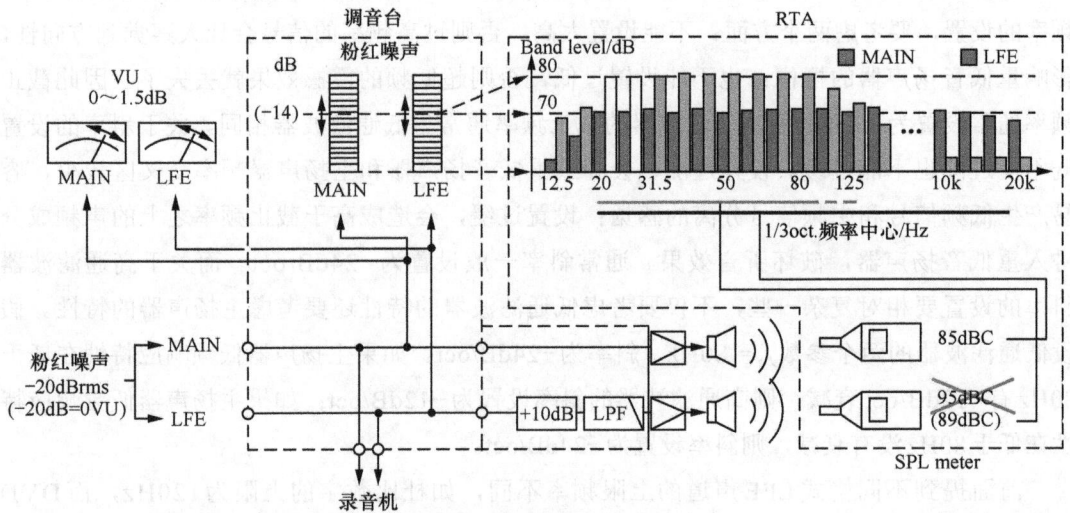

图4-37 监听系统校准示意

4.4.1 常用的检测信号

系统校准常用的检测信号包括1kHz正弦信号和粉红噪声。1kHz正弦信号主要用于检测信号录制电平。在信号录制前,通常要进行存储设备的电平校正。对于数字声频系统而言,因为制作过程中不同的记录媒介及设备有不同的需求,ITU/EBU(欧洲广播联盟)标准规定的校准电平为-18dBFS;SMPTE规定为-20dBFS;其他高的标准电平可达-12dBFS,这是根据美国国际模拟微波电视网及卫星广播所规定的峰值储备标准来的。因此要明确地标识系统采用的校准电平,以防后面操作出现混淆。

粉红噪声主要用于检测声道的监听声压级。由于粉红噪声幅度变化的随机性,调音台电平表的读数可能会不同,如粉红噪声的有效电平值为-20dBrms,而峰值电平可能会达-14dBFS。因此在使用前必须要确认粉红噪声的实际电平值。表4-9表明了系统峰值储备不同时,1kHz正弦信号与粉红噪声电平的关系。表4-10表征了粉红噪声校准电平与声道监听声压级(以85dBC为例)的关系。

表4-9 不同峰值储备,1kHz正弦信号与粉红噪声电平的关系

校准信号*		参考电平		峰值表	VU表
1kHz	数字	-20dBp-p	(-23dBrms)	-20dBFS	0dB
	模拟	(-17dBp-p)	-20dBrms	↑	↑
粉红噪声	(DC)~20kHz	—	-20dBrms	(-14dBFS)	0~1.5dB
*系统峰值储备为20dB					

校准信号*		参考电平		峰值表	VU 表
1kHz	数字	−18dBp-p	（−21dBrms）	−18dBFS	0dB
	模拟	（−15dBp-p）	−18dBrms	↑	↑
粉红噪声	（DC）～20kHz	—	−18dBrms	（−12dBFS）	0～1.5dB
*系统峰值储备为18dB					

表4-10　粉红噪声校准电平与声道监听声压级（以85dBC为例）的关系

系统峰值储备	校准信号	监听声压级
−20dB（=0VU）	−20dBrms 粉红噪声	85dBC
−18dB（=0VU）	−18dBrms 粉红噪声	85dBC
	−20dBrms 粉红噪声	83dBC

　　关于粉红噪声的带宽一直是争论的话题，主要是低频和高频部分的取舍。过多地引入低频部分，会导致检测结果与监听房间特性相关，然而从哪个频点进行低频衰减并没有统一标准；而高频部分会导致结果与声音辐射方向有关，但是对于高频是否衰减也众说纷纭。不同标准规定了不同的带宽和不同的计权方式，如表4-11所示。常用的计权方式有C计权和A计权，两者主要的区别是频率特性曲线不同，如图4-38所示。由表可以看出使用宽带粉红噪声时，通常声级计采用A计权或者C计权；而使用限制带宽的粉红噪声则主要采用C计权。

表4-11　不同标准设置的粉红噪声带宽

标准	粉红噪声带宽	测试方法
杜比数字	500Hz～1kHz 频带外每倍频程下降9dB	dBC
TMH实验室	500Hz～2kHz 频带外每倍频程下降18dB	dBC
ITU-R BS.1116	20Hz～20kHz	dBA
德国SSF	200Hz～20kHz	dBA
SMPTE RP200 GY/T 312	22Hz～22kHz	dBC
日本HDTV	20Hz～20kHz	dBC

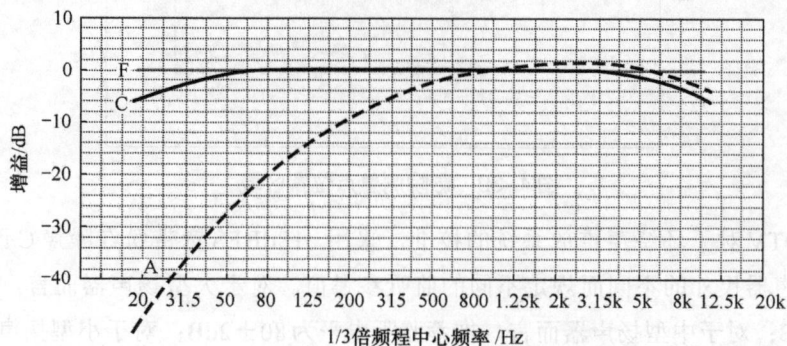

图4-38　声级计A计权和C计权频率特性曲线

除以上两种检测信号外，不同公司也推出可用于检测声道监听声压级的测试文件，常见的有 MLSSA、THX 和杜比测试文件等。

4.4.2 主通道监听声压级校准

为了保证声道之间电平的一致性及节目交换的方便，往往会设置标准的监听电平。在电影行业中，标准监听电平的概念非常重要。有了统一的标准，无论是在影院还是在电影混录棚，都可以保证相同的录音电平能够产生一致的监听电平。在广播行业和审听训练中，标准监听电平也同样重要，微小的电平差将导致音色的改变。然而在音乐制作领域，这个概念还相对薄弱，如录音师在制作流行音乐时通常响度较大，而对于古典音乐通常会降低监听电平。不同的行业往往采用不同的标准，下面进行简单的介绍。

当下对于电影混录系统，重放系统的电平校准可以参照 2005 年推出的 ISO 22234 标准和中国电影科学技术研究所在 2017 年推出的 GY/T 312—2017 标准。ISO 22234 详细规定了 5.1 或者 7.1 的环绕声电影系统的校准细则。该标准使用 22Hz～22kHz 的宽带粉红噪声，设置校准电平为 −20dBFS，在影院距离屏幕 2/3L（L 为影院的长度）的中心点（如图 4-39 所示）进行不同声道重放声压级的校准。由声级计在监听位置处测得前方通道（左、中、右）的重放声压级应为 85dBC（慢档）；而对于环绕声道（如左环绕和右环绕声道），校准的重放声压级为 82dBC（慢档）。在考虑重放声场的均匀度时，可以适当增加测量点，推荐使用 4 个测量点，尽量涵盖测量区域，不同测点间距应该在 1m 以上。对应于现在的空间音频重放系统，目前国内外都没有正式的校准标准，鉴于现在电影空间音频重放都采用声道+声音对象的形式，为了能够实现声音事件的精确定位，行业内普遍使用的校准方式仍是采用 −20dBFS 的宽带粉红噪声信号，每一个重放扬声器的声压级都校准为 85dBC。

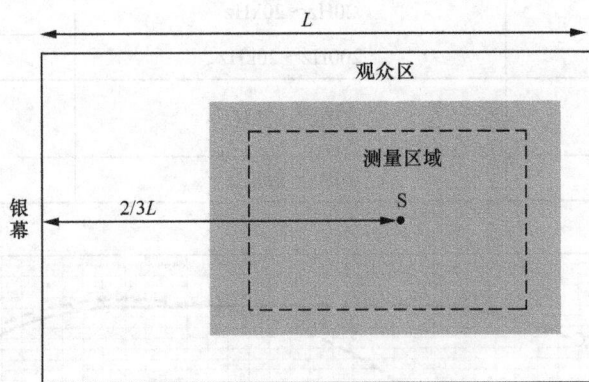

图 4-39 影院测量点位置区域

日本 HDTV 对于环绕声重放系统的校准，采用 −18dBFS 宽带粉红噪声 C 计权的方式，根据使用扬声器尺寸的不同而规定不同的监听参考值。对于大型扬声器而言，推荐监听电平为 85±2dB；对于中型扬声器而言，推荐监听电平为 80±2dB；对于小型扬声器而言，推荐监听电平为 78±2dB。

在杜比的环绕声制作手册中，为家庭影院制作影片时推荐扬声器监听电平为79～85dBC。由于家庭环境本身噪声较大，为了适应这样的重放环境，建议录音师可以提升对白电平。在实际应用中发现，以上各个标准给出的监听参考值，对于家庭影院而言，普遍存在电平过大的问题。因此可以根据实际节目的不同降低家庭影院的监听电平，将其设置为68～75dBC。

ITU/EBU标准主要是为广播行业节目混录棚及审听训练监听室制定的标准。该标准采用的测试信号为−18dBFS的宽带粉红噪声，规定主声道扬声器（除LFE声道扬声器外）监听参考值为

$$L_{\text{LISTref}} = 85 - 10\lg n (\text{dBA})$$

式中，n 表示重放的声道数，因此对于5.0的环绕声系统，每个声道的监听声压级为 $L_{\text{LISTref}} = 78\text{dBA}$，而在监听位置处总的监听声压级为 $L_{\text{LISTref}} = 85\text{dBA}$。为了准确地测试总的监听声压级，建议使用非相关的粉红噪声（各个声道重放的粉红噪声相位关系随机）作为测试信号。相关粉红噪声（相位同相）会导致测试结果的频谱特性与监听位置高度相关，而且不能表征音乐信号重放的结果。声道之间的电平差不能超过1dB，推荐在 ±0.25dB 之内。针对现在5.1.4或者7.1.4的空间音频重放系统，也未见到相关的校准标准。目前行业内普遍采用的方式，仍延续5.0环绕声的校准方法，每个声道的校准重放声压级为78dBA。

尽管各个标准推荐的标准监听电平不一样，但校准步骤大致是相同的，下面以标准监听电平为85dBC为例介绍具体的校准步骤。

① 把以校准电平为基准的粉红噪声信号馈送到左声道。

② 将声级计放置在监听位置处，测试传声器指向中置扬声器，手握住声级计与胸齐平。仪表伸至臂长距离，以防止身体对测量的影响。声级计设置为慢档C计权。

③ 通过调节功率放大器的增益控制或有源扬声器的音量控制器，保证声级计电平读数为85dBC。

④ 将粉红噪声信号依次馈送到其他扬声器，按照上述的步骤进行校准。需要说明的一点是，在校准环绕扬声器时，有些标准推荐将测试传声器进行90º或270º的旋转。经检验，虽然两种不同的朝向会导致结果有略微差异，但影响不大。不同应用领域5.1环绕声重放系统的监听声压级如表4-12所示。

表4-12 不同应用领域5.1环绕声重放系统的监听声压级

格式	L	C	R	L_S	R_S	LFE
家庭影院	85dBC	85dBC	85dBC	85dBC	85dBC	+10dB 带通增益（89dBC, 20～120Hz）
电影	↑ *	↑	↑	82dBC	82dBC	↑
DVD-Audio	↑	↑	↑	85dBC	85dBC	0dB 带通增益（79dBC, 20～120Hz）
SACD	↑	↑	↑			↑
广播电视	78dBA	78dBA	78dBA	78dBA	78dBA	+10dB 带通增益（82dBA, 20～120Hz）

* ↑ 表示同上。

4.4.3 主通道频率响应特性的校准

表4-12中所示的监听声压级是由声级计测量的全频带声压级（简称为全通声压级），为了检测监听系统的频率响应特性，还有必要使用实时分析仪进行带通声压级（如1/3 oct）的检测。如果全通声压级为85dBC，则中心频点从20Hz～20kHz的每一个1/3oct的带通声压级约为71dB，如图4-40所示。

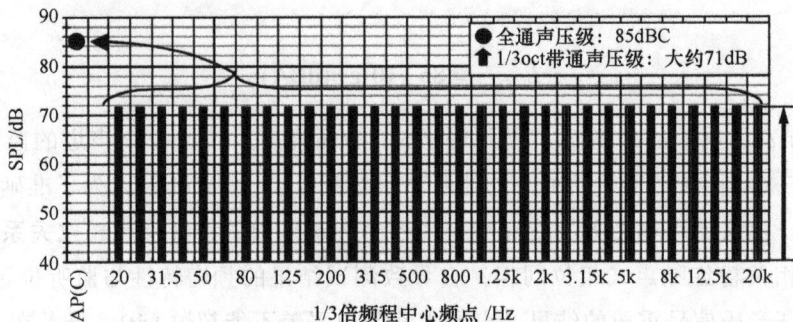

图4-40　全通声压级和带通声压级

已经校准过全通声压级了，那么带通声压级有什么用途呢？图4-41显示了两种粉红噪声全通声压级同为85dBC时的带通声压级。黑线表示20Hz～20kHz的宽带粉红噪声，而灰线表示80Hz～8kHz的窄带粉红噪声。从图中可以看出虽然两个信号的全通声压级相同，但是窄带粉红噪声的带通声压级要高于宽带粉红噪声。这意味着如果监听扬声器频率覆盖范围不一致，仅检测全通声压级会导致带通声压级的不一致。假设重放系统中使用频率覆盖范围较宽的前置扬声器，而环绕声道扬声器覆盖范围较窄，尽管所有扬声器的全频带监听声压级为85dBC，但是环绕扬声器的带通声压级要高于前置扬声器，会导致环绕声道听起来更响。

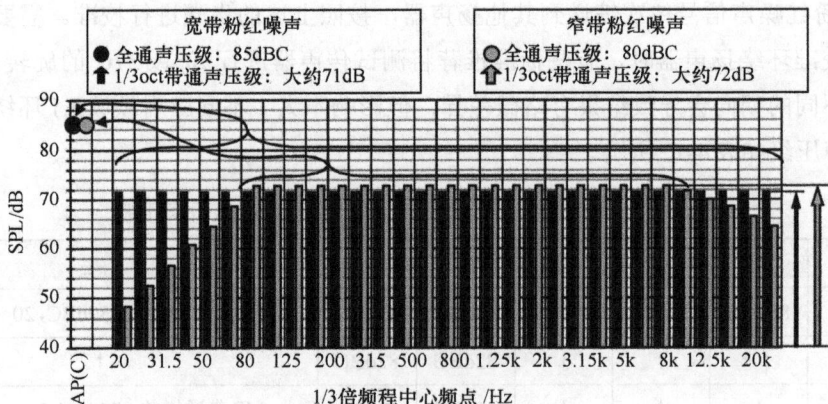

图4-41　宽带和窄带粉红噪声的带通声压级

因此在重放扬声器覆盖频带不相同时，不同声道监听声压级一致时要求带通声压级（71dB，1/3oct）相同，而不是全通声压级。如果所有监听扬声器重放特性一致，而且是在监听声学环境足够好的前提下，可以将声级计测量的全通声压级作为标准。在实际测试过程中，建议不仅校准全通声压级（如85dBC），而且应该使用实时分析仪进行带通声压级（71dB，1/3oct）的检测。

从上面的分析可以看出，扬声器频率响应和全通声压级有着密切的关系。如果在某个监听系统中出现声道之间重放声压级不一致的情况，很可能是由仅用声级计检测全通声压级造成的。在非专业级监听环境中，如家庭影院，如果没有实时分析仪进行测试，为了获得较好的校准效果，建议使用500Hz～2kHz的窄带粉红噪声作为测试信号。由于该信号不包含低频和高频部分，能够有效地避免重放环境和声级计本身质量对校准结果的影响。图4-42显示了500Hz～2kHz窄带粉红噪声和宽带粉红噪声的校准结果。从图中可以看出，两种测试信号保持带通声压级（71dB，1/3oct）相同的前提下，窄带粉红噪声的全通声压级约为80dBC，降低5dB。也就是说，在使用声级计对500Hz～2kHz窄带粉红噪声进行全通声压级校准时，监听参考值为80dBC，而不再是85dBC。目前在民用功放和播放器中都内置了这种窄带粉红噪声信号。当然有些公司的设备会进行相应的电平补偿，监听参考值仍为85dBC。因此在实际校准过程中，要特别注意监听参考值的设置。

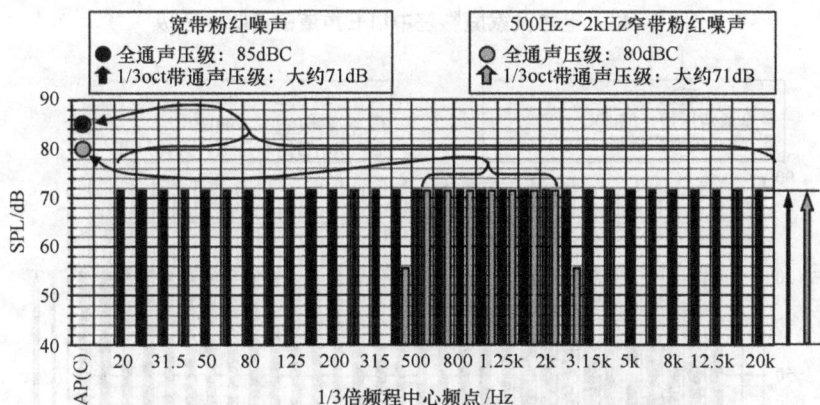

图4-42　500Hz～2kHz窄带粉红噪声和宽带粉红噪声

4.4.4　LFE声道监听声压级校准

在前面曾经提到，不同的环绕声格式对LFE声道的带通声压级（工作频带，1/3oct）有不同要求。对于家庭影院或者电影而言，LFE声道的带通声压级较主声道高10dB，也就是说LFE声道的带通声压级约为81dB（全通声压级以85dBC为参考值），经过计算LFE声道的全通声压级约为89dBC，如图4-43所示。

对于DVD Audio和SACD而言，LFE声道的带通声压级与主声道是相同的，都为71dB（全通声压级以85dBC为参考值），那么LFE声道的全通声压级约为81dBC，如图4-44所示（假设LFE声道工作电平为20～120Hz）。

关于LFE声道监听电平校准步骤，会因是否启动低频管理系统而略有不同。下面以电影混录棚为例进行说明。如果系统启用了低频管理系统，要保证重低音扬声器和主扬声器在交叉频率处有平稳的频率响应，如图4-45所示。图中以中置扬声器为例，在校准中置扬声器监听声压级达到85dBC后，要缓慢调节重低音扬声器的功放增益控制，直到在实时分析仪上得到重低音扬声器和中置扬声器在频率交叠处平稳的频响。此时重低音扬声器的功放设置（A点）就不应再改变了。

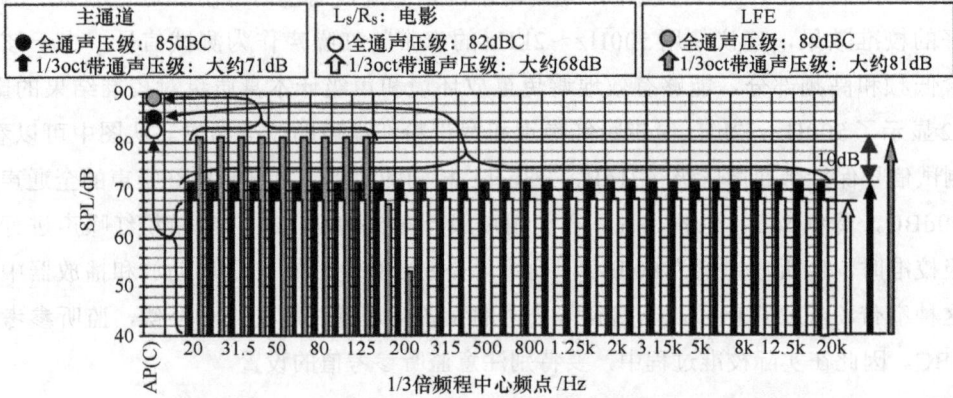

图4-43　电影及家庭影院中LFE声道的监听声压级

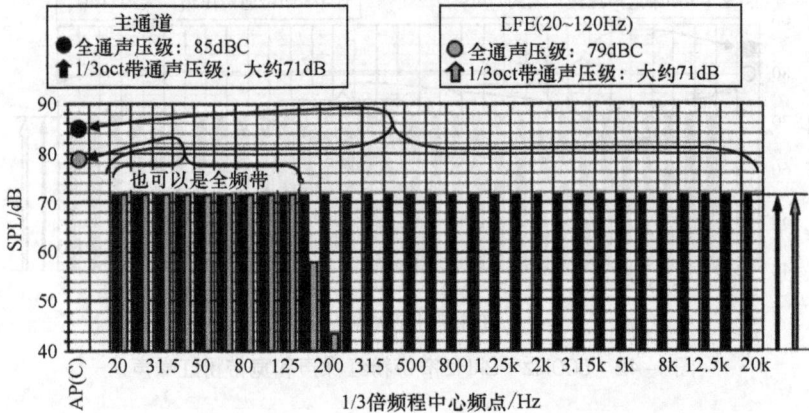

图4-44　DVD Audio和SACD的LFE声道监听声压级

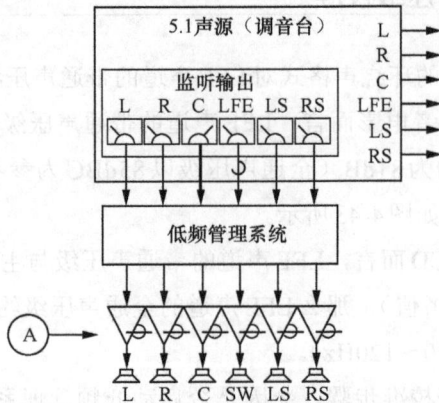

图4-45　启用低频管理系统的扬声器校准

按上述步骤调整好后进行LFE声道监听声压级的校准。把以校准电平为基准的宽带粉红噪声馈送到LFE声道，调节调音台的监听（见图4-46中的B点）电平，直到实时分析仪读数显示带通声压级比同带宽内主声道声压级高10dB。

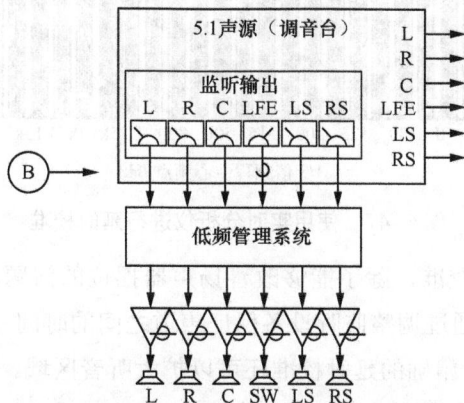

图4-46 LFE声道监听声压级校准

如果没有实时分析仪，也可以用声级计来完成。当使用宽带粉红噪声时，声级计的读数（C计权，慢档）应该大约比主声道高4dB，即89dBC。如果系统没有启用低频管理系统，则LFE声道监听声压级校准相对简单些，省略了重低音扬声器和主扬声器连接处有平稳频率响应的要求，直接进行LFE声道的校准即可。

4.4.5 系统的延时校准

除了校准重放系统的监听声压级，确保每个扬声器的声音到达监听位置的时间一致也是非常重要的。如果各只扬声器到达听音点距离不同，则应该进行延时校准。即使所有扬声器放置在距离听音点相同的圆周上，受监听系统中电子器件及连线的影响，也会导致到达时间的不一致性。

对系统进行延时补偿时，首先要根据距离差计算出所需要的补偿量，计算公式如下。

$$延时(ms) = \frac{距离差(mm)}{声速(取344m/s)}$$

然后通过检测是否出现梳状滤波效应来判断声道之间的时间差。方法是在两个声道同时重放相同的粉红噪声，然后用实时分析仪进行频谱特性分析。如果每个声道单独重放时，没有出现频谱凹陷点，而同时重放时出现了，则说明这两个声道之间由于存在时间差而产生梳状滤波效应。图4-47给出一个实例。图中当通道A和通道B同时重放时，在12.5kHz处出现凹陷点，这意味着两通道之间存在0.04ms的时间差。通过将两通道的时间差控制在0.025ms以内可将凹陷点移出可听频域范围。

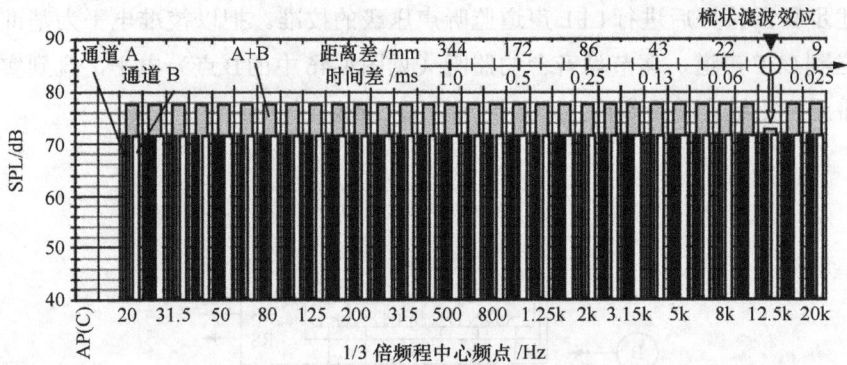

图4-47　使用实时分析仪进行延时校准

　　进行监听系统的延时校准，除了能够改善扬声器摆位的问题，还能够保证平稳的重放频率响应曲线。因此建议通过调整监听设备保证声道之间的时间差不超过0.025ms（取样频率f_s= 48kHz或44.1kHz）。精确的延时校准还可以扩大听音区域。对于含有低频管理的监听系统，延时校准一定要在低频管理系统之后进行。

第5章
空间音频编解码技术

随着空间音频技术的快速发展，人们在音频体验上迎来了前所未有的革新，使音频内容能够更加真实和沉浸。然而，与此同时，数字媒体存储容量和传输带宽的限制也对高质量音频数据的有效管理和传输提出了严峻挑战。为了应对这些挑战，空间音频各类编解码技术应运而生。

空间音频编解码技术的分类有多种，如果按照应用领域来分，空间音频编解码技术可以分成伴随图像的编解码技术和纯音乐的编解码技术；如果按照压缩后的音频能否完全重构出原始声音，空间音频编解码技术可以分成有损编解码技术和无损编解码技术；如果按照空间音频重放系统来分，空间音频编解码技术可以分成环绕声编解码技术和三维声编解码技术。本章将采用最后一种分类方式进行介绍，因为三维声编解码技术大多是在环绕声编解码技术上的扩展和创新。本章从编解码技术理论基础入手，然后介绍环绕声编解码技术，再过渡到三维声编解码技术，最后将介绍空间音频中的元数据功能。

5.1 编解码技术的必要性及理论基础

随着空间音频声道数量的激增，音频数据存储量会激增。时长为1小时、采样率为44.1kHz、16bit的5.1多声道音频需要1.59GB的存储空间。如果按照目前最高采样率为192kHz、采样精度为24bit进行计算，1个小时时长的NHK 22.2的空间音频则需要约49.8GB的存储空间。由此可以看出，如果不进行数据的压缩处理，这无疑会对存储设备带来巨大的挑战。

同时，空间音频也面临着传输带宽的限制。随着网络音频传输带宽的逐渐提高，目前常见的传输率在128～320kbit/s，高品质音频甚至可以达到1.4Mbit/s。然而，对于空间音频的需求却远超这一范围。三维声通常包含多个声道，并且要求更高的采样率和量化深度，以实现更为逼真的音效。未经压缩的空间音频数据量庞大，难以在现有网络带宽下有效传输。因此数据压缩势在必行。

针对目前常见的空间音频编解码技术，纯音乐的编解码格式常采用无损压缩算法，来提供高保真的音质；对于伴随图像的空间音频往往采用有损压缩算法，主要利用心理声学中的掩蔽效应，滤掉弱信号和冗余信号，使有限数据量能携带更多的声音信号，将原始音频信号中不相关分量和冗余分量有效地去除来实现编码。以下将介绍有损编解码技术是如何利用心理声学原理进行数据压缩的。

1. 根据听觉阈对可闻信号进行编码

人类对声音振动的感知具有特定的频率和声压级范围。正常听力范围大约在20Hz～20kHz，而感知的声压级则通过听阈曲线来表示，如图5-1所示。在该听阈曲线之下对应频率的信号是听不到的。

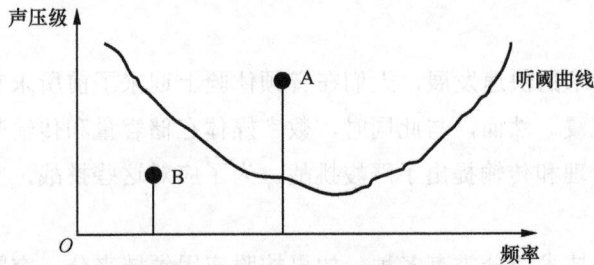

图5-1　听觉阈对编码的作用

图中对于A信号来说，由于其声压级超过听阈曲线的声压级阈值，所以可以对人耳造成声振动的感受，即人耳可以听到A信号；而对于B信号来说，其声压级位于听阈曲线之下，虽然它是客观存在的，但人耳是不可闻的，因此可以将类似的信号去除，以减少音频数据量。

2. 根据掩蔽效应，只对幅度强的掩蔽信号进行编码

人耳能在寂静的环境中分辨出轻微的声音，但在嘈杂的环境中，同样的这些声音则被嘈杂声淹没而听不到了。这种由于一个声音的存在而使另一个声音要提高声压级才能被听到的现象称为听觉掩蔽效应。

首先编码算法会利用"掩蔽"这种心理声学效应。这种效应表现为当一个单音如果在频率上接近另一个单音，但其声强较弱，那么它将不会被听到，即声强较低的单音被声强较高的单音所掩没。这种效应同样存在于复合声音中，如音乐和语音等。每个声音都存在与之相关的一条掩蔽门限曲线，它是频率的函数，在该曲线下的另一个声音就无法被人的听觉系统所感知到。这是一个动态的过程，当声音的频率改变时，掩蔽曲线也跟着改变。所有数字音频系统都受到在量化过程中产生的噪声的影响。编码算法的工作原理就是对量化噪声的频谱进行尽可能精确的整形，使其被控制在掩蔽门限曲线以下。

如图5-2所示，虽然B、C两信号的声压级已超过听阈曲线的声压级阈值，人耳可以听到B、C两信号，但是由于A信号的存在，通过掩蔽将B信号和C信号淹盖掉，最终能够让人耳引起感觉的只有A信号。因此，可以将类似的B、C信号去除以减少音频数据量。

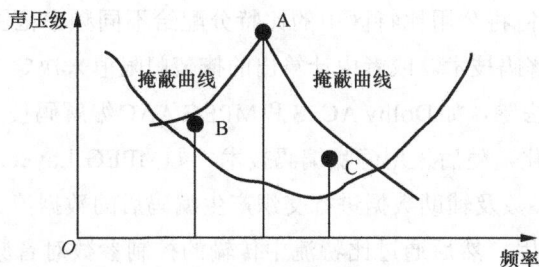

图5-2　听觉掩蔽效应

3. 由于量化噪声的存在，不必对原始信号全部编码

类似于人耳的听阈曲线，由于数字信号存在量化噪声，对于信号 A 和 B 来说，并不一定将 A、B 信号进行全部幅度的编码，而只需要将 A、B 信号与量化噪声的差值进行编码就可以达到相同的听觉效果。因此，在编码过程中实际量化幅度可以大大地减少，从而减少数据率，如图5-3所示。

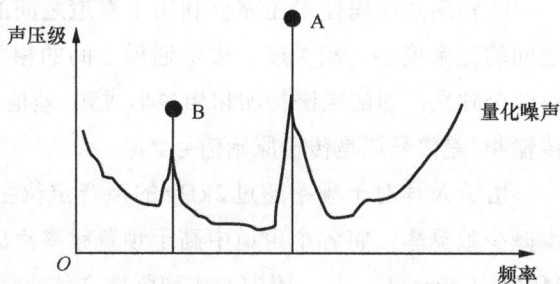

图5-3　量化噪声对编码的作用

5.2　环绕声编解码技术

5.2.1　感知编码

感知编码属于有损压缩算法，伴随图像的空间音频基本上采用该编码方式完成数据的压缩。感知编码基本的编码思路如图5-4所示。对于每一个音频声道中的 PCM 音频信号来说，首先将它们映射到频域中，这种时域到频域的映射可以通过子带滤波器（如 MPEG Layer Ⅰ、Ⅱ，DTS）或通过变换滤波器组（如 Dolby AC-3、MPEG AAC）实现。这两种方式的最大不同之处在于滤波器组中的频率分辨率的不同。

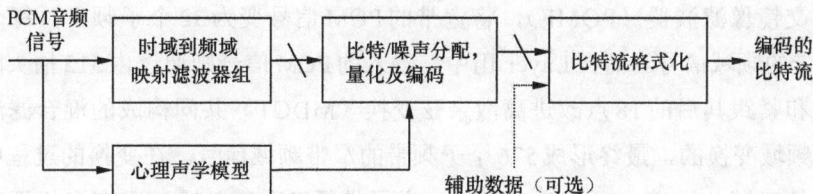

图5-4　感知编码基本的编码思路

每个声道中的音频采样块首先根据心理声学模型来计算掩蔽门限值，然后由计算出

的掩蔽门限值来决定如何将公用比特区中的比特分配给不同频率范围内的信号，如MPEG Layer Ⅰ、Ⅱ及DTS编解码技术。或者由计算出的掩蔽门限值来决定哪些频率范围内的量化噪声可以引入而不需要去除，如Dolby AC-3和MPEG AAC编解码技术。然后，根据音频信号的时域表达式进行量化，随后采用静噪编码技术（如MPEG Layer Ⅰ、Ⅱ，DTS，MPEG AAC）。最终，将控制参数及辅助数据进行交织产生编码后的数据流。解码过程则首先将编码后的数据流进行解复用，然后通过比特流中传输的控制参数对音频数据反量化，或通过心理声学模型参数反向运算得到音频信号（如DolbyAC-3），最后将得到的音频信号由频域反变换到时域，完成解码过程。

此外感知编码技术还充分利用了声道之间的相关性及双耳听觉效应，进一步去除声道之间的冗余度和不相关度。去除通道之间的相关度，最常用的方法是M/S方式。这种方式将两个独立声道的频谱相加和相减形成和/差信号，再根据两个声道的相关度大小来决定是传输和/差信号还是传输原始信号。

由于人耳对于频率超过2kHz的声音定位主要通过双耳强度差来实现，因此为了进一步减少数据率，将各个声道中高于预置频率点的信号组合后再进行传输。这种技术应用在MPEG Layer Ⅰ、Ⅱ、Ⅲ中，实现强度立体声编码；用在Dolby AC-3中对两个声道或耦合声道实现多声道编码。在MPEG AAC中，则既可实现强度立体声编码，又可实现多声道编码。

5.2.1.1 MPEG-2 Layer Ⅰ、Ⅱ、Ⅲ

为了实现数字音频文件格式的交换，ISO/IEC MPEG在1992年首先提出了数字音频压缩标准——MPEG-1 Layer Ⅰ、Ⅱ、Ⅲ。该音频标准包括了3种不同的算法，称为层。层数越高，相应可达到的压缩比就越高，而复杂度、延时及对传输误码的敏感度也越高。在标准中规定了两声道音频信号的采样率为32kHz、44.1kHz或48kHz，采样精度为16bit，每声道信号数据率为32～384kbit/s。在这个标准的实施阶段，MPEG-2音频对此标准进行了扩展，增加了多声道（MC）和低采样率（LSF）的实现。MPEG-2已成为欧洲数字电视的音频标准。

1. MPEG音频子带编码器的基本结构

用于MPEG-2多声道数字音频编码技术的基础与用于MPEG-1的编码技术是相同的，如图5-5所示。在MPEG Layer Ⅰ、Ⅱ中，输入的PCM声音信号通过具有32个子带512个抽头的多相正交镜像滤波器（PQMF），将宽带的PCM信号变为32个子频带，每个子频带为750Hz窄宽带的频域信号。而在Layer Ⅲ中，输入的PCM信号则通过由512抽头的多相正交镜像滤波器和紧跟其后的18点改进离散余弦变换（MDCT）共同构成的混合滤波器组，来实现时域到频域变换的，最终形成576个子频带的窄带频域信号。在变换的过程中，为了增加滤波器组的时域分辨率，对192（576/3）个子带频率系数，通过跟在多相正交镜像滤波器后的6（18/3）点改进离散余弦变换进行变换。

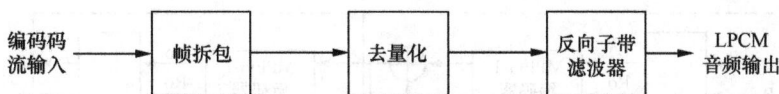

（a）MPEG音频编码器框图

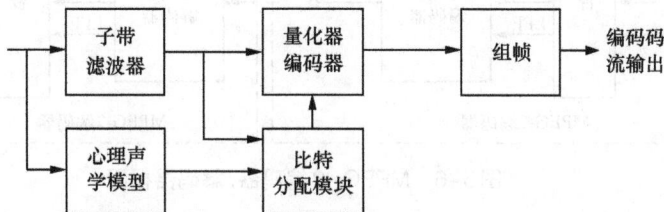

（b）MPEG音频解码器框图

图5-5　MPEG音频编码器、解码器框图

在掩蔽门限值的计算上，对于MPEG Layer Ⅰ、Ⅱ中门限值的计算是按照心理声学模型的方式1对信号进行512点的快速傅里叶变换（FFT）得到的；对于Layer Ⅲ门限值的计算，则是按照心理声学模型的方式2对信号进行1024点的FFT得到的。由心理声学模型产生的信息被馈送至比特分配模块，该模块的任务是将各声道中可用的比特以一种优化的方式在频谱范围内进行分配。每个子带信号都在经过定标处理被重新进行量化，该量化编码过程引入的量化噪声不能超过已确定的对应子带的掩蔽门限值。因此量化噪声频谱就与信号频谱进行了动态自适应。"比例因子"和各子带所使用的量化器的相关信息与编码后的子带样值一同进行传输。

解码器可以在不了解编码器如何确定编码所需信息的情况下对码流进行解码，这可以降低解码器的复杂度，并为编码器的选择和解码器开发提供了很大的灵活性。例如，在心理声学研究上取得了新的进展，则更高效率和更高性能的编码器可在与所有现有解码器完全兼容的条件下得以应用。

2. MPEG-2在多声道方面的扩展

MPEG-2音频标准在多声道声音方面的扩展主要包括在一路码流中传输5个输入声道、低音效果声道及7个旁白声道。该扩展应具有前向和后向兼容特性。前向兼容性意味着多声道解码器可正确地对MPEG-1立体声码流进行解码。后向兼容性则意味着一个标准的立体声解码器在对多声道码流进行解码时可输出兼容的立体声信号。

基于以上的兼容性要求，MPEG-2是通过一种可分级方式实现的。在编码器端，5个输入声道被向下混合为一路兼容立体声信号。该立体声信号按照MPEG-1标准进行编码。所有用于在解码器端恢复原来的5个声道的信息都被置于MPEG-1的附加数据区内，该数据区被MPEG-1解码器忽略。这些附加的信息在信息声道T_2、T_3、T_4及LFE声道中传输，这几个信息声道通常包含中央、左环绕和右环绕声道。MPEG-2多声道解码器不但对码流中的MPEG-1部分进行解码，还对附加信息声道T_2、T_3、T_4及LFE解码。根据这些信息，它可以恢复原来的5.1声道声音，如图5-6所示。

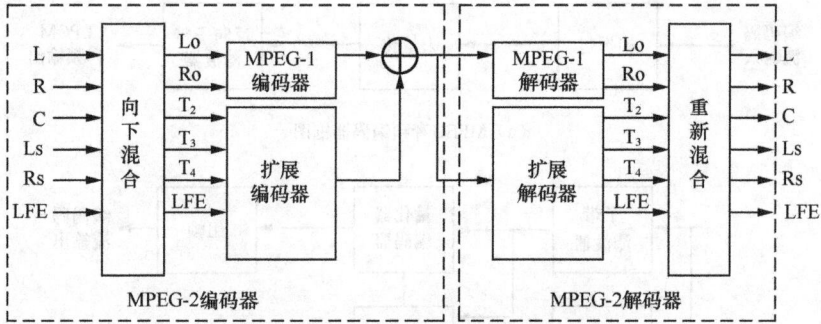

图5-6　MPEG-2编码器/解码器框图

当相同码流馈送至MPEG-1解码器时，解码器将只对码流的MPEG-1部分进行解码，而忽略所有附加的多声道信息，由此它将输出在MPEG-2编码器中经向下混合产生的两个声道。这种方式实现了与现有的双声道解码器的兼容性。更为重要的是，这种可分级的方式使在多声道业务中仍可使用低成本的双声道解码器。考虑到所使用的其他所有编码策略，多声道业务中的双声道解码器本质上就是一个对所有声道进行解码并在解码器中产生双声道向下混合信号的多声道解码器，如图5-7所示。

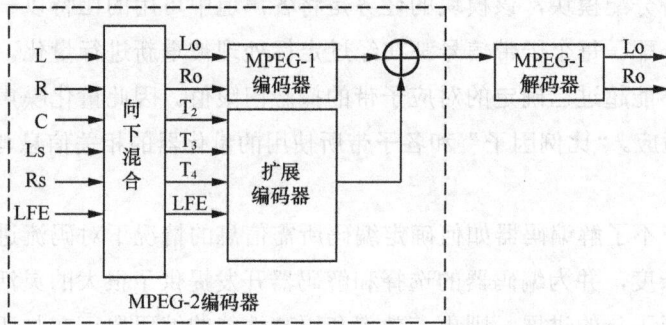

图5-7　MPEG-2编码器/MPEG-1解码器兼容性

根据传输数据率的不同，MPEG-2的帧结构有两种构成方式：第一种MPEG-2的帧结构仍采用MPEG-1中的规定，多声道扩展部分是插入到MPEG-1音频帧用于传送附加数据的区域中，如图5-8所示；第二种是当MPEG-2的数据率超出MPEG-1设置的384kbit/s时，可以产生一个附加的第二个扩展比特流，如图5-9所示。

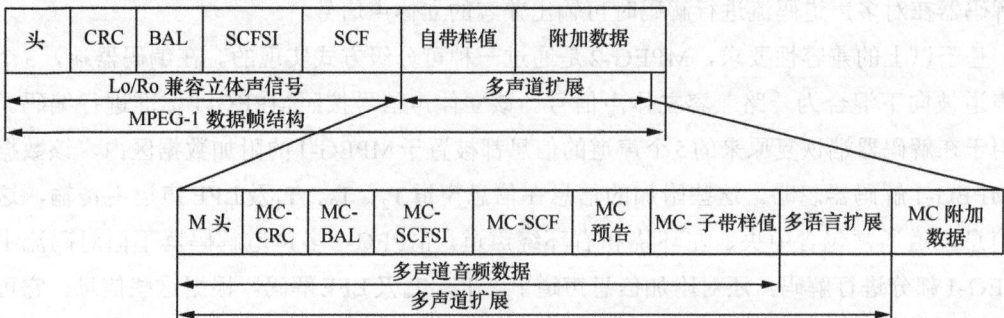

图5-8　多声道扩展到MPEG-1数据流的附加数据区

头	CRC	MPEG-1 音频数据	MC-头	MC-CRC	MC-附加数据提示	MC-音频数据	附加数据

扩展同步	扩展CRC	扩展长度	扩展MC-音频数据	MC附加数据2

兼容的 MPEG-2 音频帧　　　　　　　扩展的比特流

MPEG-1 比特流

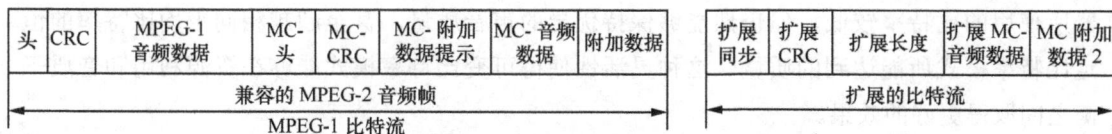

图5-9　带扩展比特流的MPEG-2 Layer Ⅱ数据帧

3. MPEG-2在低采样率方面的扩展

在MPEG-2音频编码中，除了在多声道方面的扩展，还包括了对MPEG-1音频在低采样率下的扩展。此扩展的目的是通过简单的方式提升频谱分辨率。具体而言，通过将采样率减半，可以使频率分辨率提高一倍，尽管这样会导致时间分辨率降低一半。这种调整可以为许多稳态信号带来更好的音质表现，但对于某些对时间精度要求较高的信号而言，音质可能会有所下降。在码流中，半采样率的使用通过将每帧帧头中的某一比特位置，即ID位，设为"0"来表示。此外，码率表也进行了调整，以便在低码率条件下提供更多选择，同时为适应更高的频率分辨率，子带的量化器也进行了相应修改。

4. MPEG-2多声道环绕声系统的特点

（1）多语言支持

由于在不同的国家或地区存在着不同的语系环境，节目交流或影视传播需要尽可能地满足不同的语系环境，这样就要求用于节目交流或影视传播的节目素材能携带多种语言信息或提供多语言支持的能力。MPEG音频提供两种多语言支持的选择。

对每一种语言提供单独的音频码流。作为MPEG标准集的一个组成部分，MPEG系统流完全支持这一选项。该选项十分灵活，因为对不同的音频码流没有任何限制，如可能在MPEG系统码流中存在一个双声道和多声道码流的混合。MPEG定义的时标机制保证了视频码流和任意一个音频码流之间的精确同步。

MPEG音频支持的另一种选择是在一个多声道音频码流中嵌入最多7个语言声道。例如，这样一个音频码流可能包含一路384kbit/s的多声道节目及多个64kbit/s的语音声道。在所有语言广播的完整多声道音频码流中每一种附加的语言都使用64kbit/s，而不是384kbit/s的码率，很明显这对码率的利用是非常有效的。

（2）MPEG编码系统中的可变比特率（VBR）

MPEG音频数据编码采用感知编码方式，充分去除了原始信号中的冗余分量和不相关分量，同时在编码过程中采用了自适应量化编码，根据要编码的音频信号的变化来确定量化比特数。对于变化较平缓的信号使用较少的比特进行量化，对于变化较剧烈的信号使用较多的比特进行量化，并且通过每个子带独立编码实现VBR。信号随时间改变，对其进行编码所需的比特数显然也应随之变化，如图5-10所示。

编码器可以在每帧处理时精确确定所需的比特数量，并严格按照这个数量进行分配。图中的折线代表编码器可能需要的比特数。在恒定比特率模式下运行时，如图5-10中，黑线所示，条状区域表示比特资源被浪费的时间段，而点状区域则表示声音质量可能低于期望值的时间段。然而，当编码器以可变比特率模式工作时，条状区域的比特资源可以用于数据广播的比特复用或多项业务的统计复用。点状区域则表示尽管在这些时间段内，编码器所使用的比特率较低，但仍然能够保持优异的声音质量，甚至超越相同平均比特率的恒定比特率模式所能达到的质量。这种灵活性使得可变比特率模式能够在资源利用和音质平衡之间取得更好的效果。

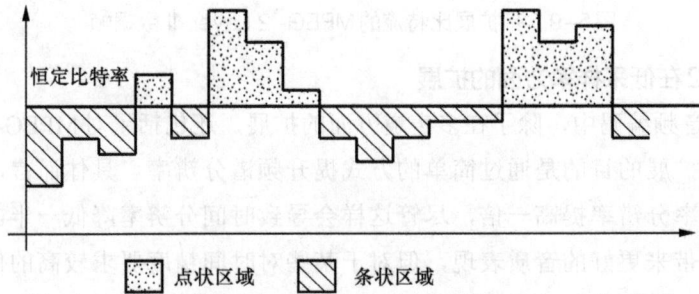

图5-10　MPEG可变比特率示意

此外，将比特率固定在最大值是一种极端情况，它确保了音质的最优化，但同时也牺牲了编码效率。根据从大比特流中得到的经验，平均约400kbit/s的比特率足以实现5.1声道信号较好的音质。MPEG解码器普遍支持VBR，这使VBR可以更充分有效地利用量化比特数来对音频信号进行编码实现资源利用和音质之间的最佳平衡。

5.2.1.2　AC-3

AC-3编码技术是杜比公司在1991年提出的，是杜比数字（Dolby Digital）使用的编解码算法，因此Dolby Digital又称为Dolby AC-3。杜比公司又相继推出E-AC-3和AC-4，都是在AC-3算法上的改进和扩展，E-AC-3主要是Dolby Digital Plus格式采用的编解码方法，AC-4更多地用于杜比全景声（Dolby Atmos）系统。

1. 编码过程

AC-3编码器接受PCM音频，并产生相应的AC-3数码流。在编码时，AC-3算法通过对音频信号的频域表达式进行粗量化，达到高的编码增益，如图5-11所示。

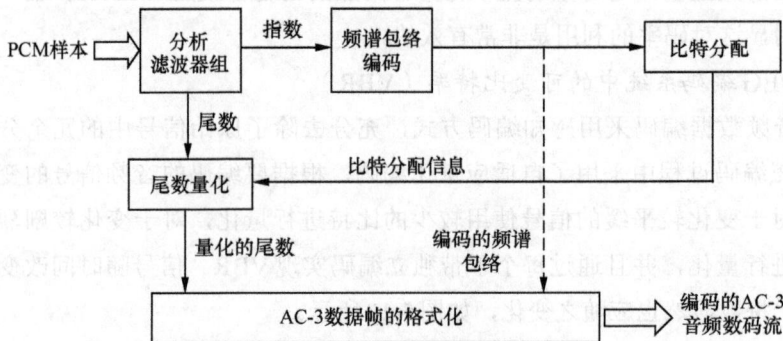

图5-11　AC-3编码框图

（1）分析滤波器组

编码过程的第一步是通过改进离散余弦变换将PCM时域信号变换为频域信号，这在分析滤波器组中完成，每帧通常为512个取样。分帧是靠窗函数来实现的，即512点的采样点与窗函数相乘，同时加窗处理也可以降低边界效应对谱分析的影响，提高频率选择性。由于正弦变换在帧边界处存在着固有的不连续性，因此在帧边界处可能产生很大的噪声。为了消除这种噪声，通常采用将相邻帧的采样值进行部分重叠后再进行变换。AC-3编码将相邻帧的采样值重叠50%。用于时频变换的公式如下。

$$X_d[k] = \sum_{n=0}^{N-1} X[n]h[n]\cos\left\{\frac{2\pi}{4N}(2n+1)(2k+1) + \frac{\pi}{4}(2k+1)(1+\alpha)\right\} \tag{5-1}$$

在 N 等于4的倍数时有如下特性。

$$X_d[k] = -X_d[N-1-k] \tag{5-2}$$

在时频变换中，由于时间窗之间有50%的重叠，因此会产生混叠误差，这可以通过时域混叠消除（TDAC）技术在合成阶段消除。图5-12中虚线部分表示引入的混叠误差。

此外，在时频变换中窗口长度是可变的。由于音频信号发生了时变，为了同时满足时间分辨率和频率分辨率的要求，在这种编码中采用了自适应分帧处理技术，即根据音频信号的短时统计特性，改变时间窗的大小，相应的改变时间分辨率和频率分辨率，有效地控制预回声的发生。

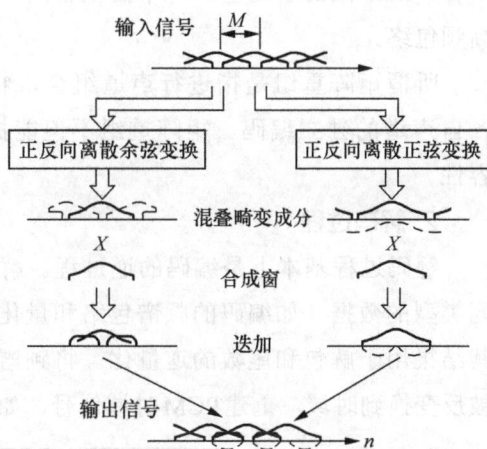

图5-12　时域混叠消除示意

（2）指数编码

经过改进离散余弦变换，音频信号的每个频率成分对应一个复数值，用来表示某个频率在信号中的强度和相位。为了减少数据量，需要对频域中这些复数值进行量化。经过对数变换，得到一系列变换系数（或称频率系数），用二进制指数记数法表示为一个二进制指数和一个尾数。这个指数的集合被编码为信号频谱的粗略表达式，称作频谱包络，反映信号的强弱程度，是音频信号的强度量级指标。尾数提供了信号在该强度水平上的精确值，决定信号强度在该量级上的具体数值。有两种方法可以降低指数编码的数据率，一种是差分编码；另一种是争取同一音频帧内的6个音频块指数数据共用。6个音频块是指每个音频帧内包含的6个声道的音频数据。

除上述两种方法相结合外，在AC-3中还采用了音频块内"指数编码策略"。所谓指数编码策略是指将差分指数在音频块中进行不同方式的结合。在AC-3中有3种指数编码策略，分别为D15、D25和D45。其中D表示差分，1、2和4表示共享同一指数的尾数数目，5表示量化的5个级别。这3种策略在频率分辨率和比特率之间提供了灵活的选择：D15模式的频率分辨率最高，适合于频谱变化剧烈的信号；D45模式有最少的编码数据率，适合于频谱比较平缓的信号。

（3）尾数比特分配

所谓的尾数比特分配是指根据音频信号的掩蔽效应分析其频谱包络，以确定将相应的比特数分配给各变换系数的尾数。

比特分配包含以频率为函数的听觉模型，用来计算噪声门限。编码器根据信号特性对听觉模型的各种参数进行调整。当编码器选出所有用于计算噪声门限的参数时，便可计算最后的比特分配。分配给各个不同尾数值的比特数取决于比特分配程序，在编码器和解码器中运行着产生相同的比特分配的核心程序。比特分配程序有两种调整方法，一种是反向自适应的方法，另一种是正向自适应的方法。AC-3综合了两者的优点，核心是反向自适应比特分配，同时采用含有听觉模型的参数比特分配方法，可以用正向自适应的方法来调整参数。

（4）声道耦合和矩阵重组

利用人耳听觉的高频特性和声道间声音信号的相关性，采用耦合技术可以进一步节省数据量。方法是将声道的高频部分有选择地耦合在一起形成一个公共声道，传输耦合声道中各声道之间的平均值。各个被耦合的声道有一套唯一的耦合坐标，用于保持原始声道的高频包络。

所谓矩阵重组是指进行声道组合，将高度相关的声道信号进行和差编码，代替原来各自声道的独立编码。矩阵重组不但能提高编码增益，而且有利于保持杜比环绕声的兼容性。

2. 解码过程

解码过程基本上是编码的逆过程。解码器必须同编码的比特流同步，检查误码和将不同类型的数据（如编码的频谱包络和量化的尾数）进行解格式化。运行比特分配程序，将其结果用于解包和尾数的逆量化。将频谱包络进行解码而产生各个指数。各个指数和尾数被反变换到时域，重建PCM时域信号，如图5-13所示。

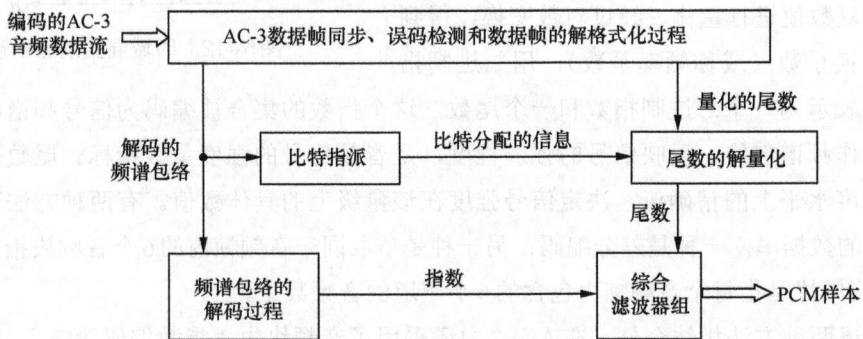

图5-13 AC-3解码过程框图

在实际的AC-3解码器中，还包括下述功能：假如检测出一个数据误码，可以使用误码掩盖或静噪技术；高频耦合在一起的那些声道必须去除耦合；已被重新设置矩阵处理的声道，必须进行去除矩阵化的处理；必须动态地改变综合滤波器组的分辨率，这与编码器分析滤波器组在编码过程中所用的方法相同。

3. AC-3编码数据格式

经过AC-3编码器的编码处理，原始的数据PCM信号编码为杜比数字AC-3音频数据流。

一个AC-3串行编码的音频数据流由一个同步帧的序列组成，如图5-14所示。

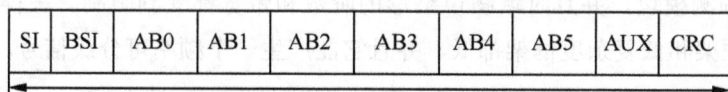

SI	BSI	AB0	AB1	AB2	AB3	AB4	AB5	AUX	CRC

图5-14　AC-3同步帧结构

由图5-14可见，每个同步帧包含6个编码的音频样本块（AB），其中每个代表256个新的音频样本。在每个同步帧开始的同步信息（SI）的信头中，包含为了获得同步和维持同步所需要的信息。接着SI后面的是数码流信息（BSI）的信头，它包含描述编码数据流业务的各种参数。编码的音频块之后接着是一个辅助数据（AUX）字段。在每个同步帧结尾处是循环冗余检验（CRC）字段，其中包含一个用于误码检测的CRC字。一个附加的CRC字位于SI信头中，以供选用。

AB0～AB5的每一块代表一个编码声道，可以分别独立解码，块的大小可以调整，但总数据量不变。在图中还有1个未标出的CRC，位于帧的5/8处。之所以如此安排，目的就是可以减少解码器对随机存储器（RAM）的需求量，使解码器不必完全接收一帧后才解码音频数据，而是分成两部分进行解码。

5.2.1.3　MPEG-2 AAC

先进音频编码（AAC）是继MPEG-2音频标准之后的新一代音频压缩标准，事实上，AAC即为原来所称的后向不兼容编码（NBC）。该编码标准主要是在MPEG-2 Layer Ⅱ、Dolby AC-3及MPEG-1 Layer Ⅲ等的音频压缩算法的基础上发展起来的。其主要目的就是对MPEG-2 Layer Ⅱ的码率要求进行大幅度的压缩。AAC从提高效率的角度出发，放弃了与MPEG-1的后向兼容性，这也是该算法在开始时被称为NBC的原因。AAC支持的采样频率可从8～96kHz，编码器的声源可以是单声道的、立体声的和多声道的声音。AAC标准可以支持1～48路任意数目的音频声道组合，包括16路低频效果声道、16路配音/多语音声道及16路数据。它可同时传送16套节目，每套节目的音频及数据结构可任意规定。在码率为64kbit/s的条件下，AAC也能够提供较好的声音质量。为了允许在质量、存储器和处理能力需求之间进行折中，AAC系统提供了3层框架，即主框架、低复杂度框架和采样率可分级框架。

主框架：在这层框架中，AAC系统能对任何给定的数据率提供质量最好的音频。除增益控制模块以外，AAC系统还包含其他所有模块。主框架对存储器和处理能力的需求都要比低复杂度框架高。值得注意的是，一个主框架AAC解码器能够对采用低复杂度框架编码的比特流进行解码。

低复杂度框架：在这层框架中，不包括预测和预处理模块，并且时域噪声整形（TNS）的阶数也受到限制。低复杂度框架在质量很高时，对存储器和处理能力的需求都要比主框架少。

采样率可分级框架：在这层框架中，增益控制模块是必需的。增益控制模块由一个多相正交滤波器、几个增益检测器和几个增益调节器组成。预处理能够由控制模块完成。这层框架不需要预测模块，并且时域噪声整形的阶数和带宽都受到限制。采样率可分级框架的复杂度比主框架和低复杂度框架都低，并且它能产生一个频率可分级信号。

1. 编码过程

MPEG-2 AAC 系统的编码框图如图 5-15 所示。整个编码过程通过以下几个主要模块实现：滤波器组、TNS、自适应预测、量化与无噪编码。

（1）滤波器组

首先通过滤波器组将 PCM 时域信号变换为频域信号，为频谱系数进行量化编码做准备。在编码器中，使用一个正向的改进离散余弦变换，同时采用时域混叠消除技术，这与杜比 AC-3 中使用的原理是一样的，就不赘述了。

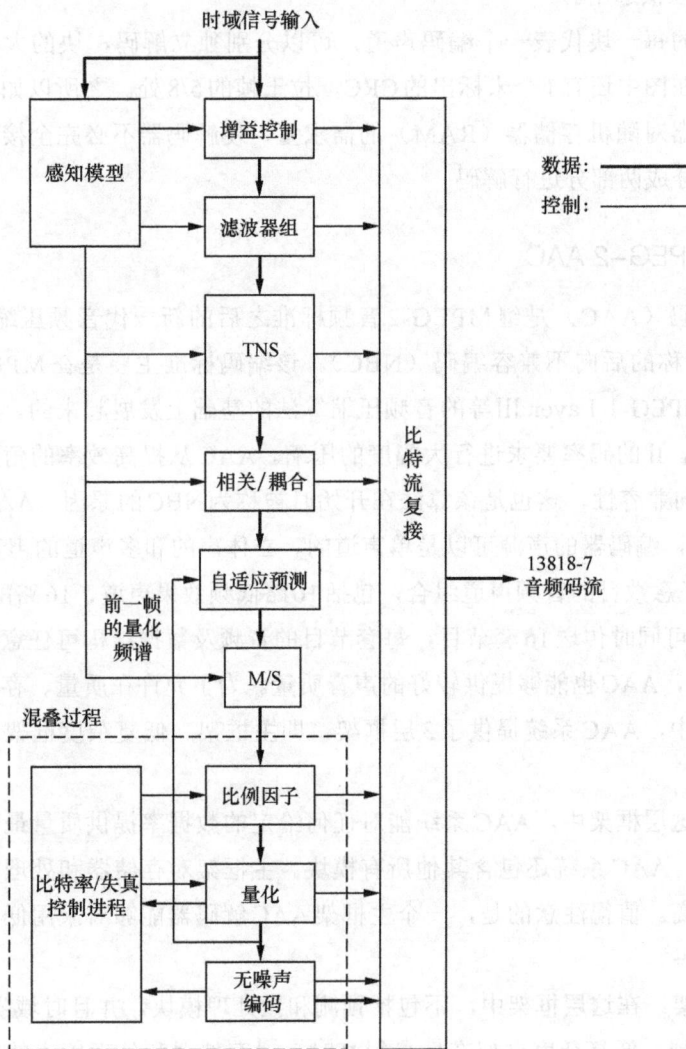

图 5-15　MPEG-2 AAC 系统的编码框图

输入信号在进行频域变换之前，先进行加窗处理，窗函数长度的选择受到两个相互矛盾的因素制约。窗函数越长，编码效率越高，而过长的窗函数又会使时域分辨率降低，产生严重的"预回声"。有效抑制"预回声"的措施是使用短窗，利用前掩蔽效应，使人耳察觉不到。自适应窗选择是对平稳信号选择长窗，对非平稳信号使用短窗。在 AAC 中，使用正弦窗和 Kaiser-Bessel 窗（KBD）。根据信号的结构，允许在正弦窗和 KBD 之间无缝地进行自适应切换。

关于变换长度，在 AAC 中可以是 2048 个样值或 256 个样值。对于信号频谱结构复杂时，使用 2048 样值的长变换，以提高平稳信号的编码效率；对于瞬变信号，长变换编码效率不高，可使用短变换进行编码。在长变换和短变换进行切换时，为了保证各个声道之间的块对齐，使用了一个开始和结束过渡窗。

（2）时域噪声整形（TNS）

MPEG-2 AAC 编码过程中在频域产生的瞬时量化噪声，在解码过程中会被扩散到整个时域变换块内，产生人耳听得见的噪声，对音频质量是一种严重的损害，如图 5-16 所示。图 5-16（a）是一段幅度为零的信号和一段响板信号的叠加。经过编码和解码得到的重建信号在原始信号中幅度为零的部分出现了噪声，如图 5-16 图（b）所示，这就是频域的量化噪声在时域中扩散引起的结果。采用 TNS 就是用来控制量化噪声的瞬时形状，解决掩蔽门限值和量化噪声的错误匹配问题。具体做法是在频域上对频谱数据进行预测编码，在解码器输出端可以调节量化误差的时域形状以适应输入信号的时域形状。这样可以有效地把量化误差置于实际信号之下，并且可以由此避免瞬态信号或冲击信号产生的掩蔽效应问题。

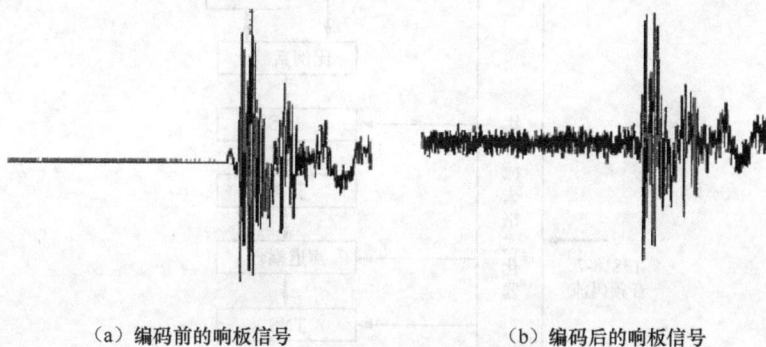

（a）编码前的响板信号　　　　　　（b）编码后的响板信号

图 5-16　编码前、后的响板信号

（3）自适应预测

自适应预测仅用于 AAC 主框架中，对滤波器组分解的频谱分量进行预测，每个频谱分量对应一个预测器，这样形成了一个预测器组。使用预测可以进一步减少冗余。对于那些或多或少具有平稳特性的信号，预测特别有效。在滤波器组中，短窗的使用意味着信号变化十分剧烈，即信号是非平稳信号，所以预测只能在长窗中使用。

由于 AAC 系统中使用的滤波器组分辨率高，所以采用后向自适应预测器。在编码器和解码器中，由前面量化的频谱分量计算得到预测器系数。在这种情况下，预测器系数的传输不需要额外的辅助信息。每个频谱分量使用一个二阶后向自适应预测器，这意味着该预测器考虑了前两帧的频谱数据。这种预测器的参数是通过基于最小均方（LMS）算法逐帧自适应调整的，LMS算法用于最小化预测误差。当预测功能被激活时，量化器输入的是预测误差，而不是原始的频谱分量。这意味着编码器先使用预测器预测音频数据，然后将实际数据与预测数据之间的差异（即预测误差）进行量化。由于预测误差通常比原始数据更小，因此这种方法可以提高编码效率，减少所需的比特率。

（4）量化与无噪编码

AAC系统通过噪声分配实现动态比特分配，结合了非均匀量化、霍夫曼编码、噪声整形及比特池存储技术。在音频编码器中，量化处理是降低比特率的关键步骤。这一模型的基本目标是对频谱数据进行量化，使得量化噪声符合心理声学模型的要求。此外，量化后的频谱数据在编码时的比特数既需要低于预定限制，又需要满足心理声学特性的要求。霍夫曼编码是一种熵编码方法，通过利用统计特性，为出现频率较高的值分配较短的码字，而为出现频率较低的值分配较长的码字，从而实现数据压缩。为了在低码率条件下进一步提升音频质量，AAC系统还采用了声道耦合、M/S立体声编码和无噪声编码等技术。最终，编码后的数据流被组织成比特流结构，其中包括量化和编码后的频谱系数及控制系数。

2. 解码过程

AAC系统的解码是编码的逆过程，如图5-17所示。

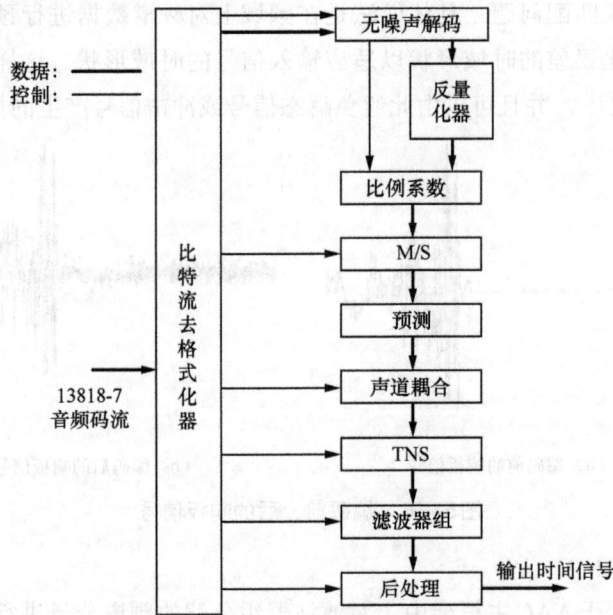

图5-17 MPEG-2 AAC系统的解码框图

5.2.1.4 相干声学编码

相干声学编码也属于感知编码，是一种用于专业和民用领域的数字音频压缩算法，目前DTS环绕声系统就是采用这种编码算法。这种算法具有极大的灵活性从而满足各种不同的需求，如表5-1所示。在民用市场应用层面，将解码器设计得足够简单以防止过早被淘汰。因此整体的设计思路是具有基于复杂算法编码结构的编码器和算法简单的被动式解码器。

表5-1　相干声学编码支持的不同数据量信号及音质

数据传送率（每声道kbit/s）	采样率	量化比特	音质
8～32	不超过24kHz	16bit	电话
32～96	不超过48kHz	20bit	CD
96～256	不超过96kHz	24bit	录音室水平
256～512	不超过192kHz	24bit	优于录音室
可变的	不超过192kHz	24bit	优于录音室

1. 编码过程

相干声学编码器是一种集成了感知、优化、差分、子带等多种技术的音频编码器，它将这些技术组合起来对音频数据进行压缩，相干声学编码器框图如图5-18所示。

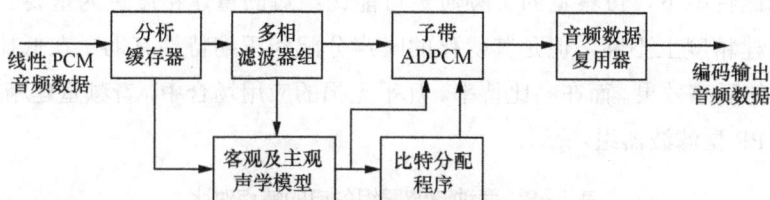

图5-18　相干声学编码器框图

（1）PCM信号的成帧和滤波

编码器首先对全频带线性PCM音频信号进行分析，确定时间窗将数据划分成帧。通常时间窗的选择是由编码效率和音频质量的关系来决定的。小的时间窗对瞬态信号的编码音频质量较好，但是总体编码压缩效率较低；选取大的时间窗可以对静态的信号充分压缩，但是对于那些幅度变化较快的信号则效果会很差。编码系统根据采样频率和量化比特率可选的时间窗长度有256、512、1024、2048和4096样本。相干声学编码系统中最大样本帧与采样率和比特率的关系如表5-2所示。

表5-2　相干声学编码系统中最大样本帧与采样率和比特率的关系

比特率 /kbit·s⁻¹	采样频率/kHz				
	8/11.05/12	16/22.05/24	32/44.1/48	64/88.2/96	128/176.2/192
0～512	最大1024个样本	最大2048个样本	最大4096个样本		
512～1024		最大1024个样本	最大2048个样本		
1024～2048			最大1024个样本	最大2048个样本	
2048～4096				最大1024个样本	最大2048个样本

时间窗选取好后，PCM音频数据将经过多相滤波器组分割成一定数目的子带。这个滤波过程是相干声学编码算法的第一个重要计算过程，这对于分析音频信号的客观冗余度有很大影响。滤波过程去除了时域信号的相关性，并按频率顺序将采样数据滤波为若干子带。这是一种时域到频域的变换重排，而不是改变原有的线性PCM数据，使客观冗余信号的识

别简单化。

对于采样频率不超过48kHz的输入信号，直接将其分割为32个独立相同的子带。通过对每个子带的自适应差分脉冲编码调制（ADPCM）进行编码，生成核心数据流。该过程可使用两种多相滤波器组，分别为完美重建（PR）型滤波器组和非完美重建（NPR）型滤波器组。这两种滤波器组各有其特点，如子带编码增益和重建精度等，其对比如表5-3所示。滤波器组的选择通常由应用场景决定，在解码器中，通过嵌入编码比特流中的标志位来指示所使用的滤波器组。

在低比特率条件下，编码效率的提升主要依赖于采用窄转换带宽和高阻带衰减的滤波器。这种配置虽然能得到较高的去相关增益，但通常不能完美重建音频信号，还可能会导致峰值电平幅度畸变。此外，在低比特率应用中，编码噪声通常显著高于滤波器自身的本底噪声。在低比特率下，可察觉的音频质量可能比绝对的重建精度更为重要。NPR型滤波器组尽管在重建精度上不够，但是其优化的噪声分配和压缩特性有助于在低比特率环境中提供相对较好的听感效果。而在高比特率、几乎无损的应用场合中，音频重建精度是必需的，因此常常采用PR型滤波器组。

表5-3 两种滤波器组各自的特点对比

类型	抽头	转换带宽/Hz	阻带衰减/dB	基本衰减/dB	重建精度/dB
NPR型滤波器组	512	300	110	120	90
PR型滤波器组	512	350	85	90	145

（2）子带ADPCM

ADPCM是相干声学编码系统中第二个重要处理环节，与多相滤波器组相连接，用于处理线性PCM信号的客观冗余（如短时周期性），以实现进一步的相关处理。最终，子带信号的去相关是通过将子带信号转换为时域差分信号来实现的。

ADPCM的核心操作是将输入的PCM信号与预测值进行比较（即通过减法），生成差分信号。该差分信号随后经过重新量化，并传送到解码器。在解码器中，编码器传递的预测值与反量化后的差分信号进行加和，从而重建原始输入信号。整个处理过程如图5-19所示。

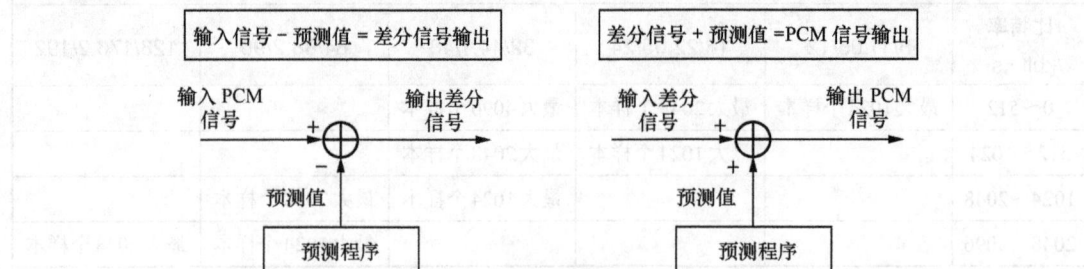

图5-19 ADPCM编解码过程

ADPCM编码的有效性依赖于输入信号在时域上的高度相关性，功能流程如图5-20所示。当输入信号的相关性较差时，会产生较大的差分信号。在实际应用中，编码系统通常通过两个ADPCM编码环路来处理音频数据。第一个环路被称为"评估环路"，通过前向自适应线性预测编码（LPC）来分析当前音频数据，并生成用于每个子带ADPCM处理的预测滤波器系数。原始音频数据随后进入第二个实际的ADPCM编码环路。

系统根据每个子带评估环路的预测分析结果来决定是否使用ADPCM处理。预测分析主要通过比较实际信号与预测信号之间的差异的方差（即预测增益）来进行。如果增益很小或为负值，则该子带将采用自适应PCM编码，而不是ADPCM；如果增益较大，则使用ADPCM进行编码。采用ADPCM时，为了在解码器中准确重建预测信号，必须将预测系数与相应的子带差分编码音频数据一并传送到解码器。通过这种方式，预测过程在每个频带内动态调整，以确保在特定的码率下，预测能够有效减小量化噪声。

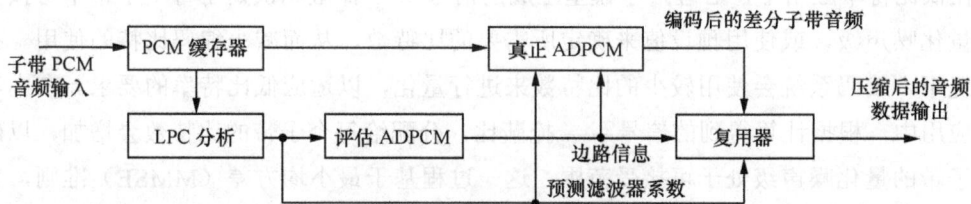

图5-20　子带ADPCM功能流程

（3）心理声学分析

心理声学分析主要关注数字音频信号的感知冗余，即识别在人耳正常听觉范围内无法感知的信息。心理声学模型包括人耳掩蔽效应和听觉特性模型等关键组成部分。掩蔽效应指的是高声压级的信号能够掩盖低声压级的信号，使后者在人耳中不易被察觉。而听觉特性模型则描述了人耳对不同频率信号的灵敏度差异。

心理声学分析在频域范围内进行，计算每个频率分量的最小信号，即掩蔽比（SMR）。在相干声学编码中，这一过程转化为计算每个子带允许的最大量化噪声级。掩蔽效应是由信号本身产生并累加的。在进行掩蔽门限值计算的同时，每个频率分量还会与人耳的频谱灵敏度响应曲线进行比较。如果某一频率分量低于听觉阈值，则该分量会被忽略，如图5-21所示。

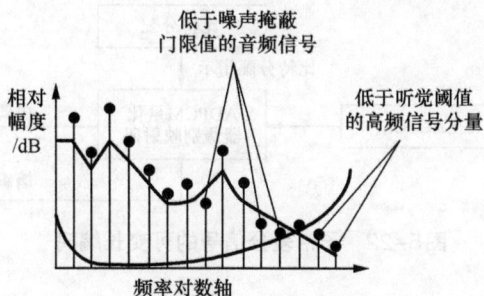

图5-21　不相关音频信号分量的判断

心理声学分析计算每个子带的最小信噪比，以指导比特分配。每个子带分配的比特数决定了量化噪声的大小，从而影响编码信号的整体音质。根据码率的变化，心理声学模型会确定每个子带所需的最少比特数。对于高比特率应用，心理声学模型可以提高低频段的编码精度，而在较低比特率情况下，则会忽略那些编码损失较大的频率分量。

（4）比特分配策略

比特分配是指在每个音频通道中，从公共比特池中将编码比特分配给每个子带以进行 ADPCM 处理的过程。子带所分配的比特数由心理声学模型决定。在一些压缩系统中，比特分配规则是解码器的一部分，因此需要保持相对简单，以确保解码过程的效率和稳定性。而在相干声学编码系统中，比特分配规则通常仅设计于编码器中，因此具有更高的复杂度。这些比特分配信息会直接传送到解码器中，使总体的比特分配规则可以不断优化，同时保持与原有解码器的兼容性。

在低比特率应用中，心理声学模型生成的信号——掩蔽比决定了每个子带中可接受的最大量化噪声级，或使用预设值来确定所需要的比特数，从而减少编码比特的使用。在这种情况下，编码系统会使用较少的比特数来进行量化，以适应低比特率的要求。在中等比特率应用中，根据计算得到的信号——掩蔽比，分配给每个子带的比特数会增加，以确保每个子带的量化噪声级处于可接受范围。这一过程基于最小均方差（MMSE）准则，旨在使整个频率域的噪声门保持相对平坦，从而提高编码质量。在高比特率应用中，为了进一步减少量化噪声，分配给每个子带的比特数会继续增加。此时，系统通常希望在所有子带中实现较平坦的噪声门，以在时域中获得最低的噪声功率，进一步提升音频质量。

（5）子带差分信号的可变长编码

由于分配给差分量化器的编码数据率不一致，采用可变长熵编码来映射差分量化器的编码可以提高约20%的编码效率。可变长编码尤其适用于低比特率的应用场景。在这种编码方法中，差分熵编码表中的比特长度取决于线性量化器的大小。熵编码表中的码字用于替代固定字长的差分码字，从而实现比特率的减少，同时这些码字还会被送入复用器进行复用，如图5-22所示。

为了在解码时正确解码编码数据，通过标志位指示选择熵编码表。如果可变字长编码的效率低于原固定字长编码，则仍使用固定字长编码方案。因此系统能够根据具体情况选择最优的编码方式，从而在保证编码效率的同时保持解码的准确性和兼容性。

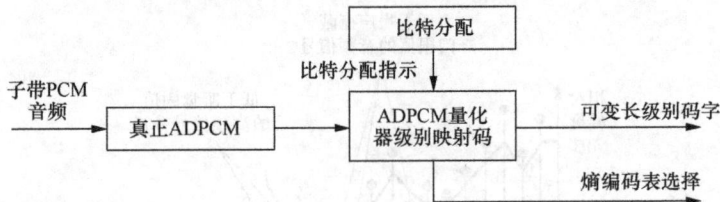

图5-22　子带差分信号的可变长编码

2. 解码过程

相干声学解码器框图如图5-23所示。首先，编码数据在同步后进行解包，如果需要，还会对编码数据流进行错误检测和纠错。解包后的音频数据被送入相应声道的子带。每个子带中的差分信号通过传输的辅助信息指令进行反量化，得到子带 PCM 信号。这些反量化后的子带 PCM 信号随后经过反滤波处理，生成每个声道的全频带时域 PCM 信号。需要注意的是，在解码器中，通常没有专门用于音频质量调整的程序。

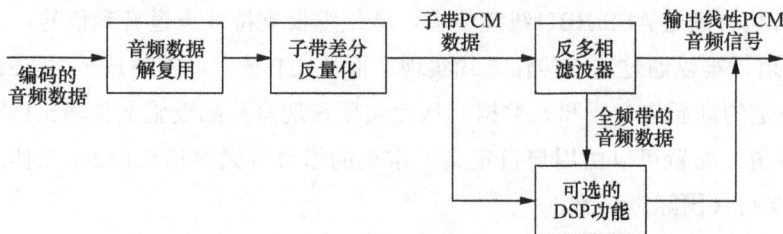

图 5-23　相干声学解码器框图

特别值得一提的是，解码器中包括一个可选的数字信号处理（DSP）功能模块。该模块主要用于用户的编程需求，允许对单个声道或所有声道的子带及全频带 PCM 信号进行进一步处理。其功能包括上矩阵变换、下矩阵变换、动态范围控制及声道之间的延时调整等。这些处理功能能够提供灵活的音频调整选项，以满足不同应用场景的需求。

5.2.1.5　杜比 E 及 ED2

1. 杜比 E 技术及其应用

杜比 E 技术与之前提到的各类编解码技术有所不同，它是一种专为数字电视广播传输和后期制作设计的专业级音频编码系统。随着电视广播技术的进步及多声道音频内容的普及，尤其是在电影、综艺节目和体育赛事直播等场景中，广播行业急须一种能够在现有基础设施下传输多声道音频的解决方案。杜比 E 技术正是在这一需求下应运而生。

杜比公司早已推出了 AC-3 编码算法，但为何还要开发杜比 E 技术？与杜比 AC-3 相比，杜比 E 在以下两个方面具备明显的优势：一是确保音视频帧同步，二是满足在现有设施下传输多声道音频信号的需求。首先，在专业广播制作中，音视频信号采集和编辑是常见工作。常用的 50 场或 60 场的视频帧长度为 40ms，而杜比 AC-3 的帧长为 32ms（采样频率为 48kHz），音视频帧的不同步会在视频剪辑时导致音质不可避免地受到影响。为解决这一问题，杜比 E 将音频帧长调整为与视频帧相匹配的 40ms，从而有效避免了音视频不同步的问题（如图 5-24 所示）。

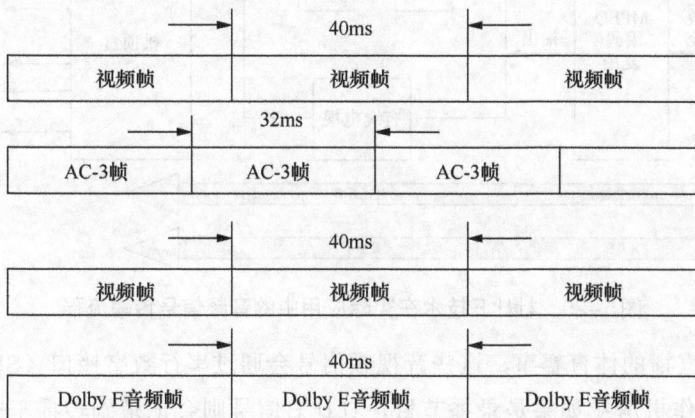

图 5-24　杜比 AC-3 和杜比 E 音频帧与视频帧同步问题

此外，现行的数字电视传输必须符合由AES和EBU共同制定的AES-3标准。根据该标准，电视伴音信号通过AES/EBU线缆传输，该线缆仅支持双声道音频信号，而杜比AC-3则支持5.1声道，难以通过这一传输方式实现。而杜比E技术能够通过一组AES-3声道对传输多达8个声道的高质量音频和元数据，从而实现在现有基础设施上传输5.1声道信号的功能。这8个声道的配置可以由用户自定义，常见的组合方式包括5.1+2（立体声）或5.1+1（播出单声道）+1（国际声）等。

杜比E主要用于制作机构内部的音频信号传输。以体育赛事的录制为例，杜比E技术在实际应用中的音频信号传输流程如图5-25所示。电视台通过音频转播车完成体育场馆内音频信号的拾取和混录工作。具体而言，体育场馆内的传声器及线路输入的信号首先传输到转播车音频控制室的调音台上，混音师在转播车上完成5.1环绕声和立体声的缩混工作，生成8路音频信号。经过电平校正等处理，这8路音频信号通过杜比E编码器编码为杜比E信号。

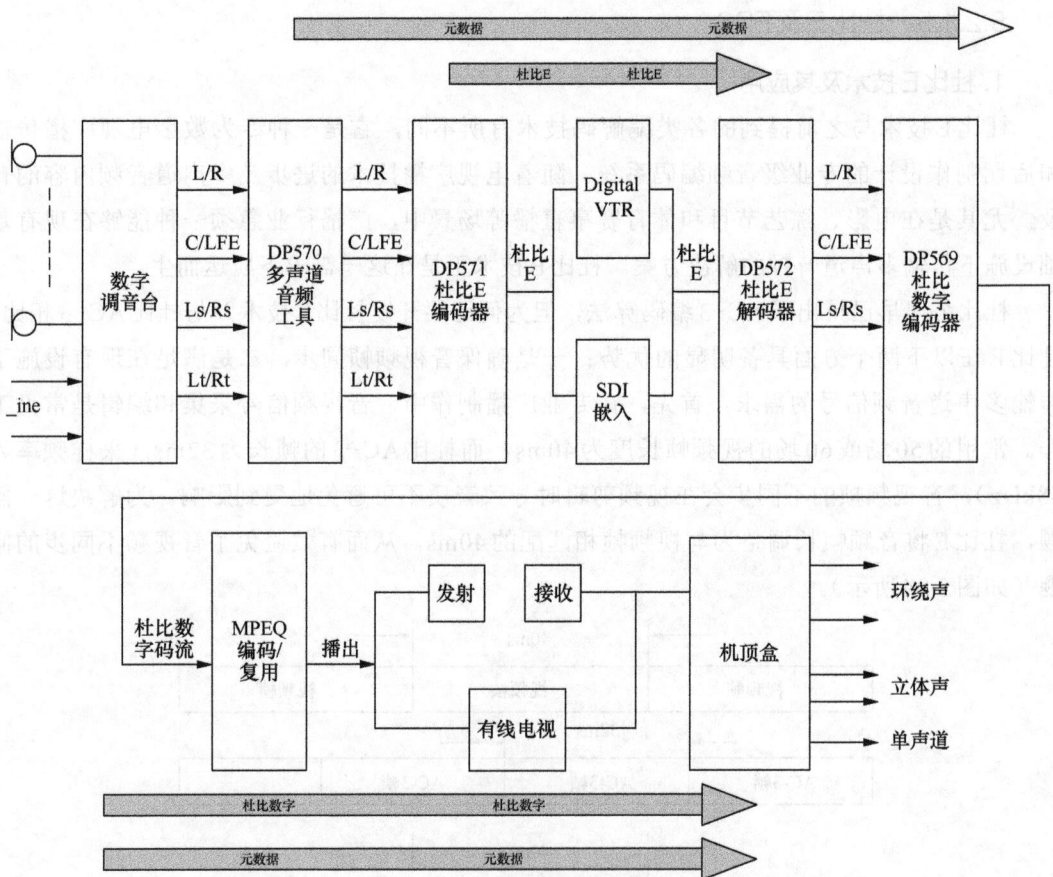

图5-25　杜比E技术在实际应用中的音频信号传输流程

如果是现场直播的体育赛事，这些音视频信号会通过串行数字接口（SDI）嵌入传输回电视台的后期制作机房；如果是录播节目，杜比E信号则会记录到转播车的数字录像设备（如Digital VTR）的音频轨上。当杜比E信号到达电视台的后期制作机房后，首先进行解码，混音师将5.1多声道信号提取出来,其次进行混录以生成最终的多声道播出信号,再次进行编码以生成杜比AC-3信号,经由电视台的播出系统,最后通过有线电视将多声道信号传输给消费者。如果消费者拥有多声道解码设备,就可以在家中享受5.1多声道的节目了。通过整个节目链路可以看出,杜比E仅用于制作机构内部的音频传输,因此也被称为传送编码系统。

2. 杜比ED2技术及其应用

随着超高清电视和下一代广播技术的发展,杜比在2008年将杜比E扩展为杜比ED2,以适应更高的音频传输需求。杜比ED2按照每8路音频信号组成一个ED2数据流的形式,常规包含两个子数据流,可传输16路音频信号,最高可达128路,能够完全满足现在空间音频传输的要求。图5-26显示了杜比ED2数据流的构成。杜比ED2提供了更多、更专业的元数据功能,包括响度控制信息、声音对象的位置、下变换算法及个性化调音等。

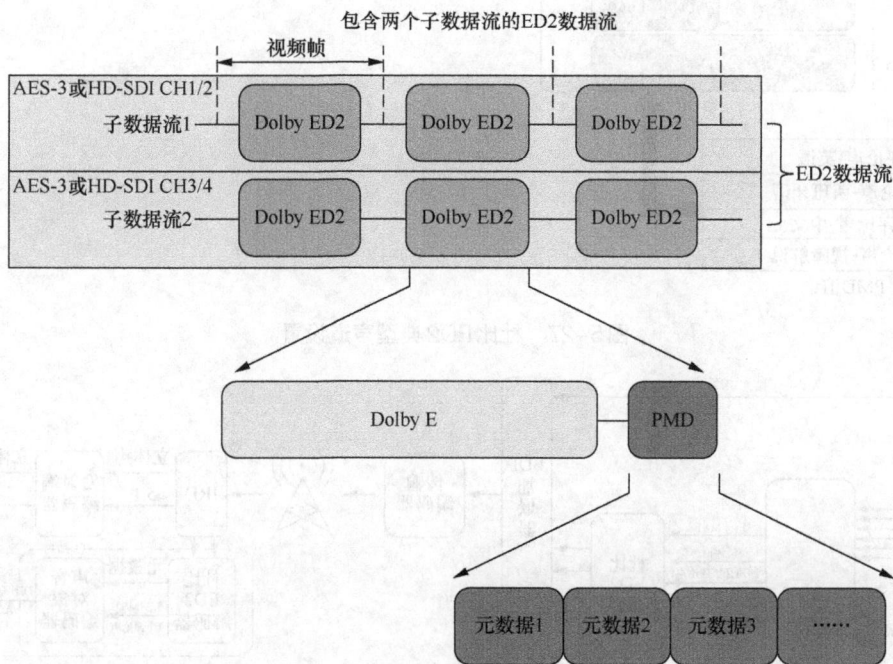

图5-26 杜比ED2数据流的构成

图5-27显示了在杜比ED2包含两个子数据流时,如何设置不同声道以便完成三维空间音频的传输。声道1~10构成了5.1.4的三维声,用来重放节目的音乐及音效声;声道11~14分别重放英语、西班牙语、中文和视障解说4个声音对象信号,声道15和16用来存储专业元数据(PMD)。

杜比ED2的空间音频传输链路如图5-28所示。混音师对多轨的音频素材进行混录,最终形成3个混录版本:立体声、5.1环绕声和5.1.4+4个声音对象的三维声。其中三维声播出信号经过杜比ED2的编码与立体声和5.1多声道信号进入SDI,与视频加嵌进行传输。只要现有的传输编码器支持多对杜比E信号的传输,并且集成接收解码器(IRDs)支持杜比E

的传输，它们也能够兼容杜比 ED2。杜比 ED2 这种高效性，可以同时传输立体声、环绕声和三维声，有效地实现多格式传输。

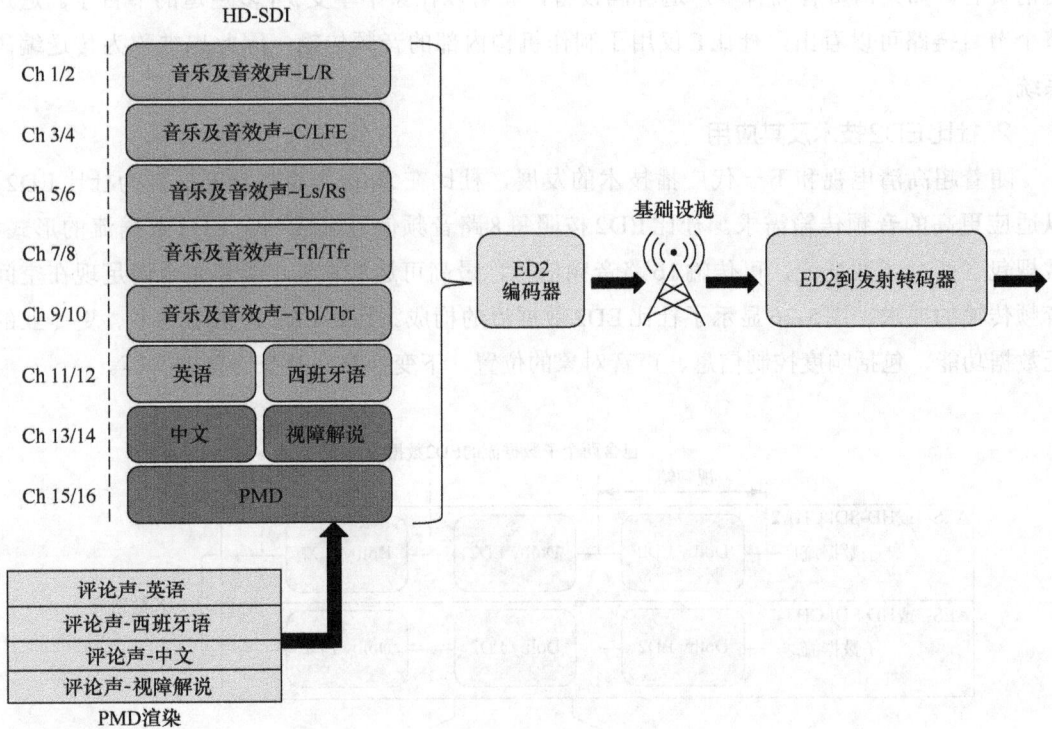

图 5-27 杜比 ED2 典型声道设置

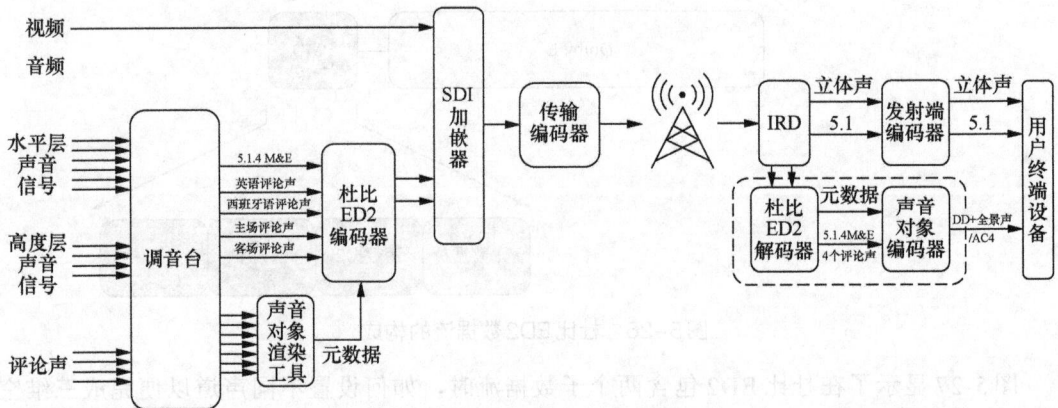

图 5-28 杜比 ED2 音频传输链路

5.2.2 无损编码

无损编码与前述的感知编码数据压缩在原理和效果上有显著差异。感知编码主要关注去除信号中人耳不易感知的次要数据，从而实现显著的比特率降低，但会导致信号质量的下降。相对而言，无损压缩则专注于压缩信号中的冗余信息，旨在得到更小的编码文件，同时保持信号的原始质量。

无损编码通过更高效的数据打包方式，确保解码后的信号完全还原为原始音频，而不会引入任何失真。虽然无损压缩在比特率的下降幅度上不及感知编码显著，但其目标是将音频数据压缩成一个传输率最接近原始信息内容的数据流，并尽可能减少附加位的使用。特别是对于听觉上较为敏感的音频部分，无损编码能够保留更多的冗余信息，从而在保证音频质量的同时实现有效的数据压缩。总之，无损压缩的核心目标是优化音频数据的压缩过程，以达到最接近原始音频信息的压缩效果，并尽量减少所需的额外比特，从而实现高效的数据传输。

5.2.2.1　MLP

MLP 是一种由英国子午线公司开发的无损压缩技术，最初设计用于 DVD Audio 格式。后来，这项技术被杜比公司采纳，并经过改进和扩展，应用于 Dolby True HD 格式。MLP 能够对多达 63 个音频通道进行无损编码，支持所有 DVD Audio 标准的采样频率，并允许量化精度从 16bit 到 24bit 的逐位选择。它可以同时处理立体声和多声道信号。MLP 的无损编码算法与相干声学编码技术类似，采用了不对称的编码和解码实现方法：编码器负责处理复杂的编码任务，而解码器则保持相对简单。图 5-29 展示了 MLP 技术在光盘上的应用。

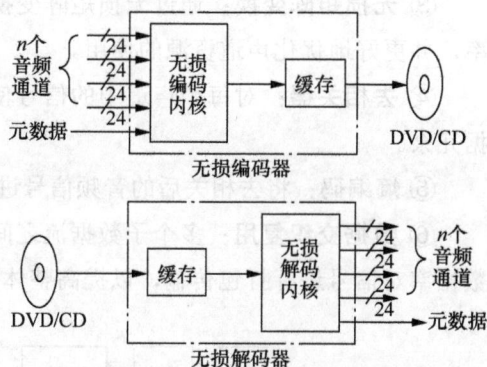

图 5-29　MLP 在光盘中的应用

1. 编码过程

在具体分析 MLP 的无损编码算法之前，先来介绍一下 MLP 数据流的分级结构。音频信号经过矩阵处理会被分解为两个或多个子数据流，然后分别进行无损编解码，如图 5-30 和图 5-31 所示。分级结构的最大优势是简化了解码器的复杂性。也就是说，如果解码端只需要输出立体声的音频信号，可以直接解码相关的子数据流，而无须解码所有数据。子数据流会经过 FIFO（First In，First Out，先入先出）缓存，通过使用 FIFO 缓存来平滑编码数据率，避免突发性的数据流波动。

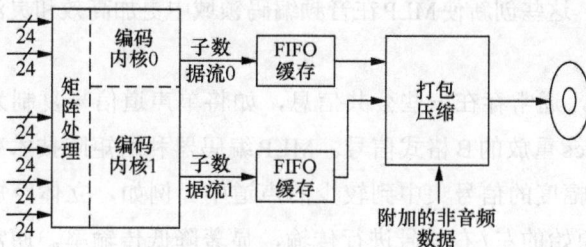

图 5-30　MLP 编码端分级结构

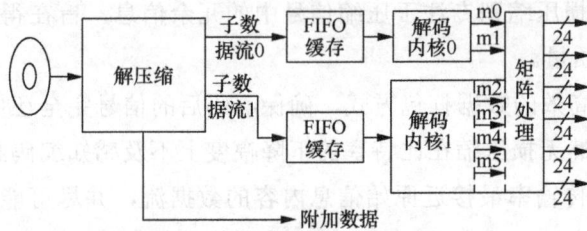

图5-31 MLP解码端分级结构

接下来具体分析MLP对子数据流的无损编码过程，如图5-32所示，主要包括以下步骤。

① **声道重新映射**：以最优化使用子数据流的方式重新分配PCM音频信号，以确保各个子数据流能够有效地利用传输资源。

② **偏移**：通过偏移每个声道信号，使其更好地利用未被充分利用的通道传输能力。例如，当量化精度小于24bit或信号未覆盖全频率范围时，通过偏移来优化传输性能。

③ **无损矩阵变换**：通过无损矩阵变换技术减少声道间信号的相关性，从而提高压缩效率，并更好地优化声道资源的使用。

④ **去相关器**：对每个声道中的信号使用独立的预测器进行去相关处理，进一步降低数据冗余。

⑤ **熵编码**：将去相关后的音频信号进行熵编码，进一步压缩数据量，优化编码效率。

⑥ **数据交织复用**：多个子数据流之间进行交织复用，根据需求选择固定数据率或可变数据率对信号进行打包传输，以提高整体数据传输的稳定性和效率。

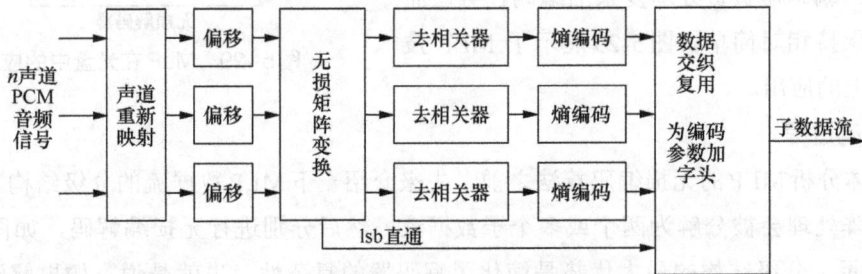

图5-32 MLP的无损编码过程

尽管MLP技术建立在已有的概念基础上，但在其系统中引入了若干新的技术，包括无损矩阵变换、基于IIR滤波器预测的无损处理、传输过程中FIFO缓存的应用及对不同通道实施不同采样率的技术。这些创新使MLP在音频编码领域中更加高效和灵活。

（1）无损矩阵

在多声道信号中，通常存在一些公共信息，如将单声道信号复制为完全相同的左、右声道，或者Ambisonics重放的B格式信号。MLP编码器利用矩阵技术减少声道之间的相关性，从而可以将更大幅度的信号集中到较少的声道中。例如，立体声矩阵重组技术可以通过和/差信号来替代原始的左/右信号进行传输，显著降低传输率。通常，编码数据通过减少声道间的公共信息来降低数据传输率。然而，传统的矩阵处理并不是无损的，尽管可以通过逆矩阵操作重建原始信号，但这会带来舍入误差。

为了确保无损操作，MLP编码器将普通矩阵处理分解为一系列无损矩阵的级联，每个无损矩阵仅对一个声道进行处理，即增加其他声道量化的线性组合，如图5-33所示。图中显示的是一个无损矩阵过程，其中，如果在编码端减去某个线性组合，在解码端则必须将其加回来。量化器Q确保在不同操作平台上实现输入和输出带宽的恒定，并保证无损操作。通过这种方法，MLP编码器能够有效减少多声道音频信号中的冗余信息，同时保持编码和解码过程的无损性，确保最终音频质量不会受到影响。

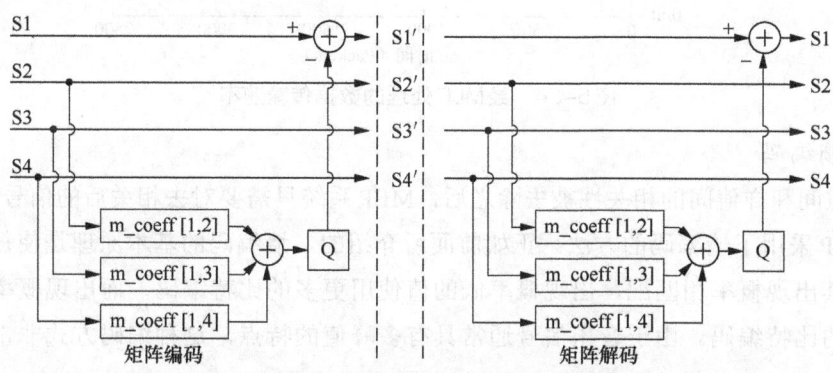

图5-33　无损矩阵的编解码过程

（2）预测

在MLP的无损编码中，如果输入的音频信号可以通过预测来准确估算，则只需传输预测规则和预测信号与实际信号之间的差值，这就是编码链路中去相关器的功能。最佳的预测编码是使传输的差值信号与其之前的信号不相关，理想情况下，这种差值信号的频谱是平坦的，类似于白噪声。实际上，预测编码的效果取决于输入信号的内容及预测滤波器的复杂性。理论上，越复杂的滤波器可以实现更好的预测效果，但所有用于预测的参数都需要和差值信号一起传输到解码端，以便重建原始信号。因此，在预测滤波器的复杂性和性能之间需要进行折中。

以往的无损压缩算法通常使用FIR滤波器，但近年来，IIR滤波器在某些情况下表现出更大的优势，如在需要严格控制峰值传输率或输入信号具有宽动态范围时。一个功能强大的无损压缩系统应当同时具备FIR和IIR滤波器的预测算法。MLP为每个编码声道提供独立的预测器，编码器可以自由选择FIR或IIR滤波器，且滤波器的阶数可以高达8阶。这种灵活性可以为各种音频数据类型提供有效的压缩。图5-34（彩图见文末）显示了经MLP处理的数据传输速率。实验使用了96kHz采样和24bit量化的6声道管弦乐30s片段。图中最上方的红色线表示DVD-Audio的数据传输速率上限为9.6Mbit/s；紫红色曲线表示仅使用简单FIR滤波器处理的结果，压缩能力有限；黑色曲线表示经过MLP编码处理（包括无损矩阵和IIR滤波器预测技术）的信号数据传输速率；蓝色曲线表示未经过矩阵处理的信号数据传输速率。通过该图可见，输入信号的数据传输速率为13.824Mbit/s，经过MLP编码，编码效率提高了1.64～2.08倍。

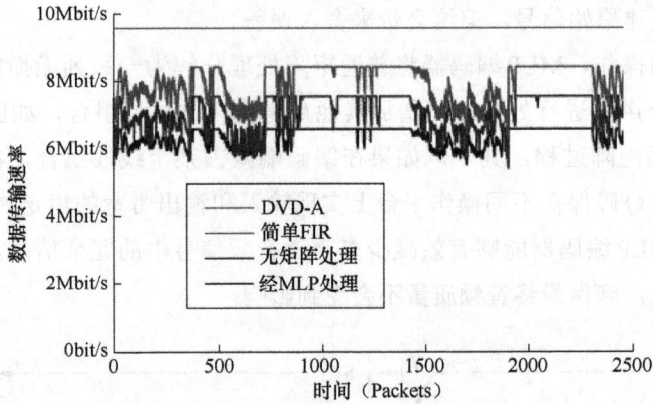

图5-34　经MLP处理的数据传输速率

（3）熵编码

在声道间和样值间的相关性被去除之后，MLP系统只需要对去相关后的信号进行编码。这时，MLP采用了熵编码的方法。正如前面所介绍的，熵编码的基本原理是使每个值的编码长度与其出现概率相匹配，出现概率低的值使用更多的比特编码，而出现概率高的值则使用较少的比特编码。由于音乐信号通常具有多峰值的特点，这种编码方式非常适合提高编码效率。

MLP能够根据实际输入信号的特性，从多种熵编码方法中选择最合适的一种。然而，在极端情况下，如输入信号接近白噪声时，熵编码的效果会有所下降。针对这种特殊情况，MLP可以选择使用PCM进行编码，因为在这种情况下，PCM能够更好地处理白噪声信号。通过灵活选择编码方式，MLP在处理各种类型的音频信号时都能保持较高的编码效率。

（4）缓存

尽管大多数音频信号通常能较好地进行预测，但在某些情况下，可能会出现难以预测的突发声音事件，如咝咝声。为了应对这些难以压缩的瞬变情况，MLP系统采用了一种特殊的FIFO数据流缓存技术，以平滑数据传输率的波动。FIFO缓存不仅在编码器中使用，也在解码器中应用，如图5-35所示。在编码和解码的过程中，这些缓存器提供了一个恒定的延时，通常为75ms。为了实现快速启动和精确跟踪，FIFO管理器将解码缓存器引入的延时降至最低。通常情况下，FIFO缓存器处于空闲状态，仅在出现高瞬时数据传输

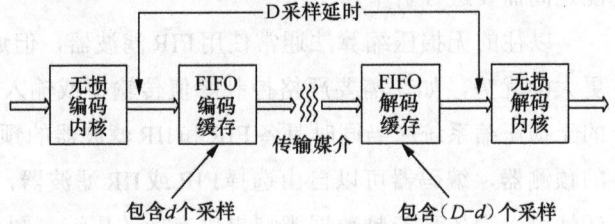

图5-35　MLP中所用缓存示意

速率时才会被使用。在这种情况下，解码缓存器会被迅速清空，并以比传输通道提供的速率更高的速率将数据传输到解码器的核心部分。

这项技术可以有效地将额外的数据从传输数据的峰值处移开，确保传输数据率更加平稳和稳定。需要特别指出的是，每个子数据流都独立地进行缓存处理，这意味着即使某个子数据流出现数据传输速率波动，其他子数据流仍能保持平稳的传输。总结来说，缓存器

的主要作用是确保数据传输速率在预设的限制范围内，并且将编码后的峰值数据传输速率降至最低。图5-36（彩图见文末）展示了MLP编码器如何将难以压缩的音频信号压缩到预设的限制范围内。输入信号为96kHz采样、24bit量化的6声道铙音片段。在渐强的乐段中，信号压缩后数据传输速率仍然达到了12.03Mbit/s。通过将短期内最大值为86字节的数据存入解码缓存器内，MLP编码器能够确保数据传输速率维持在允许的范围内。

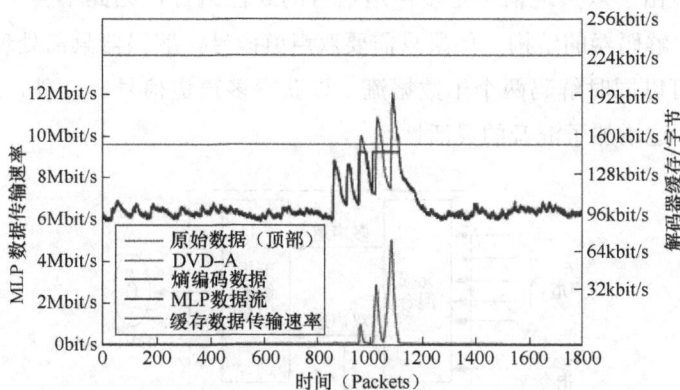

图5-36 MLP使用缓存降低数据传输速率

2. 解码过程

MLP的解码过程如图5-37所示，基本上是编码过程的逆过程。首先，对子数据流进行解复用处理，然后进行错误检测和纠错。解码器会根据传送过来的辅助信息进行熵解码，随后通过相关器恢复每个声道信号间的相关性，并通过无损矩阵变换恢复声道间的关联性，最终合成出原始的多声道PCM音频信号。

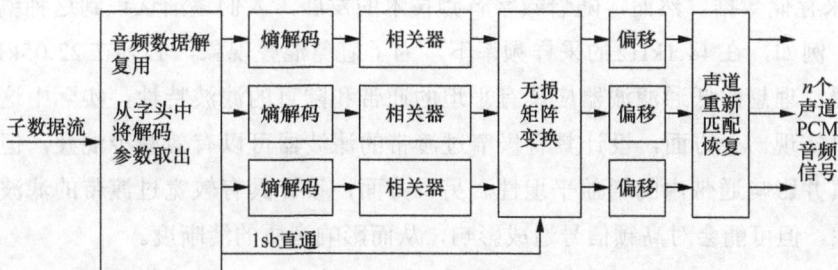

图5-37 MLP的解码过程

MLP解码过程中包含的检错信息包括CRC校验信息和无损检测信息。CRC校验是广泛应用的错误检测方法，而无损检测功能使MLP在数据传输方面的安全性优于传统的LPCM格式。MLP音频数据是"打包"传输的，每个数据包都包含完整的初始化信息和重启信息。MLP解码器能够连续不断地测试编码器插入的检测位，一旦发现错误，解码器可以从严重的传输错误中恢复数据，或者在7ms内重新启动数据流的传输，从而确保数据在传输过程中的无损性。

在双声道兼容性方面，MLP提供了一种独特的下变换技术。在DVD Audio的应用中，内容提供商通常需要提供多声道和双声道的音频数据。这意味着需要分别进行混音和制作，从而占用更多的存储空间。在仅有多声道数据的情况下，传统的做法是先解码所有数据，再进行下变换以生成双声道信号，但这会增加解码器的复杂性，与MLP设计理念相悖。MLP提出了一种独特的解决方案，如图5-38所示。在编码器中，通过无损矩阵和子数据流的结合，同时考虑多声道和双声道的最佳编码。下变换指令用于指示无损矩阵中的相关系数。这些矩阵进行旋转处理，确保子数据流1解码后得到双声道信号，并与子数据流2组合生成多声道信号。由于双声道信号是多声道信号的线性组合，因此不会引入新的信息。这种方法大大简化了解码器的结构，如果只需要双声道信号，解码器只需处理子数据流1；而更复杂的解码器可以同时解码两个子数据流，以获得多声道信号。此外，下变换的混音系数并不是固定值，这增加了混音的灵活性。

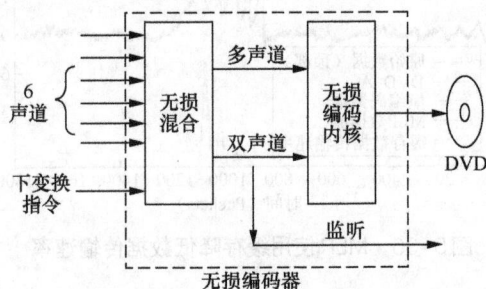

图5-38 MLP向下兼容功能

5.2.2.2 DSD及DST无损编码

传统的双声道立体声数字音频格式采用PCM的编码方式，以采样频率为44.1kHz，16bit量化来存储数据。然而，随着数字音频技术的发展，人们逐渐认识到这种编码技术的一些限制。例如，在44.1kHz的采样频率下，为了避免混叠现象，必须在22.05kHz处应用低通滤波器。理想的低通滤波器应具有平坦的通带和陡直的滤波特性，实际中这种理想的滤波器难以实现。一方面，设计具有极窄过渡带的滤波器可以有效减少混叠，但常常会导致相位失真并影响通带内的增益平坦性。另一方面，设计具有较宽过渡带的滤波器虽能改善相位线性，但可能会对高频信号造成影响，从而影响音质的清晰度。

为了应对这些挑战，数字音频领域常通过提高采样频率和量化位数来提升音频的分辨率和还原度。然而，SACD（Super Audio CD）引入了一种全新的1bit DSD（直接数字流）编码技术，提供了不同于PCM的解决方案。DSD编码技术采用极高的采样频率（通常为2.8224MHz）和1bit量化，通过简化的编码方式和减少传统PCM中滤波器的限制，提升了音质表现，特别是在高频细节和动态范围的还原上具有显著优势。

1. 1bit DSD编码技术

1bit DSD编码技术以高达2.8224MHz采样频率，并通过多阶$\Sigma-\Delta$调制生成1bit信号流，以记录原始音频信号。DSD编解码过程和采用$\Sigma-\Delta$调制的PCM编解码过程有所不同，图5-39和图5-40展示了这两者的区别。图中f_s为44.1kHz，是CD常用的采样频率。

图 5-39　DSD 编解码过程

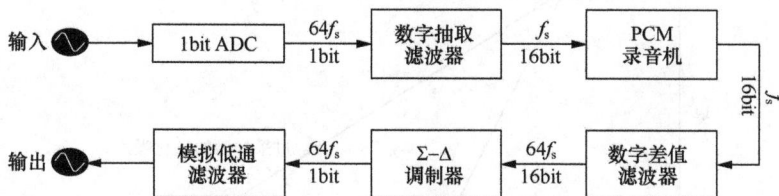

图 5-40　采用 $\Sigma-\Delta$ 调制的 PCM 编解码框图

在 PCM 编码系统中，音频信号首先经过 1bit 量化器生成高采样率的 1bit 量化数据。然后，数据通过数字抽取滤波器来降低采样频率，最终转换为标准的 44.1kHz、16bit PCM 信号以便记录。PCM 解码过程中，信号首先通过数字差值滤波器提升采样频率，然后经过 $\Sigma-\Delta$ 调制器将信号还原为 1bit 数字声音信号。相比之下，DSD 编码过程较为简洁。它省略了传统 PCM 编码中复杂的滤波过程，直接通过高采样率的 $\Sigma-\Delta$ 调制器生成 1bit 的数字声音信号。由于 DSD 不需要额外的抽取滤波器和复杂的量化处理，它避免了滤波器引入的量化噪声，从而实现更高的音频质量。DSD 的简化流程不仅降低了编码和解码过程中的复杂性，还提高了音频信号的还原度和真实感。

在 DSD 编码中，$\Sigma-\Delta$ 调制采用负反馈机制来处理采样信号。其基本工作原理是将当前的采样信号与前一采样的波形进行比较。如果当前信号"大于"前一信号，则输出"1"；如果"小于"前一信号，则输出"0"。通过这种方式，差分信号在一个采样周期内被积分器累积，以形成下次比较的基准信号。$\Sigma-\Delta$ 调制中的"Σ"代表求和，而"Δ"代表差分，因此 1bit 信号流是基于相对值的。图 5-41 是一阶 $\Sigma-\Delta$ 调制器示意。在 $\Sigma-\Delta$ 调制器中采用的关键技术包括过采样和噪声整形技术。

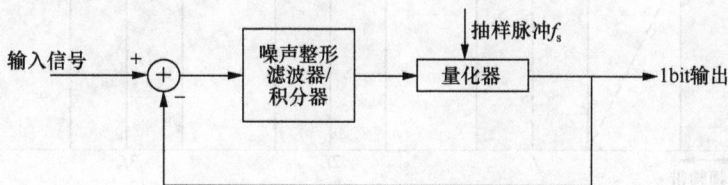

图 5-41　一阶 $\Sigma-\Delta$ 调制器示意

（1）过采样技术

过采样技术通过使用高于奈奎斯特采样定理所规定的频率对音频信号进行采样，以减少量化噪声对音频信号的影响。在数字音频系统中，常见的采样频率为 44.1kHz 或 48kHz，而过采样技术则通过将采样频率提高到 Rf_s 来实现更高的采样率，其中 R 称为过采样率。在编码过程中，量化噪声的功率与量化级数有关，在级数不变的情况下，量化噪声的功率是固定的。量化噪声通常呈现出类似白噪声的特性，其功率在整个频域范围内（即 $0\sim Rf_s/2$）均匀分布。因此，通过过采样，音频信号的可听频带（低于 20kHz）的噪声水平得以降低，如图5-42所示。

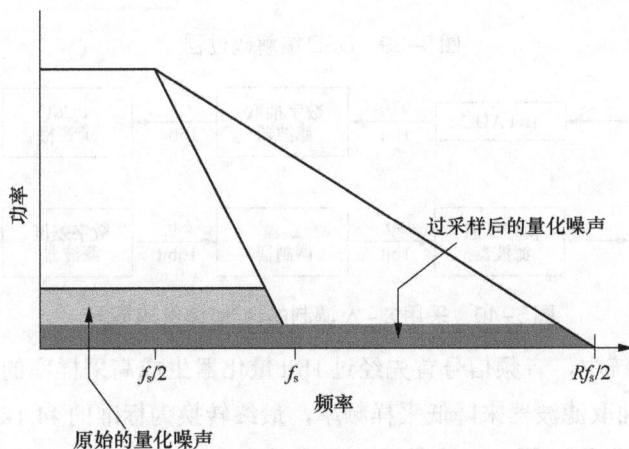

图5-42 原采样和过采样的量化噪声

过采样系统的最大信噪比为

$$S/N = 6.02m + 1.76 + 10\lg(Rf_{s}/2f_{B})$$ (5-3)

其中，f_{B} 表示音频信号带宽；Rf_{s} 表示过采样频率；m 表示量化比特数。从公式可以看出，随着过采样率 R 的增加，音频频带外的量化噪声水平也会增加。然而，较高的过采样率有助于降低音频频带内的噪声。对于 DSD 而言，R 取值为 64，这显著降低了带内量化噪声。

过采样技术的另外一个优势是随着采样频率不断提升，所需的低通滤波器的斜率可以变得更加平缓，从而实现更简单的滤波器设计，如图5-43所示。

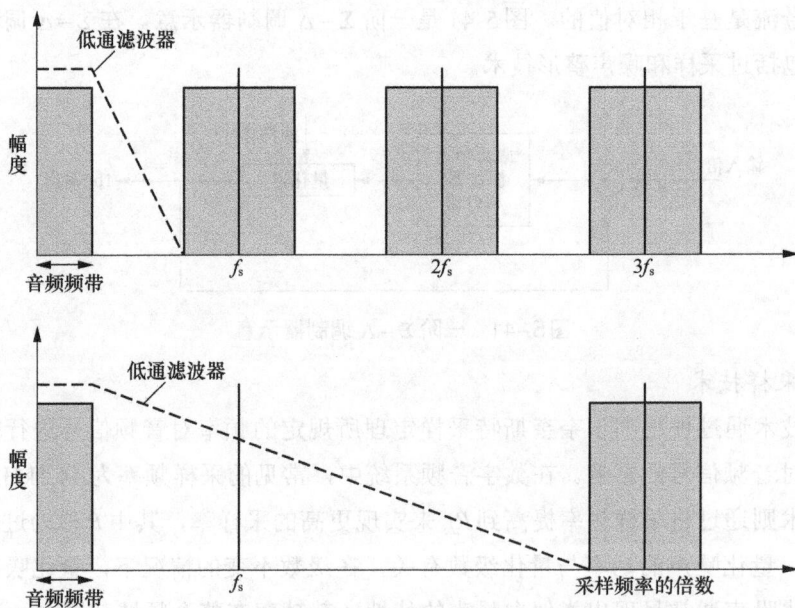

图5-43 过采样改善低通滤波器设计

（2）噪声整形技术

噪声整形技术是一种通过将量化噪声从可听频带内迁移到高频段，从而减少可听频带内的噪声的技术。噪声整形的主要目的是优化噪声的频谱分布，使噪声主要集中在高频段，这样可听频带内的噪声功率得到显著降低，从而改善信噪比。如图 5-44 所示，噪声整形技术通过调整量化噪声的功率谱，将噪声推向高频段，使可听频带内的噪声功率减少。

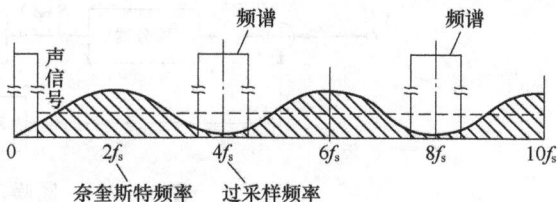

图 5-44 噪声整形效果

在一些传统的数字音频格式中，为了提高可听频带内的高频信噪比，通常采用预加重处理：在记录时提升高频成分，在重放时再按相反的频率特性衰减高频成分。这种方法在不改变信号频率特性的情况下降低高频噪声。而噪声整形技术则在电路结构上与这种处理有相似之处，但其处理方式正好相反。具体来说，噪声整形技术在量化器之前先将低频成分提升，然后在量化之后将低频成分衰减，从而使声音信号的频率特性恢复为原始的平直特性，如图 5-45 所示。

图 5-45 噪声整形原理方框图

由于量化噪声是沿频率轴均匀分布的，量化器输出部分在进行低频衰减时，则低频段量化噪声也被衰减。噪声整形的次数决定了提升或衰减的斜率。很显然，噪声整形次数越多，斜率就越陡，低频区量化噪声降低得就越多。但是噪声整形次数也不能无限制增加，因为低频过度提升会引起限幅问题。

下面以简单的一阶噪声整形电路来说明其工作原理，如图 5-46 所示。该电路由量化器前的低频提升电路和量化器后的低频衰减电路组成，包括积分器、量化器和微分器，其中量化器是基于 Δ 调制的 1bit 量化器。

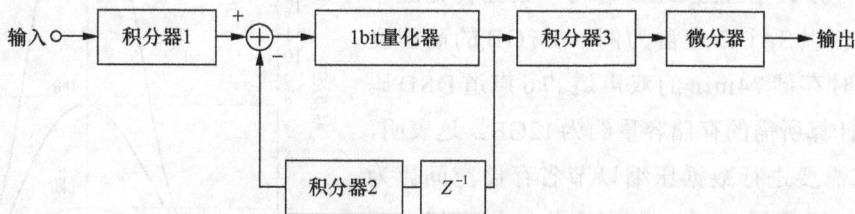

图 5-46 一阶噪声整形电路

在该电路中，积分器 3 将前一个数据的输出与新数据相加，而微分器则从新数据中减去前一个输入数据，因此积分器 3 和其后面的微分器的作用是相互抵消的，这允许将它们取消而直接连接。输入端的积分器 1 和反馈环路的积分器 2 可以合并，因此，上述电路可以等效地简化为图5-47所示的电路。

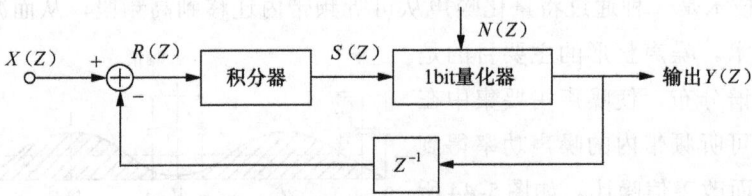

图5-47　一阶噪声整形等效电路

由图5-47可得：

$$R(z) = X(z) - z^{-1}Y(z)$$
$$S(z) = \left[1 / \left(1 - Z^{-1} \right) \right] R(z) \tag{5-4}$$
$$Y(z) = S(z) + N(z)$$

式中，$N(z)$ 为量化噪声。整理可得：

$$Y(z) = S(z) + N(z)\left(1 - Z^{-1} \right) \tag{5-5}$$

上述公式说明，在一阶噪声整形电路中，输入信号是直通网络，而量化噪声 $N(z)$ 以一阶差分方式传递。因此，量化噪声的传递函数 $H_1(z)$ 为

$$H_1(z) = 1 - Z^{-1} = 1 - \cos(\omega T_a) + j\sin(\omega T_a)$$
$$\left| H_1(z) \right| = \sqrt{2\left[1 - \cos(\omega T_a) \right]} = 2\left| \sin(\omega T_a / 2) \right| = 2\left| \sin(\pi f / F_a) \right|$$

其中，T_a 为过采样周期。经过一阶噪声整形，噪声的频谱分布会发生变化，噪声从整形前的水平轴分布移向高频端。具体来说，噪声呈正弦分布，峰值出现在过采样频率（F_a）的一半处，向高频端迁移。如图5-48所示，展示了不同阶数的噪声整形电路对量化噪声的偏移特性，其中 F 为过采样频率。可见噪声整形阶数越高，可听频带内噪声电平越低。

2. DST无损编解码技术

原始音频数据经过 DSD 编码，数据传输速率急剧增加。以 SACD 光盘为例，4.7GB 的高密度层可以同时存储 74min 的双声道和 6 声道 DSD 码流，粗略计算所需的存储容量约为 12GB。这表明，DSD 码流需要进行数据压缩以节省存储空间。为此，SACD 采用了 DST（数字流传输）无损编解码技术。DST 技术通过数据成帧、自适应预测和熵编码等方法对数据进行压缩，而不改变原始数据。根据输入信号的不同，DST 的平均压缩率在 2.2～3.2，能够有效满足实际需求。DST 的编解码

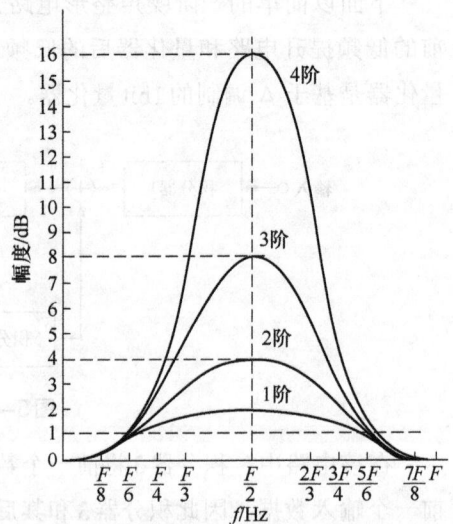

图5-48　1～4阶噪声整形电路的频率响应

过程如图5-49所示。

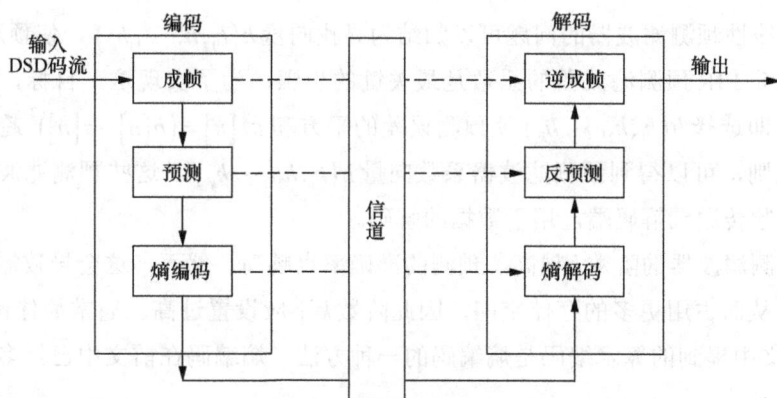

图5-49 DST的编解码过程

（1）成帧

输入的DSD码流，以每组长度为37632比特组成一帧。采样频率为2.8224MHz，每秒含有75帧，编码器对每帧信号独立编码，因此帧长的选择不宜过长。

（2）预测和熵编码

输入的声音数据之间往往存在相关性，因此在编码之前先进行预处理，消除信号间的相关性。DST中采用自适应预测的方法来消除相关性，DST的编码过程如图5-50所示。

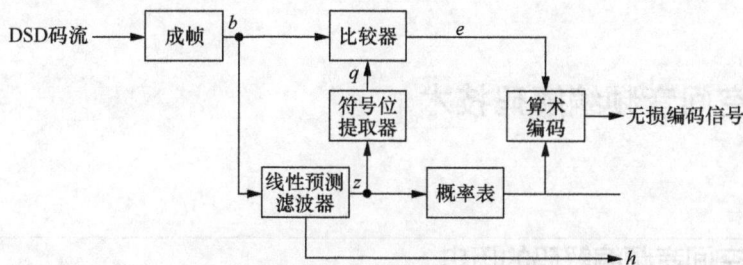

图5-50 DST的编码过程

输入的成帧数据b通过线性预测滤波器，生成多比特预测序列z。z经过符号位提取器，截短量化成q，即

$$q[n] = \begin{cases} 1, & \text{如} z[n] > 0 \\ 0, & \text{如} z[n] < 0 \end{cases} \tag{5-6}$$

将原始数据b和预测值q通过比较器，输出新的序列e，经过算术编码输出编码信号，即

$$e[n] = \begin{cases} 1, & \text{如} b[n] \neq q[n] \\ 0, & \text{如} b[n] = q[n] \end{cases} \tag{5-7}$$

如果要减少数据传输速率，就要求输出序列e有尽可能多的零，进而要求线性预测滤波器的预测准确率要高。DST使用线性预测方法，选用k阶FIR结构。线性预测滤波器是最常用的一种结构，它由前k个样值的线性组合来预测下一个样值，即

$$z[n] = h_1 \cdot b[n-1] + h_2 \cdot b[n-2] + \cdots + h_k \cdot b[n-k] \tag{5-8}$$

设计最佳线性预测滤波器的问题可以归结为寻找向量 $h(h_1, h_2, \cdots, h_k)$，使预测误差最小。换句话说，确定 FIR 预测滤波器的系数是最关键的步骤。为了实现这一目标，可以使用最小平方准则，即选择 $h(h_1, h_2, \cdots, h_k)$ 使预测误差的平方和 $\varepsilon^2[n] = (b[n] - z[n])^2$ 趋于最小。通过计算这个准则，可以得到预测滤波器系数向量 $h(h_1, h_2, \cdots, h_k)$。这些预测滤波器系数与编码后的数据一起传送到解码端，用于数据的解码。

通常，预测滤波器的阶数 k 越高，预测的准确率也越高。然而，这会导致需要传送更多的预测系数，从而占用更多的存储空间，因此阶数 k 不应设置过高。通常最佳预测阶数 k 不超过 128。前文中提到的算术编码是熵编码的一种方法，熵编码在前文中已经多次提及，这里就不再赘述了。

DST 的解码过程基本是编码过程的逆过程，如图 5-51 所示。

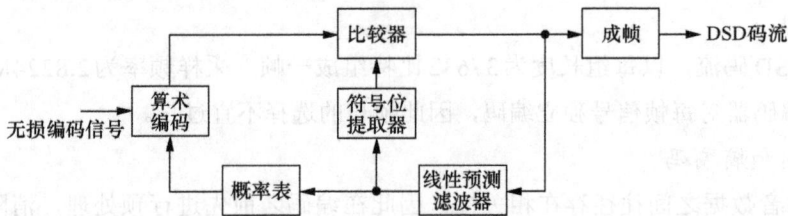

图 5-51　DST 的解码过程

5.3　三维空间音频编解码技术

5.3.1　三维空间音频编解码的历史

从 20 世纪 90 年代开始，MPEG 音频组织已经成功地在空间音频编解码领域进行了超过 30 年的标准化工作，将这个领域的最新技术纳入国际标准并普及推广。随着时间的推移，涉及的技术范围从简单的立体声音频编码，扩展到空间音频和 VR/AR 音频的表示和交互式渲染。可以说，这段标准化的历史就反映了空间音频编解码技术的发展进程。

1994 年发布的 MPEG-2 Audio 标准就采用了联合立体声编码技术，它通过利用左右声道之间的相关性来减少数据量。但是它使用固定的立体声编码模式，缺乏灵活性，对于不同内容、不同质量的音频及不同的播放环境的适应性较差，所以在空间音频领域没有得到普及。针对上述问题，首个商业化的多通道音频编码由 MPEG 在 1997 年标准化，即 MPEG-2 高级音频编码（AAC），它以 320kbit/s 的比特率为 5.1 声道信号提供了 EBU 广播质量。AAC 在 MPEG-1 音频编码器的基础上，添加了多种高级编码工具，以便为包括瞬态声在内的多种音频内容及多个声道的编码提供更好的性能。

基于AAC波形编码，MPEG-4高效AAC（HE-AAC）在2002—2004年完成了标准化的工作。它用频带复制（SBR）技术来进行带宽扩展。SBR省略了输入信号高频内容的传输，并在解码器中基于紧凑传输的参数辅助信息来重新合成高频内容，这样大大降低了比特率。此外，HE-AAC还采用了参数立体声（PS）技术。PS技术通过传输下混的单通道音频（其实就是左右通道音频的和，又称Middle Information）和相关的辅助信息（其实就是左右通道音频的差值信息，包括通道间的相位差、幅度差及延时等，又称Side Information）来将两个输入通道的音频编码为M/S模式，然后在解码器端将M/S模式的立体声重新合成为左/右模式的立体声。HE-AAC把引入的SBR和PS与原先AAC的编码框架结合起来，即使在非常低的比特率下也能提供全音频带宽。对于5.1环绕声的传输，HE-AAC以仅160 kbit/s的比特率提供了与AAC相当的质量。

随后ISO/MPEG在2006年发布了MPEG环绕声标准，即MPEG-D MPEG Surround（MPS）。MPS可以看作HE-AAC中应用的参数立体声编码方法的扩展，从立体声扩展到多通道环绕声，所以MPS是HE-AAC的通用化。它通过将输入信号映射到下混音频和相关的辅助信息来对多通道空间音频进行联合参数编码。然后，解码器可以根据传输的下混音，并基于辅助信息生成多声道输出。这种辅助信息包括输入通道信号之间在不同频段上的幅度差异和相干性。MPS也向下兼容立体声信号，在低码率应用的立体声和高码率的多通道环绕声之间提供了良好的连接。它具备较好的压缩效果，同时保持了较高的音质，能够以48kbit/s的比特率传输5.1声道信号，而HE-AAC只能以48kbit/s的比特率传输立体声信号。

如果把MPS看作面向通道的空间音频编解码标准，那么2010年发布的MPEG-D空间音频对象编码（SAOC）则是面向对象信号的。与MPS相比，SAOC允许用户将音频场景分解为独立的音频对象，每个对象有自己的空间属性和声音特征，SAOC使用元数据来描述这些对象属性和行为。用户可以交互式地更改输出场景（即调整某些声音对象的强度和位置）。当然，MPS和SAOC这两种编解码器都可以在非常低的速率下运行（例如，对于5.1声道信号，比特率为48kbit/s）。

2012年，MPEG-D语音和音频统一编码（USAC）由ISO/MPEG发布。它通过将增强的HE-AAC编码与当时最先进的全频带语音编码AMR-WB+和其他改进结合起来，成为一个极其高效的系统，允许以低至8kbit/s的比特率传输良好的单声道信号，也就是说立体声信号的最低传输比特率可以低至16kbit/s。结合了联合立体声编码的进步，USAC能够提供比HE-AAC更好的性能，也适用于多声道信号及能根据信号内容动态地选择音乐/语音的不同编码工具。

之后，随着3D音频的进一步发展，如杜比全景声、Ambisonics等新的空间音频技术逐渐得到了应用与普及，而传统的空间音频编解码方法依旧有着强盛的生命力，在消费电子领域承担着重要角色。这时迫切需要一个框架性的标准在容纳新技术的同时兼容传统方法。于是ISO与ITU一起在2015年发布了MPEG-H 3D Audio标准，旨在提供高质量的沉浸式音频体验。为了保持对成熟标准的兼容性，MPEG-H强烈鼓励重用现有的MPEG技术组件来解决编码和部分渲染方面的问题。通过这种方式，MPEG-H的开发工作主要集中在提供缺失的功能上，而不是解决基本的编码/压缩问题，因为基本的编解码都利用了USAC、SAOC和MPEG Surround中的组件来实现。但MPEG-H也提供了高阶Ambisonics（HOA）专用解码工具和面向耳机重放的基于HRTF的双耳渲染技术，并和现有MPEG空间声编解码技术组件一起，统一到所谓的USAC-3D的解码框架下。所以MPEG-H能够提供扬声器重放的多种声道从22.2声道到5.1声道、立体声，和耳机重放的双声道高质量音频再现，并且能够解决不同3D音频格式之间的不兼容性问题。

过往的MPEG空间音频编解码标准有一个共同的缺陷，就是内容在制作的时候就已经构思完成，用户欣赏音频的视角是固定不变的。MPEG-H在很大程度上与此相同，但额外支持通过耳机呈现的双耳化音频，允许佩戴头部追踪器的用户在观看视频时转动头部，同时保持声场与视觉场景的正确关系。即便如此，这与近几年日益兴起的VR/AR沉浸式应用的制作与体验的高标准要求依然相距甚远。所以ISO/MPEG于2017年启动了新一代沉浸式音频标准MPEG-I Immersive Audio的研发工作，意图脱离当前主流的用户位置固定的被动消费媒体框架，描述和打造一个用户可以自由移动和感知的虚拟听觉世界。在这个世界中，MPEG-I通过解码和渲染呈现所有听觉—视觉方面的虚拟现实世界；或者它可能是一个增强现实世界，在这个世界中，虚拟的听觉—视觉对象被叠加在用户的现实世界中。MPEG-I提供头部位置变化的3自由度（3DoF）和头部/身体位置同时变化的6自由度（6DoF），允许用户在虚拟环境中自由移动身体和旋转头部，同时获得与位置和方向相匹配的听觉体验。目前，MPEG-I标准仍在讨论和制定当中。

在MPEG音频组织不断发展空间音频编解码标准的同时，各大商业公司也取得了显著的创新和技术成果，其中早期比较著名的有杜比公司的杜比全景声（Dolby Atmos）。Dolby Atmos通过增加高度声道来扩展传统的环绕声效果，从而实现更加立体和沉浸式的音频体验。Dolby Atmos能够通过所谓的"声音对象"来定位和移动声音，而不是依赖传统的固定声道。这意味着声音可以在水平和垂直方向上自由移动，创造出一个三维的声音空间。此外，它采用的空间编码能够将完整的杜比全景声混音转换成适合流媒体播放的精简数据。

在空间音频领域，除Dolby Atmos技术外，还有其他一些具有代表性的公司及其技术。

① DTS：DTS于2015年初推出了DTS:X技术，这是新一代的编解码标准，打破了传统环绕声的界限，提供了更为精准的声音定位能力。它不依赖于固定的扬声器阵列，而是根据播放环境智能调整，确保用户在哪个角落都能享受到最佳音效。

② 索尼（Sony）：2019年，索尼推出了360 Reality Audio技术，简称360临场音效。这项技术通过硬件和软件的紧密结合，为用户带来了全方位的立体声体验，尤其当使用索尼耳机时，效果更是出众。

③ 苹果（Apple）：苹果与杜比实验室合作，在2021年为Apple Music曲库添加了空间音频功能，为Apple Music的用户带来了三维音效的全新体验。这项技术特别适配如AirPods Pro和Max等设备，通过动态头部追踪功能，让用户在转动头部时享受到随之变化的音频效果，仿佛声音本身就在空间中移动。

④ **华为（Huawei）**：华为于 2022 年在华为音乐推出了支持三维菁彩声（Audio Vivid）标准的空间音频内容，还推出了自家的空间音频创作工具 Petal Vivid，让创作者能够为更广泛的行业提供服务。

这些公司的空间音频技术各有特点，它们和 MPEG 组织一起，正推动着音频体验向更加沉浸和多维的方向发展。随着空间音频技术标准的不断进步和应用场景的拓展，空间音频有望在未来的虚拟现实、游戏、电影和音乐产业中发挥更加重要的作用。

5.3.2　MPEG-H

MPEG-H 3D 音频标准支持空间音频的 3 个重要制作模式，即声道、对象和 HOA。系统音频编码的核心是 USAC-3D 编解码器，它基于 MPEG USAC 技术，并进一步扩展以适应 3D 音频的需求。除此以外，系统还包括多种渲染器，如面向通道的格式转换器和通道渲染器、基于对象的渲染器、SAOC-3D 解码器、HOA 渲染器和双耳音频渲染器，以及用于调整非标准制式时扬声器之间信号电平差异和时间对齐的距离补偿模块。图 5-52 给出了 MPEG-H 3D 音频解码的顶层架构和处理流程。输入的 MPEG-H 3D 音频比特流将由 USAC-3D 解码器负责解码，分离其中不同类型的信号，得到声道信号、对象信号和 HOA 信号的编码波形数据，然后将这些数据送到对应的模块进行处理。其中格式转换器处理声道信号，将其转换并渲染为重放扬声器系统布局的音频数据；对象信号和 HOA 信号分别由对象渲染器和 HOA 渲染器渲染为重放扬声器系统布局的音频数据。最后将渲染后的 3 类音频在混音器汇总，生成馈送给扬声器或耳机的重放信号。接下来分别介绍架构的各个主要功能模块。

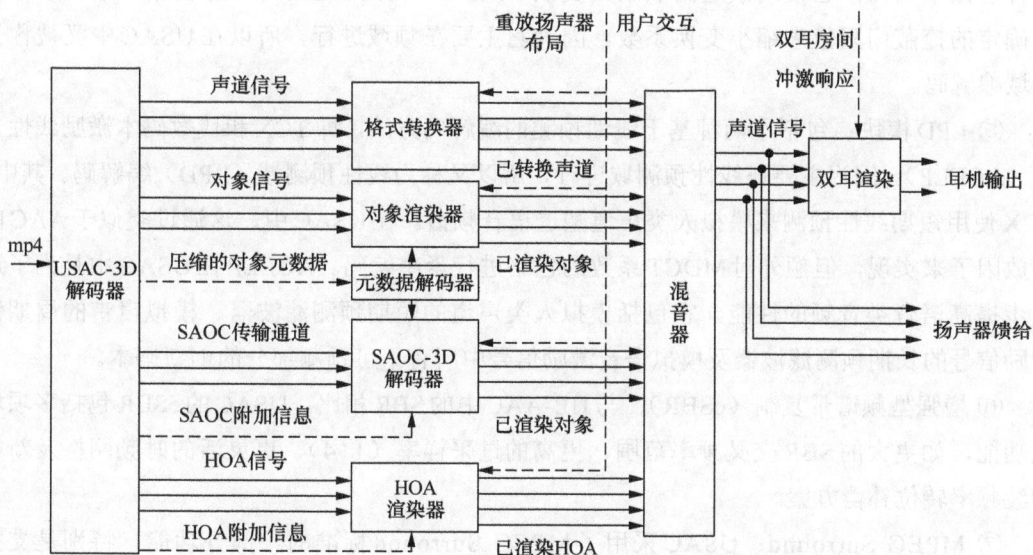

图 5-52　MPEG-H 3D 音频解码的顶层架构和处理流程

5.3.2.1 USAC-3D 编解码器

MPEG-H 编解码器的核心部分负责声道、对象和 HOA 信号的编解码。为此，采用了 2012 年发布的 MPEG-D USAC 标准，这是压缩单声道、立体声和多声道音频信号的最新 MPEG 编解码器。它通过结合感知音频编码器和语音编码器，在每个声道的比特率低至 8kbit/s 时提供最佳的音频编码质量。两个编解码器部分紧密集成，可以根据每个处理帧的输入信号的性质自适应地选择两种技术中更有效的一个。USAC 被集成到 MPEG-H 里面时，还进行了扩展，这样就能处理空间音频中的对象信号和 HOA 信号，所以被称为 USAC-3D。

图 5-53 展示了 MPEG-USAC 的编解码框架，其编码流程与解码流程互逆。USAC 编码器可以根据输入信号的特性选择最合适的编码工具，如频域（FD）编解码或变换编码激励（TCX），以实现最佳的压缩效率。USAC 解码器则负责解码压缩信号，并利用组件重建原始音频信号。根据解码流程的处理顺序，接下来依次介绍框架中主要工具及其功能。

① 算术解码（Arithmetic decoding）：USAC 使用自适应、上下文相关的算术编解码替代了 AAC 中的霍夫曼编码，以实现更高的压缩效率。

② 逆量化（Dequantization）：是解码过程中的一个关键步骤，它与编码过程中的量化（Quantization）步骤相对应。量化是将音频信号的样本值映射到有限数量的离散值的过程，而逆量化则是这一过程的逆操作。

③ 噪声填充（Noise filling）：在 USAC 解码器中，量化为零的系数被随机噪声"填充"，该随机噪声的均值等于该尺度因子频带内的平均量化误差。

④ FD 模块（AAC）：USAC 建立在 MPEG-4 AAC 和 HE-AAC 编码器的基础上。AAC 是一种感知编码器，它使用改进离散余弦变换（MDCT）来处理输入信号块，并通过感知模型确定的掩蔽门限值来缩小变换系数。因为它主要在频域进行，所以在 USAC 中又被称为频域编解码。

⑤ LPD 模块：包括了两种基于线性预测的编解码方法，即 TCX 和代数码本激励线性预测（ACELP）。因为主要在线性预测域进行，所以又称为线性预测域（LPD）编解码。其中，TCX 使用短期线性预测来模拟人类声道塑造语音频谱。在 USAC 中，这通过类似于 AAC 的缩放因子来实现，但额外对 MDCT 系数的包络进行紧凑编码。ACELP 在 USAC 中是为了进一步提高语音类音频的性能，它包括模拟人类声道的短期预测滤波器、模拟声带的周期性激励信号的长期预测滤波器及模拟语音激励信号中所有不可预测部分的创新码本。

⑥ 增强型频谱带复制（eSBR）：与 HE-AAC 中的 SBR 相比，USAC 的 eSBR 包括多项增强功能，如更大的 SBR 交叉频率范围、更高的过采样率（1:4）、更灵活的时频网格及新的谐波频率转位补偿方案。

⑦ MPEG Surround：USAC 采用了 MPEG Surround 标准的一部分功能，特别是支持 2-1-2 处理模式（使用上混模块的单声道到立体声合成）。

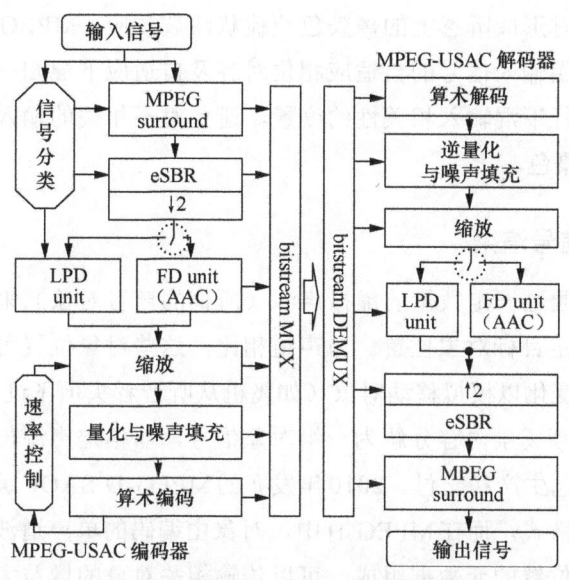

图 5-53　MPEG-USAC 的编解码框架

5.3.2.2　多声道信号渲染

传统上，空间音频是通过产生几个声道信号来传递的，这些声道信号驱动相对于听音者是定位在固定位置的扬声器。这样，每个声道信号与特定的空间位置相关联，真实感和沉浸感通常随着扬声器数量的增加而增加。然而，基于多声道音频重放的一个问题是期望特定的扬声器布局（如5.1、7.1.4、22.2等），而现实中的扬声器系统布局经常和标准制式差异较大，这种差异在有诸多条件限制的家庭环境中尤其明显。

MPEG-H音频标准通过一个格式转换器克服了这个问题，该转换器可以适应任何扬声器设置，能够将传输的特定多声道格式的音频内容渲染为目标格式，该目标格式由实际的重放扬声器系统布局定义。例如，解码器解码后的音频内容是以22.2声道格式表示的，可实际检测到重放时的环绕声扬声器布局是5.1声道，此时，格式转换器必须执行适当的高质量下混操作，以尽可能实现22.2声道音频在5.1声道重放扬声器布局下最佳的收听体验。

具体来说，格式转换器能够自动生成针对所有重放扬声器系统布局的优化下混矩阵，包括经常会在家庭中出现的非标准布局，将传输的声道配置映射到重放扬声器布局。这是通过在格式转换器模块初始化阶段对内部查找表中的调优映射规则进行迭代搜索来实现的。每条规则描述了一个特定的输入声道到一个或多个输出扬声器声道的映射，可能伴随着在选定该特定规则时要应用的特定均衡曲线，即使不对称的扬声器布局也可以适应。

优化下混矩阵是MPEG-H在多声道信号处理与渲染中所采取的主动下混算法的一部分。该算法还可以避免下混伪影，如信号染色和抵消。这种伪影效果对于当前的3D音频内容很常见，因为很多3D音频素材是从现有的2D音频素材制作而来的，制作过程经常是用2D音频素材的延时和过滤后的信号，填充3D音频中缺失的声道信号，因此会带来声道间较强的相关性，最后在重放时形成听感上的声染色或梳状滤波效应。MPEG-H的主动下混算法在子带域中操作，并采用输入信号的自适应相位对齐及自适应下混归一化，以保持输入信号的功率。再进一步进行下混输入相关性的度量，避免对不相关的输入信号进行不必要的修改，从而避免了信号染色。

5.3.2.3　对象信号渲染

空间声场景可以通过一定数量的虚拟声源（所谓的声音对象）来描述，每个声源都定位在空间中的某个特定目标对象位置。与声道相比，这些对象位置可以完全独立于可用扬声器的位置及随时间变化以模拟移动对象（如飞机从听音者头顶飞过）。面向对象的空间音频制作方法可以将音频场景内容分解为一组对象信号，与指定声源位置（可能还有其他对象属性）的元数据一起生产和交付。2010年发布的MPEG-D SAOC编解码标准详细规定了可编码元数据的具体格式，而在MPEG-H中，对象由编码的单声道波形和描述如何将这些对象渲染到特定空间位置的元数据组成，可以传输相关对象的增益大小，并且位置和增益可以定义为动态轨迹，以便于描述动态虚拟声源。

首先，由于对象位置不一定与扬声器位置相符，因此通常需要通过适当的渲染算法将对象信号渲染到其目标位置，该算法就是基于矢量的幅度平移（VBAP）方法，有关它的详细介绍请参见本书的6.1.3节。其次，这些对象通过渲染算法在用户的扬声器系统（或耳机）上重放。MPEG-H在VBAP的三角定位方法的基础上，提供了一个自动三角网格测量算法，通过添加虚拟扬声器来支持不在重放扬声器系统布局覆盖范围内的对象位置（如水平扬声器平面以下的位置），从而在任何重放扬声器布局条件下都能为音频对象提供完整的3D三角网格。这样对于任意位置的音频对象都可以应用VBAP算法，将其渲染到任何给定的重放扬声器系统。最后，每个对象的贡献被汇总以形成最终的渲染器输出信号。

面向对象信号的处理和渲染，使MPEG-H用户能够通过调整渲染输出的对象特征来创建交互式/个性化的声音体验。例如，用户可以增加或减少解说员的评论或演员的对话的相对幅度大小。与传统的基于声道的空间音频制作范式相比，面向对象的内容表示与扬声器布局无关，在更多扬声器数量的系统上重放时还能提供更大的空间分辨率。

5.3.2.4　HOA信号的编码与渲染

表示空间音频内容的另一种方法是Ambisonics，它将特定空间点位的三维声场分解为可表征空间方向的球谐波。虽然一阶Ambisonics提供有限的空间分辨率，但更高阶数的Ambisonics会提供越来越高的分辨率和更好的原始声场近似。如果要了解Ambisonics具体原理，请参见本书的6.3节。

高阶Ambisonics（HOA）将音频场景描述为三维声学声场，它被表示为波场到球谐函数的截断展开。球谐函数展开的时间变化系数称为HOA系数，即图5-52中的HOA信号，它们携带要传输或再现的波场信息。一般来说，对于n阶的完整3D展开，需要携带$(n+1)^2$个系数信号，这些信号之间可能表现出相当大的相关性，因此存在冗余。为了实现高效且高质量地表示音频比特流，必须考虑减少冗余和减少不重要信息。为此，MPEG-H 3D Audio 编码器并非直接采用多声道音频编码的方式去编码 HOA 系数，而是提供了一个专用的工具集用于 HOA 编码，它包括了两个重要的预处理步骤。

首先，将声场分解为直达声成分和环境声成分，以减少冗余，因为从不同方向发出的声音事件会产生高度相关的信号。为了利用和减少这种冗余，编码器先检测出直达声，从编码器输入的 HOA 系数中减去它们。直达声和环境声分别作为平面波传输，并伴随着方向信息的元数据。在解码器中，直达声平面波的 HOA 系数会在合成以后，添加到环境声场分量的 HOA 系数中。除平面波场分量的参数编码外，MPEG-H 还进一步提供了具有更多方向模式的声场分量的参数编码模式。

其次，为了降低不重要的信息，通过球面傅里叶变换将 HOA 系数转换为虚拟扬声器信号，这个处理允许多声道核心音频编解码器应用心理声学模型来减少编码过程中感知不重要的信息。此外，从 HOA 系数表示到一组虚拟扬声器信号表征的转换过程，通常也会进一步降低馈入多声道核心音频编码器的音频信号之间的相关性，从而减少冗余，改进编码效率。

在 MPEG-H 3D 音频解码器中，合成直达声分量，并将虚拟扬声器信号表示转换为 HOA 系数信号，这样就重建了 HOA 声场表征。然后使用通用 HOA 渲染器和适合于目标扬声器系统配置的渲染矩阵，将 HOA 系数表示渲染到重放扬声器配置上。与基于对象的空间音频制作范式类似，HOA 信号与重放扬声器的布局无关，且需要渲染器才能在扬声器系统（或耳机）上重放。

5.3.2.5 双耳渲染

除了在扬声器上重放，MPEG-H 还支持耳机上空间音频的双耳重放。这使得在普通移动设备上也可以使用沉浸式音频，如手机、手持设备和便携式音乐播放器等。从图 5-52 可以看出，MPEG-H 中的双耳渲染主要是作为一个后处理步骤，通过高效地将解码后的信号转换为双耳下混信号，提供耳机重放时的沉浸式声音体验，图 5-54 展示了其流程。

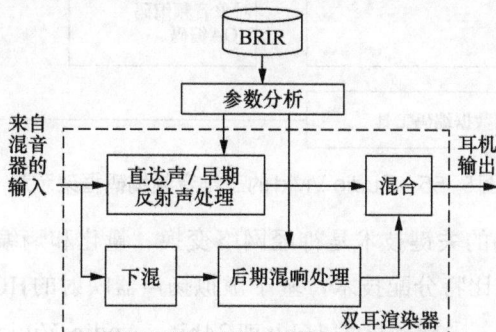

图 5-54 MPEG-H 的双耳渲染流程

在解码端会以 FIR 滤波器系数的形式提供一个双耳房间脉冲响应数据库（BRIR database），以便双耳渲染器渲染出虚拟扬声器。MPEG-H 标准中定义了两种双耳渲染方法：时域（TD）和频域（FD）双耳渲染方法。这两种方法的共同点是，它们将分开处理 BRIR

的直达声/早期反射声部分与后期混响部分，图5-54中也相应给出了上下两条技术路线。位于上方的直达声/早期反射声部分是在FFT域（时域方法）或QMF域（频域方法）与混音器的多声道输出信号进行卷积。位于下方的后期混响部分用于处理混音器输出通道的下混版本，以降低复杂性。最后上下两路处理结果混合，形成双耳输出信号。

5.3.3　菁彩声

菁彩声（Audio Vivid）是一项由中国自主研发的三维音频编解码技术，由中国的世界超高清视频产业联盟（UWA）牵头研发，它不仅支持传统的声道编码，还支持基于声音对象的编码、多声道声床加对象编码、HOA声场编码及元数据编码。此外，它还是全球首个基于AI技术的音频编解码标准。

5.3.3.1　编码器

Audio Vivid编解码器有着非常好的兼容性，支持多种音频格式数据的编解码。它的编码系统由通用全码率音频编码工具、无损音频编码工具和元数据编码工具组成，用户可以根据音频或应用场景来选择合适的编码工具。2022年由UWA牵头发布的Audio Vivid技术白皮书里给出了相应的三维声编码框架示意，如图5-55所示。

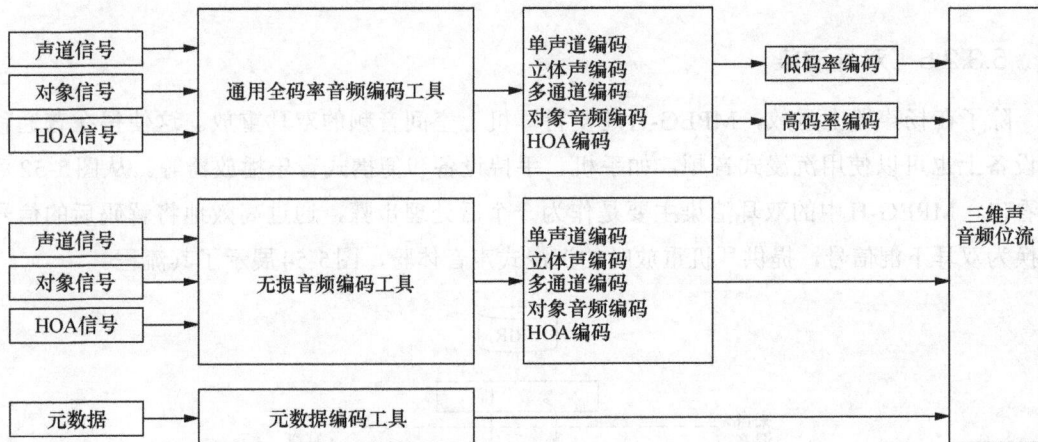

图5-55　Audio Vivid的三维音频编码框架示意

通用全码率音频编码的关键技术是神经网络变换、量化和熵编码技术，还包括基于声道相关性的多声道下混和比特分配技术，基于虚拟扬声器映射的HOA空间编码技术等，支持32～192kHz的采样率，采样精度为16bit或24bit。Audio Vivid基础元数据符合ITU-R BS.2076标准定义，并增加扩展元数据以用于后续提供更优的渲染效果。

以下将以通用全码率音频编码器为对象，介绍流程和关键算法，其框架如图5-56所示。通用全码率音频编码器包括核心编码、HOA空间编码和元数据编码。其中，核心编码由编码预处理，各模式信号下混，神经网络变换、量化和区间编码组成。HOA空间编码将HOA

信号转化到一系列虚拟扬声器信号中，然后再送入核心编码的流程进行后续处理。元数据编码按照元数据结构、根据每个元数据的量化规范对元数据进行量化编码。以下介绍核心编码的主要组成和算法。

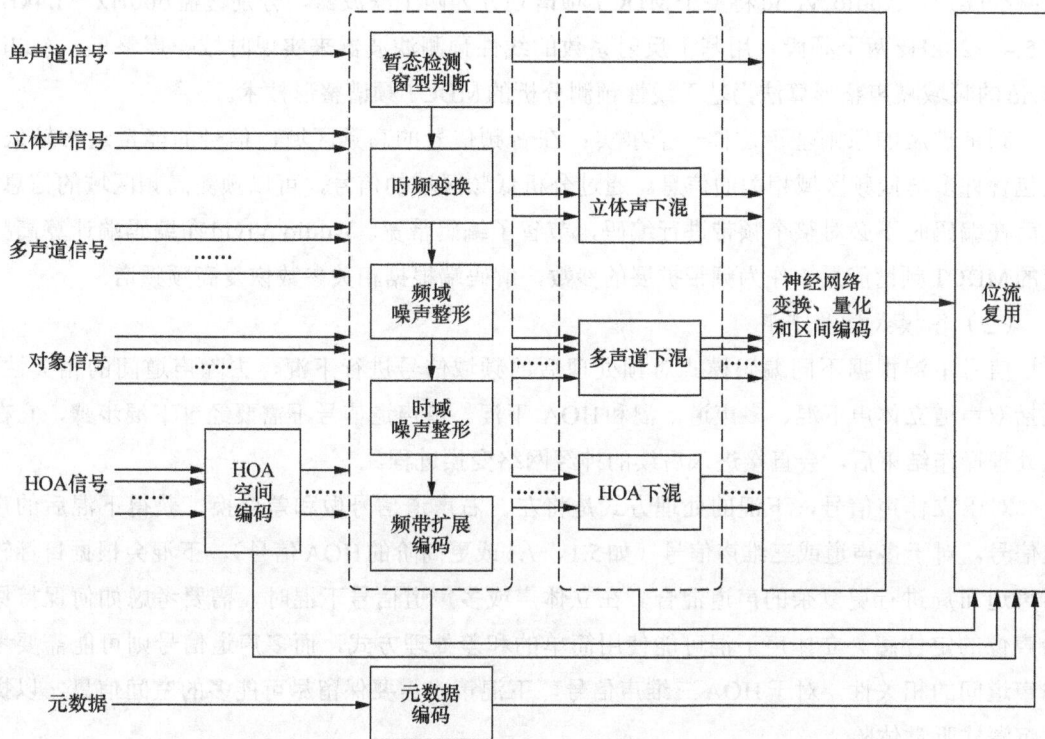

图 5-56　Audio Vivid 的通用全码率音频编码器框架

（1）编码预处理

编码预处理将每个声道信号由时域变换到频域并进行预处理，包括暂态检测、窗型判断，时频变换，频域和时域的噪声整形，频带扩展编码等。

暂态检测时，对输入的音频信号进行检测，判断当前信号是瞬态信号还是稳态信号。对瞬态信号加短窗以保证较好的时域分辨率，对稳态信号加长窗以保证较好的频域分辨率。Audio Vivid 一帧信号的样本数是 1024，那么暂态检测判断要加的窗型会有 4 种，即 2048 个样本长度的正弦长窗、256 个样本长度的正弦短窗、2048 个样本长度的长 - 短切换窗及 2048 个样本长度的短 - 长切换窗。

下一步的时频变换，其实就是 MDCT，即改进离散余弦变换，负责把音频信号从时域变换到频域。但是经过 MDCT 的频域信号，其系数是浮点类型，而后续的量化是将浮点类型的频域系数映射到离散值的过程，需要通过量化步长进行量化，这个离散化过程会导致信息损失，从而产生量化噪声。更重要的是，音频信号中的频谱成分通常具有较大的动态范围，MDCT 后，频谱成分的量化步长可能不足以精确表示原始信号，导致量化噪声更加明显。到了解码阶段，进行反量化和反变换处理到时域后，这些量化噪声会扩散，有部分噪声不能被掩没掉，会产生预回声和后回声现象，影响声音质量，这就必须要进行噪声整形处理。

时域噪声整形技术主要关注在时域上对量化噪声进行整形，目的是使噪声更加平滑，从而更容易被有用信号所掩没掉，减少听感上的干扰。频域噪声整形技术则关注在频域上对量化噪声进行控制和整形，目的是在人耳最不敏感的频率区域增加噪声，而在最敏感的区域减少噪声。Audio Vivid 将整个 MDCT 频谱划分为两个滤波器，分别覆盖 660Hz～5.4kHz 和 5.4～20kHz 两个频段，用基于反射系数的线性预测滤波器来实现时域噪声整形。Audio Vivid 的频域噪声整形算法为基于线性预测分析的 MDCT 频谱整形技术。

频带扩展的原则基于这样一个事实：在音频信号的高频区域，信号的能量通常较低，且包含许多与低频区域相关的信息。通过分析低频区域的信号，可以预测高频区域的信息，从而在编码时不必对整个频带进行编码，节省了编码带宽。Audio Vivid 在编码端计算高频带的 MDCT 频谱能量，作为频带扩展的参数，解码端根据相关参数恢复高频频谱。

（2）各模式信号下混

信号下混根据不同编码模式对预处理后的频域信号进行下混，去除声道间的相关性，包括双声道立体声下混、多声道下混和 HOA 下混。单声道信号不需要经过下混步骤，它在预处理操作结束后，会直接进入后续的神经网络变换过程。

对于立体声信号，下混的处理方式是将左、右声道信号做和差变换，获得下混后的声道信号。对于多声道或三维声信号（如 5.1、7.1 或更高阶的 HOA 信号），下混会根据目标输出声道布局进行更复杂的声道混合。在立体声或多声道信号下混时，需要考虑如何保持原始声像的定位感。立体声下混可能使用简单的和差处理方式，而多声道信号则可能需要考虑声道间的相关性。对于 HOA 三维声信号，下混策略需要保留尽可能多的空间信息，以提供沉浸式听觉体验。

（3）神经网络变换、量化和区间编码

Audio Vivid 中的神经网络变换、量化和区间编码模块的作用是，采用神经网络对每个下混后的声道进行变换和编码，以提高音频编码的效率和质量。神经网络变换是一种利用深度学习技术对音频信号进行特征提取和表示的方法。在 Audio Vivid 中，这种变换通常使用卷积神经网络（CNN）来实现。神经网络能够学习音频信号 MDCT 频谱的复杂模式，并将其映射到一个更紧凑且信息丰富的表示空间，即所谓的隐特征信号，这有助于后续的量化和区间编码。

在 Audio Vivid 中，量化过程采用标量量化。标量量化是对每个隐特征信号的变换系数单独进行量化。量化后的隐特征信号被送入基于神经网络的区间编码模块。

区间编码是一种无损编码技术，它利用信号的概率分布来优化编码过程。这种编码方法的目标是最小化编码后数据的大小，同时保持原始信号的信息。区间编码通常使用上下文模型来预测信号值的概率分布，然后根据这个分布对信号进行编码。这种方法可以有效地减少编码后的数据量。Audio Vivid 利用上下文编码神经网络来生成待编码隐特征信号的上下文，根据上下文选择对应的码书对隐特征信号进行区间编码。需要指出的是，在 Audio Vivid 中，编码端和解码端两个深度神经网络是联合训练的，在最小化信息熵的约束下联合寻找待编码特征、上下文和各码书之间的关系。

5.3.3.2 解码器

Audio Vivid解码器用于恢复原始的音频数据和元数据。通用全码率音频解码器可以分为神经网络逆变换、逆量化、区间解码、各模式信号上混、解码后处理和元数据解码几个部分。解码是编码的逆过程，其框架如图5-57所示。其核心解码由神经网络逆变换、逆量化和区间解码，上混，频带扩展解码、逆时域噪声整形、逆频域噪声整形和逆时频变换等构成，将位流解码为声道信号和对象信号。HOA空间解码和核心解码将位流解码为HOA信号。元数据解码将位流解码为元数据。具体的算法过程此处不再赘述。

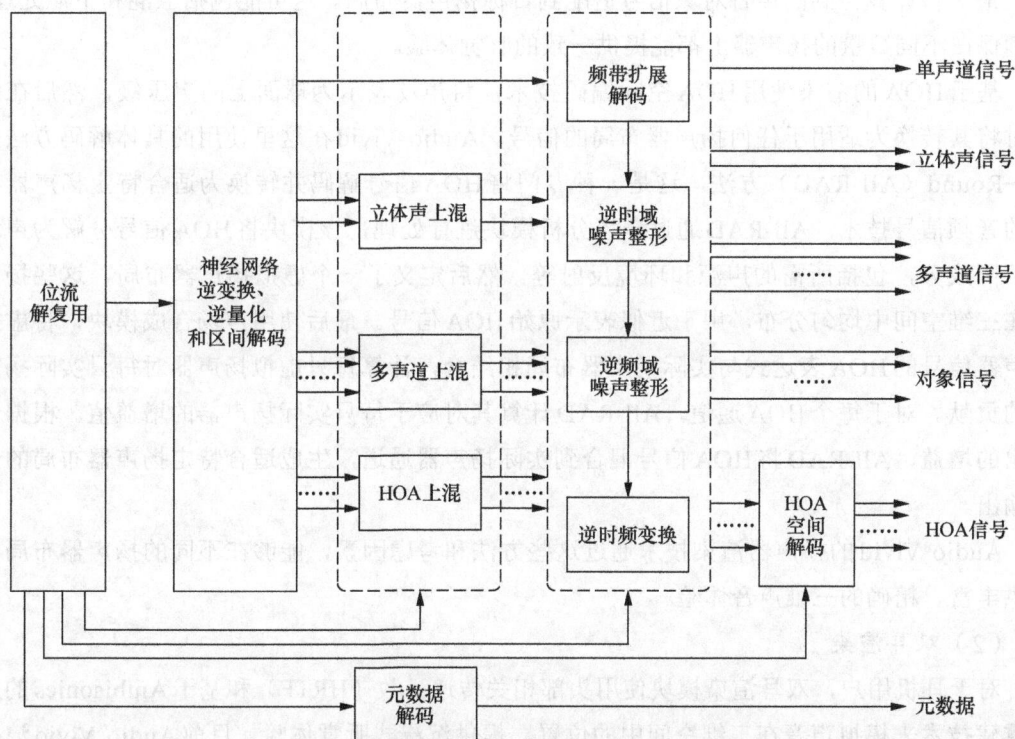

图5-57 Audio Vivid的通用全码率音频解码器框架

5.3.3.3 渲染

Audio Vivid的渲染技术架构是一个综合性的系统，它能够将解码后的音频信号转换为适合不同播放环境的音频输出，解码后的元数据则被用来在渲染的时候理解音频信号的特性，包括声源位置、移动轨迹和其他空间属性。Audio Vivid渲染器既可用于直接解析ITU-R BS.2076标准定义的音频定义模型（ADM）元数据，也可解析第三方的元数据。

（1）扬声器渲染

扬声器渲染模块负责将音频信号转换为适合特定扬声器布局的信号，包括基于声道的渲染、基于对象的渲染和基于HOA的渲染。

基于声道的渲染根据目标扬声器布局，将编码后的声道信号映射到相应的扬声器输出。例如，将5.1声道信号映射到家庭影院的6只扬声器。若输入声道数与输出声道数不相等，采用点声源定位，使用算法（如VBAP算法）由实际扬声器虚拟出对应输出位置的声源。

基于对象的渲染利用元数据中的声源位置信息，将声音对象渲染到特定的扬声器或虚拟位置，VBAP算法同样在这里也得到了应用。这种方法允许声音在三维空间中自由移动。一般来说，首先要确定音频场景中的所有独立声音对象，并从元数据中获取每个对象的特性，如持续时间、音量、音色和空间位置等；然后根据声源在空间中的位置，使用渲染算法计算每个声源对每只扬声器的贡献。这可能包括距离效应、掩蔽效应和环境反射声的模拟；最后将计算得到的声音对象信号适配到目标扬声器布局。这可能包括上混和下混处理，以确保在不同数量的扬声器上都能提供一致的听觉体验。

基于HOA的渲染使用HOA空间编码技术，将声场表示为球面上的声压级，然后在解码时将其转换为适用于任何扬声器布局的信号。Audio Vivid在这里使用的具体解码方法是All-Round（All-RAD）方法，这是一种专门将HOA信号解码并转换为适合特定扬声器布局的音频信号技术。All-RAD通过声场分析模块进行处理，该模块将HOA信号分解为声场的不同成分，包括所需的声源和环境反射等。然后定义了一个虚拟扬声器布局，这些扬声器在三维空间中均匀分布，用于近似表示原始HOA信号。最后使用声场合成模块，将虚拟扬声器信号的HOA表达式与实际扬声器布局相结合，计算每只虚拟扬声器对每只实际扬声器的贡献。对于每个HOA通道，All-RAD计算其对应于每只实际扬声器的增益值。根据计算出的增益，All-RAD将HOA信号混合到实际扬声器通道，生成适合特定扬声器布局的音频输出。

Audio Vivid的扬声器渲染技术通过这些方法和考虑因素，能够在不同的扬声器布局中提供丰富、精确的三维声音体验。

（2）双耳渲染

对于耳机用户，双耳渲染模块使用头部相关传递函数（HRTF）和基于Ambisonics的声场重建技术来模拟声音在三维空间中的位置，提供沉浸式听觉体验。目前Audio Vivid渲染器支持最多7阶的HOA信号渲染。

HOA信号渲染流程如图5-58所示。HOA信号首先要经过旋转矩阵，旋转矩阵被用来执行声场的旋转和方向变换，以确保声源在三维空间中的正确定位和方向性。在双耳渲染中，旋转矩阵用于将HOA信号转换为特定于听音者的头部位置和方向的双声道输出，增强了沉浸感和方向感。之后，信号会和球谐HRIR进行频域卷积。球谐HRIR是一组预定义的脉冲响应，它们模拟了声音从不同方向到达听音者两耳时的声学特性。这些HRIR基于球谐函数，可以有效地表示头部、耳朵和躯干对声波的影响。同时球谐HRIR还可以模拟不同的声学环境，如房间大小、材料特性等，进一步增强听音者的沉浸感。这样每个HOA信号都会生成左右耳的特定输出信号，叠加成最终的双耳信号。

以上是HOA信号的渲染过程，而对于声道信号和对象信号，渲染器会将声道信号和对象信号统一编码为HOA信号，然后复用HOA渲染的处理流程。

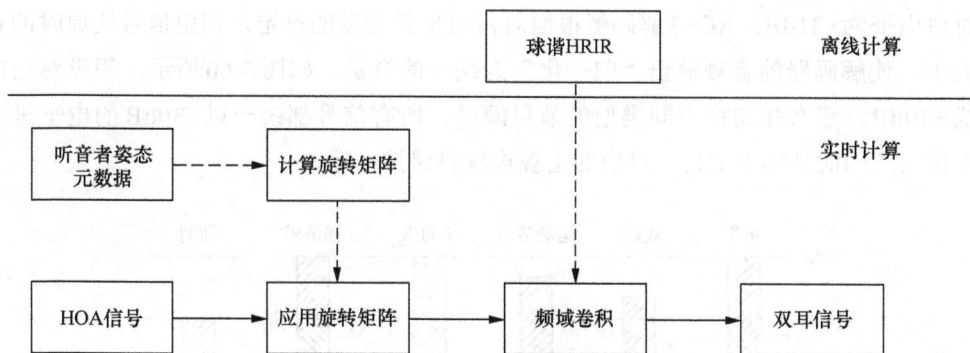

图 5-58　HOA信号渲染流程

5.4 空间音频的元数据功能

元数据（metadata）又称为控制数据，可以对编码的空间声信号进行描述。在声音节目制作完成后，元数据通过编码器嵌入到编码后的音频信号形成码流，通过网络或发射系统传送到终端用户，通过对终端解码设备进行控制，从而让节目制作者较好地掌握和控制原始音频节目在终端用户接收端的听音效果。虽然不同的空间音频格式对元数据的定义和分类存在差异，但是功能都大同小异。以杜比公司为例，杜比元数据参数可以分成信息类元数据和控制类元数据。信息类元数据是指仅仅用于传输编码系统内部的元数据参数，包括比特宽度、帧频、节目设置、片段长度、相关的 SMPTE 时间码和描述节目内容的 ASCII 语言等。控制类元数据用于指导编码器、解码器如何处理音频，主要包括声道模式、对白电平、动态范围控制及其他的码流信息参数等。杜比 E/ED2 会包含这两类元数据，而杜比数字通常只携带控制类元数据。本节有关元数据的阐述，也主要限定在控制类元数据这块，通过总结和归纳不同空间音频格式的元数据功能，主要介绍如下的 4 种元数据参数。

5.4.1 对白电平

对白电平（Dialogue Level）又称为对白归一化（Dialogue Normalization），主要用于设置节目的平均响度。当重放不同来源的音频信号时，在调换节目源的过程中时常会出现响度忽大忽小的问题。不同的节目源可能是广播期间的不同节目段（如电影、商业广告等）、不同的广播频道或不同的媒体等。图 5-59 展示了几种典型的音频信号，其平均对白电平如图中数字标记所示。在进行不同节目切换时，由于电平的不一致，必定导致不同的主观声压级。

如何解决听感响度差异的问题呢？以杜比 AC-3 为例，它将响度指示直接编码到 AC-3 数据流中。响度指示是以正常口头对白的主观声级作为参考，它是包含在比特流信息中的 5 个比特的对白电平，设置范围从 $-31 \sim -1$dB，以 1dB 作为步阶调整，默认设置是 -31，表征设置对白电平为-31dB。AC-3解码器根据对白电平元数据的设定，调整信号还原时的音频增益大小，使解码器的音频输出"归一化"为统一的音量。如图5-60所示，假设对白电平设置成-30dB，那么在切换不同类型的节目源时，所有信号都统一以-30dB的电平进行还音，不论被解码的是哪个节目，对白的主观声场将保持一致。

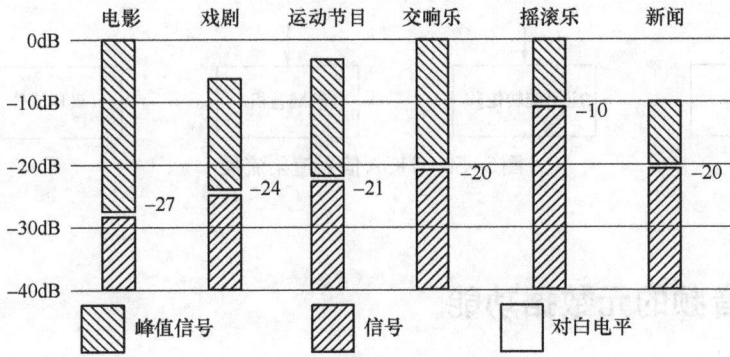

图5-59 几种典型的音频信号

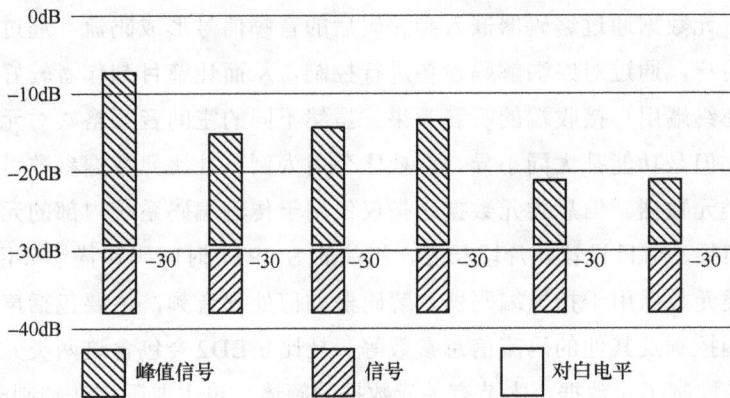

图5-60 归一化后的音频信号

因此，在节目制作过程中，混音师完成空间声节目的混音后还需要测量节目的平均响度，定义对白电平元数据值，由此决定接收端正确的还音响度设置，使观众省略更换频道或节目切换时音量的调整操作，并使节目能够保持完整的动态范围。

5.4.2 下变换及仿真监听

尽管空间音频系统已经发展了近10年，各个电视台都在制作多声道音频信号，但是在消费者终端普及率并不高，大部分消费者仍以单声道或者双声道立体声作为主流的监听方式。如何让多声道音频在非多声道系统中进行重放是必须要考虑的问题。不同的编解码算法都通过下变换元数据来解决这个问题。以杜比AC-3为例，编码比特流同步结构中的AB0～AB5是独立解码的，因此可以将这些编码信号重新向下兼容地输出不同声道的信号，如图5-61所示。

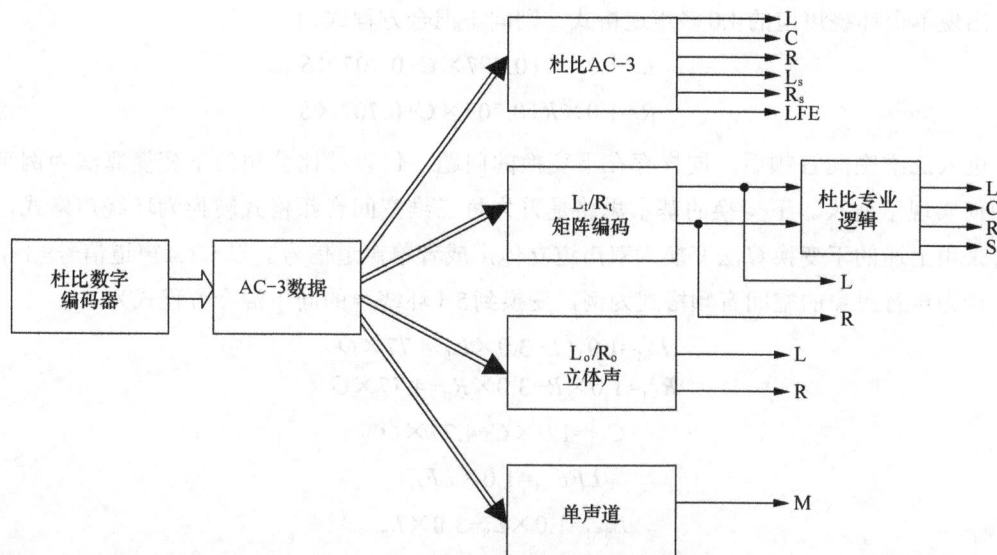

图5-61　AC-3输出的向下兼容性

在重放端如果可以解码AC-3的码流，那么将输出5.1（L、R、C、L_s、R_s、LFE）的多声道信号。LFE声道记录的声音信号主要用于渲染烘托气氛，所以进行向下混合时，只用其中的L、R、C、L_s和R_s。从图5-62可以看到，编码后的AC-3数据流可以向下混合为两个声道信号，然后经不同的解码器得到不同的重放模式。向下混合成两声道信号时，系统提供两种算法：混合为L_t、R_t矩阵环绕编码的立体声对；混合为通常的立体声信号L_o、R_o。向下混合的立体声信号（L_o、R_o或L_t、R_t）可进一步向下混合为单声道M，通过两个声道的简单相加即可。如果将L_t、R_t向下混合为单声道，环绕声道信息将会丢失。当希望需要一个单声道信号时，则将L_o、R_o向下混合即可。

5.0多声道格式向下混合为L_o、R_o立体声信号的方程式为

$$L_o=1.0\times L + C_{lev}\times C + S_{lev}\times L_s$$
$$R_o=1.0\times R + C_{lev}\times C + S_{lev}\times R_s \tag{5-9}$$

如果接着L_o、R_o被组合成单声道信号重放，有效的向下混合方程式为

$$M=1.0\times L + 2.0\times C_{lev}\times C + 1.0\times R + S_{lev}\times L_s + S_{lev}\times R_s \tag{5-10}$$

出现单个环绕声道的4.0多声道格式，则向下混合方程式为

$$L_o=1.0\times L + C_{lev}\times C + 0.7\times S_{lev}\times S$$
$$R_o=1.0\times R + C_{lev}\times C + 0.7\times S_{lev}\times S \tag{5-11}$$
$$M=1.0\times L + 2.0\times C_{lev}\times C + 1.0\times R + 1.4\times S_{lev}\times S$$

上面公式中，C_{lev}、S_{lev}分别代表中央声道混合声级系数和环绕声道混合声级系数。

5.0多声道格式向下混合为L_t、R_t立体声信号的方程式为

$$L_t=1.0\times L + 0.707\times C - 0.707\times L_s - 0.707\times R_s$$
$$R_t=1.0\times R + 0.707\times C + 0.707\times L_s + 0.707\times R_s \tag{5-12}$$

出现单个环绕声道的4.0多声道格式，则向下混合方程式为

$$L_t=1.0\times L+0.707\times C-0.707\times S$$
$$R_t=1.0\times R+0.707\times C+0.707\times S$$

（5-13）

进入三维空间音频后，同样存在下变换的问题，仍以杜比公司的下变换算法为例来说明如何实现下变换。下变换的基本思路是首先将三维空间音频格式转换为环绕声格式，然后再采用上述的下变换算法变换为双声道立体声或者单声道信号。以5.1.4声道信号+1个评论声作为声音对象的空间音频格式为例，变换到5.1环绕声的向下混合方程式为

$$L_{5.1}=1.0\times L-3.0\times L_{tf}-4.77\times O$$
$$R_{5.1}=1.0\times R-3.0\times R_{tf}-4.77\times O$$
$$C_{5.1}=1.0\times C-4.77\times O$$
$$LFE_{5.1}=1.0\times LFE$$
$$L_{S5.1}=1.0\times L_S-3.0\times L_{tr}$$
$$R_{S5.1}=1.0\times R_S-3.0\times R_{tr}$$

（5-14）

其中 L_{tf}、R_{tf}、L_{tr} 和 R_{tr} 分别表示高度左前、高度右前、高度左后和高度右后声道，O表示声音对象。

在进行下变换设置时，虽然算法提供了默认的混合声级系数设置，混音师仍然可以更改混合声级系数。为了更好地为不同的声音节目配置最好的混合声级系数，在声音节目混录过程中引入了"仿真监听"环节。仿真监听是在专业的混录棚中，将下变换后的立体声信号通过两只民用普通扬声器进行重放，如果监听效果不满意，重新设置新的混合声级系数，直到监听效果满意，如图5-62所示。

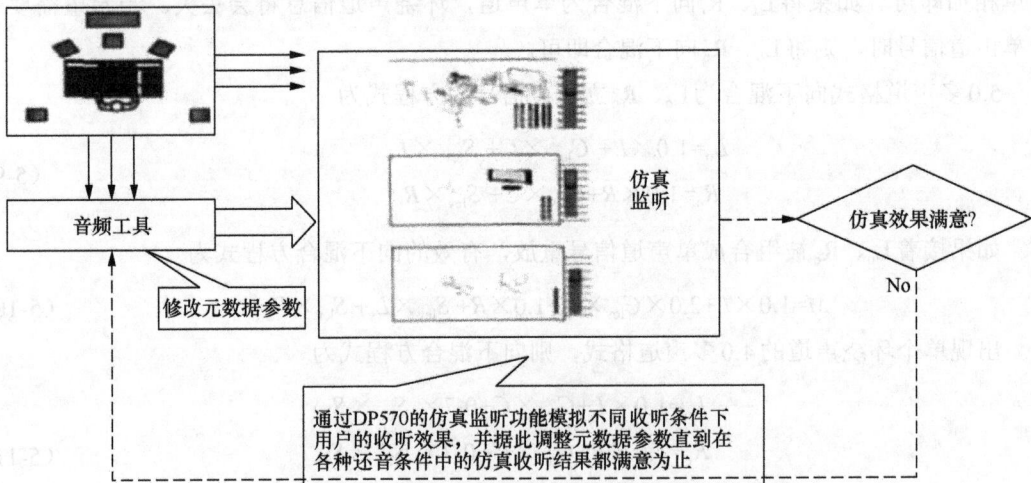

图5-62 仿真监听确认混合声级系数的元数据

5.4.3 动态范围控制

原始高品质声音节目（如电影等）通常动态范围都很大。以对白电平为参考，像爆炸

这样响的声音常常会高出20dB，像树叶沙沙声这样轻的声音则可能比对白电平低50dB。不同的听音环境能够承受的声音动态范围有很大不同，专业影院能够让消费者欣赏到全动态范围的声音效果。而移动终端设备由于动态范围不够宽，不允许声音很响，同时又要将轻微的声音（如树叶沙沙声）表现出来，而又不得不提高声级。要做到对响的声音降低声级、对轻的声音提高声级，就不得不采用动态压缩处理。为了能够兼顾不同终端重放系统，空间音频系统往往保留音频信号的完整动态范围，通过引入动态范围控制（DRC）元数据，使解码器根据重放系统的类型或消费者自主选取进行动态范围压缩。如果进行动态压缩，则按照混音师事先设置的压缩方式和压缩量对输出进行动态控制。

　　以杜比公司的动态范围控制为例，具体说明如何实现这个功能。杜比音频技术通过嵌入在音频码流中的元数据，实现了动态范围控制。这个元数据包含了动态范围控制配置文件和解码器模式，二者相互配合，以确保音频节目在不同的播放设备和环境下都能提供最佳的音频体验。混音师根据所制作的声音类型可以选用6种不同的配置文件用于解码端对音频节目进行动态范围压缩。这6种配置文件分别是电影轻度压缩（Film Light）、电影标准压缩（Film Standard）、音乐轻度压缩（Music Light）、音乐标准压缩（Music Standard）、语言（Speech）和不处理（None）。图5-63显示了杜比的动态范围压缩曲线。该曲线是以对白电平为参考由两端向中心进行压缩的。整个动态区域分成提升区（Boost Range）、非处理区（Null Band）、早期衰减区（Early Cut Range）和衰减区（Cut Range）。提升区是对较低电平声音进行提升；非处理区以对白电平为中心，不进行压缩；衰减区对较高电平声音进行衰减。不同的配置文件，对不同区域的声音电平范围及压缩比给出详细的说明，如表5-4所示。由于对白电平会对DRC产生影响，所以正确地对白电平设置至关重要。

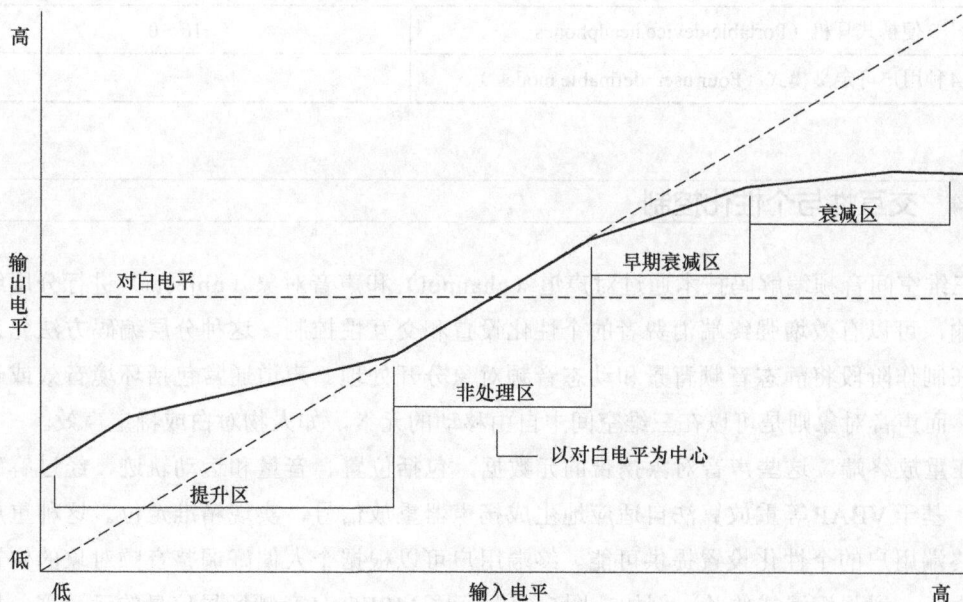

图5-63　杜比的动态范围压缩曲线

表5-4　杜比的动态范围控制配置文件

配置文件	提升区		非处理区		早期衰减区		衰减区	
	范围/dB	压缩比	范围/dB	压缩比	范围/dB	压缩比	范围/dB	压缩比
电影轻度压缩	−53~−41	1:2	−41~−21	1:1	−21~−11	2:1	−11~+4	20:1
电影标准压缩	−43~−31	1:2	−31~−26	1:1	−26~−16	2:1	−16~+4	20:1
音乐轻度压缩	−65~−41	1:2	−41~−21	1:1	—	—	−21~+9	2:1
音乐标准压缩	−55~−31	1:2	−31~−26	1:1	−26~−16	2:1	−16~+4	20:1
语言	−50~−31	1:5	−31~−26	1:1	−26~−16	2:1	−16~+4	20:1
不处理	没有配置参数							

在解码器端，杜比提供了4种主要模式，如表5-5所示，表明不同的终端设备所对应的对白电平的输出电平范围。解码器会根据所接收到的DRC配置文件和当前的解码器模式动态调整音频的响度和动态范围。例如，当解码器处于"平板电视"模式且内容创作者设定了"音乐轻度压缩"配置文件时，解码器将会按照该配置文件的指令，压缩音频的动态范围，以便在嘈杂的外部环境下也能保持音乐的听觉细节。

表5-5　杜比解码器模式设置参数

DRC解码器模式	对白电平的输出电平范围/dBFs
AVR及家庭影院（AVR and home theater）	−31~−27
平板电视（Flat panel TV）	−26~−17
便携式扬声器（Portable device speakers）	−16~0
便携式耳机（Portable device headphones）	−16~0
4种用户可定义模式（Four user-definable modes）	—

5.4.4　交互性与个性化控制

三维空间音频编解码技术通过对声道（channel）和声音对象（objects）进行分层编码和传输，可以有效增强终端消费者的个性化设置和交互性控制。这种分层编码方法允许混音师在制作阶段将静态音频背景和动态音频对象分开处理。声道通常包括环境音效或音乐背景，而声音对象则是可以在三维空间中自由移动的元素，如人物对白或特定声效。

在重放终端，这些声音对象携带的元数据，包括位置、音量和运动轨迹，经过解码器处理，基于VBAP等重放算法自适应地生成扬声器重放信号，实现精准定位。这种重放方式为终端用户的个性化设置提供可能。终端用户可以根据个人偏好调整音频对象的位置和音量大小，增强沉浸式体验。例如，图5-64显示了MPEG-H音频场景信息的元数据，标注了重放声道为5.1.4，包含3个声音对象，分别是中文、韩语和日语的评论声。

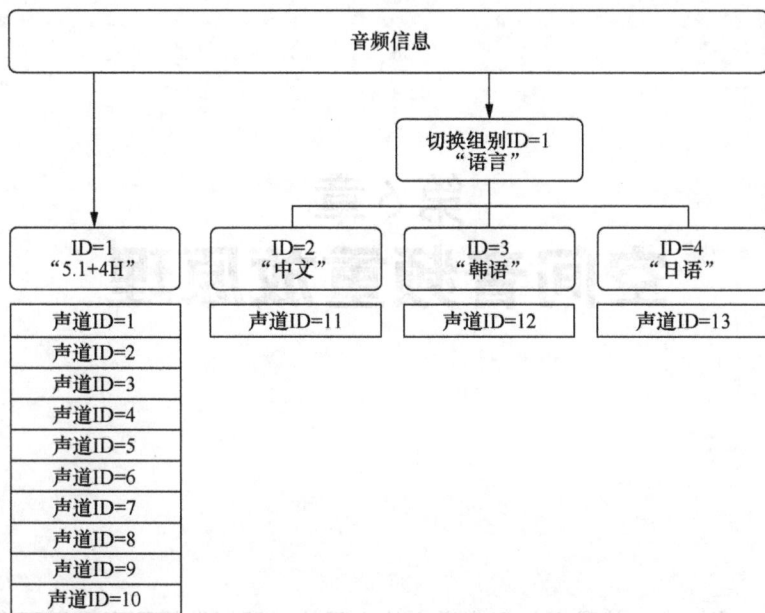

图5-64 MPEG-H音频场景信息的元数据

MPEG-H为混音师提供了元数据控制功能，它能够让混音师精确地控制将哪些功能提供给终端用户。图5-65显示了混音师可以设置终端用户对声音对象调整的参数，如增益范围可以为-24dB～12dB，水平方位角范围为-60°～60°，垂直角范围为0°～90°。

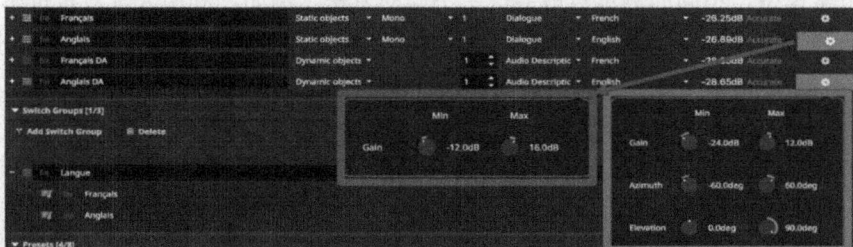

图5-65 MPEG-H为混音师提供的元数据控制功能

终端用户接收到解码后的空间音频信号后，可以在终端设备上调整评论声（声音对象）的设置，如图5-66所示。左图显示调整评论声增益和位置的设置，右图显示可以选择不同的评论声。

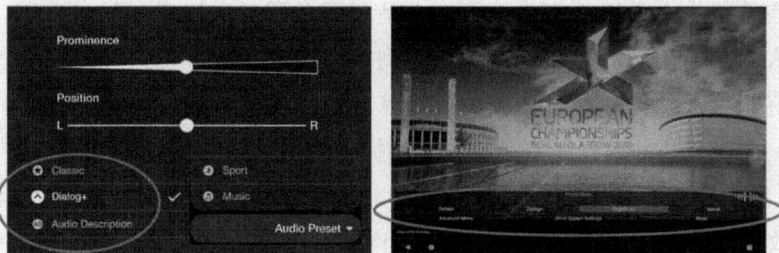

图5-66 终端用户基于元数据实现个性化设置

第6章
空间音频重放原理

空间音频重放技术，从早期的双声道立体声开始，逐渐发展到多声道环绕声重放，再到如今的基于 WFS 或 Ambisonics 的三维声重放，其根本的目标是为了准确全面地重现声场的空间信息。然而，这是一个复杂的高难过程，因为所有用于空间感知的声环境信息及用于声源定位的声学线索，都必须准确高效地模拟出来，还要考虑听音者和声源的动态位置变化。这个过程不仅涉及人类对空间声的主观感知机理，还要用到大量先进的信号处理算法和物理声学模型，不同的侧重点就会产生不同的方法。例如，利用人耳对定位感知的 ITD 与 ILD 线索的幅度平移方法；基于物理声场重现的波场合成与 Ambisonics 方法；还有基于 HRTF 的双耳渲染重放。本章将介绍前两种空间音频重放技术，基于 HRTF 的双耳渲染重放将在第 8 章介绍。

6.1 幅度平移

6.1.1 正弦律和正切律

立体声信号制作中常用的声像平移技术是利用人耳对定位感知的 ITD 和 ILD 线索，在左右声道中人为制造出时间差和幅度差，达到重放指定水平方位声像的目的。其中幅度平移是效果最好也最成熟的。幅度平移需要计算左右声道各自的幅度增益系数，而对于通道系数的设置，主要有两种准则：正弦律和正切律。

如图 6-1 所示，目标声像与左右扬声器中轴线的夹角为 φ，扬声器与中轴线夹角为 φ_0，左右声道重放的幅度增益系数为 g_1 和 g_2。若假设人头左右耳的间距为 $2a$，声像产生的是平面简谐波，波数为 k，依据波动方程，其到达人头左右耳两处的声波的相位差则为 $2ka \times \sin\varphi$；

两只扬声器产生的双耳相位差为 $2\times\arctan\dfrac{(g_1-g_2)\sin(ka\times\sin\varphi_0)}{(g_1+g_2)\cos(ka\times\sin\varphi_0)}$。在中低频的情况下，$ka\ll1$，后者可以近似为 $2\dfrac{g_1-g_2}{g_1+g_2}ka\times\sin\varphi_0$。对比声像和扬声器产生的两个双耳相位差，如果要想让目标声像的方位能通过扬声器重放出来，那么这两个双耳相位差需要一致，即 $2ka\times\sin\varphi=2\dfrac{g_1-g_2}{g_1+g_2}ka\times\sin\varphi_0$。由此，立体声重放时的声像定位的正弦律可以表示为

$$\frac{\sin\varphi}{\sin\varphi_0}=\frac{g_1-g_2}{g_1+g_2}\quad\text{或}\quad\frac{g_2}{g_1}=\frac{\sin\varphi_0-\sin\varphi}{\sin\varphi_0+\sin\varphi}\tag{6-1}$$

正弦律只对低频声音才有较好效果，同时要求听音者的头部面向正前方，不能转动。并且在大多数时候，要求声像的方位只能在扬声器夹角范围内。如果超出这个范围，幅度平移会导致出现反相的扬声器信号，使感知失真。

在实际场景中，听音者常常下意识地将脸偏向声像的位置，这时候正弦律会不太适用，取而代之的是正切律。简单来说，就是把式（6-1）中的正弦函数替换为正切函数，如式（6-2）所示。

$$\frac{\tan\varphi}{\tan\varphi_0}=\frac{g_1-g_2}{g_1+g_2}\quad\text{或}\quad\frac{g_2}{g_1}=\frac{\tan\varphi_0-\tan\varphi}{\tan\varphi_0+\tan\varphi}\tag{6-2}$$

立体声重放时的正弦律/正切律还可以推广到多只扬声器的环绕声重放场景。如果在环绕听音者的 N 只扬声器中，第 i 只扬声器的方位角为 θ_i，它所发出的声音振幅为 A_i，在中低频的情况下，对于中心位置的听音者，声像水平方位角 θ_I 由以下两式决定。

① 听音者头部固定时（正弦律）：

$$\sin\theta_I=\frac{1}{ka}\arctan\left[\frac{\sum_{i=1}^{N}A_i\sin(ka\sin\theta_i)}{\sum_{i=1}^{N}A_i\cos(ka\sin\theta_i)}\right]\tag{6-3}$$

② 听音者头部微小转动时（正切律）：

$$\tan\theta_I=\frac{1}{ka}\arctan\left[\frac{\sum_{i=1}^{N}A_i\sin(ka\sin\theta_i)}{\sum_{i=1}^{N}A_i\cos(ka\sin\theta_i)}\right]\left\{\frac{\sum_{i=1}^{N}A_i^2+\sum_{i\neq j}A_iA_j\cos\left[ka(\sin\theta_i-\sin\theta_j)\right]}{\sum_{i=1}^{N}A_i^2\cos\theta_i+\sum_{i\neq j}A_iA_j\cos\left[ka(\sin\theta_i-\sin\theta_j)\right]\cos\theta_i}\right\}\tag{6-4}$$

式中，k 为波数，f 为频率，a 为人头的等效半径 0.0875m。

由此可见，一般情况下，θ_I 是和频率相关的。将式（6-3）和式（6-4）按 ka 展开为泰勒级数，在低频时，$ka\ll1$，可以得到多声道环绕声重放时基于正弦律/正切律的声像定位公式。

$$\text{正弦律：}\quad\sin\theta_I=\frac{\sum_{i=1}^{N}A_i\sin\theta_i}{\sum_{i=1}^{N}A_i}\tag{6-5}$$

$$正切律：\quad \tan\theta_I = \frac{\sum\limits_{i=l}^{N} A_i \sin\theta_i}{\sum\limits_{i=l}^{N} A_i \cos\theta_i} \tag{6-6}$$

在这种情况下，θ_I 是与频率及 a 无关的。由于在一般情况下，声像水平方位角 θ_I 是随频率 f 而变，这种变化会导致声像的不稳定。因此，要准确地确定声场的声像变化，应该采用式（6-3）和式（6-4）来描述。但在低频情况下，式（6-5）和式（6-6）是一种较好的近似。

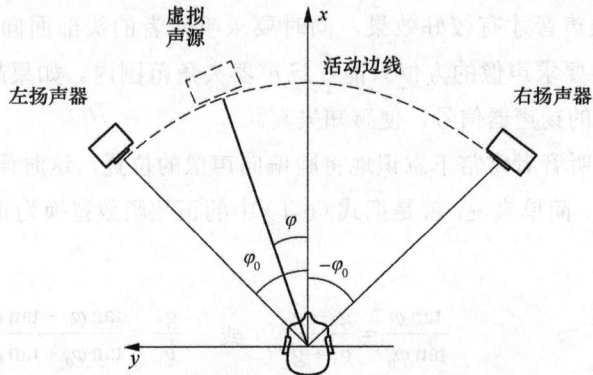

图6-1 双声道立体声重放的水平方位示意

6.1.2 听觉定位矢量

1992年，Gerzon总结多年的研究成果，提出了著名的听觉定位矢量理论。他把ITD线索和ILD线索分别纳入两种定位矢量里面，即速度定位矢量（Velocity Localization Vector）和能量定位矢量（Energy Localization Vector），然后利用这两种定位矢量来预测扬声器重放时候的虚拟声源方位，这样可以描述立体声或者多声道重放系统中声音定位的精确度。速度定位矢量包含了声音在不同扬声器之间传播的时间差感知线索，能够很好地预测700Hz以下的低频声源方位；能量定位矢量包含了声音在不同扬声器之间传播的强度差感知线索，对700Hz～4kHz的中高频声源有较好的方位预测。图6-2是Gerzon的听觉定位矢量模型示意。

根据图6-2，Gerzon给出了速度定位矢量和能量定位矢量的公式，如式（6-7）所示。

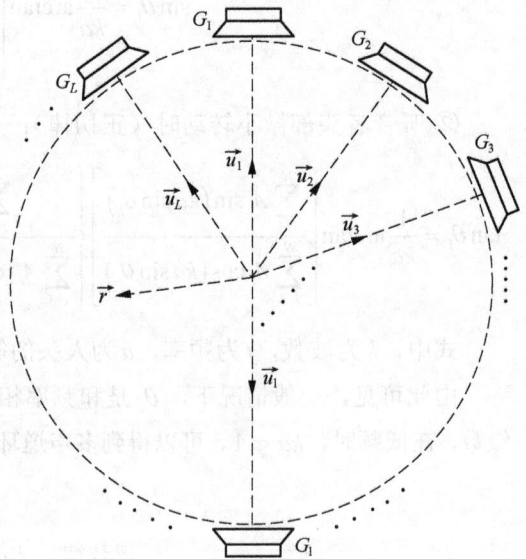

图6-2 听觉定位矢量模型示意

$$速度定位矢量　r_{\mathrm{v}} \cdot \vec{r_{\mathrm{v}}} = \frac{\sum\limits_{l=1}^{L} G_l \vec{u_l}}{\sum\limits_{l=1}^{L} G_l}$$

$$能量定位矢量　r_{\mathrm{E}} \cdot \vec{r_{\mathrm{E}}} = \frac{\sum\limits_{l=1}^{L} G_l^2 \vec{u_l}}{\sum\limits_{l=1}^{L} G_l^2} \tag{6-7}$$

其中，$\vec{u_l}$ 是声场中心指向第 l 只扬声器的单位矢量，可以认为代表着扬声器声源传播方向的反方向。G_l 是第 l 只扬声器的增益系数。$\vec{r_{\mathrm{v}}}$ 和 $\vec{r_{\mathrm{E}}}$ 是各扬声器指向矢量的加权和，实际上相当于扬声器重放时人耳处感知到的声像位置的预测结果。r_{v} 和 r_{E} 则是各自矢量的权重因子，这两个系数在理想情况下都是等于 1 的，此时人耳的感知角度与预测角度几乎一致。

Gerzon 的听觉定位矢量理论可以用于评估不同音频系统或编码技术在声音定位方面的表现。立体声和多声道环绕声系统（如 5.1 声道或 7.1 声道系统）在重放声音定位时，其定位矢量的表现会有所不同。此外，定位矢量也可以用来指导环绕声系统的扬声器布局设计，以优化声音的定位效果。在音频工程和音乐制作中，理解和应用定位矢量的概念有助于创造出更加自然和逼真的听觉体验。

6.1.3　VBAP

1997 年，Pulkki 在前述听觉定位矢量理论的基础上，借鉴速度定位矢量的特性，提出了基于矢量的幅度平移（VBAP）算法，该算法能够分别在二维平面和三维空间实现定制声像方位的多声道环绕声重放。

先看二维平面上只有两只扬声器的情况，如图 6-3（a）所示。图中两个矢量 $l_1 = [l_{11}\ l_{12}]^{\mathrm{T}}$，$l_2 = [l_{21}\ l_{22}]^{\mathrm{T}}$ 分别从位于中心处的听音者指向两只扬声器，矢量 P 则由图中心指向合成的声像位置，且 $P = gL_{12} = g_1 l_1 + g_2 l_2$，其中 g_1 和 g_2 分别代表两只扬声器的增益因子。如果要计算重放时的左右扬声器增益 g，则需要对扬声器矢量矩阵 L_{12} 求逆，即

$$g = PL_{12}^{-1} = [p_1\ p_2] \begin{bmatrix} l_{11} & l_{12} \\ l_{21} & l_{22} \end{bmatrix}^{-1} \tag{6-8}$$

由式（6-8）计算得到的增益因子 g_1 和 g_2 是满足正切律的，所以也可以说 VBAP 是正切律的延伸和扩展。最后再归一化增益，即

$$g_{归一化} = \frac{\sqrt{C}g}{\sqrt{g_1^2 + g_2^2}} \tag{6-9}$$

其中，C 是指定的值，代表声像的恒定声功率大小，如果考虑功率归一化，则 $C=1$。

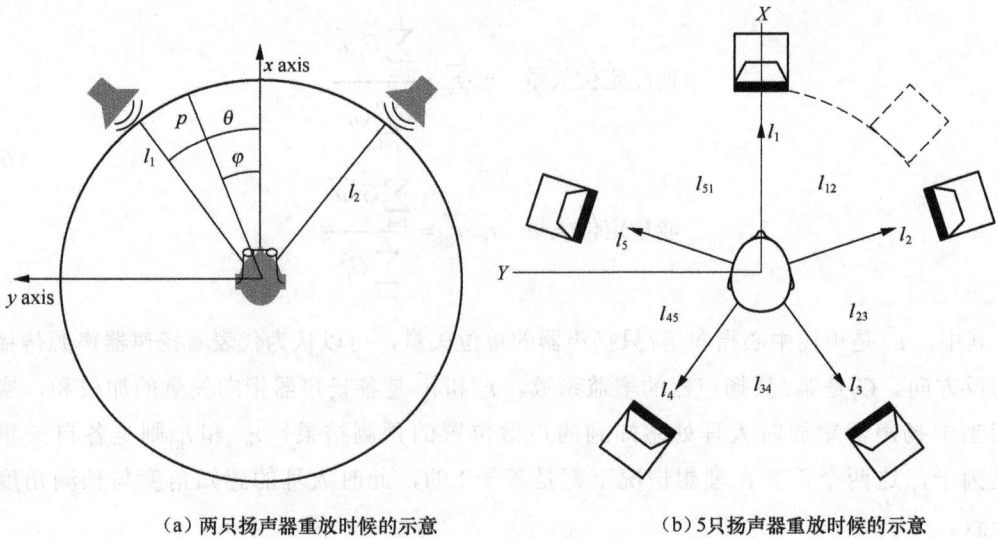

(a) 两只扬声器重放时候的示意　　　　　　　　　　(b) 5只扬声器重放时候的示意

图6-3　二维平面扬声器重放时的VBAP算法

如果二维水平面重放系统中，扬声器的数量多于2只，也可以用VBAP进行重放分析，如图6-3（b）所示，图中以一个包含5只扬声器的水平面重放系统为例。VBAP会将每只扬声器的位置都用矢量表示，把两只相邻扬声器作为一组，组成多只扬声器矢量矩阵，如 L_{12}、L_{23} 等。然后按照前述两只扬声器重放时的VBAP算法，计算其对于指定方位声像的增益因子。如果得到的两个增益因子都是非负值且最多有一个是零值，说明所需的声像可以由当前这两只扬声器组合实现，那么 g 就可以作为这一对扬声器的增益值，而其他扬声器的增益都置零。通过这种相邻配对组合的选择，VBAP能将信号在任意时刻选定一对扬声器来重放。这意味着虽然重放系统中包含有多只扬声器，但在任何时刻只有一对扬声器是激活的。

进一步可以推广到三维空间重放。这时假设全部扬声器分布在球面上，形成球形阵列，听音者位于球心坐标原点的位置，各矢量的基本设置与二维平面类似，只是由二维矢量变成了三维矢量，如图6-4所示。此时VBAP就要从所有扬声器中，找到最多三只相邻的一组扬声器（一般是两只相邻的水平面扬声器，加上一个位于其矢量夹角范围上方的顶部扬声器），重放出给定方位的声像。扬声器增益因子及其归一化的求解如式（6-10）所示。

$$g = [g_1 g_2 g_3] = PL_{123}^{-1}, \quad g_{归一化} = \frac{\sqrt{C}g}{\sqrt{g_1^2 + g_2^2 + g_3^2}} \tag{6-10}$$

VBAP算法的优势在于它能够提供连续的声像移动，并且可以很好地处理多个声源。然而，它也有一些局限性，如在扬声器数量较少时，声像定位可能不够精确；算法的计算复杂度随着扬声器数量的增加而增加。在实际应用中，VBAP算法需要根据具体的扬声器布局和听众位置进行调整，以获得最佳的声像定位效果。此外，VBAP是基于速度定位矢量的，所以能够满足700Hz以下的低频声像定位需求，但是中高频定位效果不好。

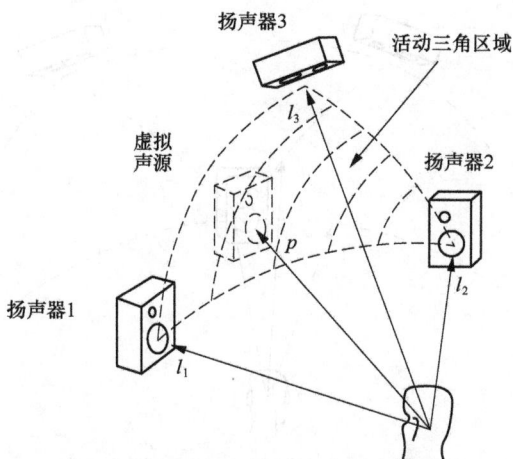

图6-4　三维空间条件下扬声器重放时的VBAP算法示意

为了获得更普遍和一般化的矢量幅度平移，一种面向高频声像的幅度平移算法于1998年被提出，称之为基于矢量的强度平移（VBIP）。VBIP的基本原理是和VBAP相同的，只是其定义增益向量 g 的时候，是基于能量定位矢量的，用能量增益（也就是幅度增益的平方）取代了幅度增益，所以有：

$$\tilde{g} = \left[\tilde{g}_1 \; \tilde{g}_2 \; \tilde{g}_3 \right] = \left[g_1^2 \; g_2^2 \; g_3^2 \right] = P L_{123}^{-1}$$

$$g = \left[\sqrt{\tilde{g}_1} \; \sqrt{\tilde{g}_2} \; \sqrt{\tilde{g}_3} \right], \; g_{归一化} = \frac{\sqrt{C} g}{\sqrt{g_1^2 + g_2^2 + g_3^2}} \tag{6-11}$$

VBIP对于中高频声像的重放定位效果更好，所以一种综合的策略就是在中高频使用VBIP算法，在低频使用VBAP算法，这也是在Ambisonics解码中常用的策略。

6.1.4　MDAP

VBAP和VBIP只能分别调整两种定位矢量的方向，即 $\vec{r}_v$ 和 $\vec{r}_E$，它们的长度 r_v 和 r_E 都是无法控制的。并且在实际扬声器重放时，扬声器所产生的声音，其传播方向并非笔直地沿着一条直线前进，而是沿着某个方向朝周围传播，这种现象称之为方向传播（Directional Spread）。当声像位置和扬声器位置重合时，听起来非常像点声源；当声像方位远离扬声器，且其越接近两只扬声器的中间位置，听起来就会越宽。过度的方向传播会造成声像定位的模糊，从而严重影响到运动声像的感知。为了解决这一问题，可以通过加强扬声器在目标方位的声音传播，从而创造出大致保持恒定不变的方向传播特性。

由此 Pulkki 在1999年提出了基于多方位矢量的幅度平移（MDAP）算法。MDAP是在目标声像方位的周围生成多个辅助虚声源，辅助虚声源与目标声像之间均保持相同的夹角，然后利用VBAP/VBIP分别针对这几个辅助虚声源计算出对应的扬声器增益，并进行叠加和归一化，如图6-5所示。辅助虚声源的作用有些类似虚拟扬声器，用一对或几对夹角更小的辅助虚声源，产生指定方位的目标声像，从而控制过宽的声像宽度，提升定位效果。

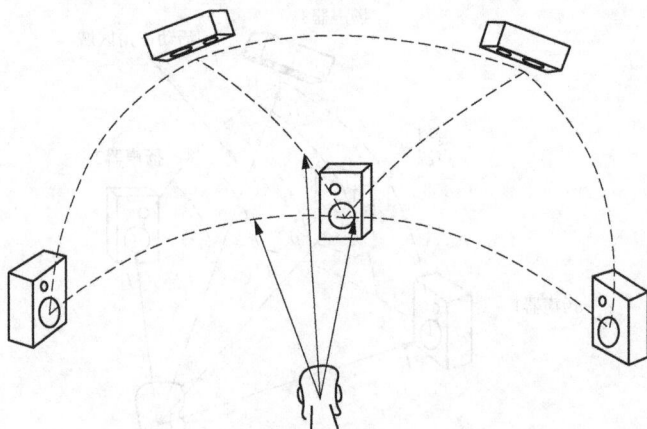

图6-5　三维空间下的MDAP算法示意

当所有辅助虚声源都落在同一组扬声器的三角区域范围内、辅助虚声源之间没有扬声器时，MDAP就等同于传统的VBAP/VBIP算法，声音信号都被幅度平移到相同的一组扬声器。当辅助虚声源方向之间存在扬声器时，MDAP的处理就与传统的幅度平移有差异。这时MDAP将声音信号平移到不同的扬声器组，这将影响到增益因子，也会增加所使用的扬声器的数量，会增加目标声像宽度。而通过调整MDAP的传播角度，即最大的辅助虚声源夹角，可以控制方向传播。

在实际扬声器布置中，图6-5中扬声器之间连线构成的凸包（Convex Hull）可能是多边形，此时将涉及如何进行三角形划分的问题；除此之外，真实扬声器的布局只包括上半球（Hemisphere），由于下半平面并不存在真实扬声器，基于矢量声像平移的算法可能会导致不稳定的解。因此，有学者提出了在凸包为多边形区域的中心位置插入假想扬声器（Imaginary Loudspeaker），在没有物理扬声器的方向上模拟声音的投射，从而增强解码的空间准确性和声场的均匀性。此时计算出的假想扬声器增益具有多种处理方案：直接将其忽略，或者乘以一个因子系数然后分配给周围的若干扬声器等。

6.1.5　VHAP

VBAP/VBIP/MDAP用于三维空间下的空间音频重放时，都需要在水平面扬声器阵列的基础上，增加高度扬声器，以产生垂直面的声像。然而对于家庭环境来说，通常很难在高度位置放置扬声器。早期的研究发现了当两只扬声器的夹角由0°开始逐渐增加时，它们产生的声像的感知高度也会从水平位置往上逐渐增加；当扬声器夹角到180°时，这个声像感觉就像在头顶。这就是所谓的高度幻像（Phantom Image Elevation），不过这种声像的高度定位无法像水平前置声像定位那么准确。Lee等人对高度幻像进行了深入研究，于2018年提出了利用水平放置扬声器之间的通道间强度差异（ICLDs）来进行幅度平移，从而产生高度幻像的方法，即虚拟半球面幅度平移（VHAP）。

VHAP是一种恒定功率的幅度平移算法，它需要4只水平放置的扬声器，分别在听音者的左侧（SL）、右侧（SR）、正前（FC）和正后（BC），扬声器单元中心的高度应该和听音者的耳部在同一水平线上，4 只扬声器产生的声像将会平移到一个虚拟的上半球面，如图 6-6 所示。VHAP 的感知基础就是调节不同扬声器之间的 ICLDs 来达到声像的感知高度变化。例如，在 SL 和 SR 之间应用更大的 ICLD，那么在恒定功率平移的约束条件下，声像会从上方迁移到完全左侧或右侧的位置，其轨迹将会形成一条连接左右的弧线而非直线。在 SL 和 SR 之间渲染出某个声像位置后，接下来，如果要把声像平移到半球的前半部分，那么就要在 SL-SR 对和 FC 之间应用恒定功率加权。随着 FC 权重的增加，声像倾向于从初始的侧面位置向 FC 方向平移，同样形成一条弧线轨迹。而对于需要平移到上半球后半部分的声像，则简单地用 BC 代替 FC 即可。

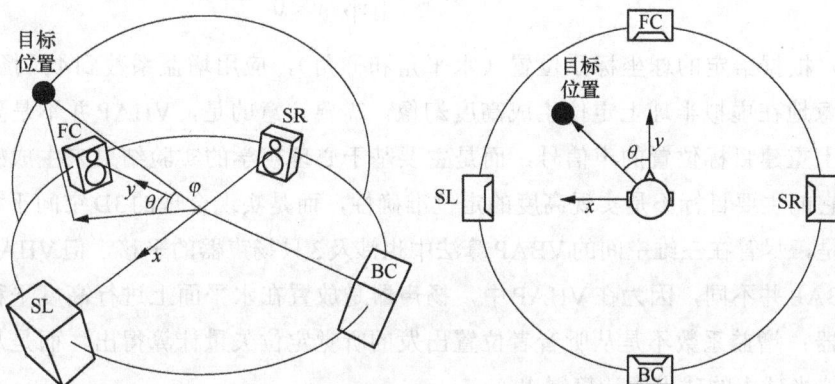

图 6-6　VHAP 算法中 4 只水平扬声器的布局

基于上述感知基础，VHAP 设定了一个简单的恒定功率平移法则，即

$$g_{SL}^2 + g_{SR}^2 + g_{FC}^2 + g_{BC}^2 = 1 \tag{6-12}$$

其中，g_{SL}，g_{SR}，g_{FC} 和 g_{BC} 分别是扬声器 SL、SR、FC 和 BC 的增益因子。如图 6-6 所示，设 θ 和 φ 分别是目标声像的水平方位角和仰角，那么目标声像在 4 只扬声器所在水平面上的投影坐标为 $x = \sin\theta \cdot \cos\varphi$，$y = \cos\theta \cdot \sin\varphi$。因为 VHAP 最多同时激活 3 只扬声器（如果声像在前半球，则激活 SL、SR 和 FC；如果在后半球，则激活 SL、SR 和 BC），所以基于前述恒定功率平移法则，可以给出 3 只扬声器的平移增益公式。

$$g_1 = \cos(a \cdot 90°) \cdot \sin(b \cdot 90°)$$
$$g_2 = \sin(a \cdot 90°) \cdot \sin(b \cdot 90°) \tag{6-13}$$
$$g_3 = \cos(b \cdot 90°)$$

其中，a 是一个归一化的权重系数，取值在 0～1，用来平衡 SL 和 SR 之间的增益比例。b 同样是取值在 0～1 的归一化权重系数，用来平衡 SL-SR 对和 FC/BC 之间的增益比例。结合声像在水平面的投影坐标，权重系数 a 可定义为

$$a = \frac{x + x_{max}}{2x_{max}} \tag{6-14}$$

其中，x_{max} 是在给定坐标 y 时，坐标 x 的最大值，则

$$x_{max} = \sqrt{1-y^2}, \; 且 x_{max} \equiv \sin(b \cdot 90°) \tag{6-15}$$

同样，对于 y，则有 $y \equiv \cos(b \cdot 90°)$。

综合上述分析，就能推导出 VHAP 中各扬声器增益系数的公式，如式（6-16）所示。

$$
\begin{aligned}
g_{SL} &= \sqrt{1-y^2} \cdot \cos(a \cdot 90°) \\
g_{SR} &= \sqrt{1-y^2} \cdot \sin(a \cdot 90°) \\
g_{FC} &= \begin{cases} |y|, & y \geq 0 \\ 0, & y < 0 \end{cases} \\
g_{BC} &= \begin{cases} 0, & y \geq 0 \\ |y|, & y < 0 \end{cases}
\end{aligned} \tag{6-16}
$$

因此，根据给定的球坐标系位置（水平角和仰角），应用增益系数到 4 只扬声器信号，就可以任意地在虚拟半球上定位生成高度幻像。需要注意的是，VHAP 并不是要精确地在物理层面上重建目标位置的声信号，而是主要基于心理声学的实验结果来生成感知到的声像。所以它的主要目标不是实现高度的定位准确性，而是实现合理的 3D 空间平移。同样值得注意的是，尽管在三维空间的 VBAP 算法中也涉及 3 只扬声器的平移，但 VHAP 所提出的算法与 VBAP 并不同，因为在 VHAP 中，扬声器是放置在水平面上进行高度平移，不需要高度扬声器；增益系数不是从听音者位置出发的听觉定位矢量计算得出，而是从目标声像位置在虚拟半球内的球坐标计算得出。

6.2 波场合成

常规的立体声重放，听音者只有在两只扬声器的中垂线上才能获得准确定位的声像。而在更多扬声器组成的环绕声重放系统中，虽然能获得较佳空间感的最佳听音区会有所扩大，但依然很有限。为了解决这个问题，荷兰的 Berkhout 在 1988 年提出了波场合成（WFS），这是一种先进的声场重构技术，旨在利用大量的扬声器，在一片较大的听音区域内真实再现听觉场景的空间声场。它克服了立体声或环绕声重放技术的一些缺陷，如理论上来说，WFS 重放不受最佳听音区域的限制，听音者只要在扬声器阵列面向的听音区域一侧，不管处在什么位置，都能获得准确的声像感知。当然，WFS 在实现中会有很多的困难和挑战，这些也都使其实际表现和理论相差较大。本节将介绍 WFS 的基本原理。

6.2.1 惠更斯原理

虽然 WFS 是在 1988 年才被提出来，但它的理论基础可以上溯到 1690 年。在这一年，同为荷兰人的惠更斯出版了他的著作《光论》，书中提出了著名的用于描述波传播的惠更斯原理。值得注意的是，惠更斯原理是用来描述光波的，但它对于声波的传播也同样适用，所以此处以声传播为对象来给出惠更斯原理的声学描述。

从点声源发出的平面波或球面波，会朝着所有可能方向振动传播。在同一时刻，振动波到达的空间曲面就被称为波阵面或者波前。波阵面上的每一个点，其振幅和相位都相等，也都可以被视为一个新的振动中心，被称为子声源或者次级源。这些次级源会向四周激发声波，下一时刻的波阵面应当是这些大量子声波的公共切面。次级源与其波面上切点的连线方向，也就是声波的传播方向，图6-7给出了惠更斯原理中的波前示意，其中左侧为平面波的波阵面示意，右侧为球面波的波阵面示意。

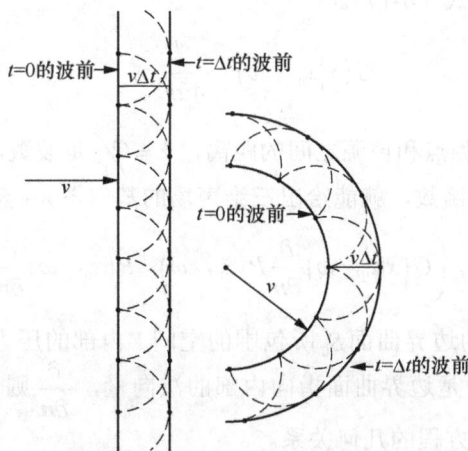

图6-7　惠更斯原理中的波前（平面波与球面波）示意

惠更斯原理应用于空间音频重放的关键，就是可以用波阵面上所有次级源的和来重建物理声场。理想情况下，如果用一组传声器阵列在某一时刻的波阵面上采集声音得到每一点的子声波信号，然后重放时在同样位置放置一组扬声器阵列，用传声器采集到的信号作为驱动信号，驱动扬声器作为次级源重放，就能重建原声场的时间和空间特性。当然实际声源不像简单理想的点声源，它的波阵面是未知的，无法确定在哪里。所以更好的办法是将扬声器放在合适的位置，然后再设法重建原声场。不过作为次级源的扬声器的辐射模式和驱动信号形式，也需要通过严格的数学与物理分析，给出定量的结果，才能达到目标。这些分析的核心就是基尔霍夫-亥姆霍兹积分（Kirchhoff-Helmholtz Integral）。

6.2.2　基尔霍夫-亥姆霍兹积分与三维波场合成

基尔霍夫-亥姆霍兹积分是声学和电磁学中的一个基本方程，它来源于德国物理学家赫尔曼·冯·亥姆霍兹（Hermann von Helmholtz）对经典波动方程的解的研究，于19世纪被提出，用于描述在给定边界条件下的波场分布。随后，德国物理学家基尔霍夫（Kirchhoff）进一步发展了这一理论，因此这个方程被称为基尔霍夫-亥姆霍兹积分。这个方程表明，一个封闭曲面内的声场可以通过曲面上的声压和法向质点振速来重构，因此在WFS中，利用这个原理，通过在特定曲面上布置扬声器作为次级源来重构曲面内的声场。

将基尔霍夫-亥姆霍兹积分应用到 WFS，其推导一般有以下几个步骤。首先，从波动方程出发，假设一个在均匀且各向同性的媒质中传播的声波。为了给出波动方程的基本解，需要引入 Green 函数 $G(x|x_0, \omega)$，这是一个数学上的点源响应函数，用于描述位于 x_0 处的一个频率为 ω 的点声源对位于 x 处的观测点所产生的声场。Green 函数可用于计算次级源的驱动信号以重建所需的声场。通过调整 Green 函数中的参数，可以精确控制声场的方向、幅度和相位等特性。并且它可以提供不同类型函数形式的选择，以满足不同的声场维度和边界条件。WFS 中经常使用频率域中的 Green 函数，以便计算和分析。频率域的三维自由场 Green 函数可以简化表示为式（6-17）。

$$G\left(x|x_0, \ \omega\right) = \frac{\mathrm{e}^{-jkr}}{4\pi r} \tag{6-17}$$

其中，$r = |x - x_0|$ 是观测点和声源之间的距离，$k = \omega/c$ 是波数，其中 c 为声速。

然后，利用三维 Green 函数，就能给出三维声场的基尔霍夫-亥姆霍兹积分方程。

$$P\left(x, \ \omega\right) = -\oint_{\partial V}\left(G\left(x|x_0, \ \omega\right)\frac{\partial}{\partial n}P\left(x_0, \ \omega\right) - P\left(x_0, \ \omega\right)\frac{\partial}{\partial n}G\left(x|x_0, \ \omega\right)\right)\mathrm{d}S_0 \tag{6-18}$$

其中，$P(x,\omega)$ 是封闭的边界曲面 S_0 所包围的空间 V 内部的压力场，$P(x_0,\omega)$ 则是边界曲面上某一点 x_0 处的声压，n 是边界曲面指向内部的法向量，$\frac{\partial}{\partial n}$ 则表示法向量 n 方向上的方向梯度。图6-8给出了积分方程的几何关系。

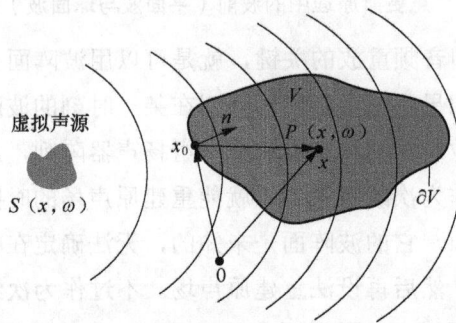

图6-8　基尔霍夫-亥姆霍兹积分方程的几何关系示意

最后就是对上述积分方程进行简化。基尔霍夫-亥姆霍兹积分中的封闭边界曲面上的子声源包括两种类型次级源，即单极子声源（点声源）和偶极子声源（指向性声源）。方程中的 $G\left(x|x_0,\omega\right)\frac{\partial}{\partial n}P\left(x_0,\omega\right)$ 部分代表了单极子声源的贡献，$P\left(x_0,\omega\right)\frac{\partial}{\partial n}G\left(x|x_0,\omega\right)$ 部分代表了偶极子声源的贡献。在 WFS 中，扬声器阵列是作为次级源的，因为单极子声源更容易通过扬声器实现。为了简化问题，实际的 WFS 技术中通常只使用单极子声源，那就需要用修改 Green 函数方法或简单源方法来消除偶极子声源的影响，从而得到只包含单极子声源的积分方程。具体来说，修改 Green 函数方法是用满足特定边界条件的 Neumann Green 函数来代替原先的自由场 Green 函数，修改后的 Green 函数就会满足积分方程中的 $\frac{\partial}{\partial n}G\left(x|x_0,\omega\right) = 0$ 这个条件，使得偶极子声源有关的积分项消失；而简单源方法的核心思想是保持自由场 Green 函

数不变，通过构造边界条件来消除积分方程中的偶极子声源的积分项，只保留单极子声源的积分项。所以 WFS 技术的实现，一般是简化以后的，即只考虑单极子声源，也就是点声源。本章接下来的阐述，也都是只围绕着单极子声源来进行的。

在上述三维 Green 函数和基尔霍夫 - 亥姆霍兹积分的基础上，可以在听音区域的任意形状的封闭边界曲面上，连续布置点声源（实际是单极子扬声器）来实现三维的波场合成。各个点声源的驱动信号是由虚拟声源声场的方向梯度和窗函数给出。另外，三维声场中，声波的传播形式可能是平面波，也可能是球面波。WFS 在这两种声波下的分析结果也有所不同。

如果考虑平面波的情况，那么各个点声源的时域驱动信号如式（6-19）所示。

$$d_{\mathrm{pw,3D}}(x_0, t) = -2a_{\mathrm{pw}}(x_0)\frac{\boldsymbol{n}_{\mathrm{pw}}^{\mathrm{T}}\boldsymbol{n}(x_0)}{c}\frac{\mathrm{d}}{\mathrm{d}t}\hat{S}_{\mathrm{pw}}\left(t - \frac{\boldsymbol{n}_{\mathrm{pw}}^{\mathrm{T}}x_0}{c}\right) \tag{6-19}$$

其中，$a_{\mathrm{pw}}(x_0)$ 表示选择可激活次级点声源的窗函数，$\boldsymbol{n}_{\mathrm{pw}}$ 是平面波传播方向的法向量，$\hat{S}_{\mathrm{pw}}$ 是平面波时域信号。

如果考虑球面波的情况，那么各个点声源的时域驱动信号如式（6-20）所示。

$$d_{\mathrm{sw,3D}}(x_0, t) = -2a_{\mathrm{sw}}(x_0)\frac{(x_0 - x_{\mathrm{s}})^{\mathrm{T}}\boldsymbol{n}(x_0)}{|x_0 - x_{\mathrm{s}}|^2}\times\left(\frac{1}{|x_0 - x_{\mathrm{s}}|} + \frac{1}{c}\frac{\mathrm{d}}{\mathrm{d}t}\right)\hat{S}_{\mathrm{sw}}\left(t - \frac{|x_0 - x_{\mathrm{s}}|}{c}\right) \tag{6-20}$$

6.2.3　二维波场合成

在二维 WFS 系统中，重放声场是局限在一个平面内的，通常这个平面与听音者的耳朵水平对齐。它不能重放来自平面上方或者下方的声源产生的声场，虽然这和三维重放相比较而言是一个缺陷，但也符合目前大多数环绕声重放的实际场景。在这样的二维平面上，次级源的布置可以进一步简化，用线声源或者点声源来实现。线声源被视为一种理想化的次级源，理论上它可以沿着长度方向无限延伸，能够完美地匹配二维平面中声波的传播特性。然而在实际中是很难实现的，所以会使用点声源（如扬声器单元）来近似。线声源虽然无法直接实现，但是它可以提供一个理想声传播条件下的理论框架，用来推导 WFS 的各种性质，为点声源条件下的优化和修正提供理论基础。

WFS 中单极子线声源产生的声场可以用二维自由场 Green 函数来描述，如式（6-21）所示。

$$G_{\mathrm{2D}}(x|x_0, \omega) = \frac{j}{4}H_0^{(2)}\left(\frac{\omega}{c}|x - x_0|\right) \tag{6-21}$$

其中，$H_0^{(2)}(\cdot)$ 是第二类 Hankel 函数的零阶形式。此时二维重放声场中某点 x 的声压为

$$P(x, \omega) = -\oint_{\partial V}G_{\mathrm{2D}}(x|x_0, \omega)D_{\mathrm{2D}}(x_0, \omega)\mathrm{d}S_0 \tag{6-22}$$

其中，$D_{\mathrm{2D}}(x_0, \omega)$ 是位于二维声场边界曲面 S_0 上 x_0 处的单极子线声源的驱动信号。

如果要使用单极子点声源代替理想线声源，由于两者之间并不匹配，所以需要对点声

源的声场进行修正来补偿这种差异。二维平面上可以用连续均匀布置在曲面 S_0 上的单极子点声源（也就是扬声器）代替线声源，但是需要对驱动信号进行修正。这通常涉及对点声源的声场进行幅度和相位的校正调整，以模拟线声源的行为。修正后的单极子点声源的驱动信号频域上可以表示为

$$D_{2.5D}(x_0, \omega) = \sqrt{\frac{1}{j\frac{\omega}{c}}} \cdot \sqrt{2\pi|x_{ref} - x_0|} \cdot D_{2D}(x_0, \omega) \tag{6-23}$$

其中，下标 2.5D 表示是通过对二维驱动信号进行修正以后得到的 2.5 维驱动信号；$\sqrt{\dfrac{1}{j\frac{\omega}{c}}}$ 是相位校正因子，以确保点声源的相位和理想线声源的相位一致；$\sqrt{2\pi|x_{ref} - x_0|}$ 是幅度校正因子，用于补偿点声源在不同位置的幅度衰减特性与线声源的差异，其中 x_{ref} 是某参考校正点。因为点声源的幅度校正取决于听音者位置，所以在实际中只能选择某个参考点进行。

2.5D 算子为使用点声源进行二维波场合成提供的一种有效的修正手段，但是也存在局限性，需要在系统设计和实现时予以考虑。通过精心设计和调整，它可以在很大程度上克服这些局限性，实现高质量的重放声场。

6.3 Ambisonics

Ambisonics 是一种用于三维空间音频的录音和重现技术。它通过捕捉声音的各个方向性来模拟真实环境中的声音传播，使听众能够体验到更加自然和沉浸式的听觉效果。Ambisonics 技术的核心是利用球谐函数与波动方程等数学和物理模型来描述和获取声音在空间中的分布信息，将输入的音频信号内容与其空间信息一起编码为专门的格式，在重放时再进行解码，转换回适合特定扬声器布局的声音信号。编解码流程中可以比较灵活地进行参数调整，还支持虚拟化技术，能够在没有物理扬声器的情况下，通过耳机提供沉浸式的听觉体验。这些优点使 Ambisonics 能够适应各种不同的重放环境和硬件配置，不断地在音频工程和娱乐产业中得到应用和发展。

6.3.1 基础数学物理模型

在傅里叶变换中，本质上是将傅里叶级数作为基函数加权组合表示原始时域函数，不同阶次傅里叶级数的加权系数便对应了不同的频率分量在频谱中的振幅和相位。我们也可以用球谐函数的加权组合表示球面上的函数，其虚数形式的表达式为

$$Y_n^m(\theta, \varphi) = \sqrt{\frac{2n+1}{4\pi}\frac{(n-m)!}{(n+m)!}} P_n^m(\cos\theta) e^{im\varphi}, -n \leq m \leq n \tag{6-24}$$

其中，n 为阶数（order），m 为次数（degree），$P_n^m(x)$ 表示伴随勒让德多项式（associated

Legendre polynomials），球谐函数的图像如图6-9所示。

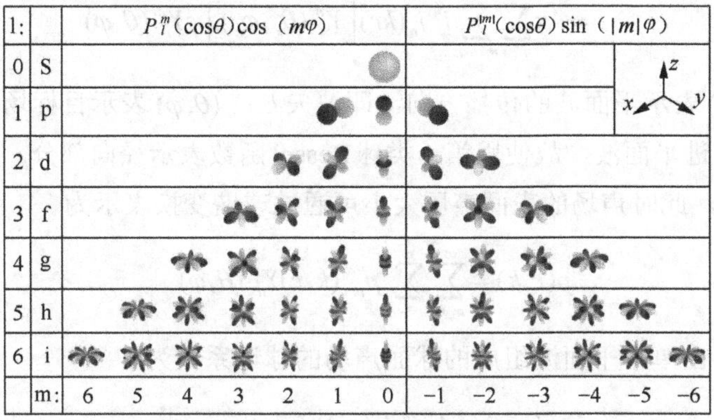

图6-9　不同阶次数球谐函数图像

球谐函数 $Y_n^m(\theta,\varphi)$ 组成了希尔伯特空间 $L_2(S^2)$ 内的一组完备正交基，其可以用来组合表示球面上任意平方可积的函数，称之为球谐函数展开（以下称球谐变换）。对于希尔伯特空间内的一个线性算子 $f(\theta,\varphi) \in L_2(S^2)$，其可由球谐函数的加权和表示为

$$f(\theta,\varphi) = \sum_{n=0}^{\infty} \sum_{m=-n}^{n} f_{nn} Y_n^m(\theta,\varphi) \tag{6-25}$$

波动方程是用来描述声音在传播过程中，声场中的声压、质点速度及密度的变化量随空间位置变化和时间变化两者之间的联系。根据笛卡儿坐标系和球坐标系之间的换算关系，球坐标系下的波动方程可以写为

$$\nabla_r^2 p(r,t) - \frac{1}{c^2} \frac{\partial^2}{\partial t^2} p(r,t) = 0 \tag{6-26}$$

其中，拉普拉斯算子展开为

$$\nabla_r^2 = \frac{1}{r^2} \frac{\partial}{\partial r}\left(r^2 \frac{\partial}{\partial r}\right) + \frac{1}{r^2 \sin\theta} \frac{\partial}{\partial \theta}\left(\sin\theta \frac{\partial}{\partial \theta}\right) + \frac{1}{r^2 \sin^2\theta} \frac{\partial^2}{\partial \varphi^2} \tag{6-27}$$

求解后得到球坐标系下的波动方程的通解为

$$p(r,k,t) = \sum_{n=0}^{+\infty} \sum_{m=-n}^{n} \left(A_{mn} j_n(kr) + B_{mn} y_n(kr)\right) Y_n^m(\theta,\varphi) e^{ikct} \tag{6-28}$$

或

$$p(r,k,t) = \sum_{n=0}^{+\infty} \sum_{m=-n}^{n} \left(C_{mn} h_n^{(1)}(kr) + D_{mn} h_n^{(2)}(kr)\right) Y_n^m(\theta,\varphi) e^{ikct} \tag{6-29}$$

其中 j_n 和 y_n 分别表示第一类和第二类球 Bessel 函数，$h_n^{(1)}$ 和 $h_n^{(2)}$ 分别表示第一类和第二类球 Hankel 函数，球 Bessel 函数部分的解代表球面外部声源朝球面内部传播（through-going field）的情况，球 Hankel 函数部分的解代表球面内部声源朝球面外部传播（out-going field）的情况。只有在考虑刚性球体散射的情况下，才引入球 Hankel 函数来描述球面声压。

现在我们考虑最简单的情况：一个单位振幅的前进平面波，其平面波展开可以表示为

$$p(r,k) = \mathrm{e}^{-i\vec{k}\cdot\vec{r}}$$
$$= 4\pi\sum_{n=0}^{\infty}\sum_{m=-n}^{n}i^n j_n(kr)\left[Y_n^m(\theta_k,\varphi_k)\right]\times Y_n^m(\theta,\varphi) \tag{6-30}$$

其中，(θ_k,φ_k) 表示平面波的传播方向，即波矢 $\vec{k}$；(θ,φ) 表示目标场点的坐标位置，即位矢 $\vec{r}$。因为是前进平面波，故使用第一类球 Bessel 函数表示径向部分。接下来我们假设半径为 r 的球面声场，此时声场的表面声压大小可通过球谐变换表示为

$$p(r,k) = \sum_{n=0}^{\infty}\sum_{m=-n}^{n}p_{nm}(k,r)Y_n^m(\theta,\varphi) \tag{6-31}$$

如此便得到了由单个平面波组成的球面声场的球谐系数为

$$p_{nm}(k,r) = 4\pi i^n j_n(kr)\left[Y_n^m(\theta_k,\varphi_k)\right]^* \tag{6-32}$$

其中，$(\cdot)^*$ 表示取原始值的共轭复数。

6.3.2 Ambisonics 编码方法

20世纪70 年代，Ambisonics 由 Michael Gerzon 提出。Ambisonics 是一种基于球形传声器阵列的三维声拾音制式。在此之前，拾音阵列的目标是用传声器拾取每个声道对应的重放信息，以"矩阵"形式还原出离散的声场；而 Ambisonics 以球谐函数作为基函数。理论上如果不同阶数的球谐函数以不同的权重系数累加，在阶数足够大时便可以还原出任意方向的连续声场，因此 Ambisonics 在尚未被公开发表时被 Gerzon 描述为"谐波合成（Harmonic Synthesis）系统"，这种利用完备正交基函数累加的思想与傅里叶变换是一致的。最早的一阶 Ambisonics（FOA）将4支心形指向传声器分别摆放在正四面体的每个面上，从而实现球体表面的采样，如图6-10所示。

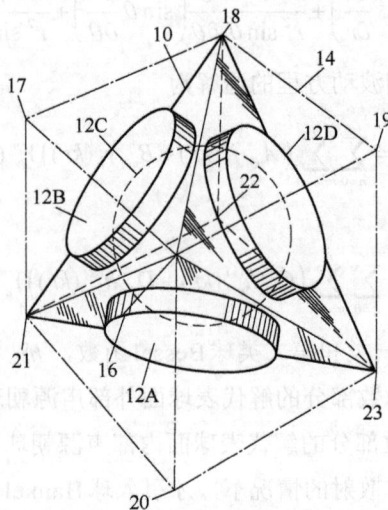

图6-10 最早的一阶 Ambisonics 设计手稿

4支心形指向传声器录制的原始信号被称为A-format信号，经过通道间信号的叠加与滤波处理，即可得到B-format信号。这一过程可以由式（6-33）描述。

$$F = \frac{1}{2}(A + B + C + D)$$

$$G = \frac{1}{2}(A + B - C - D)$$

$$H = \frac{1}{2}(-A + B - C + D)$$

$$E = \frac{1}{2}(-A + B + C - D)$$

（6-33）

其中A、B、C、D指的是一阶Ambisonics传声器的4个声道信号，F对应0阶球谐系数，E、G、H对应1阶球谐系数。针对0阶和1阶的滤波函数分别为

$$W = \frac{1 + ikr - \frac{1}{3}(kr)^2}{1 + \frac{1}{3}ikr}$$

$$X = \sqrt{6}\left(\frac{1 + \frac{1}{3}ikr - \frac{1}{3}(kr)^2}{1 + \frac{1}{3}ikr}\right)$$

（6-34）

上述处理流程如图6-11所示。图中编码得到的4个声道信号F、E、G、H可以描述为由1支全指向传声器信号（记为W）与3支分别沿着X、Y、Z轴的8字形指向传声器信号（记为X、Y、Z）组成的。X、Y、Z其实是Blumlein对在三维空间的扩展，3支传声器的指向角之间彼此正交，其中W与Y拾取的信号分别对应于MS制式中的M与S（左右向），X和Z作为扩展部分，分别用来拾取声场的前后向和上下向的压力梯度差。对应到球谐函数，W对应0阶球谐函数分量，X、Y、Z分别对应1次、-1次和0次的1阶球谐函数分量。

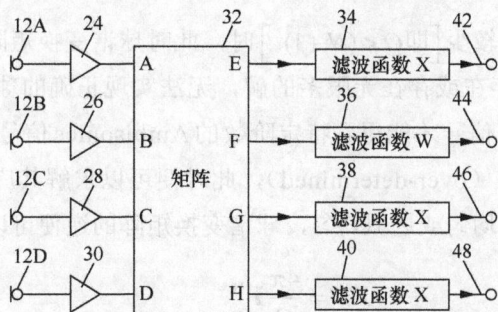

图6-11　FOA信号的编码流程

高阶Ambisonics（HOA）的设计其实是FOA的延续与拓展。假设半径为r的球面上共布置有Q支传声器，传声器的位置由(θ_Q, φ_Q)表示，由球坐标系下的平面波展开，推出传声器信号与球谐系数的关系式为

$$A\left(\theta_Q,\varphi_Q,kr\right)=\sum_{n=0}^{N}H_n(kr)\sum_{m=-n}^{n}B_{nm}Y_n^m\left(\theta_Q,\varphi_Q\right) \tag{6-35}$$

其中，N 为截断阶数，$H_n(kr)$ 表示径向部分，现将其写为矩阵形式，球形阵列接收到的多声道信号表示为 $Q\times1$ 的列向量。

$$A=\left[A(\theta_1,\varphi_1,kr),A(\theta_2,\varphi_2,kr),\cdots,A(\theta_Q,\varphi_Q,kr)\right]^T \tag{6-36}$$

如果将球谐信号表示为 $(N+1)^2\times1$ 的列向量 $B=\left[B_{00},B_{1(-1)},B_{10},B_{11},\cdots,B_{NN}\right]^T$，径向部分表示为 $H=\left[H_0(kr),H_1(kr),H_1(kr),H_1(kr),H_2(kr),\cdots,H_N(kr)\right]^T$，则得到 HOA 信号的编码过程为

$$B=\mathrm{diag}\left(\frac{1}{H}\right)Y^{\dagger}A \tag{6-37}$$

完整的编码流程如图 6-12 所示，$Y^{\dagger}=(Y^HY)^{-1}Y^H$ 表示球谐变换矩阵的广义逆矩阵，球谐变换矩阵展开后为

$$Y=\begin{bmatrix}Y_0^0(\theta_1,\varphi_1) & Y_1^{-1}(\theta_1,\varphi_1) & Y_1^0(\theta_1,\varphi_1) & Y_1^1(\theta_1,\varphi_1) & \cdots & Y_N^N(\theta_1,\varphi_1)\\Y_0^0(\theta_2,\varphi_2) & Y_1^{-1}(\theta_2,\varphi_2) & Y_1^0(\theta_2,\varphi_2) & Y_1^1(\theta_2,\varphi_2) & \cdots & Y_N^N(\theta_2,\varphi_2)\\Y_0^0(\theta_3,\varphi_3) & Y_1^{-1}(\theta_3,\varphi_3) & Y_1^0(\theta_3,\varphi_3) & Y_1^1(\theta_3,\varphi_3) & \cdots & Y_N^N(\theta_3,\varphi_3)\\\vdots & \vdots & \vdots & \vdots & \cdots & \vdots\\Y_0^0(\theta_Q,\varphi_Q) & Y_1^{-1}(\theta_Q,\varphi_Q) & Y_1^0(\theta_Q,\varphi_Q) & Y_1^1(\theta_Q,\varphi_Q) & \cdots & Y_N^N(\theta_Q,\varphi_Q)\end{bmatrix} \tag{6-38}$$

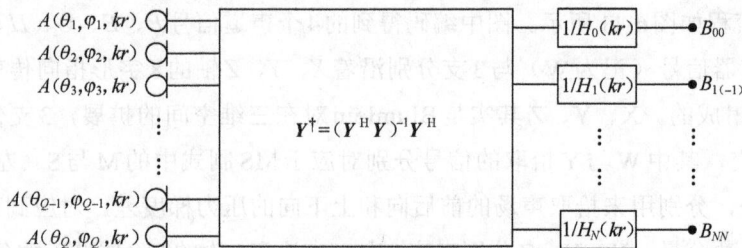

图 6-12　HOA 信号的编码流程

当球面的采样点数量较少 $\left[\text{即}Q<(N+1)^2\right]$ 时，此时球谐变换矩阵的逆是欠定的（under-determined），它可能不存在或存在无限多的解，无法实现正确的球谐变换，这也是为什么必须有足够数量的传声器信号才能得到特定阶数的 Ambisonics 信号；当 $Q>(N+1)^2$ 时，球谐变换矩阵的逆是超定的（over-determined），此时便可以求解其广义逆 $Y^{\dagger}$ 来得到近似解，如果球面的采样点分布是均匀或近似均匀，球谐变换矩阵的逆便可以化简为

$$Y^{-1}=\frac{4\pi}{Q}Y^H \tag{6-39}$$

可简化 Ambisonics 编码计算量，因此在设计球形传声器时球体表面的传声器一般是满足均匀或近似均匀分布的。

图 6-12 中的 $1/H_n(kr)$ 项为径向补偿滤波器，根据前文所提到的平面波球谐系数表达式，在没有球体表面散射和传声器指向性影响的情况下径向滤波器的表达式为

$$H_n^{-1}(kr) = \frac{1}{4\pi i^n j_n(kr)} \tag{6-40}$$

但由于球 Bessel 函数随频率增加将存在周期性的零点，导致频率响应函数存在大量极点从而使滤波器的设计难度骤增，且球 Bessel 函数零点处对应频率的球谐系数也无法精准计算，如图 6-13 所示（彩图见文末）。

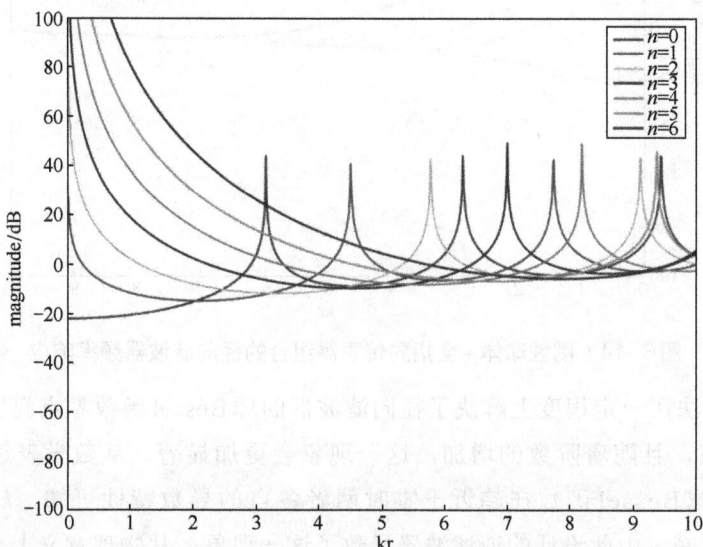

图 6-13　开放式球体 + 全指向传声器组合的径向滤波器频率响应

若采用刚性球体和全指向传声器，径向部分会同时包含外部直达声与球体散射部分，此时将产生由球面朝外部传递的声波，根据我们前面对球面波的解中球 Bessel 函数与球 Hankel 函数所代表物理含义的分析，此时将引入球 Hankel 函数，表示为

$$H_n(kr) = 4\pi i^n \left[j_n(kr') - \frac{j_n^{'}(kr)}{h_n^{(1)'}(kr)} h_n^{(1)}(kr') \right] \tag{6-41}$$

其中，r 为刚性球体半径，r' 为目标场点与球体中心的距离，并且满足 $r' \geqslant r$，对于刚性球体表面的场点，即 $r = r'$ 时，可对式（6-41）进行化简。

$$j_n(kr) - \frac{j_n^{'}(kr)}{h_n^{(1)'}(kr)} h_n^{(1)}(kr) = \frac{1}{h_n^{(1)'}(kr)} \left[j_n(kr) h_n^{(1)'}(kr) + j_n^{'}(kr) h_n^{(1)}(kr) \right]$$

$$= -\frac{i}{(kr)^2 h_n^{(1)'}(kr)} \tag{6-42}$$

最终得到径向滤波器的表达式为

$$H_n^{-1}(kr) = -\frac{(kr)^2 h_n^{(1)'}(kr)}{4\pi i^{n+1}} \tag{6-43}$$

式（6-43）的频率响应如图 6-14 所示（彩图见文末），其中蓝色虚线为函数 $y = kr / 4\pi$ 在对数坐标轴下的图像。除能够解决球 Bessel 函数零点问题外，使用刚性球体也更符合实际的制作工艺，如 Eigenmike em32 和 em64。

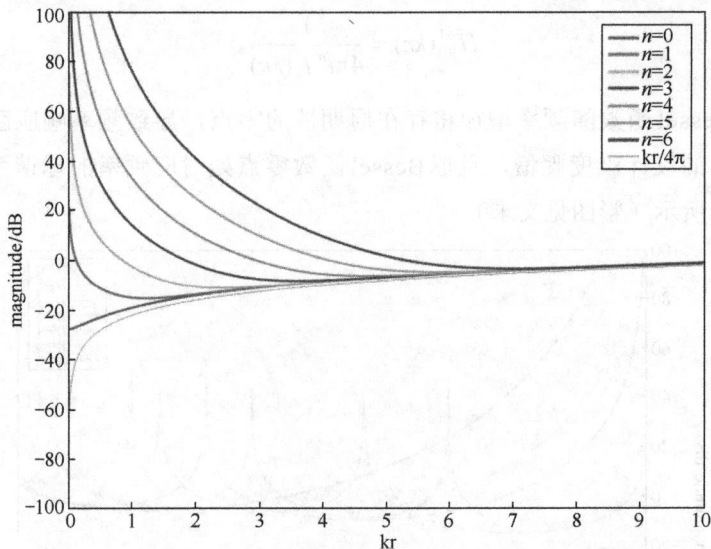

图6-14　刚性球体+全指向传声器组合的径向滤波器频率响应

以上这种方法在一定程度上解决了径向滤波器的球Bessel函数零点问题，但是低频均存在极高的增益，且随着阶数的增加，这一现象会更加显著。从数学表达式分析，由球Hankel函数和球Bessel函数在趋近于零时两者各自的导数特性可知，kr 小于阶数 n 时 $H_n(kr)$ 会迅速衰减，由此设计的逆滤波器导致了这一现象；从物理意义上分析，在低频段声波的波长要远大于球形阵列的尺寸，即此时 $\lambda'r \gg \lambda r, k'r \gg kr$，每支传声器很难捕捉到正确的声场信息，随着频率的提高，滤波器的频率响应曲线也逐渐与函数 $y = kr/4\pi$ 重合趋于平直。

可以利用正则化滤波解决径向滤波器低频骤增现象，将编码表达式写为

$$\boldsymbol{B} = \mathrm{diag}(\boldsymbol{E})\boldsymbol{Y}^{\dagger}\boldsymbol{A} \tag{6-44}$$

其中，$\boldsymbol{E}$ 的对角线元素为 $F_n(kr)H_n^{-1}(kr)$，$F_n(kr)$ 即正则化滤波器，其可表示为

$$F_n(kr) = \frac{|H_n(kr)|^2}{|H_n(kr)|^2 + \varepsilon^2} \tag{6-45}$$

ε 为正则化系数，在 $\varepsilon=0$ 时，正则化滤波无效。由此可得正则化后的滤波器表达式为

$$\frac{|H_n(kr)|^2}{|H_n(kr)|^2 + \varepsilon^2}\frac{1}{H_n(kr)} = \frac{H_n^*(kr)}{|H_n(kr)|^2 + \varepsilon^2} \tag{6-46}$$

由于在 $kr < n$ 时，径向滤波器的低频增益会骤增，这使半径较小的球形阵列的径向滤波器设计会非常困难，导致低频的信噪比与空间分辨率的降低。只有在截断阶数 $N > kr$ 时，截断误差才会显著衰减，这意味着如果增加球形阵列的半径，需要更高的截断阶数才能达到相同的截止频率，导致同等阶数的Ambisonics制式高频空间混叠现象的加重。因此在实际的Ambisonics拾音中，应当根据目标声场的声音特征，结合对高、低频性能的要求折中选择球形阵列的半径。

6.3.3 Ambisonics 解码方法

Ambisonics 的理念是完整地拾取声场并在重放设备上进行重现。通过编码得到的球谐系数在本质上基于球谐函数的加权和来近似完整地"存储"声场，而解码的目的是将对应的声场重现于重放设备，因此编解码之间是不会相互影响的。现假设共有 L 个摆放位置足够远的扬声器，平面波的入射方向为 (θ_l,φ_l)，如果希望解码重放信号能够完整还原出球谐信号所描述的声场，结合前文中的编码过程，解码过程可表示为

$$\sum_{n=0}^{N}\sum_{m=-n}^{n}B_{nm}(\omega)j_n(kr)Y_n^m(\theta,\varphi)=\sum_{l=1}^{L}G_l(\omega)\sum_{n=0}^{N}\sum_{m=-n}^{n}j_n(kr)Y_n^m(\theta,\varphi)Y_n^m(\theta_l,\varphi_l) \tag{6-47}$$

其中，$G_l(\omega)$ 为每只扬声器对应的增益权重。将球谐信号适配于不同扬声器数量的解码矩阵求解思路与编码过程十分相似，因此部分文献中也称之为"Re-Encoded"。一般以解码矩阵 D 来描述 Ambisonics 的解码过程，其行和列对应 Ambisonics 信号的通道数量和重放声道数量。此外，我们这里并引入对应扬声器位置的球谐变换矩阵 Y_L。

$$Y_L=\begin{bmatrix}Y_0^0(\theta_1,\varphi_1) & Y_0^0(\theta_2,\varphi_2) & \cdots & Y_0^0(\theta_L,\varphi_L)\\Y_1^{-1}(\theta_1,\varphi_1) & Y_1^{-1}(\theta_2,\varphi_2) & \cdots & Y_1^{-1}(\theta_L,\varphi_L)\\\vdots & \vdots & \vdots & \vdots\\Y_N^N(\theta_1,\varphi_1) & Y_N^N(\theta_2,\varphi_2) & \cdots & Y_N^N(\theta_L,\varphi_L)\end{bmatrix} \tag{6-48}$$

最基础的解码方法被称为 SAD（Sampling Ambisonics Decoder），扬声器的位置应为球面上若干采样点，其解码矩阵表达式为

$$D=\sqrt{\frac{4\pi}{L}}Y_L^{\mathrm{T}} \tag{6-49}$$

这种最基础的解码方式，扬声器数量必须满足条件 $L=(N+1)^2$，否则以上矩阵乘法将不成立。这对于高阶 Ambisonics 的解码而言过于苛刻，满足条件的数量仅有 4、9、16、25、36、49 这些完全平方数。针对这一问题，可以利用模态匹配解码器（MAD）解码，计算平方数以外扬声器数量的解码矩阵。模态匹配解码器的思路实际上是基于前文中的广义逆矩阵求取，进行化简后可得到式（6-50）。

$$D=\sqrt{\frac{L}{4\pi}}Y_L^{\dagger}=\sqrt{\frac{L}{4\pi}}Y_L^{\mathrm{T}}(Y_LY_L^{\mathrm{T}})^{-1} \tag{6-50}$$

此时扬声器数量只需满足条件 $L\geqslant(N+1)^2$ 即可，这大大提高了球谐信号的适用性。如果扬声器布局满足均匀或近似均匀条件，模态匹配解码器解码矩阵可以进一步化简为

$$D=\sqrt{\frac{L}{4\pi}}Y_L^{\mathrm{T}}\left(\frac{L}{4\pi}I\right)^{-1}=\sqrt{\frac{4\pi}{L}}Y_L^{\mathrm{T}} \tag{6-51}$$

此外，为了适应小数量级且不规则分布的扬声器阵列解码，Zotter 等人提出了基于虚拟声源插值的解码方法，称为 All-RAD。其思路为在实际扬声器布局的基础上进行插值，如图 6-15 所示，虚拟扬声器满足均匀分布，将高阶球谐信号解码到虚拟扬声器，然后增益映

射到真实扬声器阵列上。

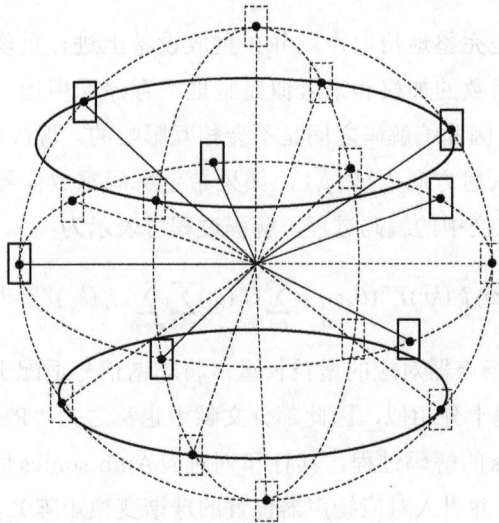

图6-15　虚拟扬声器插值

以 $(N+1)^2 \times K$ 的高阶球谐信号 $\boldsymbol{B}_K$ 作为输入（信号长度为 K），如图6-16所示，则基于 All-RAD 的解码思路主要包含两个部分。

① 将 $\boldsymbol{B}_K$ 解码到满足 t-design 分布的虚拟扬声器上，得到对应的增益矩阵 $\widetilde{\boldsymbol{G}}_{\text{Ambi}}$；

② 将虚拟扬声器视为目标虚拟声源，利用 VBAP 计算出虚拟声源到实际扬声器的增益映射矩阵 $\widetilde{\boldsymbol{G}}_{\text{VBAP}}$，然后将 $\widetilde{\boldsymbol{G}}_{\text{Ambi}}$ 映射为真实扬声器增益，归一化 $\boldsymbol{G}_{L\times K}$ 得到最终结果。

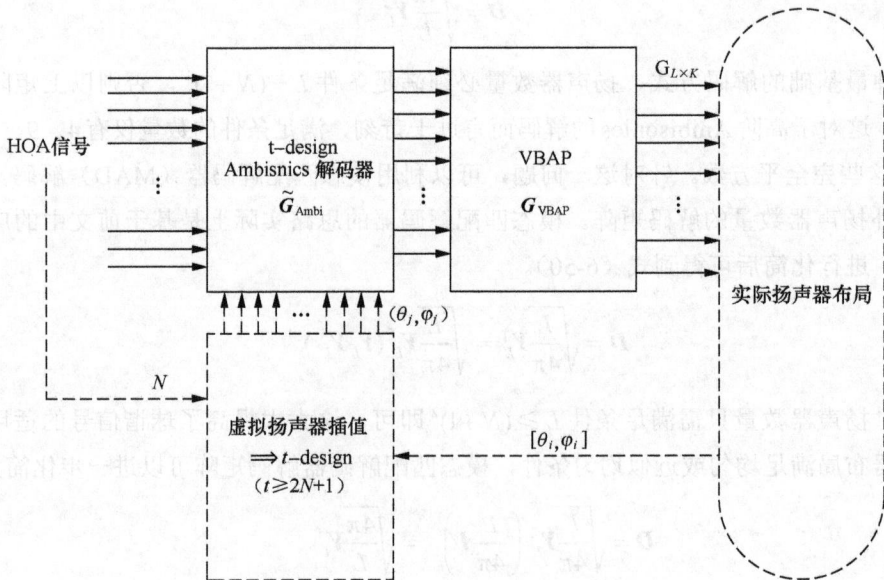

图6-16　All-RAD 解码流程

对于 Ambisonics 在双耳重放的解码，最简单直接的方法是通过将不同方向的虚拟声源信号与单耳的头相关传递函数（HRTF）在频域进行相乘，叠加后再反变换到频域，得到对应耳的重放信号；或者通过在时域将声源信号与 HRIR 卷积得到。这种方法思路简单，便于实现。但如果我们把目光聚焦于 HRTF，会发现 HRTF 实际上也是由球面上的若干采样点组成的，其物理意义等于采样位置的声源到人耳之间的传递函数。因此类似于 Ambisonics 编码的思路，我们也可以利用正交基函数将 HRTF 进行球谐函数展开，在球谐域实现 Ambisonics 信号与 HRTF 的渲染运算。

第7章
空间音频重放系统

早在20世纪50年代，人们就开始研究空间音频的重放系统，从最开始应用于影院的3声道、4声道，到5.1、7.1声道的环绕声系统，直到如今广泛应用的5.1.4、7.1.4等三维声系统。如果用声道数量来描述空间音频重放格式类型，常用的表示方法为 $n/m/k$，其中 n 代表水平层的声道数量，m 代表该系统中含有的低音效果声道数量，k 代表高度层声道数量。因此7.1.4重放系统表示水平层有7个声道、1只低频效果声道、4个高度声道，本书也将采用这种表示方法。

根据第6章介绍的空间音频重放原理，空间音频重放系统分为多声道空间声系统和虚拟空间声系统，这一章将着重对多声道空间声系统进行详述，而虚拟空间声系统将在下一章阐述。在介绍完各类空间音频重放系统后，会针对空间音频在体育赛事、综艺晚会及车载系统的应用展开阐述。

7.1 环绕声重放系统

环绕声重放系统是指仅包含水平声道的多声道重放系统。本章将从4.0多声道重放系统开始，依次介绍5.1和7.1环绕声重放系统，重点讨论不同系统的技术特点及其实际应用场景。

7.1.1 4.0环绕声格式

20世纪70年代，4声道环绕声重放系统应运而生。根据不同的应用场景，该系统的扬声器摆放方式也有所差异。后文将首先介绍4声道重放格式的构成，随后深入探讨杜比专业逻辑环绕声系统的技术特点，包括其信号处理方法、声道分离能力等。

7.1.1.1　4.0环绕声格式构成

4声道环绕声系统根据应用的领域不同，扬声器的摆位也不同。当主要应用于家庭音乐重放时，4声道系统形式为2/2型，又称为正方形4声道（Quadraphone）。它在正方形听音区4个角的位置设置4个声道（音箱），听众位于正中。2只前扬声器主要用于重放直达声和前方的反射声，2只后扬声器则主要用于重放环境声，如图7-1所示。这种格式在第1章已经提到过，由于有诸多的缺点而没有推广开。

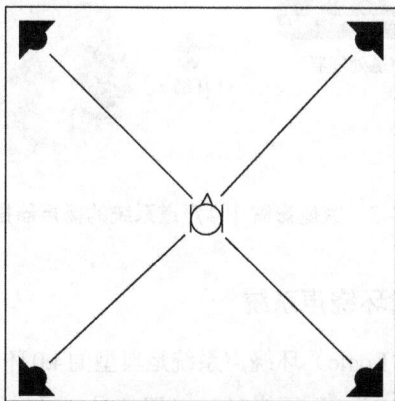

图7-1　正方形4声道环绕声的扬声器摆位

用于伴随图像系统的4声道环绕声采用了4.0的形式，也通常被人们称为LCRS系统，是在前方3声道的基础之上增加一个效果声道，该系统首先在20世纪50年代应用在美国福克斯电影公司的产品中，后来逐渐扩展到家庭影院中。由于该系统只含有一路环绕声道，重放效果有限，因此电影院中该系统的扬声器摆位如图7-2所示。图中可以看出，为了提高环绕信号在声场内的离散度和覆盖范围，一般采用多只扬声器重放S信号。

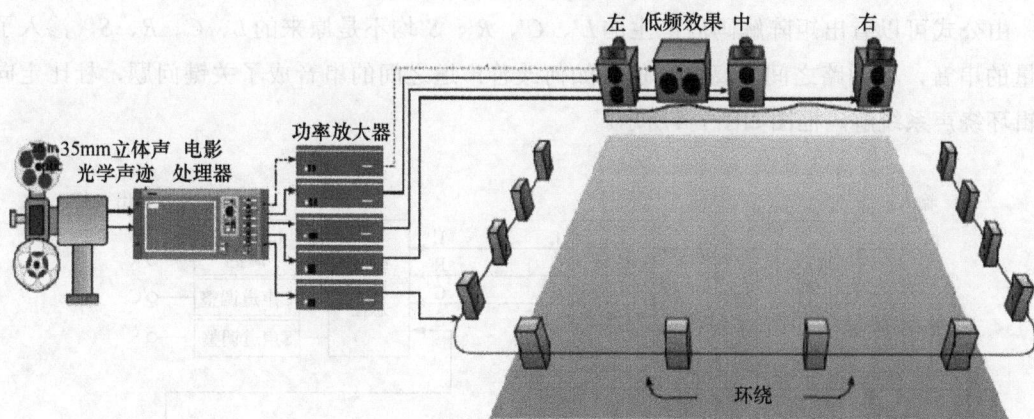

图7-2　电影院中4声道系统的扬声器摆位

在家庭影院中，4声道系统的扬声器摆位如图7-3所示，环绕声信号主要通过两只扬声器重放，并且应保证每只扬声器的输出声压较其中主通道低3dB，用以确保环绕声道信号的重放声压级不至于超过前置扬声器。虽然该系统希望通过增加环绕扬声器数量来增强环绕声效果，但是由于传输的信号相同，始终存在局限性。很多学者曾提出对环绕声道进行去相关处理或采用双极扬声器来增加空间感，但效果仍然不理想，因而逐渐被5.1声道环绕声系统所取代。

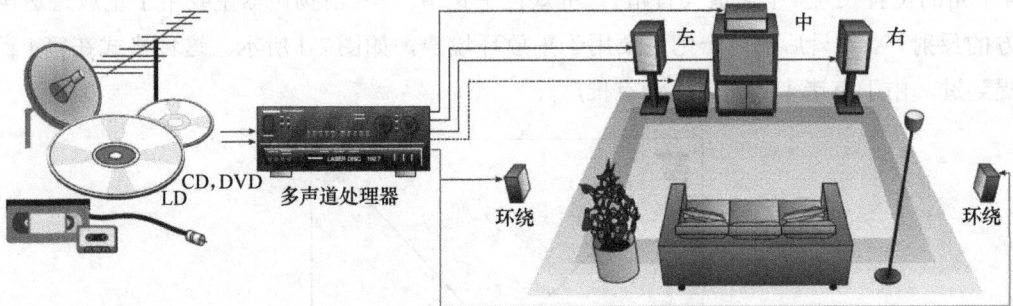

图7-3　家庭影院中4声道系统的扬声器摆位

7.1.1.2　杜比定向逻辑环绕声系统

杜比定向逻辑（Dolby Pro Logic）环绕声系统是典型的4.0环绕声系统，在前期录制时拾取左前（L）、中央（C）、右前（R）、后环绕（S）4路信号。经过编码矩阵处理，变成两路信号Lt和Rt，用以传输或记录在媒体上，重放时经解码恢复成4通路系统。L、C、R这3声道的频率范围是20Hz～20kHz，而环绕声道频率范围只有100Hz～7kHz。矩阵编码原理如下所示。

$$\begin{bmatrix} Lt \\ Rt \end{bmatrix} = \begin{bmatrix} 1 & 0.707 & 0 & j0.707 \\ 0 & 0.707 & 1 & -j0.707 \end{bmatrix} \begin{bmatrix} L \\ C \\ R \\ S \end{bmatrix} \qquad \begin{bmatrix} L' \\ C' \\ R' \\ S' \end{bmatrix} = \begin{bmatrix} 1 & 0 \\ 0.707 & 0.707 \\ 0 & 1 \\ 0.707 & -0.707 \end{bmatrix} \begin{bmatrix} Lt \\ Rt \end{bmatrix}$$

由公式可以看出矩阵解码后产生的 L'、C'、R'、S' 均不是原来的 L、C、R、S，渗入了大量的串音，各通路之间分离度较低。如何改善声道之间的串音成了关键问题，杜比定向逻辑环绕声系统解码框图如图7-4所示。

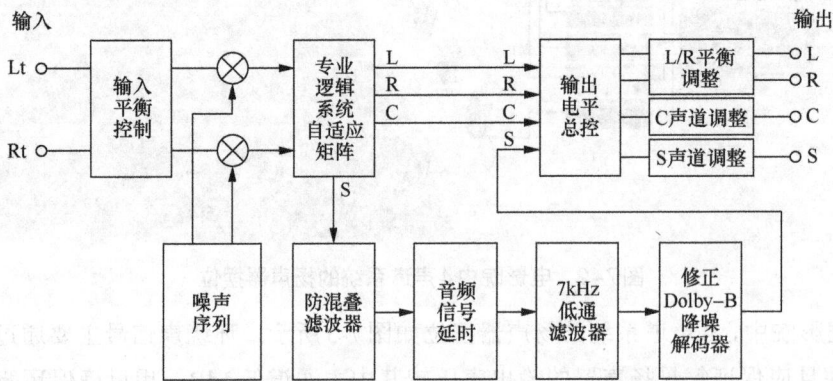

图7-4　杜比定向逻辑环绕声系统解码框图

　　由图7-4可以看出，环绕声道经过一系列处理，其主要目的是减少环绕声道对前方声道的干扰及提升环绕声道的声音质量。对环绕声道增加延时，可以保证将声源定位在前方；由于串音信号多发生在高频，通过低频滤波器可以将环绕声道的串音信号大大降低。通过修正Dolby-B降噪模式，在降低环绕声道噪声的同时，可以降低由于编解码流程所带来的解码错误和信号失真。经过以上处理，该系统前后声道之间的信号分离度得到一定改善，但是如何能进一步改善分离度，尤其是相邻声道之间的分离度，该系统主要依赖自适应矩阵模块来改善，其原理框图如图7-5所示。

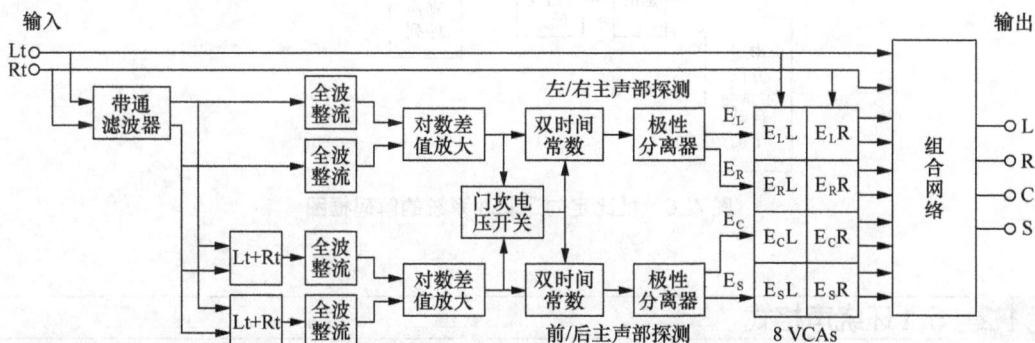

图7-5　杜比定向逻辑环绕声系统自适应矩阵的原理框图

　　总体来讲，自适应矩阵是通过连续监控编码声迹、检测固有声场优势，并在与该优势相同的方向，应用与其量值成正比的增强来工作。该自适应矩阵中大部分电路用来调整并分析输入信号，而不是真正处理音频信号本身。首先通过带通滤波器去除不提供方向信息的强低频信号，并衰减可能包含不确定相位和振幅特性的高频信号。下一步是确定两个正交信号对的量值，通过先对每个基本信号进行全波整流，然后将产生的直流电压进行对数转换，最后得到信号差。系统中有两个独立的控制信号，一个代表左右方向的优势值，另一个代表中置环绕方向的优势值，且它们都是双极性的。每个控制电压都会连续检测以确定它们的相对优势值是否超过某一特定阈值。如果超出，则控制电路将切换到快速工作模式。在组合网络中，适当地选择量值和极性来完成方向增强和非优势信号的重新分配，同时保证各信号分量的恒定声功率。

　　杜比定向逻辑环绕声系统在2000年6月升级为杜比定向逻辑Ⅱ（Dolby Pro Logic Ⅱ）系统，其主要基于以下原因。

　　① 杜比定向逻辑环绕声系统对于处理声源有很大的限制，只能局限于处理已编有其编码信息的声源，即在双声道声源中已隐含有编入中置和环绕声道信息的声源，对于多数纯音乐的双声道声源则不适用。由于杜比定向逻辑Ⅱ系统带有这种上变换的功能，某些汽车音响厂商会选用该系统用于将双声道立体声音频节目上变换为5.1环绕声在车载环境中播放。

　　② 杜比定向逻辑环绕声系统环绕声道只是单声道，7kHz的带宽也显得较窄。

　　杜比定向逻辑Ⅱ系统采用了两路全频带环绕声道，并且针对节目源不同可以选择电影模式和音乐模式。在音乐模式下还有3种控制选项，分别为全景模式、声场方位控制和中央宽度控制，使之更适合于对音乐节目的欣赏。其解码框图如图7-6所示。

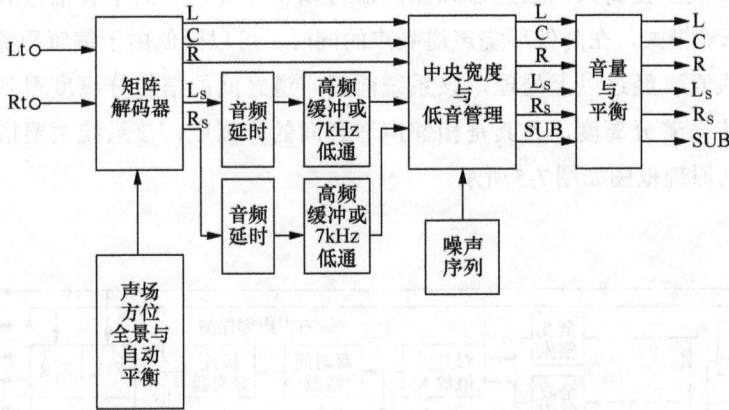

图7-6　杜比定向逻辑Ⅱ系统的解码框图

7.1.2　5.1环绕声格式

7.1.2.1　5.1环绕声格式构成

5.1环绕声格式是目前应用最广泛的格式，已经被多个国际组织推荐为伴随图像的声音标准，并应用到高清电视上。整个系统包括5个全频带（20Hz～20kHz）声道，分别为中央声道C、左声道L、右声道R、左环绕L_S、右环绕R_S。对于低频效果声道的上限频率，不同的系统有不同的设定，如Dolby公司规定为120Hz，而DTS标准规定为80Hz。

目前5.1环绕声格式的扬声器摆位通常参照ITU-R775建议书的设置方法，如图7-7所示。第4章已经对这个系统设置进行过详细介绍，此处就不再赘述。

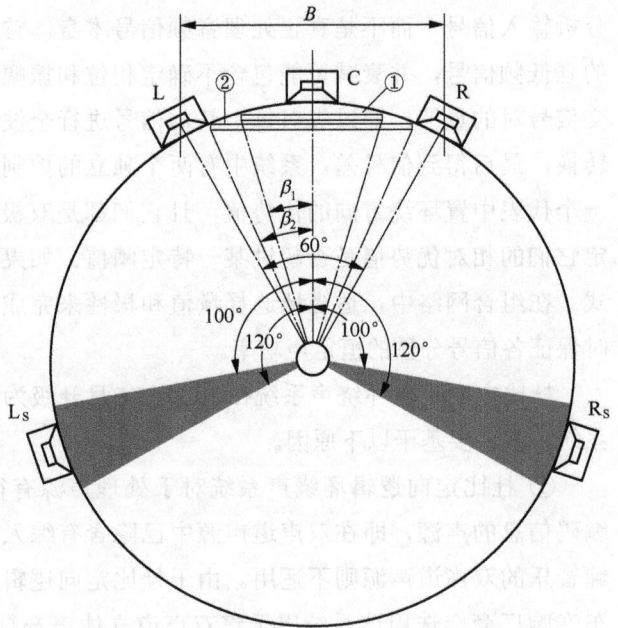

图7-7　ITU-R建议的5.1声道扬声器摆位

当5.1环绕声格式用于公共影院时，为了增强信号的覆盖范围，扬声器往往采用图7-8所示的摆放形式。

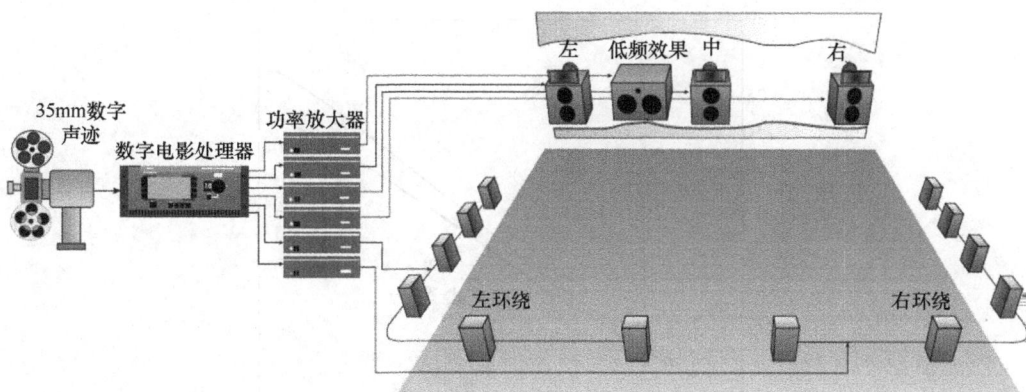

图 7-8　5.1 环绕声系统扬声器在影院中的设置

7.1.2.2　5.1 环绕声格式的声像定位分析

大部分 5.1 环绕声系统是基于幅度平移方法进行声音重放的，因此利用第 6 章中提到的幅度平移声像定位公式 [即式（6-5）和式（6-6）] 来分析 5.1 环绕声格式的声像特征。为了简便起见，不涉及低音效果声道问题，即只考虑包括 L、C、R、L_s 和 R_s 5 个独立声道的环绕声格式。在图 7-7 中各扬声器的方位角如下（规定 $\theta = 0°$ 为正前方，$\theta = 90°$ 为正左方）：$\theta_L = 30°$、$\theta_R = -30°$、$\theta_C = 0°$，$\theta_{L_s} = 110°$，$\theta_{R_s} = -110°$。

基于幅度平移算法的环绕声系统在信号的馈给上采用分立 - 对的方式，因此我们分区域对声像定位情况进行分析，而且由于左右对称性，可只对左半平面（$0° \leqslant \theta \leqslant 180°$）进行分析。在下面讨论中，左声道扬声器 Y_L 发出的声音振幅用 L 表示，中声道扬声器 Y_C 发出的声音振幅用 C 表示，其他扬声器依此类推。声源的声像水平方位角用 θ_I 表示。

（1）前方区域的声像（$0° \leqslant \theta_I \leqslant 30°$）

此时声像由 Y_L 和 Y_C 发出的声信号合成，低频声像定位为

$$\sin\theta_I = \frac{L}{2(L+C)} = \frac{A}{2(1+A)}，\text{头部固定} \tag{7-1}$$

$$\tan\theta_I = \frac{L}{\sqrt{3}L+2C} = \frac{A}{\sqrt{3}A+2}，\text{头部微小转动} \tag{7-2}$$

式中，$A=L/C$，为 L 与 C 声道信号振幅的比率。

从以上两式可以得出，若 $A>0$（即 L 与 C 声道信号同相），则 $\sin\theta_I>0$ 且 $\tan\theta_I>0$。θ_I 定位在区域 $0° < \theta_I < 90°$。图 7-9 显示了由式（7-1）得出的听音者固定头部时低频声像位置随 $20\lg A$ 变化的情况。随着 A 的改变，θ_I 从 $0°$ 连续变化至 $30°$。当 $A \to 0$（$L \to 0$）时，$\theta_I \to 0$；当 $A \to \infty$（$C \to 0$）时，$\theta_I \to 30°$。通过计算，不难验证由式（7-2）算出的 θ_I 与式（7-1）算出的结果仅有细微差异（最大相差约 $0.8°$）。所以不论听音者头部是否转动，声像都是明晰和稳定的。此外通过式（6-3）和式（6-4）的计算也可以验证，即使是在 $f=1.2\text{kHz}$ 的中频情况下，得出的结果也与低频结果差别很小（最大相差约 $1°$），所以声像随频率变化的现象还是不明显的。

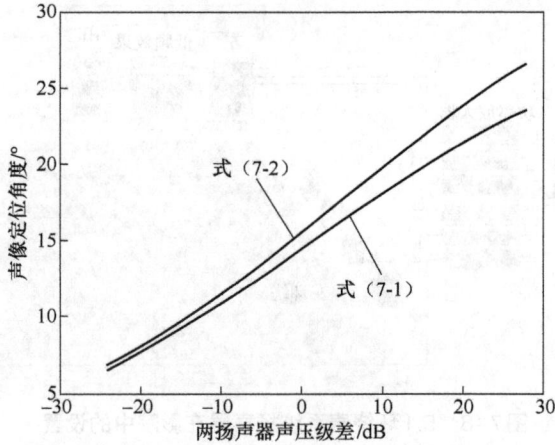

图7-9　听音者固定头部时低频声像位置

（2）侧方区域的声像（$30° \leqslant \theta_I \leqslant 110°$）

该情况下声像由 Y_L 和 Y_{L_S} 两扬声器的声信号合成，低频声像定位为

$$\sin\theta_I = \frac{0.5L + 0.94L_S}{L + L_S} = \frac{1 + 1.88B}{2 + 2B}, \quad \text{头部固定} \tag{7-3}$$

$$\tan\theta_I = \frac{0.5L + 0.94L_S}{0.866L - 0.342L_S} = \frac{0.5 + 0.94B}{0.866 - 0.342B}, \quad \text{头部微小转动} \tag{7-4}$$

其中，$B = L_S/L$，为 L_S 与 L 声道信号振幅的比率。根据 B 取值我们分两种情况进行讨论。

① $B > 0$，L 与 L_S 声信号同相时

当 $0 < B < 2.532$ 时（或 $-\infty < 20\lg B < 8.1$），$\sin\theta_I > 0$，$\tan\theta_I > 0$，θ_I 定位在第 I 象限；当 $2.532 < B < \infty$ 时（或 $8.1 < 20\lg B < +\infty$），$\sin\theta_I > 0$，$\tan\theta_I < 0$，θ_I 定位在第 II 象限。图7-10给出了分别由式（7-3）和式（7-4）计算得出的 θ_I。图中结果可以看出，两式得出的结果是不同的。虽然对头部轻微转动的情况，当 B 从 0 变化到 $+\infty$ 时，θ_I 从 30° 连续变化到110°，但对固定头部的情况，当 B 从 0 变化到 2.532 时，θ_I 从 30° 变化到 54.6°，而 B 从 2.532 变化到 $+\infty$ 时，θ_I 却从 125.4° 变化到 110°（界外立体声）。在 $B = 2.532$ 时，B 有一跃变，声像不能分布在 $54.6° < B \leqslant 110°$ 的范围内。

② $B < 0$，L 与 L_S 声信号反相时

通过与上面类似的计算，可以由式（7-3）和式（7-4）得出 $-\infty < B < -8.3$（或 $18.4 < 20\lg|B| < \infty$）时，θ_I 的变化曲线如图7-11所示。而对于 $-8.3 < B < 0$ 的这个范围，因为 $\sin\theta_I > 1$ 而无解，使实际听音时不能得到确定位置的声像，或者 θ_I 随 B 变化极快，难以得到稳定的声像。从图

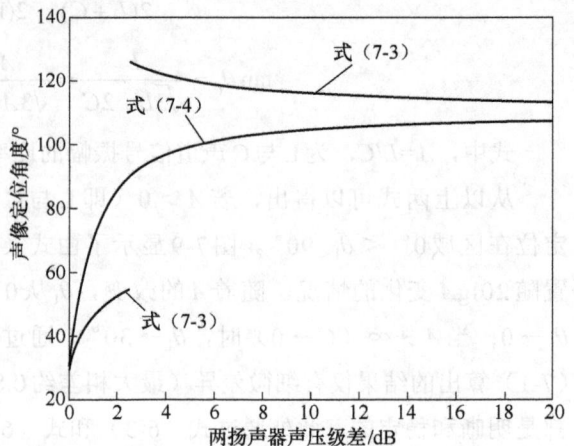

图7-10　由式（7-3）和式（7-4）计算得出的 θ_I
（扬声器同相）

7-11 中可以看出，当 B 从 $-\infty$ 变化到 -8.3 时，固定头部的 θ_{I} 从 $90°$ 连续变化到 $110°$，但头部转动的 θ_{I} 却从 $116.9°$ 变化到 $110°$。

综合上面两种情况，虽然听音者头部微小转动时，通过改变 θ_{I} 的值，θ_{I} 可以从 $30°$ 连续变化到 $110°$，但对固定头部听音的情况，无论 B 取任何值，θ_{I} 只能在 $30°\sim54.6°$ 及 $90°\sim120°$ 变化，而在 $54.6°\sim90°$ 存在声像的 "死区"。通过计算我们也可以看出，转动头部听音和固定头部的 θ_{I} 不同（特别是它们差别较大时）很容易导致声像的模糊和不稳定。以上只是分析了低频侧向声像定位的情况，但是作为一个定性的分析，还是具有一定的指导意义的。

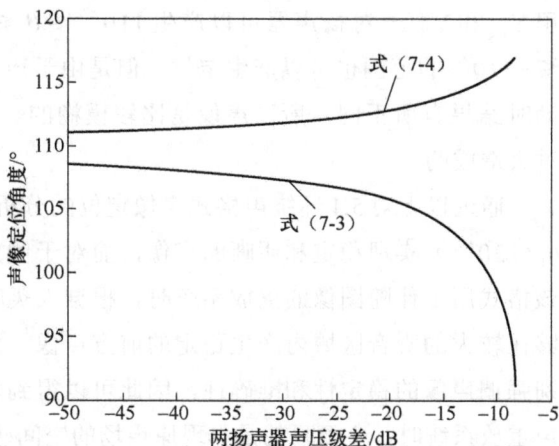

图 7-11　由式（7-3）和式（7-4）计算得出的 θ_{I}（扬声器反相）

（3）后方区域的声像（$110°\leqslant\theta_{\mathrm{I}}\leqslant180°$）

这时声像由 $Y_{\mathrm{L_S}}$ 和 $Y_{\mathrm{R_S}}$ 扬声器发出的声信号合成产生，低频声像定位为：

$$\sin\theta_{\mathrm{I}}=\frac{0.94L_{\mathrm{S}}-0.94R_{\mathrm{S}}}{L_{\mathrm{S}}+R_{\mathrm{S}}}=0.94\frac{1-D}{1+D}，\text{头部固定} \tag{7-5}$$

$$\tan\theta_{\mathrm{I}}=-\frac{0.94L_{\mathrm{S}}-0.94R_{\mathrm{S}}}{0.342L_{\mathrm{S}}+0.342R_{\mathrm{S}}}=-2.75\frac{1-D}{1+D}，\text{头部微小转动} \tag{7-6}$$

式中，$D=L_{\mathrm{S}}/R_{\mathrm{S}}$，为 L_{S} 与 R_{S} 声道信号振幅的比率。如果我们考虑全频带声信号对于听音者头部固定时产生的声像分布情况，则根据式（6-3）得到如下的结果。

$$\sin\theta_{\mathrm{i}}=\frac{1}{ka}\arctan\left[\frac{1-D}{1+D}\tan(0.94ka)\right] \tag{7-7}$$

同样，类似于以前的做法，可以得到不同频率时 θ_{I} 随 D 的变化曲线，如图 7-12 所示。由图可以看出，对固定头部听音的情况，当 D 从 0 变化到 1（或 $-\infty<20\lg D<0$）时，θ_{I} 从 $110°$ 连续变化到 $180°$，且 θ_{I} 与频率有关。除 $\theta_{\mathrm{I}}=180°$ 外，随着频率的增加，θ_{I} 向着 $110°$ 方向漂移，最后声像集中在扬声器 $Y_{\mathrm{L_S}}$ 的方向上。对于听音者头部微小转动的情况，所算出的结果与式（7-7）在定性上一致，但在定量上有较大差别（最大差别约 $15°$）。

对于后方的声像分布情况，系统利

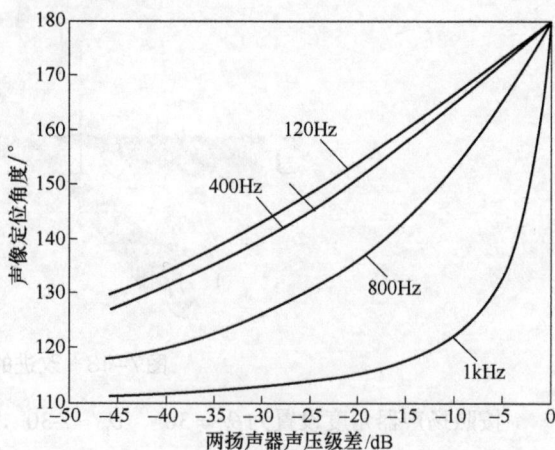

图 7-12　5.1 系统中心位置听音者对后声像随频率变化的定位结果

用 Y_{L_S} 和 Y_{R_S} 一对扬声器可以产生 $110° \leqslant \theta_I \leqslant 180°$ 的定位，根据对称性，$-180° \leqslant \theta_I \leqslant -110°$ 的范围也可以产生定位。但是由于声像位置与频率有关，且听音者头部固定和转动时结果有所不同，所以声像是比较模糊的。这主要是 Y_{L_S} 和 Y_{R_S} 扬声器的张角（$140°$）过大造成的。

通过以上对 5.1 环绕声格式声像定位的分析可以看出，该重放格式能够对前方（$0° \leqslant \theta_I \leqslant 30°$）实现稳定和明晰的声像，而对于侧方及后方范围内声像定位模糊且不稳定。当该格式用于伴随图像的重放系统时，根据人类听觉和视觉的心理声学特点，主要目的是能够在较大的听音区域内产生稳定的前方声像，而后方和侧方主要起到辅助作用，并不是特别强调声像的稳定性和准确性，因此可以得到较好的效果。而当该格式用于纯音乐的环绕声重放系统时，主要目的是再现原声场的空间感，重现整个 $360°$ 平面的声学方向信息，因此前方、侧方和后方的声像定位都十分重要。由此可以看出目前的这种格式用于纯音乐的重放系统时还是存在不容忽视的缺陷。很多研究人员曾提出改进意见，主要是从以下两个方面着手。一方面是通过改变信号的馈给方式，而另一个方面是通过增加扬声器并且改变原来扬声器的摆放来实现的，如图 7-13 所示的 7.1 扬声器摆位方式。其中增加了 L_b 和 R_b 两只扬声器，侧向反射声由 L_s 和 L_b、R_s 和 R_b 产生，这样一方面可以增大最佳听音区，另一方面可以更加灵活地进行声音设计。L 和 L_s 之间的部分既可以扩大前方声源的宽度，又可以桥接前方和侧向声像。L_b 和 R_b 之间的张角也可适当减小，用于改善后方声像定位。

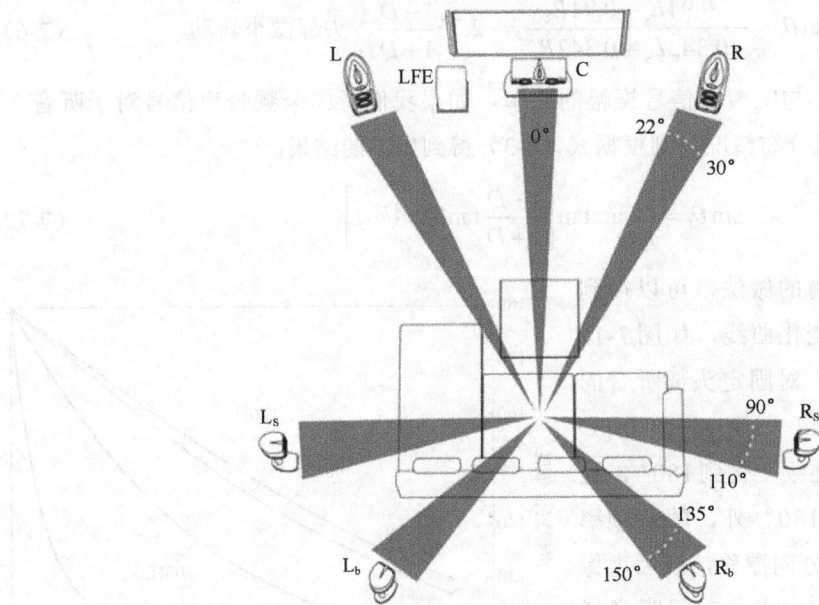

图 7-13 改进的扬声器摆位

按照扬声器角度设置为 $\theta_L = 30°$、$\theta_R = -30°$、$\theta_C = 0°$、$\theta_{L_s} = 90°$、$\theta_{R_s} = -90°$、$\theta_{L_b} = 150°$、$\theta_{R_b} = -150°$，仍然采用幅度平移方法的声像计算公式，分别查看前侧向区域的声像（$30° \leqslant \theta_I \leqslant 90°$）、后侧向区域的声像（$90° \leqslant \theta_I \leqslant 150°$）和后向区域的声像（$150° \leqslant \theta_I \leqslant 180°$）

的定位情况，结果如图7-14所示。从结果可以看出，7.1声道的环绕声系统可以有效地改善侧向和后向的声像定位情况。

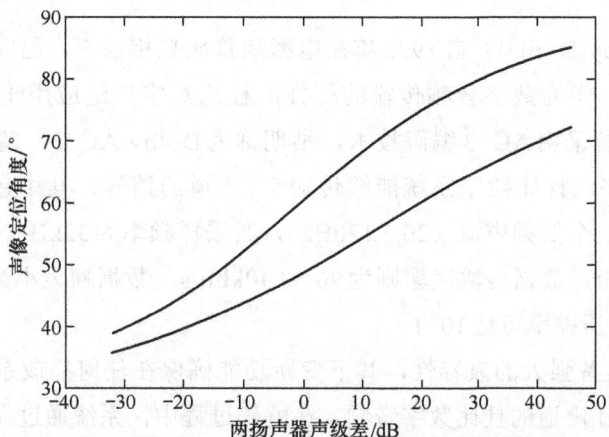

（a）中心位置听音者在前侧向声像（30°≤θ_1≤90°）的定位结果

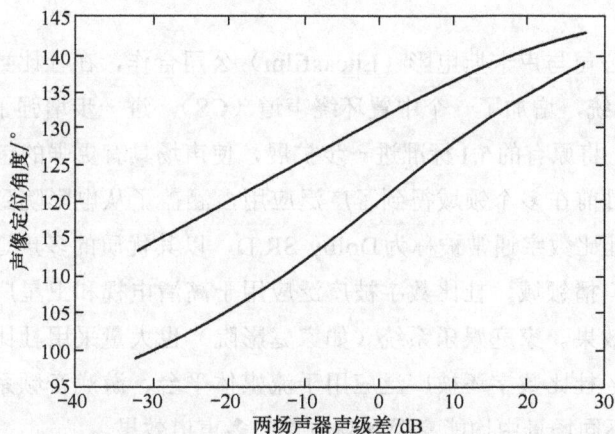

（b）中心位置听音者在后侧向声像（90°≤θ_1≤150°）的定位结果

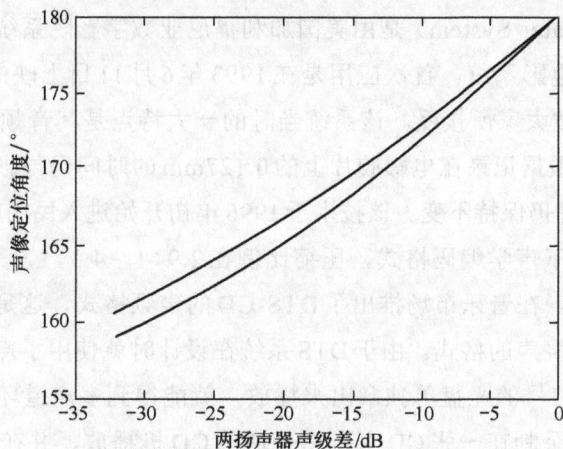

（c）中心位置听音者在后向声像（150°≤θ_1≤180°）的定位结果

图7-14　7.1声道环绕声系统的声像定位结果

7.1.2.3 5.1声道常见的环绕声重放系统

（1）杜比数字

杜比数字（Dolby Digital）自1992年在电影院首次亮相以来，已成为电影、电视和家庭娱乐的重要技术。作为数字音频传输的标杆，杜比数字广泛应用于北美的数字电视和DVD规范中。该系统采用AC-3编码技术，早期称为Dolby AC-3，随后杜比实验室将其统一命名为杜比数字。杜比数字系统能够传输5.1声道的信号，其中包括5个全频带声道（20Hz～20kHz）和一个低频声道（20～120Hz），其采样频率为32kHz、44.1kHz或48kHz，量化精度为16～24bit，数据传输速率则为96～640kbit/s，数据帧大小为1536样本。AC-3属于感知编码技术，压缩率可达10∶1。

杜比数字系统具备强大的兼容性，其下变换功能确保在任何播放系统中，无论声道配置如何，都能重放5.1声道的杜比数字音频。在解码过程中，系统通过元数据来标记和控制重放格式——无论是单声道、立体声、矩阵环绕声或是分离环绕声——以确保适当的播放效果。

1998年，杜比公司与卢卡斯电影（Lucasfilm）公司合作，在杜比数字系统的基础上开发了杜比数字EX系统，增加了一个中置环绕声道（CS），进一步增强了音频体验。该扩展系统通过矩阵编码，将原有的5.1标准进一步扩展，使声场具有更强的包围感和环绕感。

杜比数字系统目前在多个领域得到了广泛应用，涵盖了从电影院到家庭娱乐的多种场景。在电影领域，杜比数字通常被称为Dolby SR.D，以其优质的多声道音频体验成为行业标准。在数字电视广播领域，杜比数字被广泛应用于高清电视和卫星广播，为观众提供清晰的声音和环绕声效果。家庭娱乐系统（如家庭影院）也大量采用杜比数字技术，实现环绕声的重放。此外，杜比数字还被广泛应用于流媒体平台、游戏音频系统及各种便携式设备中，确保用户在不同场景中均能享受到高质量的多声道效果。

（2）DTS

DTS（Digital Theater System）是由美国加利福尼亚数字影院系统公司推出的一种先进的分离式多声道数字电影系统。首次应用是在1993年6月11日上映的电影《侏罗纪公园》中，该系统自此逐渐被大家所接受。该系统当时的一大特点是其音频信号是通过CD-ROM提供的，CD-ROM是根据记录在电影胶片上的0.127mm的时间码与影片同步的，而影片上的画面和模拟声音信息仍保持不变。该技术于1996年初开始进入民用产品领域。

DTS系统使用相干声学编码格式，压缩比例在2.9∶1～4.3∶1，采样率为8～192kHz，量化精度为16～24bit。在音乐市场推出了DTS-CD的声频格式，这是唯一一款能够在CD-ROM上支持多声道环绕声的格式。由于DTS系统在设计时就使用了声画分离的方式，因此只要将录制数字音频信号的光盘单独拿出来播放，就能得到多声道环绕声信号。如果将多声道音乐按DTS格式录制在一张CD上，用普通的CD机播放，并在其数字输出接口处接上一台DTS解码器，就可以得到环绕声音乐。DTS-CD可采用4声道、5声道或5.1声道多种形式。这种音乐盘可以提供约74min的5.1声道节目，采样频率为44.1kHz，量化精度为20bit。

此外DTS系统也在原有的5.1的标准之上推出了两种扩展模式，分别为DTS ES矩阵式系统和DTS ES分离式系统。DTS ES矩阵式系统同杜比数字EX系统类似，中置环绕声道也是通过矩阵编码获得的；而DTS ES分离式系统则不同，通过使用单独传送中置环绕声道信号，避免了矩阵编码的固有缺陷，如图7-15和图7-16所示。

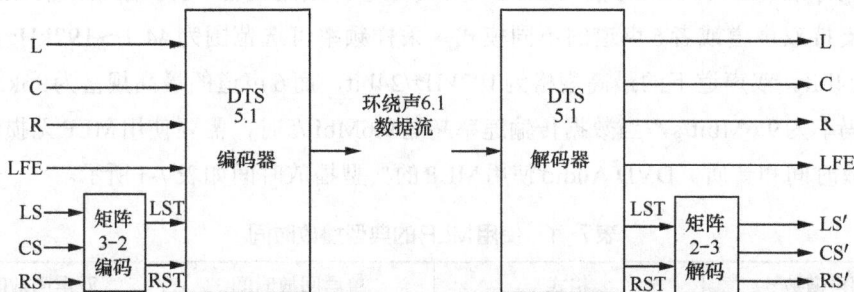

图7-15 DTS ES矩阵式系统编解码框图

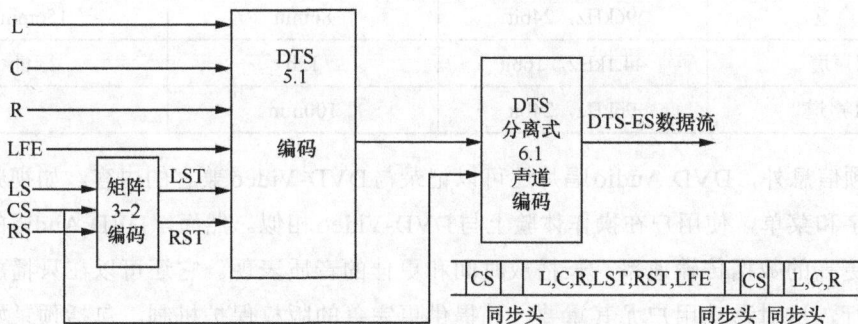

图7-16 DTS ES分离式系统编码框图

DTS也在多个领域得到了广泛应用。起初，它主要用于电影院，随着技术的发展，DTS进入了家庭娱乐市场，尤其是在家庭影院中，通过DTS解码器，用户能够在家中体验到多声道环绕声音频效果。此外，DTS技术还被广泛应用于视频游戏中，为玩家提供沉浸式的音效体验。同时，DTS在音乐制作领域的应用也越来越广泛，尤其是在高保真音乐和多声道音乐的制作中。在广播电视领域，DTS技术也被应用于数字电视广播，特别是在北美和欧洲地区，为观众提供更好的音质体验。

（3）SDDS

SDDS（Sony Dynamic Digital Sound）全称为索尼动态数字声音，是由美国索尼公司和索尼影视娱乐公司（SPE）共同开发的一种电影数字声音系统。SDDS系统仅限于电影领域，而很少用于其他载体进行环绕声重放，它与Dolby SR.D和DTS称为电影多声道重放的3大标准。

SDDS系统使用7.1声道，包括7个（左、左中、中、右中、右、左环绕和右环绕声道）全频带声道和一个低频效果声道。由于前方采用5个声道进行信号还原，不但增强了前方声源的定位精度，还扩展了获得正确声像定位的观众范围。SDDS系统使用自适应变换声学编码（ATRAC）技术，压缩比约为5:1，压缩后的数据记录在电影胶片齿孔的外侧，以确保声音数据的同步和质量。此外，SDDS还引入了数据备份和奇偶校验技术，以提高数据传输的可靠性。

（4）DVD Audio

音乐的多声道重放已成为现代音频技术的重要发展方向，DVD Audio和SACD是其中的两大主流标准。DVD Audio能与DVD Video兼容，采用线性PCM编码或者MLP无损压缩编码，支持双声道或者6声道的不同模式，采样频率可选范围为44.1~192kHz，量化精度在16~24bit。双声道下的最高规格为192kHz/24bit，而6声道的最高规格为96kHz/24bit，最高传输码率为9.6Mbit/s，当数据传输速率超过9.6Mbit/s时，需要使用MLP无损编码技术以确保播放时间和音质。DVD Audio使用MLP的典型播放时间如表7-1所示。

表7-1　使用MLP的典型播放时间

声频声道数	格式	单层回放时间	双层回放时间
双声道	192kHz，24bit	120min	215min
6声道	96kHz，24bit	86min	156min
双声道	44.1kHz，16bit	13h	23.6h
5.1声道	96kHz，24bit	100min	—

除音频信息外，DVD Audio唱片还可以记录与DVD-Video兼容的内容，如视频、静止图片、文字和菜单，使用户在操作体验上与DVD-Video相似。然而，DVD Audio的最大优势在于其更高的数据传输速率、长播放时间和更佳的音质表现。它还可以在只播放音频的设备上运行，这对移动用户尤其重要，且提供更完善的版权保护机制，包括预录媒介内容保护（CPFM）技术和水印数码签章技术。CPFM的主要功能是加密声频数据，加密后的数据如果没有正确的密钥就不能解密，直接拷贝加密的数据是没有意义的。密钥只有通过官方协议才能获得，并且破解密钥的概率极小。在音频数据中有选择性地嵌入水印，可以跟踪非法拷贝。即使音频数据从播放器的模拟输出接口被捕获，或者以某种方式非法传播，水印都能鉴别原始的版权持有者。

DVD Audio提供了向下混合技术，通过写入元数据，使用内置的混合系数很容易将多声道声频向下混合成双声道立体声，如图7-17所示。DVD Audio下变换算法是一个全矩阵处理变换系统，其中包含12个下变换器和10个相移器。下变换系数的变换步长为0.2dB或0.4dB。为了让播放器完成下变换处理，每个变换器所选用的系数通过记录在元数据中进行传送。同时在DVD Audio的元数据中也可以禁止下变换，此时将独立传送一套双声道立体声的音频数据。

（5）SACD

在1996年DVD联盟成立之前，索尼和飞利浦已宣布开发新一代唱片技术SACD，以取代传统的CD唱片技术。1993年3月，经过长期酝酿，SACD 1.0版本技术规范正式发布。SACD作为DVD的衍生产品，同样使用12cm直径的光盘作为记录载体，并采用DVD的短波长激光读取信号。然而，SACD 在光盘结构和编解码技术上与 DVD 完全不同。SACD 光盘有 3 种主要结构形式，如图 7-18 所示。

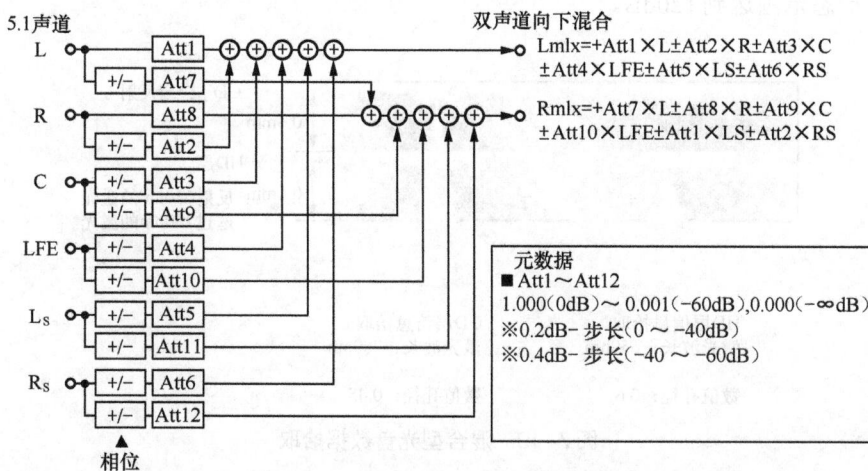

图 7-17　DVD Audio 向下混合技术

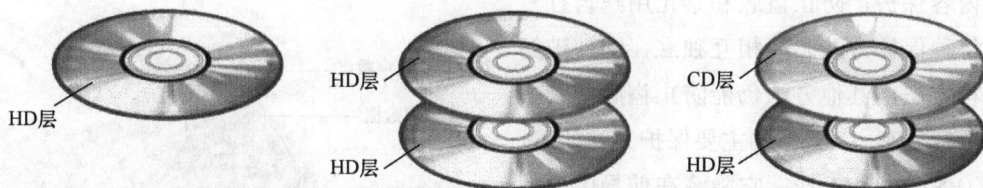

图 7-18　SACD 的 3 种光盘结构

① 单面单层光盘

该光盘含有一个高密度（HD）层，存储容量为 4.7GB，用于记录 SACD 信号。

② 单面双层光盘

该光盘含有两个 HD 层，存储容量约为 8.5GB，都用于记录 SACD 信号。光盘的厚度保持在 1.2mm，两层间隔为 0.6mm。

③ 混合型光盘

为了能够兼容普通的 CD，这种光盘由两个完全不同的层组成。一层是 HD 层，存储容量为 4.7GB，用于记录 SACD 信号，它只能由 SACD 播放机来重放。另一层是 CD 层，存储容量为 650MB，用于记录 CD 信号，它既可以由 SACD 播放机重放，也可以由普通的 CD 播放机重放。这种混合型光盘的厚度为 1.2mm，HD 层处于盘的中间。由于 HD 层是半透明的，数值孔径为 0.45，激光波长为 780nm 的 CD 激光束是读取不到这一层的，该层只对 SACD 激光束产生反射，混合型光盘数据拾取如图 7-19 所示。

HD 层的数据分成 3 个部分，分别为双声道立体声数据；多声道数据，最多可记录 6 个声道；附加数据，记录目录、歌词和演唱者介绍等文字内容，如图 7-20 所示。

SACD 唱片的 CD 层记录信号采用与传统 CD 相同的 PCM 编码技术，采样频率为 44.1kHz，量化精度为 16bit，可由普通 CD 唱机播放。而 HD 层则采用直接数字流（DSD）

编码技术和数字流传输（DST）无损编码技术，采样频率高达2.8224MHz，采用1bit量化。DST无损编码技术可有效地将74min的DSD记录在HD层上。SACD的音频信号带宽高达100kHz，动态范围达到120dB。

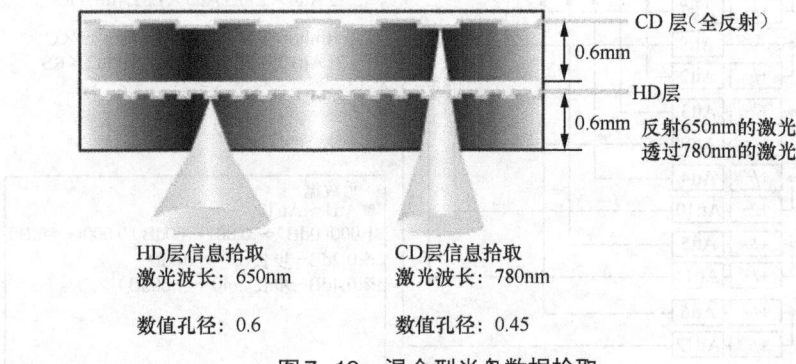

图7-19　混合型光盘数据拾取

SACD采用了一组可视和不可视的方法进行内容保护，防止盗版和禁止用户自行复制。每种保护方法之间相互独立，即使破解了一种方法，其他方法仍能防止盗版和禁止用户自行复制。其包括的主要保护方法如下。

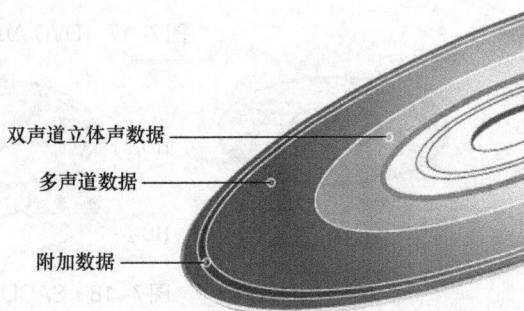

图7-20　HD层数据构成

① SA-CD Mark，它隐藏在前导区数据里，保证个人计算机（PC）的光盘驱动器无法读取SACD光盘上的数据。SACD光盘导引区数据是交织排列的，它隐藏了初始读取所必需的光盘参数。由于前导区内的数据PC读不出来，所以没有在SACD中注册的驱动器不能读取SACD光盘。如果是SACD混合型光盘，PC只能播放CD层，忽略SACD层。

② 数据信号处理物理光盘记号（PSP-PDM），是一种不可见水印。由于该项保护技术，即使播放器可以成功读取SACD数据，数据仍不能使用。SACD播放机在开始播放时要检测 PSP-PDM，并且PSP-PDM包含了对光盘上DSD数据去交织处理所需的信息。它只能用SACD授权的专门设备写入，在一般刻录光盘上是不能复制的。PSP-PDM除了用于重放控制和内容存取控制，还包含部分解扰码。

③ 加扰的内容，使用SACD同步流密码，这种密码在硬件应用中有很好的表现。它需要的解码口令一部分隐藏在光盘的PSP-PDM里，一部分隐藏于硬件播放器内。禁止读取的算法只存于硬件当中。许可协议中不允许通过软件编写算法，以免被计算机黑客破解。

④可视水印技术，是一项可选技术，类似全息摄影的图像，可以印在单层SACD的光盘面上，采用数据坑信号处理技术，但坑的宽度可以同步调整，这样图像才能写入。当入射光从一定角度照射盘片，水印就会显现出来。该水印可以用来向消费者表明，这张盘是官方的产品。

7.1.3　7.1 环绕声格式

进入 2K 高清时代后，人们对声音的听觉享受要求越来越高，各大公司也在推出自己的 7.1 环绕声格式。主要的推动力有两个：一个是高清光盘的推出，另一个是数字电影标准（SMPTE 428M）的诞生。

当时的高清光盘主要包括高清 DVD（HD DVD）和蓝光光盘（BD）。表 7-2 显示了两种高清光盘的声频规格。从表中看出，存储容量和物理规格的提升为 7.1 环绕声重放格式的诞生提供了存储保障。

表 7-2　HD DVD 和 BD 光盘声频规格

规格		HD DVD	BD
基本规格	数据传输速率	36.55Mbit/s	54Mbit/s
	最大 AV 数据流	30.24Mbit/s	48Mbit/s
声频标准	强制声频编码	Dolby Digital Plus（DD+） Dolby Digital（AC-3） Dolby TrueHD（DTHD） DTS LPCM MPEG Audio	Dolby Digital DTS LPCM
	可选声频编码	DTS HD	Dolby Digital Plus Dolby TrueHD DTS HD
	最大声道数量	8（7.1）	8（7.1）
	采样频率	48kHz/96kHz/192kHz（LPCM） 48kHz（AC-3/DD+/DTS） 48kHz/96kHz/192kHz（DTHD/DTS HD）	48kHz/96kHz/192kHz（LPCM） 48kHz（AC-3/DD+/DTS） 48kHz/96kHz/192kHz（DTHD/DTS HD）
	最大音频码率	LPCM：18.44Mbit/s（7.1） AC-3：448kbit/s（5.1） DD+：3.0Mbit/s（7.1） DTHD：18.64Mbit/s（7.1） DTS：1.524Mbit/s（5.1） DTS HD：18.44Mbit/s（7.1）	LPCM：27.648Mbit/s（5.1）/18.44Mbit/s（7.1） AC-3：640kbit/s（5.1） DD+：1.7Mbit/s（7.1） DTHD：18.64Mbit/s（7.1） DTS：1.524Mbit/s（5.1） DTS HD：25.4Mbit/s（7.1）

数字电影（D-Cinema）逐渐成为电影的重放形式。就电影的声音而言，由于数字电影可以容纳的声频信息量远远高于传统的 35mm 规格的电影胶片，自然也就可以容纳更多的音轨。由 SMPTE 成立的 DC28 数字电影技术委员会给未来数字电影制定了可容纳声道数量与扬声器的配置方式（SMPTE 428.3M 协议），如图 7-21 所示。该配置方式描述了 20 个声道的设定，其中 7 个声道是 Dolby EX 的配置。其余 13 个新声道中，有 4 个声道用于扩展现有的环绕声道阵列，加强在后方和两侧的方向感；另有 2 个声道位于中央声道的两侧，与 SDDS 格式相同；剩余的 7 个声道用于新的扬声器配置，2 个声道分别位于左前偏左和右前偏右，4 个高度声道用于增强垂直方向听感，1 个声道为新增的第二个低频效果声道。虽然当年提出的数字电影多声道配置与现如今的三维空间音频系统存在一定的出入，但基本上的思路

是相同的，都是在扩展水平面声道的同时，加入高度声道。

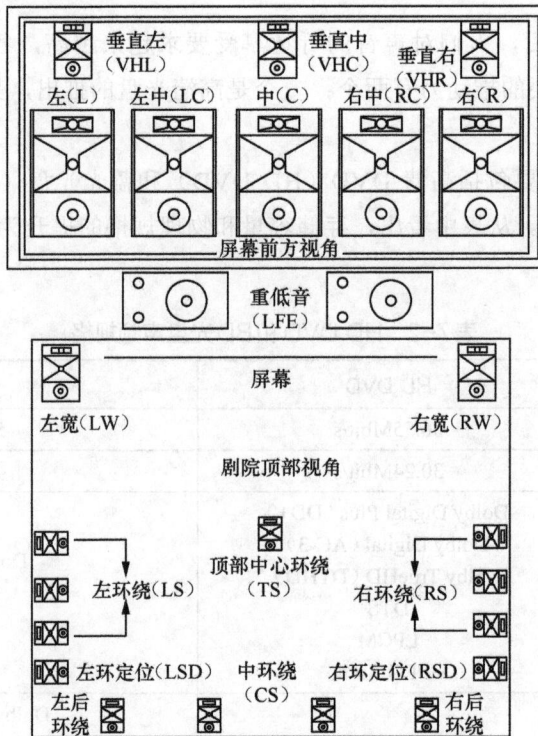

图7-21　SMPTE 428M的扬声器配置方式

7.1环绕声重放格式包括杜比公司的Dolby Digital Plus、Dolby TrueHD和DTS公司的DTS HD。

7.1.3.1　Dolby Digital Plus

Dolby Digital Plus（以下简称为DD Plus）是由杜比公司推出的一种环绕声格式，旨在适应2K高清时代的音频需求。作为杜比数字格式的进阶版本，DD Plus在编码技术上仍采用有损感知编码，但在多声道处理和数据传输方面实现了显著的提升。该系统能够支持7.1声道的重放格式，码率范围从杜比数字的96kbit/s～640kbit/s扩展到32kbit/s～6Mbit/s。高码率的DD Plus格式主要用于HD DVD或蓝光光盘（BD）的音频重放，其中HD DVD对DD Plus格式进行了强制规定，最大传输码率为3Mbit/s，而蓝光光盘则为可选格式，最大传输码率为1.7Mbit/s。低码率的DD Plus格式则应用于电视信号或网络传输，已被美国高级电视系统委员会和欧洲数字视频广播高清电视系统列为无线广播、卫星广播及有线电视的新标准。

DD Plus的核心技术之一是其"核心加扩展"的数据结构，这种设计确保了向下兼容性，其编码方式如图7-22所示。7.1声道信号首先下变换成5.1声道信号和2声道扩展信号（称为扩展B）。然后进一步将5.1声道信号下变换为2声道立体声信号和3.1声道扩展信号（称为扩展A），来实现数据的多级传输。因此7.1声道信号通过3个子数据流进行传送：2声道立体声信号，3.1声道扩展A和2声道扩展B。

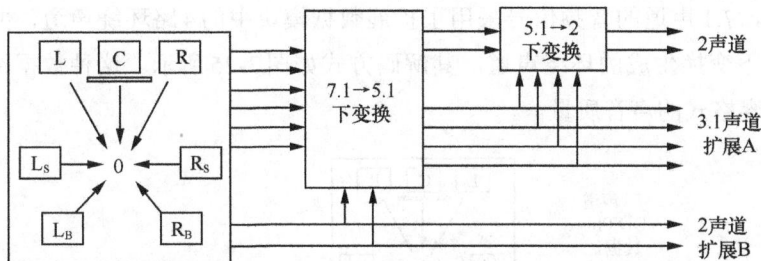

图 7-22　7.1 声道数据流编码方式

在解码过程中，系统能够根据需要重构出不同的音频格式。例如，当需要两声道立体声时，解码器直接输出下变换的立体声信号；需要 5.1 声道时，则将立体声信号和 3.1 声道扩展信号矩阵重组；需要 7.1 声道时，则将所有 3 个子数据流进行矩阵重组，如图 7-23 所示。然而，由于有损编码利用掩蔽效应减少数据量，矩阵重组技术可能会破坏信号之间的掩蔽关系，从而引入编码噪声，影响音质。

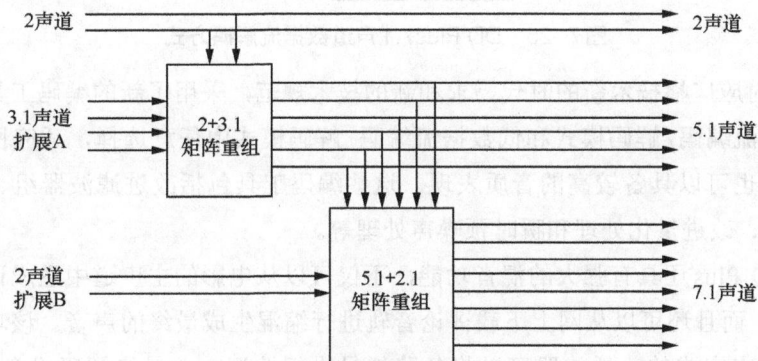

图 7-23　7.1 声道数据流解码方式

为解决这一问题，DD Plus 采用了一种新的下变换技术，通过"核心加扩展"的数据结构来避免传统的矩阵重组问题。核心数据模块包含了完整的 5.1 声道信号，而扩展数据模块则包含了 5.1 声道与 7.1 声道之间的差异声道，其编码方式如图 7-24 所示。

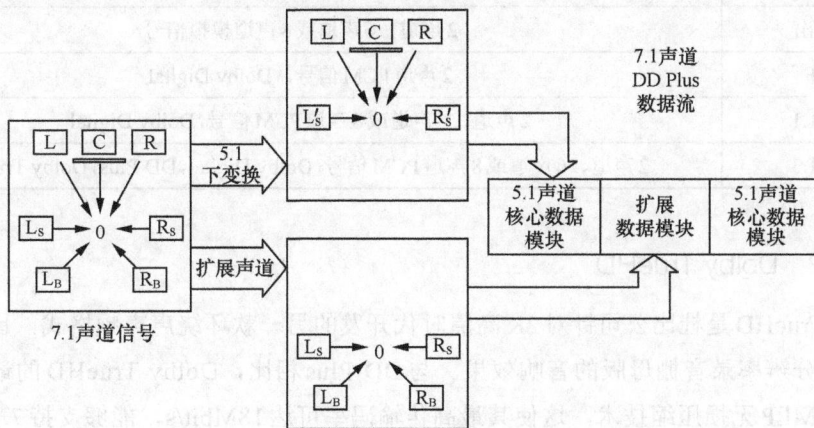

图 7-24　DD Plus 7.1 声道数据流编码方式

在解码端，7.1声道的音频信号采用了扩展数据模块中的4路环绕声道，并没有采用核心数据模块中下变换生成的环绕声道，其解码方式如图7-25所示。这种数据结构可以较好地保证向下兼容格式的声音质量。

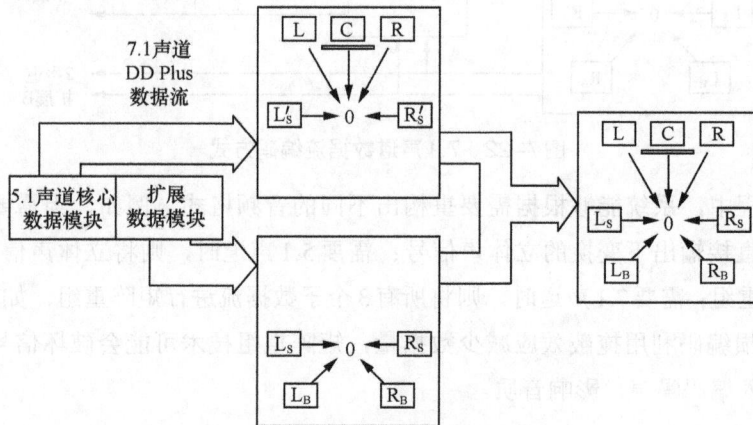

图7-25　DD Plus7.1声道数据流解码方式

DD Plus对应广播技术新的时代需求和新的技术规范，采用了新的编码工具，使数据流可以在高数据流编码/解码模式和低数据流编码/解码模式中任意选择，适应性非常强，即使低传输码率也可以具备较高的音质表现。这些编码工具包括改进滤波器组、增强声道耦合、频谱扩展、改进量化处理和瞬时预噪声处理等。

另外，DD Plus还具有强大的混音功能，不仅可以从电影的主声道中生成评论音轨（导演评论音轨），而且还可以从网上下载评论音轨进行缩混生成最终的声音。该功能目前是利用高清播放器来完成的，播放器可以将各路信号进行缩混，并最终解码成多种输出格式，如8声道的PCM信号、模拟信号或DD Plus信号。表7-3显示了目前高清播放器常用输出接口及输出信号。

表7-3　高清播放器常用输出接口及输出信号

输出接口	信号
线路输出	2声道、6声道或8声道模拟信号
S/PDIF	2声道PCM信号，Dolby Digital
HDMI 1.1	2声道、6声道或8声道PCM信号，Dolby Digital
HDMI 1.3	2声道、6声道或8声道PCM信号，Dolby Digital，DD Plus，Dolby TrueHD

7.1.3.2　Dolby TrueHD

Dolby TrueHD是杜比公司针对2K高清时代开发的另一款环绕声声频格式，旨在为听众提供接近高分辨率录音棚母版的音响效果。与DD Plus相比，Dolby TrueHD的最大优势在于其采用了MLP无损压缩技术，这使其最高传输码率可达18Mbit/s，能够支持7.1声道，甚至扩展到最高13.1声道。此外，Dolby TrueHD还增强了元数据功能，赋予创作者更高级的音频播放控制能力，从而在不同的聆听环境下能保证最佳的音乐表现。

MLP无损压缩技术最早在DVD-Audio中应用，而Dolby TrueHD在此基础上将传输码率提升至18Mbit/s，几乎提升了一倍，完全支持8声道分离式24bit/96kHz音频信号传输。它采用声道间的相关性、预测编码及霍夫曼编码等技术，依据信号特性来动态地改变传输码率。Dolby TrueHD通过互动模式与音频声道互换混音模式的设计，由内含Dolby TrueHD多声道解码的播放器来还原高音质规格，而不是由AV功放来负责解码。

Dolby TrueHD是HD DVD标准强制性必备的音频解码标准，而在BD中则被列为可选的音频编解码标准之一。一般而言，HD DVD最大传输码率约在30Mbit/s，而BD的最大传输码率可达47Mbit/s，因此Dolby TrueHD的18Mbit/s传输码率是在允许范围之内的。

Dolby TrueHD采用子数据流结构，这与图7-24和图7-25的数据流编解码方式相似。此结构的优点在于，播放器可以根据需求只解码所需的声道，从而在2声道、5.1声道和7.1声道之间灵活控制播放模式。此外，由于Dolby TrueHD采用无损压缩技术，矩阵重组过程不会对不同重放形式的音质产生不利影响。在元数据方面，除对白归一化和动态范围控制功能外，Dolby TrueHD还增加了减少声道数量的混音处理功能，进一步提升了音频的灵活性和适应性。Dolby TrueHD的数据量较大，主要通过HDMI接口进行传输，以保证高质量音频信号的完整性。

7.1.3.3　DTS HD

在杜比公司推出自己的高清环绕声音频格式之后，DTS也不甘示弱，推出了自己的下一代环绕声格式DTS HD。无论从技术指标还是实际表现，DTS HD都与DD Plus和Dolby TrueHD难分伯仲。下面从几个方面对其进行详细介绍。

（1）DTS HD核心加扩展的数据结构

DTS HD采用了核心加扩展的数据结构，以确保对DTS 5.1声道（44.1kHz/48kHz）环绕声格式的完全兼容。这种结构与DD Plus的设计相似，核心数据模块包含5.1声道的相干声学编码数据，所有DTS解码器均能处理。而扩展数据模块则包括额外的声道或更高采样率的数据，能够在高级解码器中被解码。DTS推出的光盘数据结构如图7-26所示。

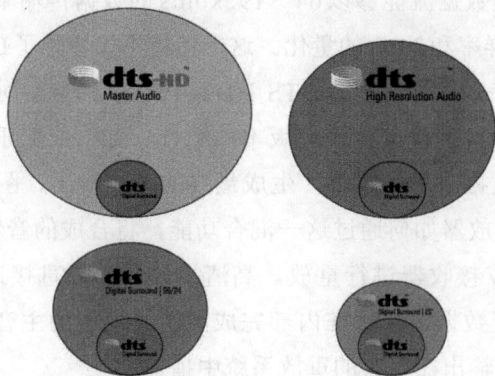

图7-26　DTS推出的光盘数据结构

对于 DTS HD 而言，扩展数据包括：

① 无损编码声频数据，在 BD 中传输码率高达 24.5Mbit/s，在 HD DVD 中则为 18Mbit/s；

② 以 6.1 声道为基准增加的声道数据；

③ 超出基准的数据，其数据传输速率对于 BD 而言是 6Mbit/s，HD DVD 是 3Mbit/s；

④ 第二声频数据或子声频数据，如 DTS HD LBR（低比特率数据）。

（2）DTS HD 的分类

DTS HD 根据后向兼容程度，大致分为 3 类：DTS HD Master、DTS HD High Resolution 和 DTS HD Digital Surround。DTS HD Master 的主要特点是全部采用 MLP 无损压缩技术，并使用可变比特率方式。在 BD 中，传输码率可达 24.5Mbit/s，在 HD DVD 中则为 18Mbit/s。对于 96kHz 采样率、24bit 量化的音频信号，DTS HD Master 最高支持 7.1 声道；对于 2.0 信号，其采样率可高达 192kHz，量化精度为 24bit。在兼容性方面，DTS HD Master 提供两种选择：如果需要后向兼容，数据结构包括核心数据模块和扩展数据模块；如果不需要后向兼容，则省去核心数据模块，只保留扩展数据模块，以保证音质表现达到最高水平。

DTS HD High Resolution 则采用固定传输码率的扩展数据，BD 中的传输码率在 1.5～6.0Mbit/s，HD DVD 中则在 1.5～3.0Mbit/s。该格式同样支持最高 7.1 声道、96kHz 采样率、24bit 量化的音频信号，并且提供多种扬声器摆位方式，同时还能附加第二音频或子音频数据流。

DTS HD Digital Surround 的特点则在于 DTS 核心数据的传输码率提升至 1.5Mbit/s，约为 DVD 传输码率的 2 倍。对于 48kHz 采样率、24bit 量化的信号，DTS HD Digital Surround 最高支持 6.1 声道；对于 96kHz 采样率、24bit 量化的信号，则最高支持 5.1 声道。此外，它还完全兼容现有的 DTS 音频重放系统。

（3）7.1 声道扬声器重映射功能

在家庭影院中，往往由于受到房间尺寸和家具摆放的限制，扬声器的摆位常常不同于录音室的标准摆位。对于 7.1 声道重放格式，DTS HD Master 和 DTS HD High Resolution 为用户提供了扬声器重映射功能，可以选择 7 种不同的扬声器摆位方式，如图 7-27 所示。

（4）子音频数据流

DTS HD 数据中的子音频数据流是可选项，主要是为网络和广播提供高质量、低比特率的多声道数据流。子音频数据流能够以 64～192kbit/s 的数据传输率传输两声道的高质量音频，支持 8～96kHz 的采样率和 24bit 的量化。这一功能不仅增强了 DTS HD 的互动性，还提供了二次配音的技术支持。用户在观看 DTS HD 编码格式的电影时，除能够听到原始多声道配音外，还可以通过网络下载其他语言版本的配音、旁白或配乐，并在高清播放器中将主音频数据流与子音频数据流进行混合，生成最终的音频输出。图 7-28 为 DTS HD 的二次配音技术，展示了高清播放器如何通过这一混合功能，将合成的音频编码转换为 DTS 信号，并通过现有的 5.1 声道 AV 接收器进行重放。高清播放器可以直接连接网络下载导演评论、其他语言版本的配音等子数据流，并在内部完成高清光盘中的主音频数据流和子音频数据流的混合，进行相应编码输出在现有的重放系统中播放。

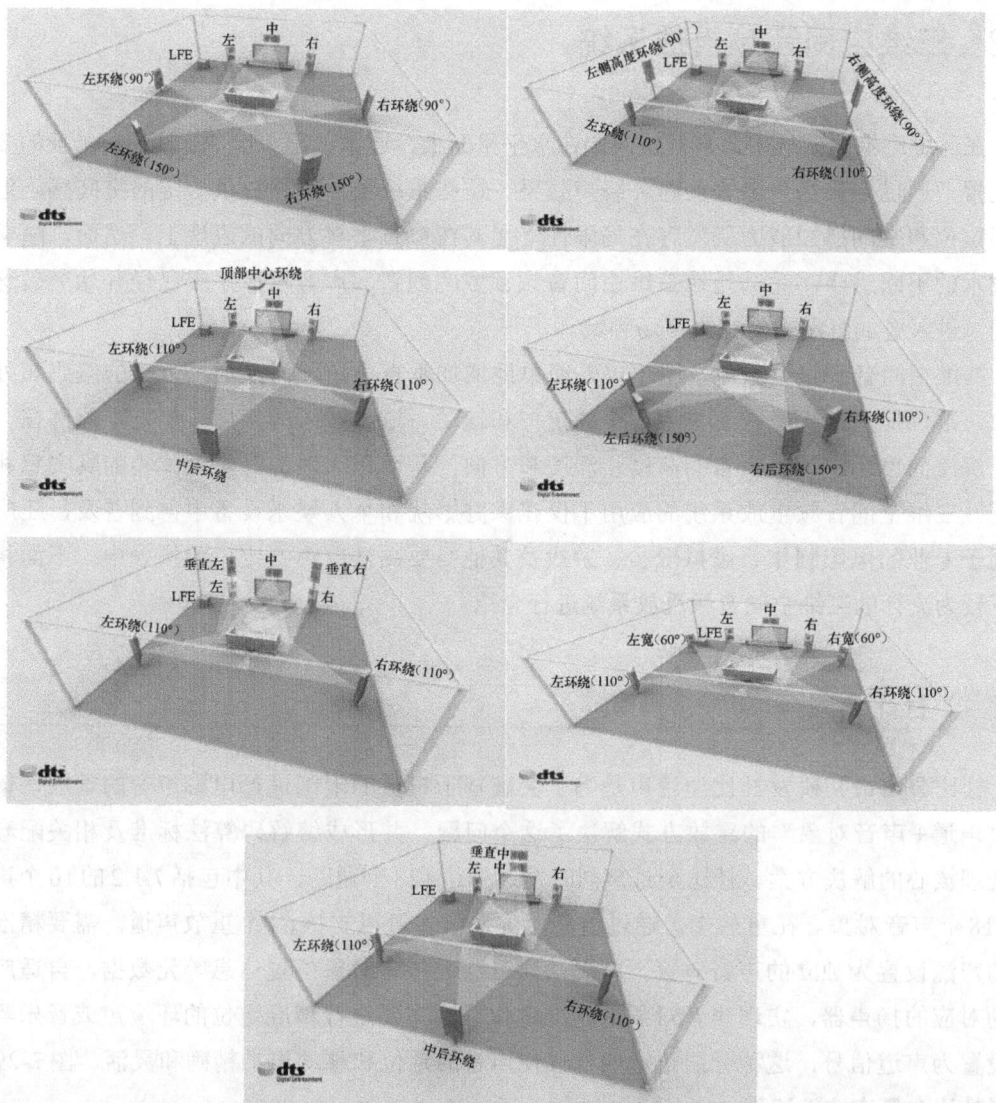

图 7-27 DTS HD 提供的扬声器重映射功能

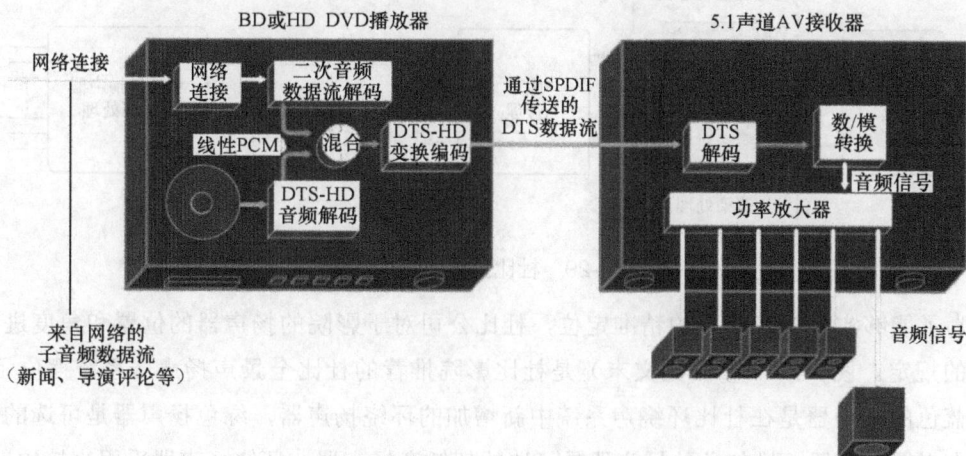

图 7-28 DTS HD 的二次配音技术

7.2 三维空间音频重放系统

在环绕声重放系统中，声音被限定在水平平面上，通常使用 5.1、7.1 甚至更复杂的多声道配置，通过多只扬声器来创建环绕声效果。这些系统虽然能够提供一定的空间感，但其声源定位和空间感知能力仍然存在局限性，尤其在声音垂直方向的表现上。然而，随着音频技术的不断进步，尤其是在三维空间音频领域的创新，声音重放系统已经开始突破这一限制，进入更加沉浸式的三维声场领域。

三维空间音频重放系统，不仅仅是简单地增加垂直声道，而是通过复杂的编码和处理技术，准确地重现声音在三维空间中的定位和运动。这种技术的发展，使听众能够在一个完全沉浸的声场中体验声音的高度、深度和方向，从而极大地提升听觉体验的真实感和沉浸感。三维空间音频重放系统的应用不仅在家庭影院和个人娱乐设备中得到普及，还广泛应用于专业的电影制作、虚拟现实、游戏及其他需要高精度声音定位的场景中。下面将对当下较为流行的三维空间音频重放系统进行介绍。

7.2.1 杜比全景声

杜比公司最初研发杜比全景声是为了突破基于声道的限制进行电影声音的重放，最终以"声道+声音对象"的重放方式解决了这个问题，并形成编解码算法标准及相关配套硬件处理核心的解决方案。杜比全景声同时发送多达 128 个通路，其中包括 7.1.2 的 10 个声道和 118 个声音对象。在重放端，通过渲染器处理最多可以支持 64 个重放声道。需要精准定位的声源设置为独立的声音对象，解码端通过获取声音对象位置信息等元数据，自适应地启动对应的扬声器，实现声音对象的精准定位。不需要进行精准定位的环境声或音乐等声源设置为声道信号，这种分层传输的方式使声音的定位和移动更加精确和灵活。图 7-29 显示了杜比全景声渲染流程。

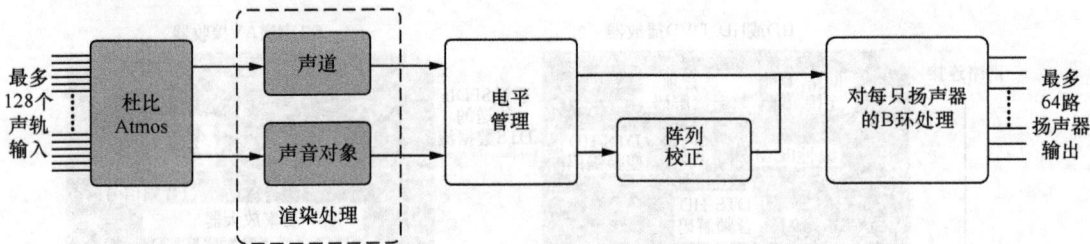

图 7-29 杜比全景声渲染流程

为了能够实现声音对象的精准定位，杜比公司对于影院的扬声器的位置和角度进行了严格的规定。图 7-30（彩图见文末）是杜比影院推荐的杜比全景声扬声器系统摆位示意，其中蓝色的扬声器是在杜比环绕声系统中新增加的环绕扬声器，绿色扬声器是可选的左中置和右中置扬声器，桃红色的扬声器是可选的超低音扬声器。环绕扬声器采用直接辐射式，体积小于前置扬声器。前置扬声器放置在幕布的后方，超低音扬声器的频率范围大约从35～120Hz，在标准的专业影院中不使用低频管理系统。

　　经过多年的发展，杜比全景声制作已经完全融入现有的后期制作工作流程中，将音频工作站作为核心创作与编辑平台，支持输出多种形式的音频信息，确保在后续的渲染与输出阶段中实现高质量的沉浸式体验。图7-31显示了杜比全景声内容创作信号流程。

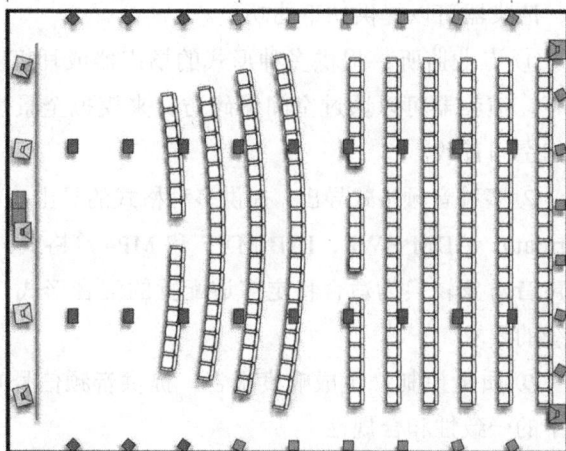

图7-30　杜比影院的杜比全景声扬声器系统摆位示意

在音频工作站中编辑和缩混完声音信号后，可以生成声道信号、声音对象、元数据及LTC的时间码等信息。这些信息送入杜比全景声渲染器后进行空间编码和处理。

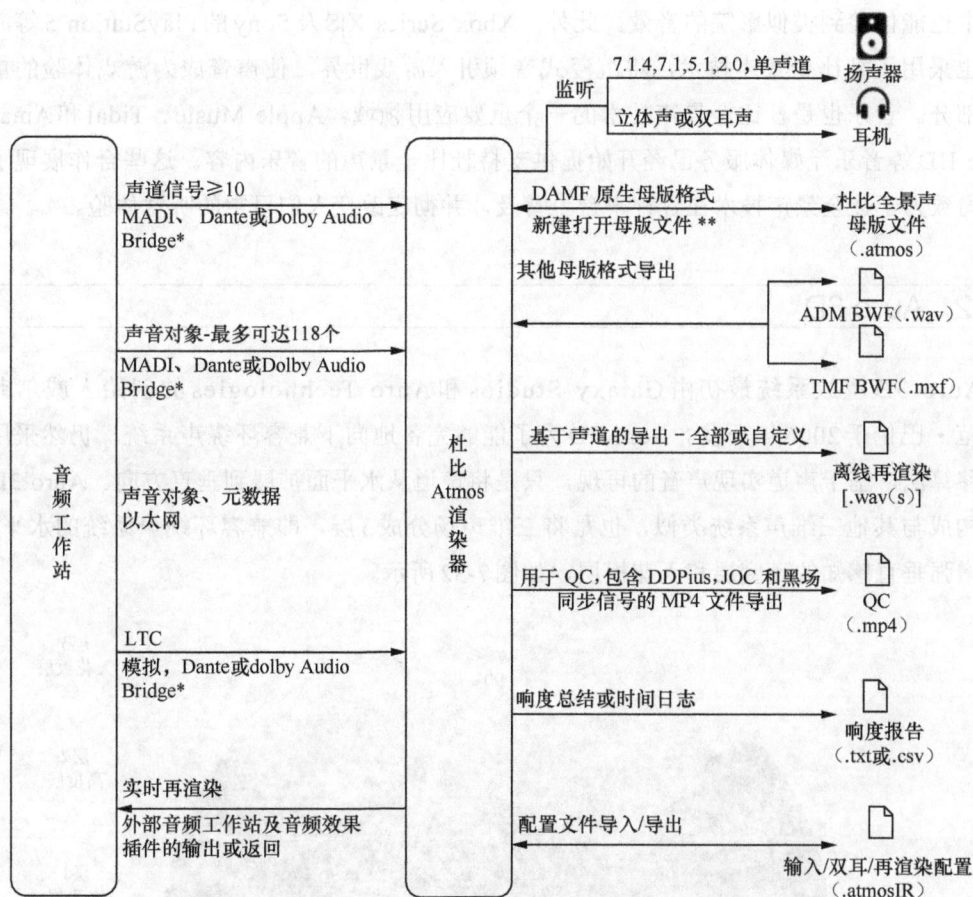

*：基于渲染器的设置而定
**：其他母版格式不能导出为.atmos文件

图7-31　杜比全景声内容创作信号流程

渲染器可以提供如下的功能。

① 专业监听：提供多种形式的扬声器或耳机监听，在不具备完整杜比全景声硬件的情况下，渲染器可以通过空间编码仿真来模拟全景声效果，以便在不同的监听环境中实现相近的空间音效。

② 多种音频格式导出：提供多种格式的导出，如杜比专有的DAMF（Dolby Atmos Master Format）、ADM BWF、IAB MXF 和 MP4等格式。此外渲染器还提供基于声道的音频导出，将声音对象转换为适合特定声道配置的混音形式，如5.1或7.1环绕声信号，满足不同播放系统的要求。

③ 质量控制：生成响度报告，提供音频信号响度的详细分析，确保音频在不同播放环境中的一致性和合规性。

杜比全景声已经超越了专业影院的应用，成为家庭娱乐领域的重要技术。杜比公司与众多领先的科技公司合作，将全景声技术引入消费电子产品中。例如，杜比与Sonos、Bose、Yamaha等公司合作，推出了支持杜比全景声的条形扬声器，让用户能够在各种内容中享受空间音频。LG和三星也推出了支持杜比全景声的音响设备和智能电视，使消费者在家中也能体验到类似影院的音效。此外，Xbox Series X|S及Sony的PlayStation 5等游戏主机也采用了杜比全景声技术，将沉浸式音频引入游戏世界，使声音成为游戏体验的重要组成部分。音乐也是杜比全景声技术的一个重要应用领域。Apple Music、Tidal和Amazon Music HD等音乐流媒体服务已经开始提供支持杜比全景声的音乐内容。这些合作展现了杜比公司致力于让全景声技术在各种平台上普及，并彻底改变人们日常的听觉体验。

7.2.2 Auro 3D

Auro 3D重放系统最初由Galaxy Studios和Auro Technologies的创始人威尔弗里德·范·巴伦于2006年开发。Auro 3D为了能够完备地向下兼容环绕声系统，仍然采用幅度平移算法，基于声道实现声音的再现，只是将声道从水平面扩展到垂直方向。Auro 3D的声道构成与其他三维声系统类似，也是将三维声场分成3层，即兼容环绕声系统的水平层、用于增强垂直感知的高度层和天花板层，如图7-32所示。

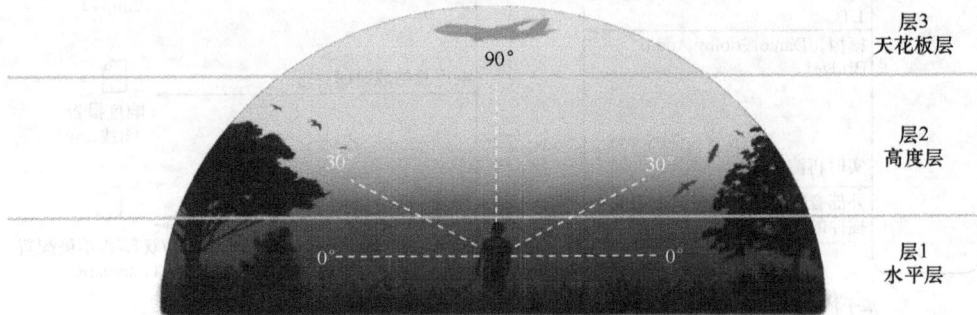

图7-32 三维声系统的声道分层设置

　　Auro 3D针对专业影院，扬声器的配置方式主要为11.1和13.1；针对家庭影院，扬声器的配置方式主要有4种，分别是9.1、10.1、11.1和13.1，如图7-33所示（彩图见文末）。其中Auro 9.1的重放系统充分地体现了Auro 3D向下兼容的便利性，高度层的4个声道分别位于水平层左、右、左环和右环声道上方垂直角约在25°～35°的位置处。该系统下变换到5.1环绕声系统时，简单地将对应的水平层和高度层声道根据一定比例混合即可。在初期开发阶段，开发者面对当时PCM传输最多只能支持8声道的局限性，开发了Auro-Codec。Auro-Codec基于无损压缩算法，能够在不改变现有传输规格的前提下，提供采样率高达96kHz、24bit量化的音频信号。

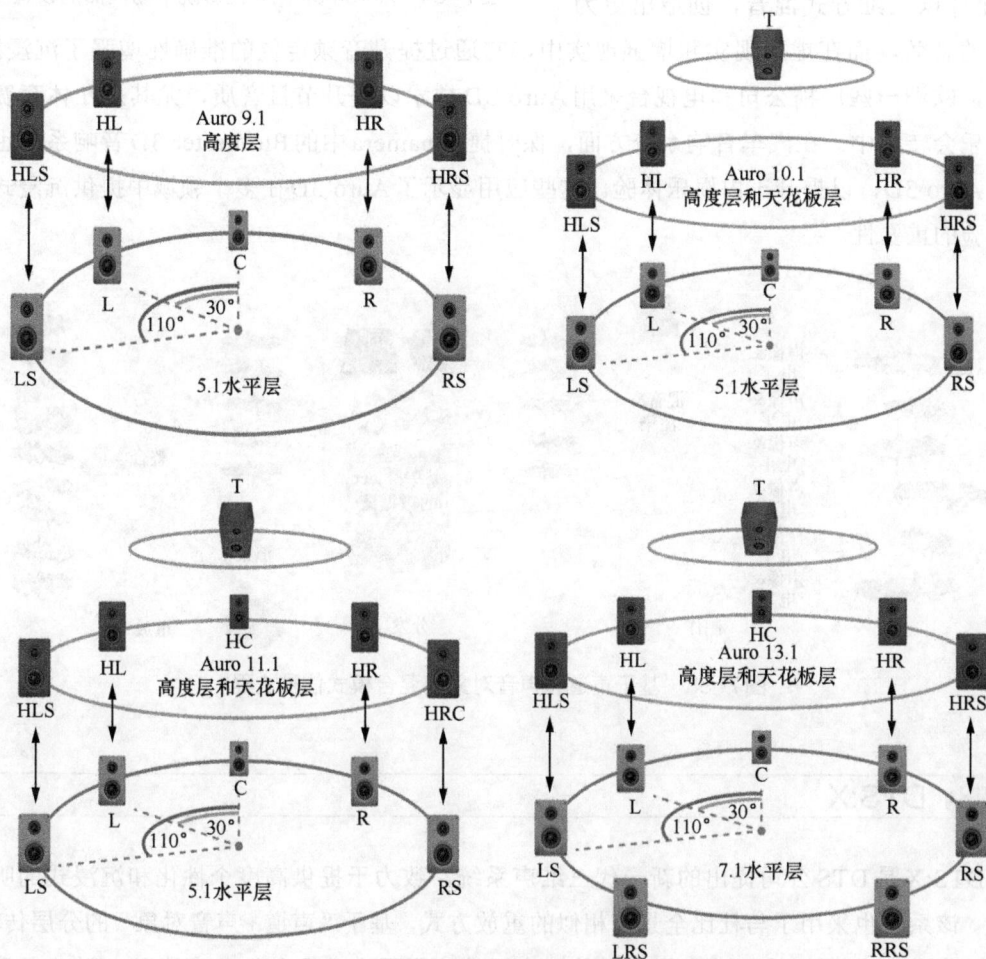

图7-33　Auro 3D为家庭影院推出的扬声器配置方式

　　2011年，Auro 3D与比利时的投影机硬件制造商Barco达成合作，在Barco的CinemaBarco系列中集成了Auro 3D音频技术。在2014年Barco收购IOSONO后，将声音对象的概念引入Auro 3D中，并在2015年推出了新一代三维声重放系统AuroMax，如图7-34（彩图见文末）所示。自此Auro 3D也开始步入"声道+声音对象"的重放方式，图7-35（彩图见文末）显示了这种重放方式的信号流程。Auro 3D通过制作套件Auro-3D® Creative Tool

Suite 完成三维声的制作，该套件包括 Auro-3D® Authoring Tools、AuroMatic® Pro 2D/3D 等插件。

Auro 3D 技术在专业影院中最早得到了应用，通过三维音频增强了观众的沉浸感。随后，该技术进入家庭娱乐市场，使用户在家庭影院中也能享受类似的沉浸式音效。在音乐制作领域，Auro 3D 允许以三维方式混音，创造出更为

图7-34　AuroMax在专业影院中扬声器的设置

立体的音效，而在虚拟现实和增强现实中，它通过提升音频定位的准确性增强了沉浸感。此外，欧洲一些广播公司和电视台采用 Auro 3D 技术以提升节目音质，尤其是在体育赛事和音乐会转播中。在汽车音响系统方面，保时捷 Panamera 中的 Burmester 3D 音响系统也集成了 Auro 3D，以提升车内娱乐体验。这些应用显示了 Auro 3D 在多个领域中提供沉浸式音频体验的重要性。

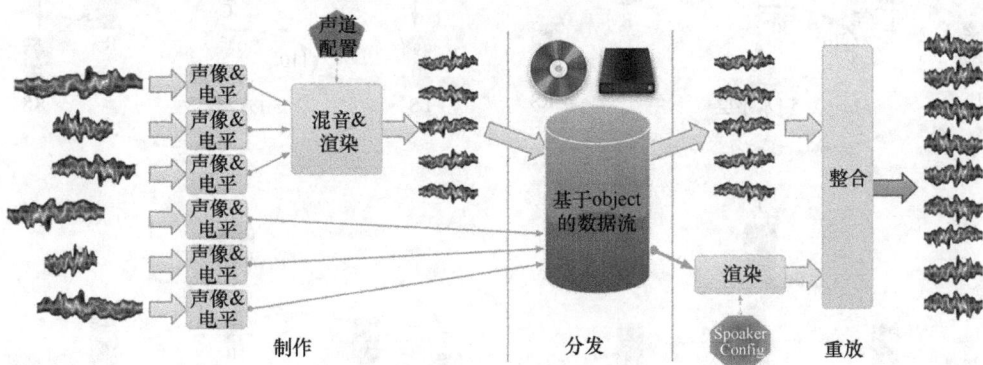

图7-35　基于声道和声音对象的混合模式信号流程

7.2.3　DTS:X

DTS:X 是 DTS 公司提出的新一代三维声系统，致力于提供高度个性化和沉浸式的听觉体验。该系统也采用了与杜比全景声相似的重放方式，基于"声道+声音对象"的分层传输，实现声源在三维空间的精准定位，目前被广泛地应用于专业影院、家庭影院、游戏及流媒体服务。

在 DTS:X 影院中，扬声器配置经过精心设计，确保声音在整个观影空间中的均匀分布。DTS:X 扬声器构成也分为水平层、高度层和天花板层。虽然 DTS:X 影院白皮书中给出几种不同的声道设置形式，但是并未严格限定 DTS:X 系统支持的重放声道格式。水平层扬声器的典型设置是 9.1 声道系统，除了前方的左、中、右声道，还包含 6 个环绕声道。当然根据实际的需要水平层的环绕声道数量最高可支持到 26 个。为了确保观众能够体验到均匀

且一致的声音覆盖，DTS:X影院扬声器配置遵循一系列精确的间距和角度要求。例如，侧面墙壁上的环绕扬声器之间的角度不应超过30°，后墙扬声器之间的角度不应超过40°。图7-36显示了前方包含高度声道的DTS:X影院扬声器的配置。DTS:X影院格式的实现，不仅依赖于硬件配置，还需要软件工具来支持内容的创作和渲染。DTS® Content Creator Suite提供了一整套软件插件和独立应用程序，包括DTS Renderer、DTS Headphone：X和DTS Monitor Plug-Ins等，它们共同构成了DTS:X内容生产的软件平台。

图7-36　DTS:X影院扬声器的配置

对于家庭影院，DTS:X系统提供最多12个声道的三维声配置，常用的配置为7.1.4、5.1.4和5.1.2。特别指出的是DTS:X系统能够动态地渲染到任何由家庭影院接收器支持的扬声器布局，也就是说该系统可以兼容各种扬声器布局方案。无论用户的扬声器系统是传统的5.1设置，还是更为复杂的9.2.6等设置，DTS:X都能够提供较好的音频体验。这个功能应该是DTS HD扬声器重映射功能的改进版，提供了极大的灵活性。在家庭影院的应用场景中，DTS和Trinnov音频公司联合在2019年将DTS:X升级为DTS:X Pro。DTS:X Pro将支持的声道数量扩展到30.2个，如图7-37所示（彩图见文末）。

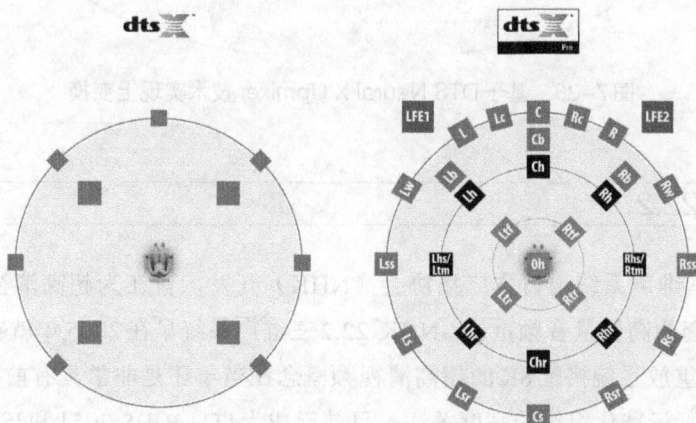

图7-37　DTS:X和DTS:X Pro支持的扬声器配置

DTS Neural:X Upmixer可以提供上变换功能，技术的核心在于基于深度学习，通过大量音频信号的学习，能够智能地识别音频中的关键元素，如对白、音乐和音效等，在不损失原始音频质量的前提下，利用复杂的算法重新构建和扩展声场，将立体声或者5.1声道信号扩展到三维声音频格式。图7-38显示了DTS:X Pro系统利用DTS Neural:X Upmixer技术将声道信号扩展到30.2个声道信号。

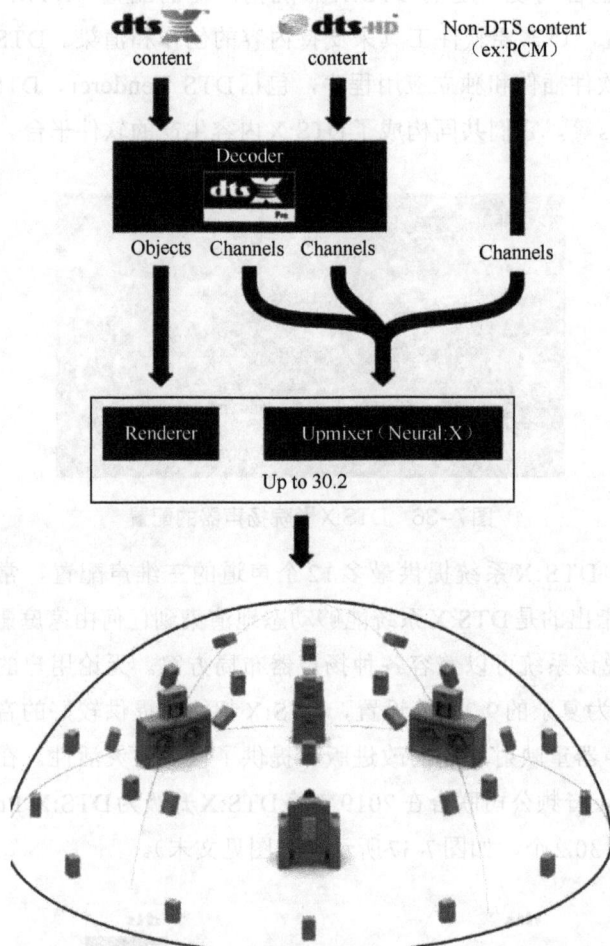

图7-38　基于DTS Neural:X Upmixer技术实现上变换

7.2.4　NHK 22.2

NHK 22.2三维声系统由日本广播协会（NHK）开发，旨在为超高清视频（Super Hi-Vision）提供配套的高质量音频重放。NHK 22.2三维声系统早在2005年就在AES会议上公开，这种三维声重放系统搭配8K的超高清视频概念在当年还是非常具有前瞻性的。该技术的发展受到了国际标准化组织的高度关注，目前已成为ITU-R BS.2051和ISO/IEC MPEG-H 3D Audio国际标准的一部分。

NHK 22.2三维声系统的构成如图7-39所示。该系统的设计采用了3层扬声器配置，共计24只扬声器，分布于上层、中层和下层。上层扬声器位于屏幕顶部或天花板高度，共有9个声道；中层扬声器布置在与人耳高度齐平的位置，共有10个声道；下层扬声器则位于屏幕底部，包含3个通道和2个低频效果通道。通过这种三维的扬声器布置，22.2声道系统能够在三维空间再现声音的空间定位和运动，增强音频的逼真体验。

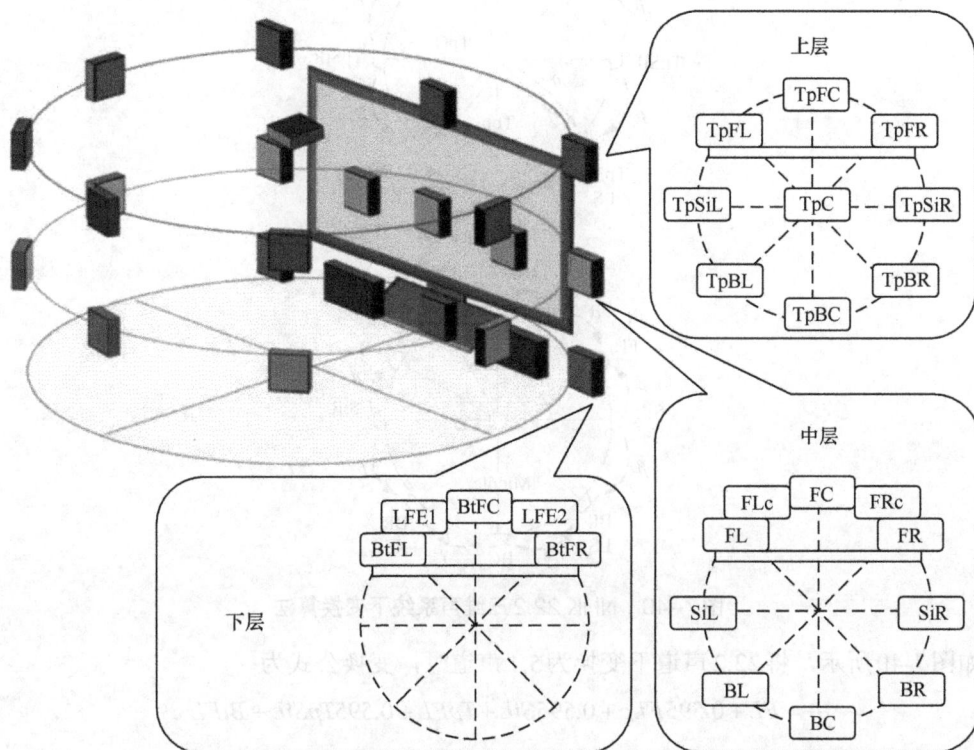

图7-39　NHK 22.2三维声系统的构成

NHK 22.2三维声系统的中层声道用于重现主要的声源，常见的环绕声系统如5.1或7.1声道就是位于这一层。因此仅使用中层，NHK 22.2三维声系统也可适用于环绕声系统的音频制作。上层声道可以用于将声像定位于观众上方的任何位置，也可以与中层或下层扬声器结合使用，实现声像在垂直方向上的移动。同时，上层声道也能够有效重现早期反射和晚期混响，从而在听音区域内再现良好的声学空间。此外，通过屏幕顶部的3个通道（TpFL、TpFC、TpFR）和屏幕底部的3个通道（BtFL、BtFC、BtFR）及中层的5个前向通道（FL、FLc、FC、FRc、FR），声音可以被精准地定位在屏幕上的任意位置。位于屏幕底部的2个LFE声道则进一步改善了空间听觉印象，增强了宽度感和包围感。

NHK 22.2三维声系统采用幅度平移算法，基于声道实现声音的再现，这与其他的三维声系统存在不同。不过由于该系统声道数量较多，也能在一定程度上实现声源的空间定位和移动。2005年，该系统出现初期，无论是传输还是存储方面都受到很大限制，如何下变换到5.1系统和2.0系统成为该系统必须要考虑的事情。2015年，NHK的学者在AES上发表论文，为了能够同时较好地向下兼容5.1和2.0系统，重新给出新的下变换算法加权系数。下变换的思路分成两步：首先将22.2声道下变换到5.1声道，再由5.1声道下变换到2.0系统。图7-40显示了该系统中层和上层不同声道下变换到5.1声道的设计思路。

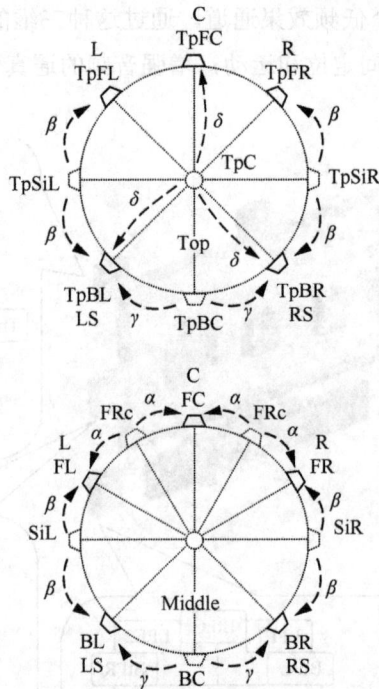

图7-40　NHK 22.2三维声系统下变换算法

如图7-40所示，将22.2声道下变换为5.1声道时，变换公式为

$$L = FL + 0.595FLc + 0.595SiL + TpFL + 0.595TpSiL + BtFL$$

$$R = FR + 0.595FRc + 0.595SiR + TpFR + 0.595TpSiR + BtFR$$

$$C = FC + 0.595FLc + 0.595FRc + TpFC + 0.5TpC + BtFC$$

$$LFE = 0.707(LFE1 + LFE2)$$

（7-8）

$$LS = BL + 0.707BC + 0.595SiL + 0.5TpC + TpBL + 0.595TpSiL + 0.707TpBC$$

$$RS = BR + 0.707BC + 0.595SiR + 0.5TpC + TpBR + 0.595TpSiR + 0.707TpBC$$

在得到5.1声道信号后，如果需要进一步下变换到双声道立体声系统，则转换的公式为

$$L_{2ch} = L + 0.707C + 0.707LS$$

$$R_{2ch} = R + 0.707C + 0.707RS$$

（7-9）

7.2.5　菁彩声

菁彩声（Audio Vivid）涵盖内容生成和内容重放相关的三维声制作、编解码和渲染重

放技术，支持双耳重放和扬声器重放。Audio Vivid 解决了三维声从构建到还原的整个环节，通过一系列技术的创新应用，可在有效的传输带宽下提升终端体验，在家庭、影院、个人移动设备、车载环境及 AR/VR 中得到广泛应用，如图 7-41 所示。

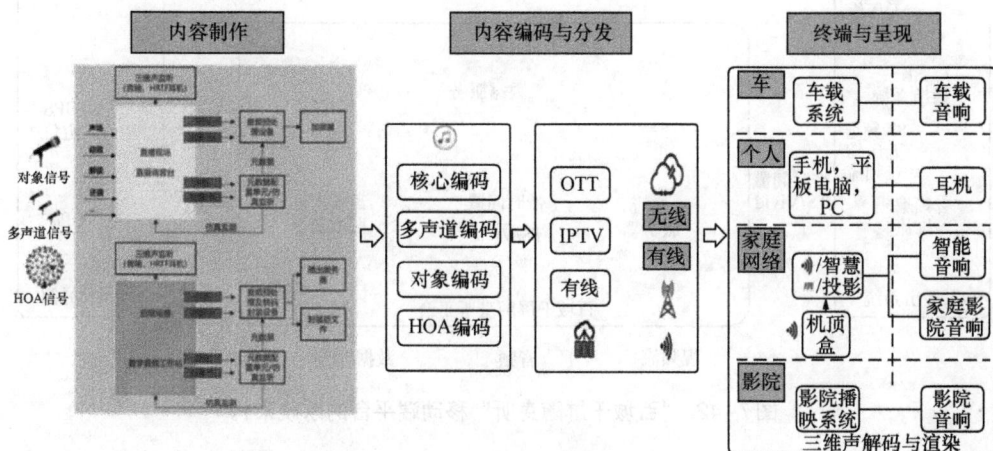

图 7-41　Audio Vivid 的集成场景

2022 年 8 月，中央广播电视总台使用 Audio Vivid 技术，在"百城千屏随身听"移动端平台，将立体声升级为 Audio Vivid 三维声技术，用户可收听视音频精确同步的三维声信号，实现了国产三维声技术直播的商用落地。在 Audio Vivid 技术白皮书中，给出了这套移动端平台的系统架构，如图 7-42 所示（彩图见文末）。同年 9 月 10 日，中央广播电视总台通过"百城千屏随身听"播出平台，首次使用 Audio Vivid 音频编解码同步播出中央广播电视总台中秋晚会。基于中央广播电视总台的移动客户端"云听"，观众可以使用智能手机或平板电脑等移动设备，通过耳机享受到与电视播出同步的三维声效果。晚会的制作和播出过程中，Audio Vivid 技术与 8K 超高清视频技术相结合，提供了高质量的视听体验。

之后，在 2022 年 11 月到 12 月卡塔尔世界杯足球赛期间，中央广播电视总台也搭建了基于广播电视链路的 Audio Vivid 端到端直播试验系统，采用 Audio Vivid 编码将包含 5.1.4+6 个对象的三维声节目压缩为 448kbit/s 的音频码流，并在 5.1.4 重放环境下实现了个性化和沉浸化的听音体验。

这些应用案例展示了 Audio Vivid 技术在不同领域的广泛应用潜力和它在提升音频体验方面的优势。

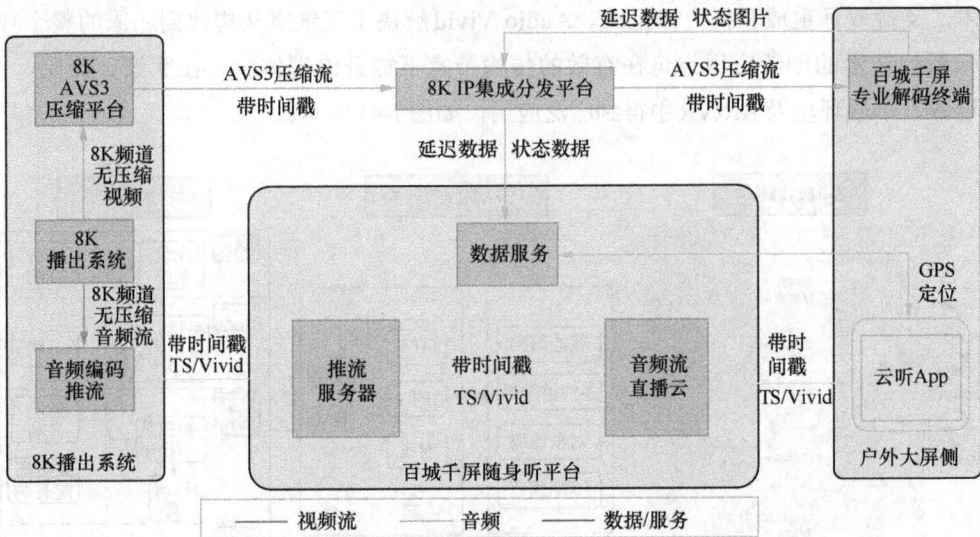

图7-42 "百城千屏随身听"移动端平台的系统架构

第8章
虚拟空间声系统及在
虚拟现实中的应用

所谓虚拟空间声系统采用3D音频技术，与多通路环绕声系统产生三维声场的方法是完全不同的。多通路系统是传统的音频技术，通过多个物理扬声器的布置来模拟客观的物理声场以产生空间感；而虚拟空间声系统是基于人的主观听觉特性，通过算法模拟听觉系统用于空间定位的方位信息和距离信息，在重放时再现三维声场。虚拟空间声的主要算法之一是空间音频的双耳渲染技术，通过头相关传输函数来实现声场空间信息的传输、重现或模拟。除此以外，还可以利用其他方法来达到模拟空间声重放的目标。这类虚拟空间声系统突出的优点是声像自然，结构简单，只需要两个独立的传输信号就有可能重现三维空间的声像，所以几十年来研究工作者对其兴趣经久不衰。它在电声、噪声、室内声学、心理声学、沉浸式多媒体和虚拟现实等许多方面有广泛的应用前景。

虚拟现实（VR）、增强现实（AR）、混合现实（MR）和扩展现实（XR）是虚拟现实技术中的关键领域，它们正在改变我们与数字内容的互动方式。VR提供完全虚拟的沉浸式体验；AR在现实世界中叠加虚拟元素；MR则将虚拟和现实结合起来，创造混合环境；而XR作为统称，涵盖了这些沉浸式技术的所有形式，拓展了应用的可能性。在这些技术中，虚拟空间声系统发挥了至关重要的作用。虚拟空间声技术的应用能够极大地增强VR体验，通过模拟真实的三维声场，提升用户的沉浸感和互动性。本章最后一节将探讨虚拟空间声系统在虚拟现实中的应用，展示其如何通过创新的音频技术，为虚拟现实环境中的音频体验带来革命性的提升。为了书写方便，本书以大众熟知的VR领域作为主要对象展开写作。

8.1 虚拟空间声系统分类

目前的虚拟空间声系统可以分为3大类，分别是基于听觉传递函数的双耳渲染系统、3D"准"空间声系统、多通路环绕声的虚拟重放系统。以下简述它们的原理。

8.1.1 基于听觉传递函数的双耳渲染系统

听觉传递函数的双耳渲染系统基本原理如图8-1所示，它是通过人工头进行拾取，或者用信号处理的方法模拟出声源到双耳的HRTF。所得到的两路信号经放大、记录和传输等过程，再经耳机进行重放；也可以经过串音抵消网络由两只扬声器进行重放。这种方法相当于用电声学的方法把听音者的双耳转移到原声场中去，从而得到原声场的空间信息。它的优点是声像逼真、自然，且只需两个独立的传输信号就有可能重现三维空间的声像。但是，与多通路系统不同，这种系统实现的并不是空间一定区域的声场的传输与重现，而是通过传输和重放双耳（空间上两点）声信号来实现声场空间信息的传输与重现，这个特点使之存在着内在的缺陷。

① 在真实听觉中，听音者头部不自觉的微小转动和耳廓对声波的散射作用所引起的梳状滤波效应均对区分前后镜像位置和中垂面的声源有重大的作用。但在该系统中仅考虑到了耳廓效应，并没有考虑到原声场中听音者头部的转动，而耳廓效应仅在高频起作用。因而在重放时，特别是中低频的情况，经常会出现前后镜像位置的声像倒置。

② 由于HRTF与声源到双耳的相对位置有关（特别是高频），而在扬声器重放中，串声抵消网络的传输特性取决于扬声器到双耳的HRTF，因而严格来说一定的串声抵消网络只能在一个特定的听音位置上有效。听音者偏离理想的听音位置会导致严重的声像失真，所以系统的听音区域较窄。上述的缺陷有一定的共通性，在所有涉及听觉传递函数原理的重放系统中都存在。

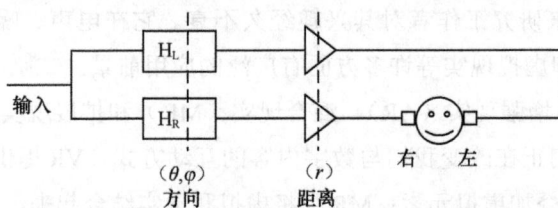

图8-1 听觉传递函数的双耳渲染系统基本原理

HRTF一般是在消声室环境下测量获得的，而在实际场景中声源经常是在某个房间中。为了模拟房间声学特性（如反射、吸收、散射和混响等），增加音频的空间感和真实感，需要测量房间中声源到听音者双耳的传递函数，获得双耳房间脉冲响应（BRIR）。仅仅基于HRTF的双耳重放缺乏自然的声音反射和散射效果，体现不出真实的室内声学特性，BRIR可以帮助进行这些室内声效的补偿，提供沉浸式听觉体验，特别适用于VR和AR的应用场景。在重放时，音频信号需要先与BRIR进行卷积，模拟出房间的反射和混响效果；再使用指定方位的HRTF对信号进行进一步的处理，以模拟声源在不同方向上的传播效果。

上述听觉传递函数的双耳渲染系统，是基于HRTF/BRIR来获得双耳信号，并通过耳机重放，在听音者的双耳处重建真实声源的双耳声压。然而，耳机在重放双耳信号时，其实际效果还会受到耳机的频率响应特性及耳机与听音者耳道耦合的声学特性的影响，这种频率响应特性和声学特性，可以描述为耳机将电信号转换为耳道内声压的电声传递函数，即耳机传输函数（HpTF）。HpTF通常都不是平坦的，所以会导致声像方位畸变和头中定位。为了让虚拟空间声系统准确重放双耳信号，需要对HpTF进行测量和补偿。

HpTF的测量一般在消声室中进行，使用人工头或者真人。人工头得到的是特定（平均）的听觉模型情况下的HpTF数据，而真人测量可以克服个性化生理特征的缺陷。测量的过程类似于HRTF的测量，录制信号的设备依旧是放置在耳道入口处的微型测量传声器，只是重放信号的设备由外部声场中的扬声器改为罩在被试双耳处的耳罩式耳机。一般是多次重复测量以后取均值。测量完成以后，就需要对HpTF进行最小相位近似，以保证其逆函数是因果、稳定与可实现的。然后再设计HpTF的逆滤波器，对双耳信号进行均衡处理（即耳机均衡），达到补偿的目的。最后进行主观听音测试，以评估补偿效果。根据测试结果，可能需要对滤波器参数进行进一步的调整。

在虚拟现实领域，基于HRTF/BRIR/HpTF的双耳渲染技术的应用前景广阔，为提升沉浸式体验提供了重要技术支持。在VR环境中，双耳渲染通过优化音频的声源定位线索，显著改善了用户的空间听觉体验。具体而言，在VR游戏等应用场景中，准确的声源定位和空间感对于营造真实感和提升交互质量至关重要，能够有效降低耳机重放过程中的声像畸变现象，如前后方向的镜像混淆，从而增强声音的方向性和真实感。在AR领域，双耳渲染技术的应用同样至关重要。AR技术通过在用户视野中融合虚拟信息，扩展了对现实世界的感知。双耳渲染技术在此过程中发挥着关键作用，确保通过耳机传递的声音与用户所处的现实环境相协调，实现声音与视觉信息的无缝对接。无论是在导航、教育还是工作协作等场景，都能提供更为自然和精确的听觉反馈，从而增强用户的感知体验。

8.1.2　3D"准"环绕声系统

这类系统是普通双声道立体声节目源的后处理系统，它们通过模拟不同方向的信号来仿真反射声和混响声，从而增加主观听觉上的空间感和包围感，达到模拟环绕声的目的。在实际重放中，由于对双通路立体声信号的处理改变了信号的频谱与相位，使双通路信号的相关性下降。对于各个位置的倾听者来说，低相关性的立体声信号难以在听觉中产生有确定位置的空间声像，从而产生一种类似于声音来自四面八方的包围感，所以系统起到的是"歪打正着"的效果。实际的倾听也表明，经过去相关处理的立体声信号对单独的声像定位较差，但主观的包围感增强。这类系统结构简单，在要求不够高的非专业场合和非专业设备上有一定的应用前景，如便携笔记本计算机的外放扬声器等。其基本原理的设计出发点是利用普通的双通路立体声信号的和与差各自所包含的不同空间信息。左右信号之和（M=L+R）主要包含前方的声音方向信息（如对白、各种直达声），这些声音有很强的相关性，会出现在立体声全景图的中心位置；而左右信号之差（S=L−R）主要包含两侧的立体声信息（如侧向反射等），这些声音不那么相关。通过调整S信号与M信号的比例关系，可以改变声像的宽度和包围感。具体操作如图8-2（a）所示。

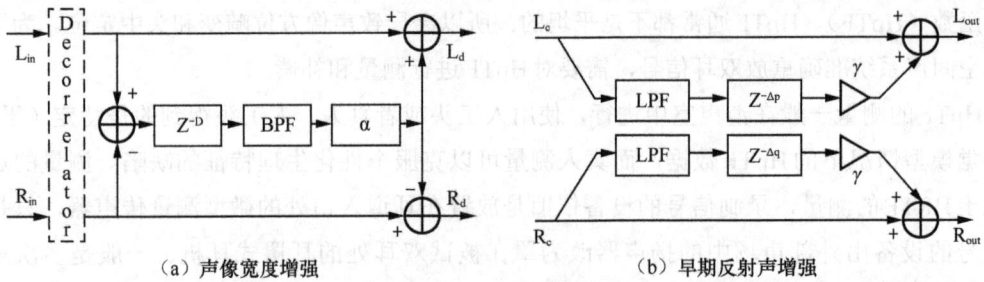

（a）声像宽度增强　　　　　　　　　　　（b）早期反射声增强

图8-2　3D"准"环绕声系统的空间感增强

输入的左右通道信号首先通过一个可选的去相关器，该去相关器由两个具有线性相位特性的全通滤波器组成，它们会在左右声道引入互补的相位变化。这种去相关器在立体声通道高度相关时非常有用，应用到单个通道的时候，可以减少声染色。然后，产生差分信号L-R。差分信号会在10～25ms内进行延迟处理，超过25ms可能会引入回声效应和更多的声染色，一般选择15ms作为最佳延迟时间。延迟后的差分信号通过一个带通滤波器（BPF）进行频率选择性的空间增强，带通滤波器的截止频率默认设置为250Hz（下限截止频率）和12kHz（上限截止频率）。带通滤波器的输出信号会乘以一个取值范围为0～1的幅度衰减参数 α，最后输出加到左声道，同时其反相信号加到右声道。上述立体声扩展系统能够有效地增强声音的空间感，减少耳机听觉中的"头中定位"效应，从而提供更加丰富和扩展的"准"环绕声体验。

减少头中定位的另一个可行方式就是增加非直达声的比例，可以通过使用前馈延迟网络来模拟早期反射声，以增强声音的外部化效果，如图8-2（b）所示。左右通道的信号各自通过一个低通滤波器，以模拟房间环境中墙壁对高频声音的吸收，类似的操作在著名的Schroder混响模型和Moorer混响模型中都能见到。低通信号接下来会进行延迟处理，选择的延迟参数 Δp 和 Δq 可以在5～10ms内变动，左右两个通道的延迟之间的差异定为3ms，以获得良好的空间感。最后乘以一个增益参数 γ，该参数的取值依据经验选择为0.5，用于控制反射声的强度。经过上述低通 - 延迟 - 衰减处理的左右通道信号，会和原始未经处理的左右通道信号相加，以此来减少通道间的相干性，同时保持信号质量。早期反射声模拟改善了头中定位效应，提升了对环境和空间的感知，可以应用于多种音频场景，包括音乐制作、电影后期制作、电子游戏声音设计及VR和AR中的声音渲染。

8.1.3　多通路环绕声的虚拟重放系统

该系统是在多通路环绕声重放中，采用基于听觉传递函数的虚拟声源方法，通过对HRTF的模拟，利用一对前方扬声器虚拟出前方的中央声道及后方的环绕声道扬声器，从而实现多通路声的两扬声器虚拟重放。但是这种方法，仍然存在听音区域窄和容易产生前后声像倒置的现象。因此它主要适用于由于条件限制而不宜直接采用多通路系统的场合。这种方法已用到5.1环绕声系统中。

以5.1环绕声的虚拟重放为例，系统的信号处理如图8-3所示。由于在正常的5.1通路重发中，前方左L，中C、右R和左环绕L_s、右环绕R_s 5路独立信号是分别馈送到相应的5只扬声器进行重放的。而在虚拟声重放系统中，5路信号经过处理，利用前方一对左右扬声器进行重放。两路重放信号可以写为

$$L' = L + 0.707C + \alpha_1 L_s + \beta_1 R_s$$
$$R' = L + 0.707C + \beta_2 L_s + \alpha_2 R_s$$

$$(8\text{-}1)$$

L、R信号是直接馈送到扬声器，以产生前方范围的立体声像分布。而C信号经-3dB衰减同时馈送左右扬声器。由式（8-1）得出，当其他信号$L=R=L_s=R_s=0$时，有$L'=R'=0.707C$，系统在正前方$\theta = 0°$产生声像，从而达到虚拟前方扬声器的目的。至于环绕声信号，经过一个2×2虚拟处理矩阵，然后再馈送到前方的扬声器对。该虚拟处理矩阵是整个虚拟重放处理系统的核心部分，是根据HRTF而设计的，用于虚拟环绕声信号L_s和R_s。进行类似于前述3D"准"环绕声系统的处理后，再馈送到扬声器，使前方的声像分布得到扩展。

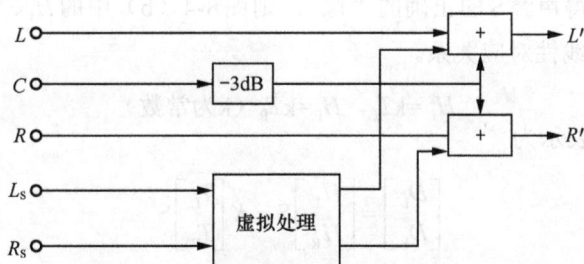

图8-3 5.1通路虚拟重放系统的信号处理

相对于多通路环绕声，虚拟环绕声由于只有两个通路，因此可以减少重放扬声器的数目，节省设备成本。另外，对于家庭居室空间较小而又希望享受"家庭影院"的用户来说，在相对狭小的空间放置五六只扬声器是不可忍受的，而且得到的效果也不见得好，虚拟环绕声系统使他们"家庭影院"的实现成为可能。

8.2 虚拟处理技术

8.2.1 虚拟处理技术的分析与实现

从前文的介绍，可以看出虚拟处理技术是整个虚拟空间声系统的核心部分，这个部分的设计影响到整个系统的性能和质量。基于耳机重放和扬声器重放的虚拟空间声系统在虚拟处理部分是有区别的，在这里以扬声器重放为例，来具体进行虚拟处理技术的原理分析。

如何借助两只实际存在的扬声器来重现三维空间声像，进行抽象和一般化，即可转化

为怎样用两只扬声器来虚拟某个空间位置上的声源，形成所谓的"幻觉声源"。为了得到虚拟声源的信号处理模型，先来看一个简单的对空间声源定位的数学模型。图8-4（a）是空间声源到人耳的传输示意，T_L和T_R分别是传输路径上的左、右HRTF；图8-4（b）是其声学系统的简易数学模型，H_L、H_R分别对应于左、右声道对声源信号S的响应，D_L、D_R是最终到达人耳的信号。

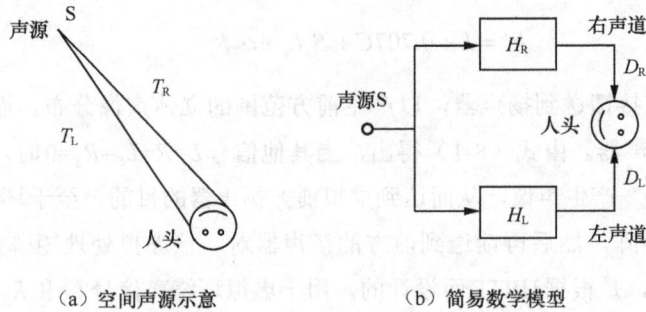

（a）空间声源示意　　　　　（b）简易数学模型

图8-4　空间声源定位

如果在大脑中获得声源S的正确的"像"，则图8-4（b）中的H_L、H_R分别与图8-4（a）中的T_L、T_R应该具有线性对应关系。

$$H_L = kT_L, \quad H_R = kT_R \text{（k为常数）} \tag{8-2}$$

用矩阵的形式可表示为

$$\begin{bmatrix} D_L \\ D_R \end{bmatrix} = \begin{bmatrix} H_L \\ H_R \end{bmatrix} S = K \begin{bmatrix} T_L \\ T_R \end{bmatrix} S \tag{8-3}$$

那么，当利用HRTF对空间声源的定位作用，通过两只扬声器来虚拟一个空间声源的时候，就可以得到图8-5所示的声学系统模型。图8-5（a）是用两只扬声器S_L、S_R来虚拟一个空间声源S_V的简单示意，图8-5（b）是其对应的信号处理模型，其中(T_{11}, T_{21})、(T_{12}, T_{22})分别代表左、右扬声器到双耳的HRTF，P是信号处理网络的传输矩阵，D_L、D_R是最终到达人耳的信号。

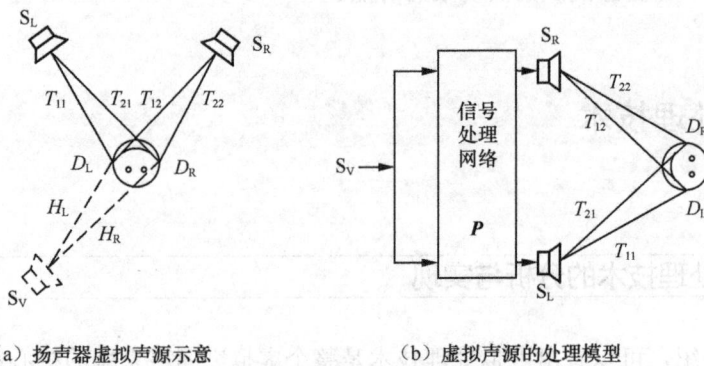

（a）扬声器虚拟声源示意　　　　　（b）虚拟声源的处理模型

图8-5　虚拟声源处理的声学系统模型

由图8-5（a）可以看到，到达人耳的理想信号是虚拟声源S_V经过其相应的虚拟方向上的HRTF对(H_L, H_R)的响应输出，因此系统的输出D_L、D_R应该与之呈现线性关系，即满足：

$$\begin{bmatrix} D_{\mathrm{L}} \\ D_{\mathrm{R}} \end{bmatrix} = \begin{bmatrix} H_{\mathrm{L}} \\ H_{\mathrm{R}} \end{bmatrix} \mathrm{k} S_{\mathrm{V}}, \quad \mathrm{k} 为常数 \tag{8-4}$$

又由图 8-5（b）知，D_{L}、D_{R} 是声源信号 S_{V} 先后经过信号处理网络 **P**（通常也称为控制滤波器）与实际扬声器到双耳的 HRTF 矩阵 **T** 的输出，写成数学表达式即为

$$\begin{bmatrix} D_{\mathrm{L}} \\ D_{\mathrm{R}} \end{bmatrix} = \begin{bmatrix} T_{11} & T_{12} \\ T_{21} & T_{22} \end{bmatrix} \boldsymbol{\cdot} \boldsymbol{P} S_{\mathrm{V}} \tag{8-5}$$

综合式（8-4）和式（8-5）有：

$$\begin{bmatrix} D_{\mathrm{L}} \\ D_{\mathrm{R}} \end{bmatrix} = \begin{bmatrix} T_{11} & T_{12} \\ T_{21} & T_{22} \end{bmatrix} \boldsymbol{\cdot} \boldsymbol{P} S_{\mathrm{V}} = \mathrm{k} \begin{bmatrix} H_{\mathrm{L}} \\ H_{\mathrm{R}} \end{bmatrix} S_{\mathrm{V}} \tag{8-6}$$

$$\begin{bmatrix} T_{11} & T_{12} \\ T_{21} & T_{22} \end{bmatrix} \boldsymbol{P} = \mathrm{k} \begin{bmatrix} H_{\mathrm{L}} \\ H_{\mathrm{R}} \end{bmatrix} \tag{8-7}$$

因此，可以得出

$$\boldsymbol{P} = \mathrm{k} \begin{bmatrix} T_{11} & T_{12} \\ T_{21} & T_{22} \end{bmatrix}^{-1} \begin{bmatrix} H_{\mathrm{L}} \\ H_{\mathrm{R}} \end{bmatrix} \tag{8-8}$$

由式（8-8）可以看出，信号处理网络所需要完成的主要功能有两个，即构造虚拟声源的传输函数、抵消实际扬声器的传递函数。

8.2.2　串音消除网络的实现

由以上的分析可以得出，虚拟处理技术可以分为两个部分：第一个部分是构造虚拟声源的传输函数，该部分非常简单，只需在两个声道上分别引用其相应的 HRTF 就可以完成，即

$$H = \begin{bmatrix} H_{\mathrm{L}} \\ H_{\mathrm{R}} \end{bmatrix} \tag{8-9}$$

而第二个部分就相对要困难得多，系统必须设计一个合适的网络恰好抵消实际扬声器到双耳的传输函数的影响，即使这段路径对声源是完全"透明"的。为此可以引入串音消除（Cross-talk Cancellation）的概念，希望通过设计一个合适的串音消除矩阵 **C** 来抵消实际传输路径的 HRTF。

由图 8-6 可以看出 **C** 是虚拟声源输出信号（X_{L}，X_{R}）到实际扬声器的输入信号（S_{L}，S_{R}）之间的传输矩阵，即

$$\begin{bmatrix} S_{\mathrm{L}} \\ S_{\mathrm{R}} \end{bmatrix} = \boldsymbol{C} \boldsymbol{\cdot} \begin{bmatrix} X_{\mathrm{L}} \\ X_{\mathrm{R}} \end{bmatrix} \tag{8-10}$$

由式（8-4）可得，

$$\begin{bmatrix} D_{\mathrm{L}} \\ D_{\mathrm{R}} \end{bmatrix} = \mathrm{k} \begin{bmatrix} H_{\mathrm{L}} \\ H_{\mathrm{R}} \end{bmatrix} S_{\mathrm{V}} = \mathrm{k} \begin{bmatrix} X_{\mathrm{L}} \\ X_{\mathrm{R}} \end{bmatrix} \tag{8-11}$$

又将式（8-5）改写成

$$\begin{bmatrix} D_L \\ D_R \end{bmatrix} = \boldsymbol{T} \cdot \boldsymbol{C} \cdot \begin{bmatrix} H_L \\ H_R \end{bmatrix} S_V = \boldsymbol{T} \cdot \boldsymbol{C} \cdot \begin{bmatrix} X_L \\ X_R \end{bmatrix} \tag{8-12}$$

综合式（8-11）和式（8-12）可得，

$$\boldsymbol{T} \cdot \boldsymbol{C} = \begin{bmatrix} T_{11} & T_{12} \\ T_{21} & T_{22} \end{bmatrix} \cdot \boldsymbol{C} = \mathrm{k}\boldsymbol{I} \tag{8-13}$$

其中，$\boldsymbol{I}$ 为单位矩阵，$\boldsymbol{I} = \begin{bmatrix} 1 & 0 \\ 0 & 1 \end{bmatrix}$，所以有

$$\boldsymbol{C} = \begin{bmatrix} T_{11} & T_{12} \\ T_{21} & T_{22} \end{bmatrix}^{-1} \tag{8-14}$$

因此可以知，串声消除矩阵 $\boldsymbol{C}$ 实际上就是扬声器传输矩阵 $\boldsymbol{T}$ 的逆矩阵。目前大量研究中多采用两种方法来实现 $\boldsymbol{C}$ 的设计方案。

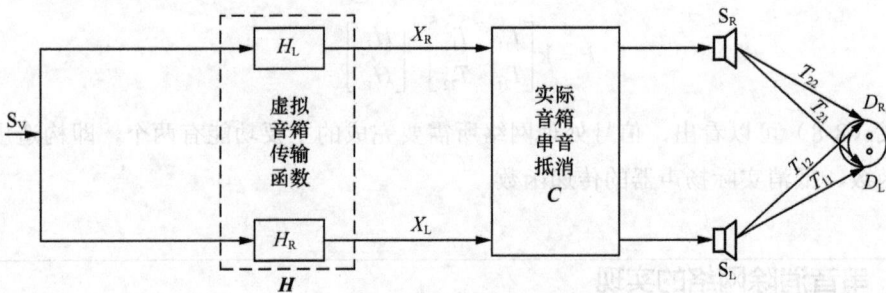

图 8-6　虚拟声源的信号处理模型

8.2.2.1　前向矩阵法

前向矩阵法是用滤波器直接实现 $\boldsymbol{C}$ 中元素的一种设计方法，如图 8-7 所示。

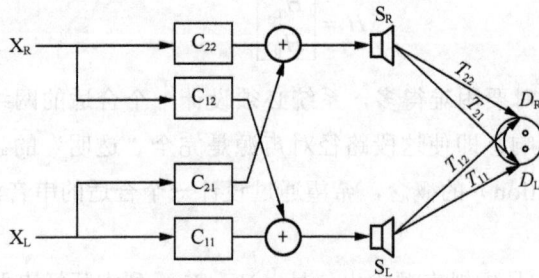

图 8-7　前向矩阵法

由图 8-7 可以看出，

$$\begin{bmatrix} D_L \\ D_R \end{bmatrix} = \begin{bmatrix} T_{11} & T_{12} \\ T_{21} & T_{22} \end{bmatrix} \begin{bmatrix} C_{11} & C_{12} \\ C_{21} & C_{22} \end{bmatrix} \begin{bmatrix} X_L \\ X_R \end{bmatrix} \tag{8-15}$$

则

$$\boldsymbol{C} = \begin{bmatrix} C_{11} & C_{12} \\ C_{21} & C_{22} \end{bmatrix} \tag{8-16}$$

通过滤波器设计的方法实现C_{11}、C_{12}、C_{21}、C_{22}，从而得到$\boldsymbol{C}$。这种方法中，含有虚拟声源空间信息的信号（即经过$\boldsymbol{H}$处理输出的信号）在播放之前用4个消除滤波器进行前向滤波，这4个滤波器的脉冲响应就构成串声消除矩阵的4个元素。由图8-7得出：

$$\begin{bmatrix} T_{11} & T_{12} \\ T_{21} & T_{22} \end{bmatrix}\begin{bmatrix} C_{11} & C_{12} \\ C_{21} & C_{22} \end{bmatrix}=\mathrm{k}\begin{bmatrix} 1 & 0 \\ 0 & 1 \end{bmatrix} \tag{8-17}$$

即
$$\boldsymbol{C}=\boldsymbol{T}^{-1}$$

$$\boldsymbol{C}=\begin{bmatrix} C_{11} & C_{12} \\ C_{21} & C_{22} \end{bmatrix}=\mathrm{k}\begin{bmatrix} T_{11} & T_{12} \\ T_{21} & T_{22} \end{bmatrix}^{-1}=\mathrm{k}\frac{1}{\nabla}\begin{bmatrix} T_{11} & -T_{12} \\ -T_{21} & T_{22} \end{bmatrix} \tag{8-18}$$

其中，$\nabla=T_{11}T_{22}-T_{12}T_{21}$。

由于T_{11}、T_{12}、T_{21}、T_{22}是实际扬声器路径上的传输函数，因此只要确定了扬声器的位置并计算出∇，就可以得到串声消除矩阵$\boldsymbol{C}$。

这种方法虽然简单直观，但由于这样设计的传输函数间相互影响很大，因此参数调整不灵活。另外由于串声消除矩阵中含有$\frac{1}{\nabla}$的项，因此很可能是非最小相位系统，这样C_{11}、C_{12}、C_{21}、C_{22}的稳定性和因果性都难以得到保证。

8.2.2.2　反馈法

解决前向矩阵法中串音消除矩阵的问题，主要就是要避免出现$\frac{1}{\nabla}$项，也就是要避免$\boldsymbol{T}^{-1}$计算，因此可以引入了一种反馈式的串声消除网络，设反馈矩阵为

$$\boldsymbol{F}=\begin{bmatrix} F_{11} & F_{12} \\ F_{21} & F_{22} \end{bmatrix} \tag{8-19}$$

前向传输矩阵为

$$\boldsymbol{Q}=\begin{bmatrix} Q_{11} & Q_{12} \\ Q_{21} & Q_{22} \end{bmatrix} \tag{8-20}$$

则串声消除网络的输出可以表示为

$$\begin{bmatrix} S_{\mathrm{L}} \\ S_{\mathrm{R}} \end{bmatrix}=\begin{bmatrix} F_{11} & F_{12} \\ F_{21} & F_{22} \end{bmatrix}\begin{bmatrix} S_{\mathrm{L}} \\ S_{\mathrm{R}} \end{bmatrix}+\begin{bmatrix} Q_{11} & Q_{12} \\ Q_{21} & Q_{22} \end{bmatrix}\begin{bmatrix} S_{\mathrm{L}} \\ S_{\mathrm{R}} \end{bmatrix} \tag{8-21}$$

写成向量的形式就是：

$$\vec{S}=\vec{F}\bullet\vec{S}+\vec{Q}\bullet\vec{X}$$
$$(\vec{I}-\vec{F})\bullet\vec{S}=\vec{Q}\bullet\vec{X} \tag{8-22}$$
$$\vec{S}=(\vec{I}-\vec{F})^{-1}\bullet\vec{Q}\bullet\vec{X}$$

即可以得到反馈式网络的消除矩阵，即

$$\boldsymbol{C}=(\boldsymbol{I}-\boldsymbol{F})^{-1}\bullet\boldsymbol{Q} \tag{8-23}$$

由式（8-23）可以看出反馈法串声消除矩阵网络又可以分成两个部分 $(I-F)^{-1}$ 和 Q，那么现在的问题就是如何合理地设计这两部分。由串声消除网络的定义可以知道，C 是扬声器传输矩阵 T 的逆矩阵。因此应该有：

$$\begin{aligned} (I-F)^{-1} \cdot Q &= T^{-1} \\ Q \cdot T &= I - F \\ F &= I - Q \cdot T \end{aligned}$$ (8-24)

即 $$\begin{bmatrix} F_{11} & F_{12} \\ F_{21} & F_{22} \end{bmatrix} = \begin{bmatrix} 1 & 0 \\ 0 & 1 \end{bmatrix} - \begin{bmatrix} Q_{11} & Q_{12} \\ Q_{21} & Q_{22} \end{bmatrix} \begin{bmatrix} T_{11} & T_{12} \\ T_{21} & T_{22} \end{bmatrix}$$ (8-25)

由式（8-21）可以看出，F_{11}、F_{22} 分别是 S_L、S_R 的自反馈系数，从系统设计优化的角度来看这两项应该为零。令

$$\begin{bmatrix} F_{11} & F_{12} \\ F_{21} & F_{22} \end{bmatrix} = \begin{bmatrix} 0 & f_1 \\ f_2 & 0 \end{bmatrix}$$ (8-26)

则式（8-25）中的 $\begin{bmatrix} Q_{11} & Q_{12} \\ Q_{21} & Q_{22} \end{bmatrix} \begin{bmatrix} F_{11} & F_{12} \\ F_{21} & F_{22} \end{bmatrix}$ 应为对角阵。为简化设计，再令

$$\begin{bmatrix} Q_{11} & Q_{12} \\ Q_{21} & Q_{22} \end{bmatrix} = \begin{bmatrix} \dfrac{1}{T_{11}} & 0 \\ 0 & \dfrac{1}{T_{22}} \end{bmatrix}$$ (8-27)

则可以推出

$$\begin{aligned} \begin{bmatrix} F_{11} & F_{12} \\ F_{21} & F_{22} \end{bmatrix} &= \begin{bmatrix} 1 & 0 \\ 0 & 1 \end{bmatrix} - \begin{bmatrix} \dfrac{1}{T_{11}} & 0 \\ 0 & \dfrac{1}{T_{22}} \end{bmatrix} \begin{bmatrix} T_{11} & T_{12} \\ T_{21} & T_{22} \end{bmatrix} \\ &= \begin{bmatrix} 1 & 0 \\ 0 & 1 \end{bmatrix} - \begin{bmatrix} 1 & \dfrac{T_{12}}{T_{11}} \\ \dfrac{T_{21}}{T_{22}} & 1 \end{bmatrix} \\ &= \begin{bmatrix} 0 & -\dfrac{T_{12}}{T_{11}} \\ -\dfrac{T_{21}}{T_{22}} & 0 \end{bmatrix} \end{aligned}$$ (8-28)

根据式（8-28）可以得到图8-8所示的反馈法信号处理系统，其中 $f_1 = -(T_{12}/T_{11})$，$f_2 = -(T_{21}/T_{22})$。因为扬声器传输函数 T_{12}、T_{11}、T_{21}、T_{22} 都是最小相位系统，所以 Q 和 F 也是最小相位系统，因而可以保证整个系统的稳定性。

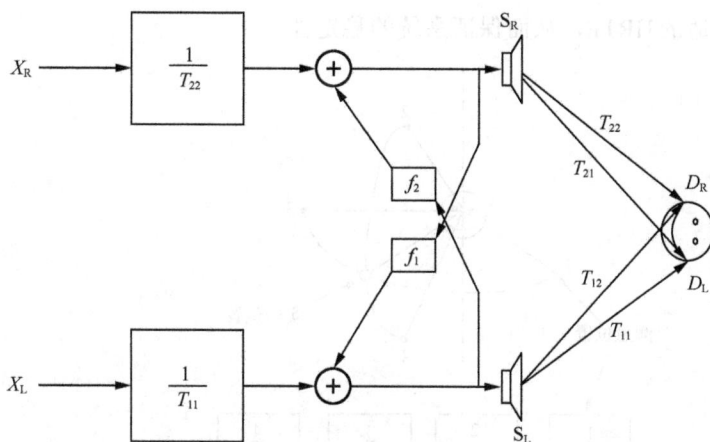

图 8-8　反馈法

以上的两种方法仅是在理论方面提出的方案，前向矩阵法设计的系统本身就存在稳定性和因果性的问题，即使使用反馈法得到的 Q 和 F 理论上都是最小相位系统，但是仍要采用适当的 HRTF 建模并通过相应的滤波器设计才能保证这一点。

8.3　虚拟空间声系统的稳定性

在前文的分析得知，整个虚拟处理系统都要基于 HRTF 来计算。由于 HRTF 是与声源到双耳的相对位置有关（特别是高频）。对确定的 HRTF，只能对应在某一个位置上能进行正确的声像定位。听音者偏离理想的听音位置将会导致严重的声像失真，所以虚拟环绕声系统的听音区域较窄。针对扬声器重放的虚拟空间声系统，如何来提升系统的稳定性，扩大听音区，可以分为两个子问题：一是当人头移动较大、偏离出均衡区时，如何进行头部跟踪，进行自适应处理；二是当人头发生无意识的微小移动时，如何扩大听音者附近的最佳听音均衡区域。

8.3.1　头部跟踪自适应法

人头发生较大移动时，原始的 HRTF 已经失效，因此需要计算出新位置处的 HRTF，从而得出新的控制滤波器。目前常用的方法是头部跟踪自适应法，如图 8-9 所示。该方法的核心部件是头部跟踪系统。头部跟踪系统包括信号源、传感器、设备电源、电子器件和蓝牙接口，用于将位置数据传递给计算机。目前跟踪技术中通常使用的传感器为惯性测量单元（IMU）、电磁式传感器或光学传感器。

这类传感器佩戴在听音者身上，尽量接近于头部。当人头发生移动时，传感器将监测听音者三维位置信息，并将位置信息传送给计算机。在合理的时间间隔内，计算机检测新的位置信息，并更新与听音者位置最吻合的 HRTF。若预先存储的 HRTF 较少，则采用内插算法来算出最合适的 HRTF，从而保证系统的稳定性。

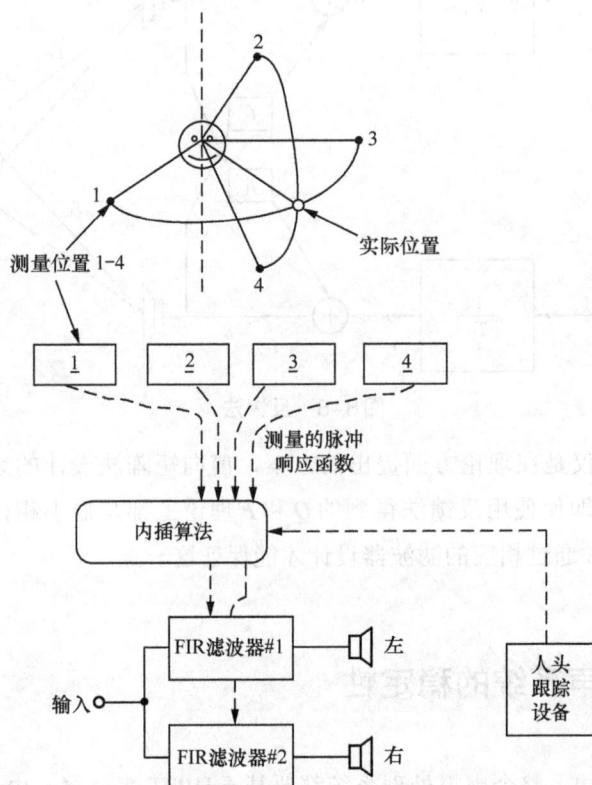

图8-9 头部跟踪自适应法

　　还有一种方法是基于视频的头部跟踪系统。在该系统中，使用摄像头来监视听音者的位置，而无须穿戴任何硬件设备。在使用摄像头时，同时可以进行图像处理的工作来进一步提高系统的精确度。其中的一种形式是在计算机中存储多套 HRTF 及每一个听音者的耳廓形状图。计算机通过比较听音者耳廓和存储耳廓的形状来选择最佳的 HRTF 进行及时的更新。

8.3.2　多分辨率频谱合成法

　　当人头发生无意识的微小移动时，可以通过扩大最佳听音均衡区来改善系统的稳定性问题。均衡区的扩展可以通过设计虚拟处理网络来进行，这样不仅对人的鼓膜处有效，还对人耳附近的空间也有效。实现的方法是改变串音消除滤波器的算法。传统方法得出的滤波器具有统一的频率分辨率，而现在得出的滤波器具有这样的特性：在低频段时，滤波器的频率分辨率较高，对低频的声音比较灵敏；随着频率的增加，频率分辨率在下降。这就是采用多分辨率频谱分析合成的方法来完成对虚拟处理网络的设计。因为房间相邻两点处的传递函数在低频很类似，而在高频有较大变化。此外当听音者发生微小偏移时，他的 HRTF 也仅在高频处发生变化。那么，随着频率的增大，滤波器的频率分辨率下降，就会使当频率升高时，滤波器可以忽略更多的信息，从而对更宽的区域有效。虽然可能会对依赖高频因素进行定位的效果有所削弱，但是这种定位因素相较于双耳效应而言要弱得多，因此并不会产生太多的影响。另外，这种方法也符合人耳的非均匀频谱分析特性，关于这一点可以引入临界频带的概念来进行详细阐述。人耳的听觉系统往往被描述成一组交叠的线性带通滤波器组。在描述人耳的频率选择性问题上，引入了临界频带的概念。这个概念首先由佛雷切（Fletcher）于 1940 年提出，其解释了宽带噪声是如何掩蔽窄带信号的。

如图 8-10 所示，当噪声以窄带信号为中心时，窄带信号的可听阈值（门限值）会增加。因此噪声在幅度上掩蔽了窄带信号。当噪声的带宽增加时，相应的窄带信号的可听阈值也在增加。但是当噪声的带宽增加到一定程度后，门限值就不会增加了，那么这个噪声的带宽就被称为临界频带，定义为 $\Delta F=$ 中心位于 F 的临界带宽。

临界频带的概念出现后，这样一种观点逐渐形成：人耳听觉系统是由一组彼此交叠的临界频

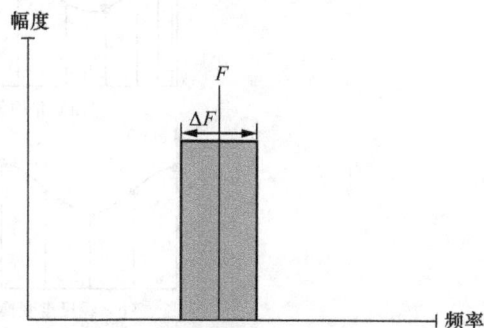

图 8-10　临界频带的示意

带组成的，相邻频带的交叠保证人耳的整个响应是平滑的，而每一个临界频带的频率响应是呈高斯分布的。由兹维克（Zwicker）使用响度实验等 5 种方法来测量临界带宽，由此可以看出临界带宽是中心频率的函数，而且在中心频率低于 500Hz 时，临界带宽基本保持在 100Hz，而随着中心频率的增加，临界带宽也在不断增加，约为中心频率的 20%。计算公式为

$$\Delta f_{CB}=25+75\left(1+1.4f^2\right)^{0.69}$$

其中，f 单位为 kHz，而 Δf_{CB} 单位为 Hz。图 8-11 显示了临界频带随频率的变化情况。

由此可以看出，人耳具有非均匀的频谱分析特性，随着频率的变化临界频带的宽度呈类似指数的变化，也正是基于这种特性提出了多分辨率频谱分析合成的方法。

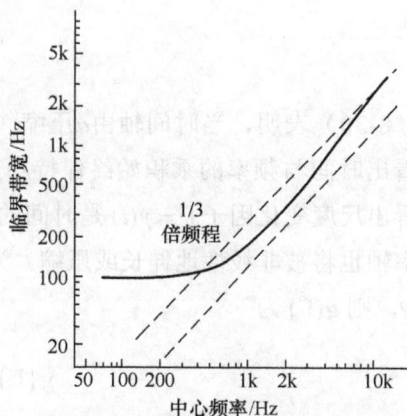

图 8-11　临界频带随频率的变化情况

8.3.2.1　时间频率尺度变换

多分辨率频谱分析合成法的实现就基于时间频率尺度变换的理论，因此首先对该理论进行简单的描述。

时间频率尺度（TFS）变换是根据克拉克（Clark）提出的一维非均匀取样理论和傅里叶变换的尺度变换特性而提出的。非均匀取样理论是这样的：只有一个自变量的限带函数 $f(t)$，在非均匀的取样点 t_n 上进行取样，是完全可以根据取样值进行重建的。也就是说有这样一个时间函数 $f(t)$，如果存在一一映射的连续尺度变换（伸长或缩短）因子 $\Gamma=\gamma(t)$ 将 $f(t)$

映射到 $g(\Gamma)$ 中，相应的取样点为 $nT=\gamma(t_n)$。这样 $f(t)$ 在时间轴 t 上得到了非均匀取样的取样值，而在时间轴 Γ 上得到了均匀取样的取样值。由于在时间轴 Γ 上是均匀取样的，所以标准的取样定律就可以使用了。通过图 8-12 可以清楚地看出 $f(t)$ 和 $g(\Gamma)$ 的关系。

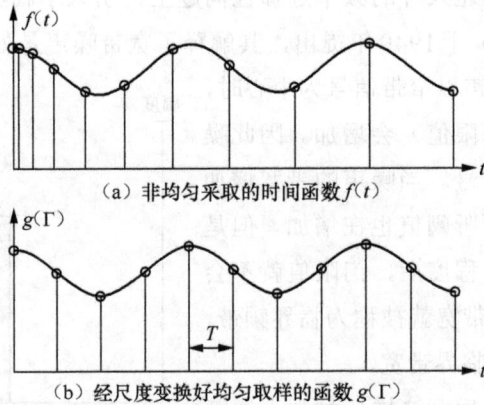

（a）非均匀采取的时间函数 $f(t)$

（b）经尺度变换好均匀取样的函数 $g(\Gamma)$

图 8-12　不同采样方式获取的信号

$$f(t) = \sum_{n=-\infty}^{\infty} f(t_n) \frac{\sin\left[\dfrac{\pi}{T}(\gamma(t)-nT)\right]}{\left[\dfrac{\pi}{T}(\gamma(t)-nT)\right]} \tag{8-29}$$

因此 $f(t)$ 可以根据它的非均匀取样值 $f(t_n)$ 进行重建，$f(t)$ 与频域信号的关系由傅里叶尺度变换特性给出，对于常数 α 来说，

$$f(\alpha t) = \frac{1}{\alpha} F\left(\frac{\omega}{\alpha}\right) \tag{8-30}$$

式（8-30）表明，当时间轴由 α 压缩（伸长）时，相应的频率轴由 α 伸长（压缩），由此可以看出时间与频率的乘积始终保持不变。将这种尺度特性应用到非均匀取样的函数上，可以看出尺度变化因子 $\Gamma=\gamma(t)$ 是时间的函数，并不只是进行了简单的线性伸长或压缩，因此频率轴也将被非线性地伸长或压缩。为了表达更清楚，假设对应于 t 和 Γ 的频率变量分别为 ω 和 Ω，则 $g(\Gamma)$ 为

$$g(\Gamma) = \frac{1}{2\pi} \int_{-\frac{\pi}{T}}^{\frac{\pi}{T}} G(\Omega) e^{j\Omega T} d\Omega \tag{8-31}$$

$$f(t) = \frac{1}{2\pi} \int_{-\frac{\pi}{T}}^{\frac{\pi}{T}} G(\Omega) e^{\frac{j\Omega\Gamma}{t}} d\Omega \tag{8-32}$$

$G(\Omega)$ 为 $g(\Gamma)$ 的傅里叶变换，而且可以看出 $g(\Gamma) = g(\gamma(t)) = f(t)$，所以令

$$\Omega = \frac{\omega\Gamma}{t} \tag{8-33}$$

式（8-32）又可写成

$$f(t) = \frac{1}{2\pi} \int_{\left(-\frac{\pi}{T}\right)\left(\frac{\pi}{t}\right)}^{\left(\frac{\pi}{T}\right)\left(\frac{\pi}{t}\right)} \frac{1}{\Gamma/t} G\left(\frac{\omega}{\Gamma/t}\right) e^{j\omega t} d\omega \qquad (8\text{-}34)$$

从式（8-34）可以看出，非均匀取样信号的分析频率和带宽都由比值 $\Gamma/t = \gamma(t)/t$ 来控制缩放。这个比值同样控制着 ω 和 Ω 之间的映射关系。由此可求出原始信号。

上述的理论可以运用到实际中来计算时间信号的多分辨率频谱。对于时间信号一般有两种情况：第一是处理的信号是均匀取样后的数字信号；第二是连续时间信号用块处理技术进行处理。

对于限带的均匀取样数字信号进行非均匀取样分析，常需要以下 3 步。

① 定义一个满足非均匀取样定理的一一映射的连续函数。

② 用第①步的映射函数对信号进行再取样。该操作可以使用内插算法或者使用运算速度更快的硬件再取样器。

③ 对非均匀取样函数在变换域中使用 FFT。

而原始信号的恢复首先求逆 FFT，然后对非均匀取样值进行再取样得到均匀取样值。对于连续时间信号来说，由于都是对数据块进行处理的，而且要在整个系统中使用非均匀频谱分析，所以将连续信号直接取样到非均匀取样域更好。这样的方法必须对每一个数据块分别进行非均匀取样处理，但就不需要再取样的操作了，通过直接对取样序列进行 FFT 操作就可以获得多分辨率频谱了。

8.3.2.2　计算机仿真实验

下面通过计算机仿真的方法来验证使用多分辨率频谱分析的方法是否可以提升系统的稳定性。仿真实验示意如图 8-13 所示。

输入信号 x 采用了 3 个不同频率的 512 点的均匀取样正弦波，频率分别为 400Hz、1kHz、12.5kHz。实验用两只扬声器 L 和 R 产生定位在扬声器 P 处的虚声源。各只扬声器的传递函数如图 8-13 所示。滤波器 W 的最佳值是使用自动声音控制方法来获得的。自动声音控制是为了消除噪声而提出的，在通路中叠加上逆噪声，进行正负抵消。在该系统中虚声源可由两点的自动噪声消除器来实现。这个消除器包括原始扬声器 P，两只实际再现扬声器 L 和 R 及两只放置在听音者耳道中的微型话筒。具体的操作是声音同时通过 L 和 R，P 重放，L 和 R 由两个自适应滤波器分别驱动，通过调节滤波器来使人鼓膜处的声压级最小。理论上当声压为零时，就获得自适应滤波器的最佳值。由此得出滤波器 W 最佳值为（频域表示）

$$W_{OPT} = \begin{bmatrix} W_{1OPT} \\ W_{2OPT} \end{bmatrix} = \begin{bmatrix} H_{LL} & H_{RL} \\ H_{LR} & H_{RR} \end{bmatrix}^{-1} \begin{bmatrix} H_{PL} \\ H_{PR} \end{bmatrix} \qquad (8\text{-}35)$$

从这个等式中可以看出，滤波器的长度要足够长以保证算法的实施。双耳处声压的衰减程度要依赖于滤波器 W 的长度。滤波器越长获得的衰减量就越大，因此虚拟声源的模拟效果就越好。

一方面，使用 FFT 求出式（8-35）所需的传递函数，从而使计算出的滤波器 W 具有统一的分辨率。另一方面，使用多分辨率变换方法获得相应的传递函数，使W具有多分辨率特性。为了显示使用多分辨率技术可获得性能的提升，采用了以下的实验方法。

5个传递函数，每个有512个取样值，通过EASE软件模拟计算得出。房间的尺寸为 L_x=5m，L_y=4m，L_z=3m，混响时间为0.3238s，双耳脉冲响应分别如下。

① h_{ll0}：从位于[1,3,1.5]一级声源到位于[2,1,1.5]的左耳。

② h_{ll1}：从位于[1,3,1.5]一级声源到位于[2,1,1.52]的左耳。

③ h_{lr0}：从位于[1,3,1.5]一级声源到位于[2.17,1,1.5]的右耳。

④ h_{lr1}：从位于[1,3,1.5]一级声源到位于[2.17,1,1.52]的右耳。

⑤ h_{rl0}：从位于[3,3,1.5]一级声源到位于[2,1,1.5]的左耳。

⑥ h_{rl1}：从位于[3,3,1.5]一级声源到位于[2,1,1.52]的左耳。

⑦ h_{rr0}：从位于[3,3,1.5]一级声源到位于[2.17,1,1.5]的右耳。

⑧ h_{rr1}：从位于[3,3,1.5]一级声源到位于[2.17,1,1.52]的右耳。

⑨ h_{pl}：从位于[1,1,1.5]二级声源到位于[2,1,1.5]的左耳。

⑩ h_{pr}：从位于[1,1,1.5]二级声源到位于[2.17,1,1.5]的右耳。

H_{LL1}、H_{LR1}、H_{RL1}和H_{RR1}分别代表了双耳垂直移动2cm后的传递函数。滤波器W的最佳值用双耳未移动位置时的传递函数来计算。

$$W_{OPT} = \begin{bmatrix} H_{LL0} & H_{RL0} \\ H_{LR0} & H_{RR0} \end{bmatrix}^{-1} \begin{bmatrix} H_{PL} \\ H_{PR} \end{bmatrix} \tag{8-36}$$

基于输入信号为512点的正弦信号，采用1024点的滤波器W_{opt}，它通过两种方法来实现，即使用统一分辨率的频谱分析和使用多分辨率的频谱分析。由图8-13可知，系统最后输出的误差函数为E（频域）。

$$\begin{aligned} E_L &= XH_{PL} - XW_{1OPT}H_{LL1} - XW_{2OPT}H_{RL1} \\ E_R &= XH_{PR} - XW_{1OPT}H_{LR1} - XW_{2OPT}H_{RR1} \end{aligned} \tag{8-37}$$

对正弦信号进行了两次仿真：一次使用了统一分辨率的W_{OPT}，另一次使用了多分辨率的W_{OPT}。仿真的结果就是计算误差函数的值（用dB表示）。对于多分辨率的频谱分析方法，采用的映射函数为 $\gamma(\bullet) = \log_b(\bullet)$，非均匀取样时间点$t_n = \gamma^{-1}(nT) = b^{nT}$，而相对应的均匀取样时间点为$\Gamma_n = \ln t_n = nT$，其中 T=1/44100。之所以采用指数函数，是根据在上几节中分析的人耳频谱分析特性做出的一种类似处理。

通过MATLAB计算机仿真后，得到了400Hz、1kHz、12.5kHz分别经统一分辨率滤波器和多分辨率滤波器处理的误差时频域图。为方便比较，对于统一分辨率滤波的结果简称为频域图、时域图，对

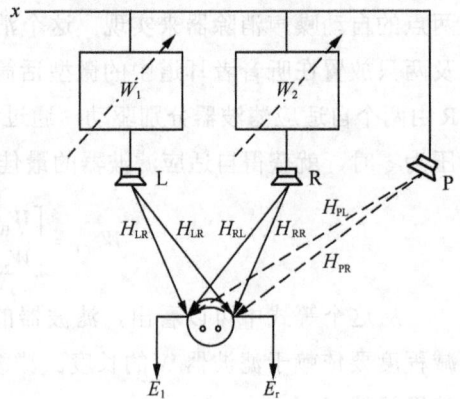

图8-13　仿真实验示意

于非统一分辨率滤波的结果称为频域变换图、时域变换图。对于频域图中横坐标为频域的样值点数，纵坐标为声压级（用dB来表示）；对于时域图横坐标为时域的样值点数，纵坐标为幅度值。结果如图8-14和图8-15所示。

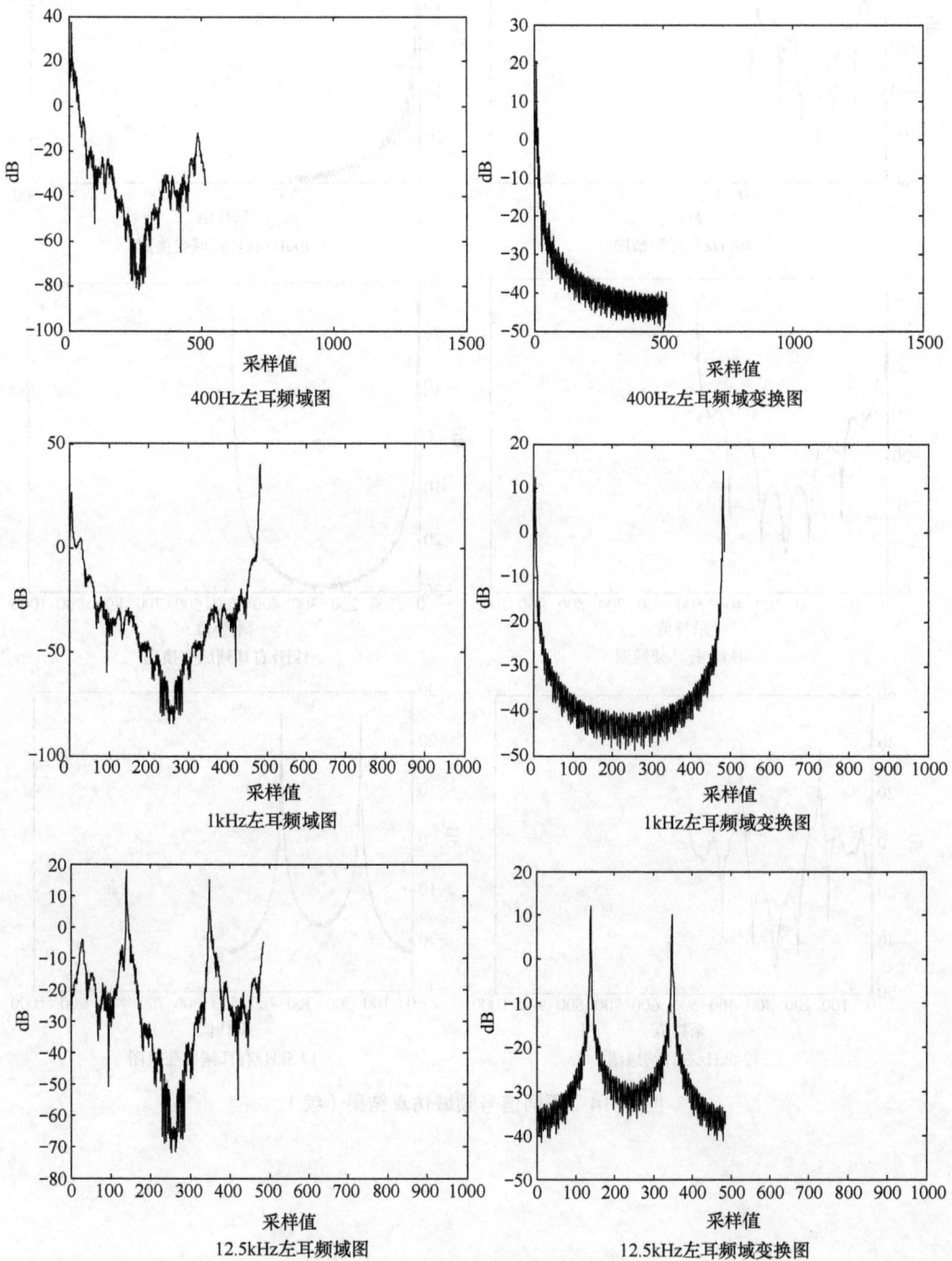

400Hz左耳频域图

400Hz左耳频域变换图

1kHz左耳频域图

1kHz左耳频域变换图

12.5kHz左耳频域图

12.5kHz左耳频域变换图

图8-14　不同信号频域仿真结果

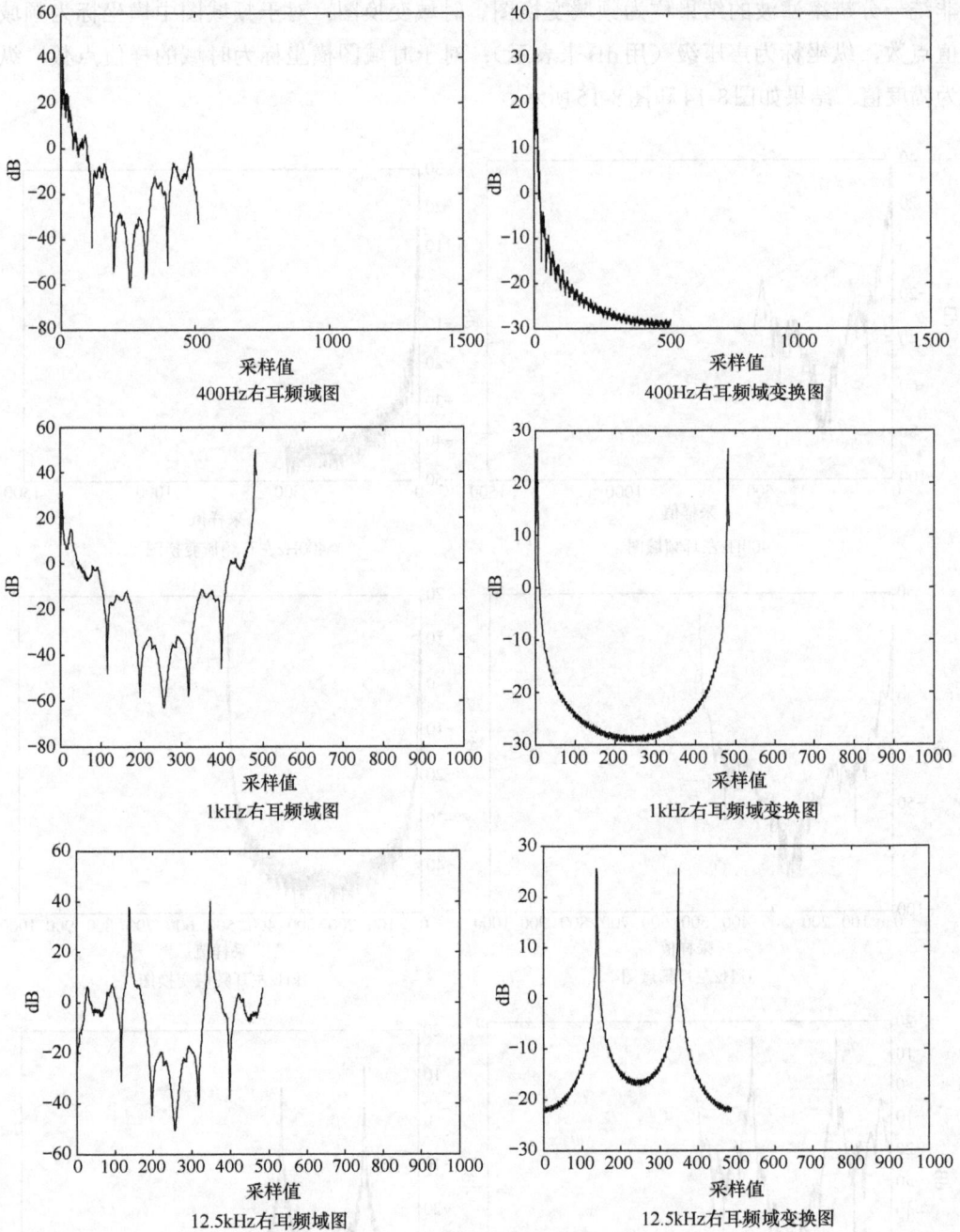

400Hz右耳频域图

400Hz右耳频域变换图

1kHz右耳频域图

1kHz右耳频域变换图

12.5kHz右耳频域图

12.5kHz右耳频域变换图

图8-14　不同信号频域仿真结果（续）

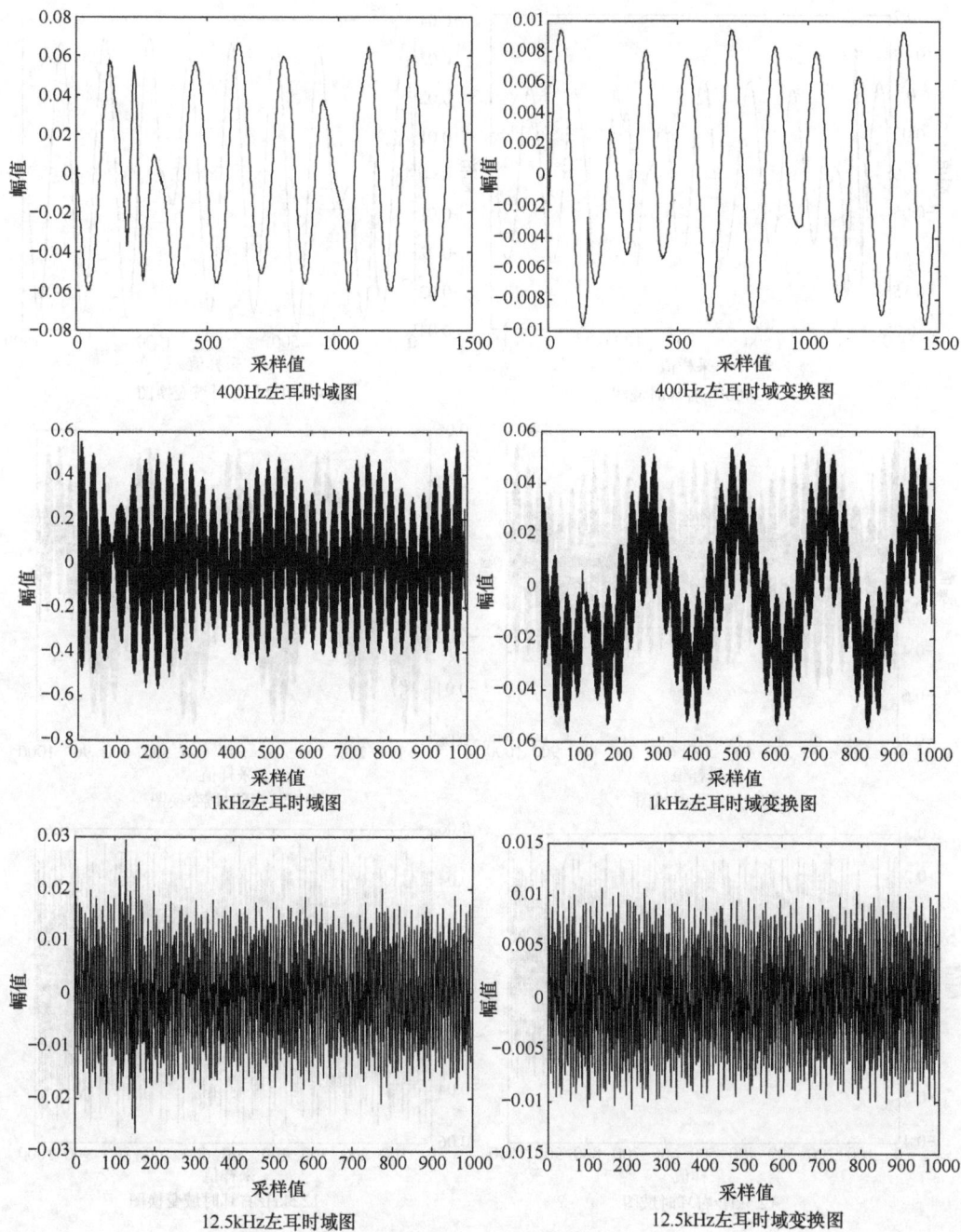

图8-15　不同信号时域仿真结果

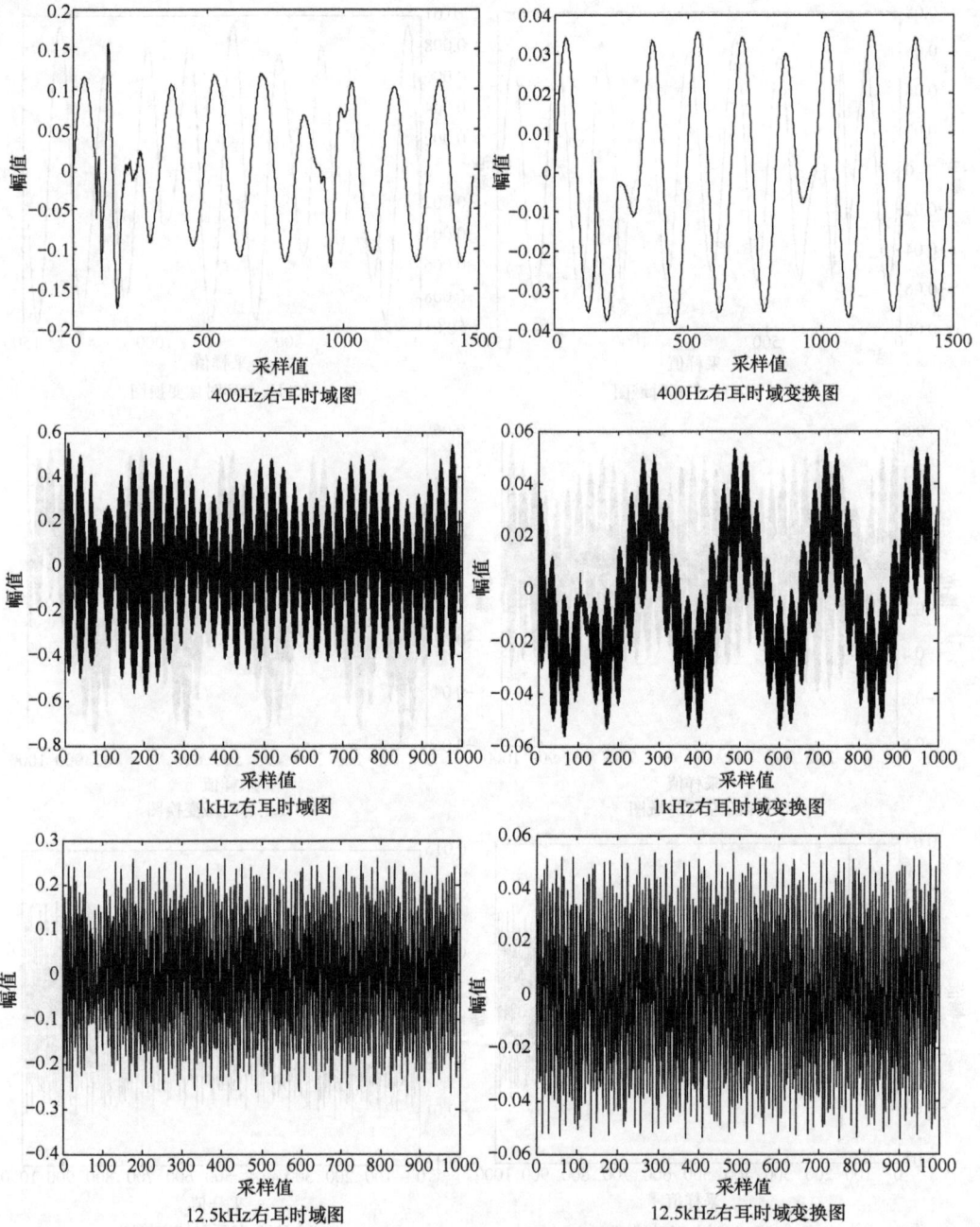

400Hz右耳时域图

400Hz右耳时域变换图

1kHz右耳时域图

1kHz右耳时域变换图

12.5kHz右耳时域图

12.5kHz右耳时域变换图

图8-15　不同信号时域仿真结果（续）

由于时域仿真结果看起来不是很直观，因此对时域图中的样值进行了绝对值求和的运算，通过得出的数据来比较经两种不同方法算出的误差总值（如表8-1所示）。

表8-1　时域样值绝对值求和

左耳

频率/Hz	FFT	多分辨
400	50.88	7.47

频率/Hz	FFT	多分辨
1k	83.69	4.48
12.5k	7.95	4.14

右耳

频率/Hz	FFT	多分辨
400	96.11	30.68
1k	266.34	22.19
12.5k	107.34	22.03

从结果及统计数字中可以看出以下内容。

① 对于 3 种不同频率的输入信号，无论频率高低，由误差频谱图可以看出使用了多分辨率的方法可以起到频谱均衡平滑的作用。即使出现峰值也仅在几个取样值的范围内，人耳几乎无法察觉到，因此这种作用对于人耳发生微小的移动后，提升系统的稳定性起到非常重要的作用。

② 对比同一输入信号经两种不同方法的误差频谱图可以看出，使用多分辨率方法后频谱图中的峰值都比使用统一分辨率方法的峰值有所降低，因此可以看出使用多分辨率方法对于误差频域性能有所改善。

③ 由表 8-1 可以看出，使用多分辨率频谱分析合成方法计算得出的总误差绝对值的总和大幅度减少，显然使用多分辨率方法后对应于误差时域的性能也有所改善。

④这个仿真实验只是定性地说明了多分辨率方法有助于系统稳定性的提升，至于定量的分析还需要进一步进行研究。

8.3.3 最佳扬声器摆位法

在前文中，曾给出了用前向矩阵法来构成串音消除滤波器，如图 8-16 所示。

为使原始信号 P_L、P_R 能够在人耳处真实重现，串音消除网络 C 应该是实际扬声器传输函数矩阵 T 的逆。传递函数矩阵 T 是由扬声器和人头所在的位置来决定的，当人头未发生偏移时，定义此时的传递函数矩阵 T 为"理想矩阵"，用 T_0 来表示。因此在理想情况下，当 $H = T_0^{-1}$ 时原始的声音可以在人耳处得到真实再现。但是在实际上，往往因为人头偏移原始位置，或者因为不同的人具有不同的头部传递函数，导致实际的传递函数矩阵 T 并不等于"理想矩阵" T_0。

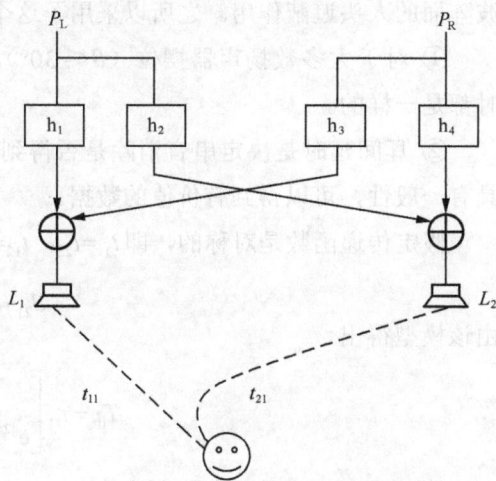

图 8-16 用前向矩阵法构成串音消除滤波器

因此将考虑这样一个问题：当实际的传递函数矩阵 T 与 T_0 不同时，如何通过改善扬声器摆位来有效地实现串音消除，从而提升系统的稳定性。

8.3.3.1 串音消除增强的定义

为了简化问题，在分析串音消除的问题时仅考虑线性系统。实际的传递函数 T 与 T_0 之间的差值，可以被看作传递函数矩阵 T 的干扰成分。根据线性系统理论，系统中对于 T 的干扰成分的消除是由矩阵的状态数来反映的，状态数的定义为（假设 T 为复矩阵）

$$\text{cond}\{T\} = \frac{\sigma_{\max}\sqrt{T \cdot T^H}}{\sigma_{\min}\sqrt{T \cdot T^H}} \tag{8-38}$$

其中，$\sigma_{\max}$ 和 $\sigma_{\min}$ 分别表示矩阵 T 的最大和最小奇异值，T^H 表示矩阵 T 的共轭转置。当 T 为条件不足矩阵（ilL-conditioned matrix）时，矩阵不可逆，因此根据 $H = T^{-1}$，可以看出 H 根本无法计算而始终无法使串音消除得到增强。又根据条件不足矩阵的定义：如果矩阵状态数非常大时，矩阵称为条件不足矩阵。由此式（8-38）可以作为串音消除能否得到增强的测量依据。最终的目的就是找到合适的扬声器摆位使得 $\text{cond}\{T\}$ 为最小，从而串音得到最大程度的消除，进而提升系统的稳定性。

8.3.3.2 传递函数矩阵的分析

假设左扬声器到人耳（左 右）间的传递函数为：

$$t_{1n} = e^{j2\pi\lambda^{-1}d_{1n}}, \quad n = 1,2 \tag{8-39}$$

其中，λ 为波长，d_{11} 表示为左扬声器到左耳的距离，d_{12} 表示左扬声器到右耳的距离（同样的可得 t_{2n} 和 d_{2n}）。为了简化讨论，由式（8-39）可以看出从扬声器到人耳之间传输路径上只用衰减和延时来建模，而忽略了从扬声器到人耳间由空气的吸收等造成的衰减及影响声波波阵面的人头遮蔽作用。之所以采用了这个模型是基于以下原因。

① 对于大多数扬声器摆位（$\theta \leqslant 30°$），人头无论用空间两点还是球形来代替，耳间延时都是一样的。

② 耳间延时是决定串音消除是否得到增强最重要的因素，因此使用如此简单的模型也具有一般性，可以得到有价值的数据。

假定传递函数是对称的，即 $t_{11} = t_{22}$，$t_{12} = t_{21}$。双耳的路程差用 Δ 来表示，则

$$d_{21} = d_{11} + \Delta \tag{8-40}$$

由该模型得出

$$T_0 = t_{11}\begin{bmatrix} 1 & e^{j2\pi\lambda^{-1}\Delta} \\ e^{j2\pi\lambda^{-1}\Delta} & 1 \end{bmatrix} \tag{8-41}$$

可以看出，对于某个频率的信号，Δ 为自变量，有

$$\boldsymbol{T}_0 \cdot \boldsymbol{T}_0' = 2\left|t_{11}\right|^2 \cdot \begin{bmatrix} 1 & \cos(2\pi\lambda^{-1}\Delta) \\ \cos(2\pi\lambda^{-1}\Delta) & 1 \end{bmatrix} \tag{8-42}$$

由式（8-38）知道当 $\mathrm{cond}\{\boldsymbol{T}_0\}$ 为最小时，串音消除得到最大的增强；当 $\mathrm{cond}\{\boldsymbol{T}_0\}$ 为最大时，串音消除得到减弱。由式（8-42）可以很简单地看出，为使 $\mathrm{cond}\{\boldsymbol{T}_0\}$ 为最小，则 $\cos(2\pi\lambda^{-1}\Delta) = 0$，若使得 $\mathrm{cond}\{\boldsymbol{T}_0\}$ 为最大，则 $\cos(2\pi\lambda^{-1}\Delta) = \pm1$。

所以，当 Δ 为自变量时，可以得到系统串音消除得到增强和减弱时 Δ 的取值。

$$\arg\min_{\Delta}\mathrm{cond}\{\boldsymbol{T}_0\} = \frac{\lambda}{4} + p\bullet\left(\frac{\lambda}{2}\right)（增强） \tag{8-43}$$

$$\arg\max_{\Delta}\mathrm{cond}\{\boldsymbol{T}_0\} = q\bullet\left(\frac{\lambda}{2}\right)（减弱） \tag{8-44}$$

其中，p 和 q 分别为整数。

式（8-43）和式（8-44）分别给出了当系统的串音消除得到增强和减弱时所对应的 Δ 值，下面的任务是找到 Δ 与扬声器摆位的关系。

8.3.3.3　最佳的扬声器摆位

如图 8-16 所示，假设扬声器 L_1 到人头中心距离为 x，角度为 θ，对应的扬声器 L_2 位于 $(x, -\theta)$，则扬声器距离左耳的距离为

$$d_{11} = x\sqrt{1 - \frac{2r_H\sin\theta}{x} + \frac{r_H^2}{x^2}} \approx x\left(1 - \frac{r_H\sin\theta}{x} + \frac{r_H^2}{x^2}\right) \tag{8-45}$$

其中，r_H 为人头半径。类似有

$$d_{21} \approx x\left(1 + \frac{r_H\sin\theta}{x} + \frac{r_H^2}{x^2}\right) \tag{8-46}$$

且

$$d_{21} = d_{11} + \Delta$$

$$\sin\theta \approx \frac{\Delta}{2r_H} \tag{8-47}$$

由式（8-43）～式（8-47），可以得到最佳的扬声器摆位。

$$\sin\theta = \frac{(2p+1)\lambda}{8r_H} \quad （串音消除增强） \tag{8-48}$$

同理

$$\sin\theta \approx \frac{q\lambda}{4r_H} \quad （串音消除减弱） \tag{8-49}$$

假设 $r_H = 0.0875\mathrm{m}$，考虑最实用的情况，取 $p=0$，$q=1$，则

$$\sin\theta = \lambda/0.7 \quad （增强） \tag{8-50}$$

$$\sin\theta = \lambda/0.35 \quad （减弱） \tag{8-51}$$

根据式（8-50）式（8-51），可以获得的扬声器摆位，如图 8-17 所示。图中虚线表示

串音消除减弱曲线，实线表示串音消除增强曲线。

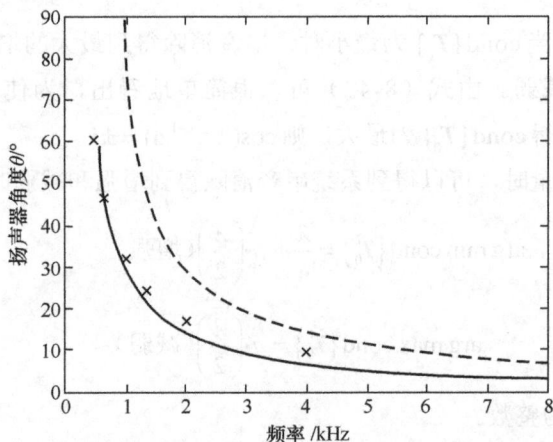

图8-17   随扬声器角度变化的串音消除增强曲线和减弱曲线

很多研究都在探讨关于如何通过扬声器摆位来增强串音消除，从而提升系统的稳定性的问题。例如，O.柯克比（O.Kirkeby）等人在1998年提出使用"立体声偶极子"的摆位方式；D.B.沃德（D.B.Ward）等人也在1998年发表了相关的论文。综合来看关于扬声器最佳摆位的结论大致相同，图8-17中的"×"是D.B.沃德等人得出的扬声器最佳摆位，他们采用了球形人头模型进行计算，因此也说明使用空间两点来模拟人耳的简便方法是可行的。

由图可以看出对于高频信号来说（$f > 4\text{kHz}$），扬声器摆位在 ±5° 为最佳，但是对于低频信号则需要较宽角度的扬声器摆位，因此扬声器的摆位夹角应随着频率的改变而改变。总的来说，对于低频信号扬声器夹角为 ±20° 为佳，对于高频信号扬声器夹角为 ±5° 为佳，而对于虚线所对应的扬声器夹角是应该尽力避免的。

8.4 VR中的虚拟空间声

空间音频可以创建环境、声音或声音景观，提供关于周围环境的信息，因此在构建感知虚拟空间的虚拟现实应用中发挥关键作用。由于VR对设备的便携性和灵活性有较高要求，头戴式设备是目前的主流，如图8-18所示，所以基于多通道扬声器系统的真实空间音频重放受到了很大的限制。而仅需一对耳机就可以重放的虚拟空间声系统则备受青睐，因为它极其便携，很容易就能集成到头戴式设备中，在VR中的实际应用非常广泛，增强了用户的沉浸感，提供了更加真实的体验。

当然，在VR应用中，将耳机集成到头戴式设备的解决方案与独立的多通道扬声器系统各自具有不同的优势和劣势，这

图8-18 头戴式VR设备

些优劣取决于多种因素，包括用户体验、成本、便携性、环境限制和特定的应用需求。例如，家庭娱乐或个人游戏可能更倾向于使用集成耳机的头戴式设备，而公共 VR 体验中心或专业培训可能更倾向于使用多通道扬声器系统。随着技术的发展，这些优劣可能会发生变化，如虚拟空间声技术的进步会提高耳机的空间感，而无线扬声器技术的发展会提高扬声器系统的便携性。

8.4.1　VR 音频发展现状

目前，空间音频技术在 VR 中的发展呈现出多样性。其中，Ambisonics 技术作为一个开放标准，将声音通过球谐函数解码，匹配到虚拟扬声器，这些虚拟扬声器可以重新配置到任何重放设备中，无论是耳机还是扬声器系统。这种优势使 Ambisonics 成为 VR 中空间音频的首选，如 Facebook、Steam 和 Youtube 等在线平台都有自己开发的基于 Ambisonics 的虚拟空间声系统。然而，由于计算复杂度和运行速度的限制，这些在线平台中的大多数只支持一阶 Ambisonics（FOA）的重放，与高阶 Ambisonics（HOA）相比，仍然缺乏深度和现实感。杜比全景声（Dolby Atmos）通常用于电影院和高端家庭影院系统，在 VR 中也有应用。但是因为它是需要付费的专有解决方案，所以在虚拟空间声系统的学术研究中出现频次很低，商业应用的普及程度也不如 Ambisonics。MPEG-H 3D Audio 则是目前 VR 中空间音频的标准编解码器，支持多种空间音频格式，包括声道、对象和 HOA，并能够编码元数据。

虚拟空间声系统在 VR 中已经从实验阶段过渡到实际应用阶段。就软件算法而言，除上述的 Ambisonics 和 MPEG-H 这些标准技术以外，头部追踪技术已经足够成熟，能够精确地捕捉用户的头部位置和方向，从而实时调整声音的方位。3D 音效渲染技术也在不断进步，能够模拟声音在三维空间中的传播，包括声音的反射、衰减和混响。就硬件设备而言，VR 头显制造商正在集成更高级的空间音频处理硬件，以提供更自然的听觉体验。例如，一些头显如 Oculus Rift 和 HTC Vive 等配备了高质量的耳机，能够提供内置的空间音频支持，如环绕声效果和头部追踪。一些高端 VR 设备还支持外部音频设备，如专业的空间音频耳机，以进一步提升音质和空间感。

当下出现了多种软件工具和平台，使 VR 音频制作越来越便捷和灵活。对于 VR 电影等制作领域，仍在以传统的音频工作站为核心，通过各种效果插件的使用完成制作。现在主流的音频工作站，如 ProTools HD、Nuendo、Reaper 等，只要能支持多路母线输出的工作站都可用于 VR 声音制作。VR 声音制作的重点是在三维空间内的声像定位和三维空间感处理，这需要单独的三维声插件来完成。不同的公司都推出了相应的制作插件，为混音师提供各种后期制作功能，如杜比公司的全景声软件（Dolby Atmos for VR），NoiseMakers 公司的 Ambi Pan 和 Ambi Head，Waves 公司的 Waves Nx 和 Google 公司的 Resonance Audio 等。这些插件通常包括 Ambisonics 格式转换、空间声像处理及双耳渲染等功能，为混音师提供了极大的便利条件。

在 VR 游戏制作领域，Unity 3D 等游戏开发平台及 Wwise 等游戏在 VR 音频技术的开发中扮演着至关重要的角色。Unity 3D 是一个广泛使用的实时 3D 游戏开发平台，它提供了强大的内置音频系统，支持空间音频的处理，允许开发者在 3D 空间中精确地定位和操纵声音。Unity 3D 支持多种空间音频插件，如 Meta XR audio 和 Microsoft HRTF Spatializer，这些插件能够在 VR 环境中提供更加真实的声音体验。其音频系统可以通过 Audio Listener 和 Audio Source 组件来调节声音的增益，实现基于距离和角度的声音变化，从而增强用户的沉浸感。如图 8-19 所示，在 Audio Source 组件中，可以调整空间混合、立体声像等属性，来定制音频源的空间效果。这些属性可以帮助开发者控制声音在虚拟空间中的传播和衰减，以适应不同 VR 设备的空间音频需求。

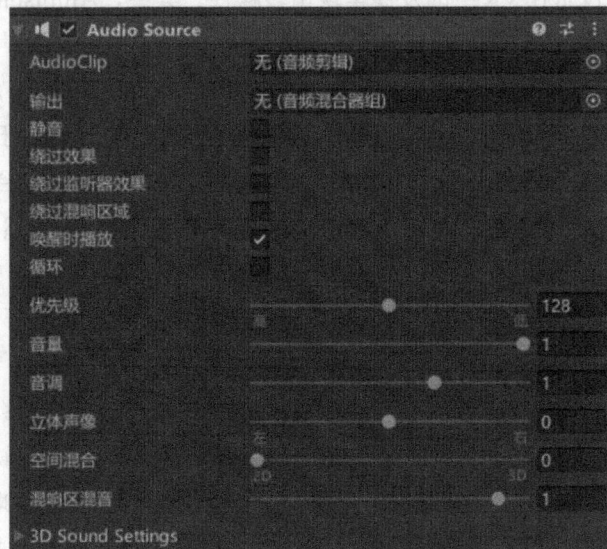

图 8-19　Unity 3D 的 Audio Source 组件界面

Wwise 是一个专业的音频引擎，专门设计用于游戏和多媒体应用。它提供了一套完整的音频解决方案，包括声音设计、编辑、实施和优化。在 VR 音频开发中，Wwise 能够处理复杂的音频逻辑，如动态音景、交互式音乐和声音效果。Wwise 支持 3D 音频和空间化技术，允许开发者创建基于用户头部位置的声音效果，实现精确的声音定位。Wwise 还提供了音频优化工具，如混响、延迟和滤波器，这些都是在 VR 体验中创造真实感所必需的。此外，Wwise 还提供了对早期反射和全局属性的支持，这些功能在 Wwise 中可以通过全局属性进行控制，以增强空间化效果。

随着空间音频技术的发展，不同 VR 系统和设备之间的兼容性和互操作性问题也在逐渐得到解决。例如，一些空间音频格式已经被标准化组织采纳，以确保不同设备之间的兼容性。VR 系统开始支持用户个性化设置，允许用户根据自己的偏好调整音频体验。虚拟空间声在 VR 中的应用领域正在从游戏和娱乐扩展到教育、医疗、训练模拟和其他专业领域。预计未来在虚拟现实领域中可能会出现更多创新的音频格式、编解码器和硬件解决方案，以进一步提升用户体验。随着 VR 和 AR 技术的融合，虚拟空间声可能会成为元宇宙（Metaverse）等新兴平台的关键技术之一。

8.4.2　VR音频的关键技术及制作流程

8.4.2.1　关键技术

在 VR 中，音频技术是创造沉浸式体验的关键组成部分。这些技术通过模拟声音在三维空间中的自然传播，包括其方向、距离和环境特性，来增强用户的感知。虚拟空间声系统的应用主要通过以下几个关键音频技术来增强用户的沉浸感。

1. 声音设计

利用空间音频技术模拟声音在三维空间中的传播，使体验者感受到来自各个方向的声音，从而增强场景的沉浸感和真实感。其中很重要的是与用户的音频交互，即根据用户的交互和行为动态调整音频内容，如当用户接近或远离某个虚拟对象时，声音的音量和音调也会相应变化。使用声音来引导用户的注意力和行动，如通过声音提示来引导用户探索特定的方向或区域。开发者使用如 Wwise、FMOD 等音频中间件，可以创建复杂的声音逻辑和交互，以及与游戏引擎（如 Unity 和 Unreal）的集成，实现声音的空间化和动态处理。

2. 头部追踪技术与位置跟踪技术

通过头部追踪技术，VR 系统能够实时捕捉用户的头部位置和角度，并根据这些信息计算声音在空间中的位置和方向，使用户能够听到来自不同方向的声音，并感受到声源的距离和空间位置。而在 AR 应用中，则还得确保虚拟声音能够正确地从真实位置空间化，因此需要跟踪用户的位置、方向及与音频源的相对姿势。常用的跟踪技术包括视觉跟踪、惯性传感器跟踪和 GPS 跟踪。

3. 个性化 HRTF

HRTF 能够增强声音的沉浸感和方向感，尤其是基于用户个人生理数据的个性化 HRTF 可以提供最准确的声源定位和空间感知，但在实际应用中，尤其是在消费级市场，个性化 HRTF 并不常见。个性化 HRTF 需要对每个用户的头部和耳朵进行详细测量，这通常需要专业的设备和环境，成本较高。VR 设备制造商会使用基于大量用户平均数据的通用 HRTF。尽管如此，随着技术的进步和用户对沉浸式体验需求的增加，个性化 HRTF 可能会在未来变得更加普及。一些公司正在开发使用 3D 扫描技术来测量用户的头部和耳朵形状，以创建个性化 HRTF。这些扫描可以通过手机应用程序或专用硬件完成，从而降低了成本和复杂性。有些应用甚至尝试通过使用手机的内置麦克风和扬声器来测量用户的个性化 HRTF，用户可以通过简单的校准过程来获取个性化的音频配置文件。

4. 空间音频渲染

空间音频渲染模拟声音在三维空间中的传播和行为，以提供与视觉体验相匹配的听觉体验。这种技术使用户能够通过声音的方向、距离、强度和质量来感知虚拟环境中的物体和事件。目前已经有专业的音频引擎和工具（如 Wwise、FMOD 或 Unity）来设计和实现空间音频效果。为了模拟真实世界的听觉感知，VR 系统在渲染虚拟声音时应考虑房间的声学特性。常见的方法是获取房间环境的脉冲响应，描述房间如何影响声音的传播过程。声音渲染需要实时处理，以迅速响应用户头部的移动和虚拟环境的变化。

5. 音频与视频的同步

在 VR 制作中，音频与视频的同步至关重要。如果音频与视频不同步，将严重影响用户的沉浸感。因此，需要通过专业的音视频同步工具或插件来确保音频轨道与视频轨道精确对齐。

8.4.2.2 制作流程

VR 音频制作的全链路包括制作端、传输端和重放端，如图 8-20 所示。

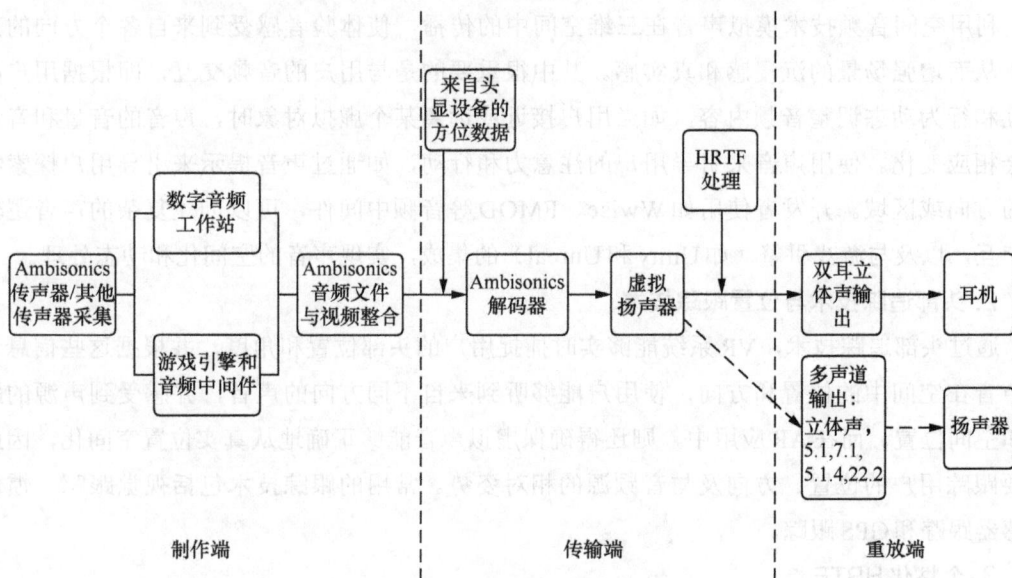

图 8-20 VR 音频制作的全链路

对于前期拾音环节，不同节目的拾取有着不同的要求。如果对于 VR 电影而言，有对白的拾音、音响效果和环境声的拾音及后期制作时的自动对白替换（ADR）录音、拟音等。而对于现在流媒体平台上制作的 VR 节目可能就设置一组传声器进行拾取即可。VR 视频拍摄与传统视频不同，通常使用特制的摄像机阵列或全景摄像机进行视频采集，并通过后期拼接来合成 360° 空间影像。针对 VR 视频拍摄的特殊性，同期声录制主要采用两种拾音模式：第一种是采用双耳拾音（Binaural Recording）技术的人工头或类人工头拾音，如图 8-21 所示；第二种是采用 Ambisonics 传声器拾音。

人工头拾音的优点是简单便携，操作简便。图 8-21 右侧的四方双耳立体声（QB）传声器，由指向 0°、90°、180° 和 270° 的 4 组双耳立体声传声器组成，从而与 360° 的视频视角相匹配。尽管这款 QB 传声器考虑了水平面视角转换时

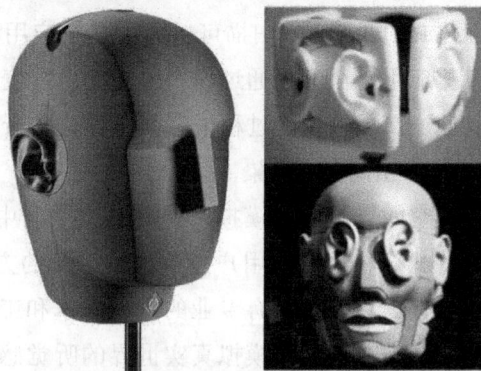

图 8-21 人工头或类人工头拾音传声器

音频信号的转换，但是在垂直面上并没有这样的转换。而且 QB 传声器随着视角转换两组双耳传声器混合时会出现相位抵消的问题，导致衔接部分声场定位不清晰。

从跟随 VR 视角转换实时更新音频信号的角度，Ambisnoics 技术确实存在极大的优越性，因此一阶 Ambisnoics 传声器也成为现在 VR 音频拾取的主流方式。不同公司都推出了相应的传声器，如图 8-22 所示。一阶 Ambisonics 传声器包含 4 个心形指向的振膜，分别指向左前（LF）、左后（LB）、右前（RF）和右后（RB），所拾取的原始信号称为 A 格式，经过 Ambisonics 编码形成一阶 Ambisonics 信号，也就是俗称的 B 格式（B-format）。B 格式包含全方向的 W 信号、前后方向的 X 信号、左右方向的 Y 信号和上下方向的 Z 信号。虽然 B 格式的空间解析度不高，但是通过这 4 个信号的组合，基本能解码出三维声信息。由于 Ambisonics 技术的解码不受扬声器数量和位置的限制，可以解码出任意通道的信号，十分灵活。需要特别提示的一点是，B 格式通道输出顺序的有两种类型，一个是 ambiX，另一个是 FuMa，两者的区别如表 8-2 所示。因此要特别注意在前期录制时采用的输出格式，才会导致后期进行渲染的时候不会出现错误。

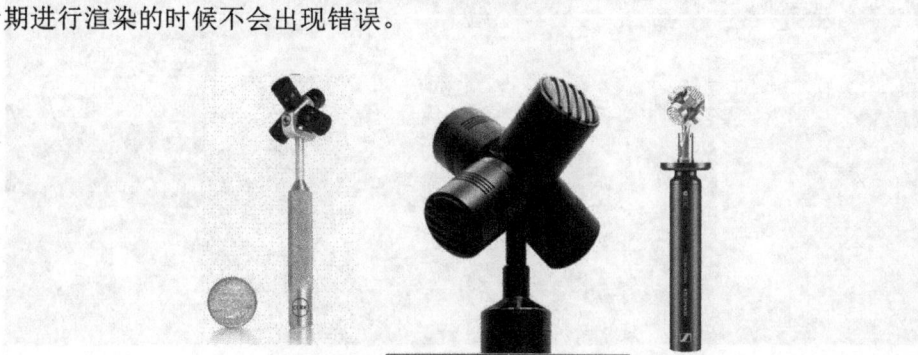

图 8-22　一阶 Ambisonics 传声器

表 8-2　一阶 Ambisonics 信号的输出格式

FuMa			ambiX		
序号	通道	增益	序号	通道	增益
1	W	−3dB	1	W	0dB
2	X	0dB	2	Y	0dB
3	Y	0dB	3	Z	0dB
4	Z	0dB	4	X	0dB

前期采集的信号会进入音频工作站进行编辑和混音工作。VR 音频的后期制作，也可以分成两大类：对于实景拍摄的 VR 电影而言，还是在传统的数字音频工作站，通过对声音的空间化处理完成。对于 VR 游戏及使用 CG 技术构建虚拟角色和场景的电影而言，除了在传统工作站中进行声音的编辑和处理，还会使用音频中间件（如 Wwise）与引擎（如 Unity）等配合来完成制作。不过与传统的音频制作在以下方面存在不同。

① 3D 视频重放及其与音频工作站的同步。关于 3D 视频的重放，目前仍然采用将球形视频展开后在计算机屏幕上重放的方式，同时利用鼠标调整观看角度。通过 OSC（Open

Sound Control）通信协议将视频播放器与音频工作站同步起来，不仅能进行播放时间码的同步，还能进行音视频视听角度的同步，方便混音师在编辑的过程中实时观看效果。

② 音视频头部跟踪，即视频观看视角和音频听音角度的同步转换。通常混音师是针对展开的三维视频进行音频编辑的，在这种情况下混音无法看到实时头部跟踪的画面，而且混录的效果与戴上头显的声音感受也存在很大的差异。例如，画面包围整个视觉时，声音听起来会太近、真实感差。因此需要在制作过程中，对摘下头显和戴上头显的效果进行多次比较，寻找到最佳的声音平衡。

③ 实时的双耳渲染监听。VR音频制作多采用耳机监听，因此需要对输出的监听信号进行实时双耳渲染。目前支持Ambisonics信号双耳渲染的插件有很多，如IEM、SPARTA等。图8-23显示了SPARTA双耳渲染插件界面，图中右上角"Load SOFA File"可以加载SOFA格式的个性化HRTF，以达到个性化双耳渲染的目的。

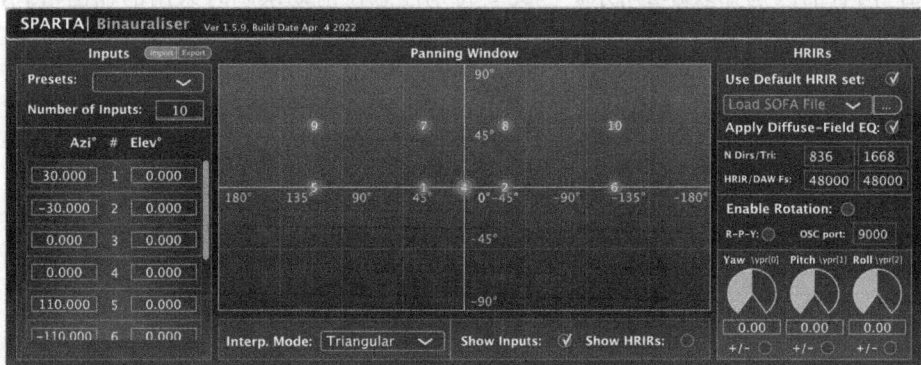

图8-23　SPARTA双耳渲染插件界面

音频编辑和混录完成后，导出声音母版，然后与视频进行封装，得到MP4、MPEG-TS（MPEG Transport Stream）、VPx等格式文件传输到播放平台。在播放平台上，可以采用支持VR视频播放的VR头显设备上观看，音频会实时解码Ambisonics信号形成虚拟扬声器信号。如果用户终端采用耳机重放，则进一步对虚拟扬声器信号进行双耳渲染处理；如果用户采用扬声器重放，则直接输出虚拟扬声器信号。当用户转换视角时，基于头部跟踪技术获取新的视角信息，从而更新音频信息，保证音视频信息的同步。

8.4.3　VR音频主要应用与问题

虚拟空间声技术在VR游戏中的应用已经成为提升玩家沉浸感和游戏体验的关键因素。随着VR硬件性能的提升和相关技术的成熟，越来越多的游戏开发者将空间音频作为设计中的核心元素。利用头部追踪技术与空间音频相结合，确保声音的方向和强度能够根据玩家头部的移动实时调整，使声音的方向性和距离感与玩家的视觉和动作同步，从而增强了沉浸感，提供更加自然和真实的听觉体验。此外，环境声的细节，如室内混响和室外环境声，也被用来增强游戏世界的逼真度。如水滴声、物体碰撞声和远处的机械噪声，这些细节声音增加了游戏世界的深度和真实感。游戏中的声音效果会根据玩家的行为和游戏情境动态变化。声音定位的准确性对于游戏中的策略和紧张感至关重要，利用空间音频技术，玩家能够通过声音判断敌人的位置和距离，这在战斗中至关重要。敌人的声音会根据其在虚拟空间中的实际位置变化，从而提供准确的方向感。而交互式音频则允许玩家的行为影响游戏中的声音，如脚步声和物体碰撞声，这些都增加了游戏的互动性和真实感。玩家可以与环境中的物体互动，如拉动杠杆或开关抽屉，这些互动会产生相应的声音反馈。一些著名的 VR 游戏，如 2020 年由 Valve Corporation 开发的《半衰期：爱莉克斯》（*Half-Life：Alyx*）、2023 年由 Capcom 公司推出的《生化危机 4：重制版》（*Resident Evil 4 Remake*）等，都是充分利用虚拟空间声技术的游戏大作，以其深入的剧情、逼真的物理交互和沉浸式的音视频 VR 体验而受到玩家和评论家的高度评价。

而在音乐创作与表演领域，VR 技术正以惊人的速度引领一场前所未有的革命。传统的音乐演出通常局限于物理空间，而通过虚拟乐器的开发和沉浸式演出的实现，虚拟现实技术为音乐创作提供了全新的工具，虚拟场景和空间音频的结合运用使音乐演出可以突破空间和时间的限制，为观众创造出全新的视听体验。VR 音乐会能够模拟真实环境中的声音，让用户体验到来自各个方向的声音，从而增强音乐的立体感和现场感。这种技术使观众即使在虚拟环境中，也能够感受到仿佛置身于音乐会现场的体验。通过分析个人的头部和耳部生理特征，VR 音乐会可以为每个用户提供优化的个性化音频体验。例如，索尼公司的技术可以通过智能手机拍摄的耳朵照片分析个人的听觉特征，从而提供个性化的 HRTF 及对应的听觉优化。2021 年，爱奇艺打造的 THE9 "虚实之城" 沉浸式虚拟演唱会，是国内首次 VR 演出，观众可以通过虚拟观众席与现场表演进行多维互动。2021 年，腾讯旗下的 QQ 音乐宣布推出国内首个线上音乐虚拟世界，即虚拟音乐嘉年华 "TMELAND"。2022 年，Pico 与王晰合作的 VR 线上音乐会，是 Pico 首次面向公众的 8K、3D、VR 互动实时直播。观众可以通过切换视角来感受不同距离的舞台，也可以自由走动来调节自己的观看视角，甚至可以与表演者进行互动，如点歌等。2015 年成立的 AmazeVR 就是一家专注于 VR 音乐会的公司，它通过提供沉浸式的 VR 演唱会体验，拉近了粉丝与艺术家之间的距离。它与多位艺术家合作，举办了多场 VR 演唱会，并发布了自己的 VR 设备，如图 8-24 所示。这些虚拟音乐会的应用案例展示了 VR 技术在提供沉浸式音乐体验方面的巨大潜力。

虚拟空间声技术在 VR 中的应用虽然前景广阔，但目前还存在一些问题和挑战。其中最主要的还是技术实现的复杂性。虚拟空间声需要精确模拟声音在三维空间中的传播，包括声音的方向、距离和环境反射等。这要求复杂的算法和大量的计算资源，尤其是在声场的精准重现和实时渲染方面。在 AR 应用中，如何

图 8-24　AmazeVR 的客户正在体验虚拟演唱会

有效地处理现实世界中的背景噪声，同时保留虚拟声音的清晰度和沉浸感是一个巨大的技术挑战。另外，用户体验存在个体差异。每个人的耳朵形状和大小都不同，这影响了他们对声音的感知。因此，为不同用户定制个性化的空间音频体验是棘手的技术难题。例如，Facebook Reality Labs正在研究如何从耳朵的一张照片生成精确的个性化HRTF，这是一个既耗时又昂贵的过程。

　　高质量的空间音频体验还需要相应的硬件支持，如高质量的耳机和传感器。这些硬件设备可能还不够普及，或者成本较高，限制了空间音频技术的广泛应用。此外，制作适合VR的空间音频内容需要特殊的技能和工具。这方面的专业人才和资源相对缺乏，内容制作成本较高。还有VR中的空间音频技术目前还没有统一的标准，不同平台和设备之间的兼容性问题可能会影响用户体验。随着技术的进步和行业的发展，上述这些问题有望逐步得到解决，从而推动虚拟空间声技术在VR中的应用更加成熟和普及。

第9章
空间音频的感知评价

感知评价是空间音频研究中较为关键的问题之一。通过对空间音频的感知评价，我们可以有效探讨人耳对空间音频的感知机理，深入了解其特点并为空间音频技术的发展提供有效依据。空间音频的感知评价通过音质主观评价实验来实现，即通过人们对声音的主观感受，按照一定的评判要点和评判规则进行声音评价。空间音频感知评价的流程如图9-1所示，主要包含3个部分，分别为实验设计、实验开展和数据统计分析。每个部分又包含不同的步骤，本章将针对空间音频的特点，对实验中的关键步骤进行介绍。

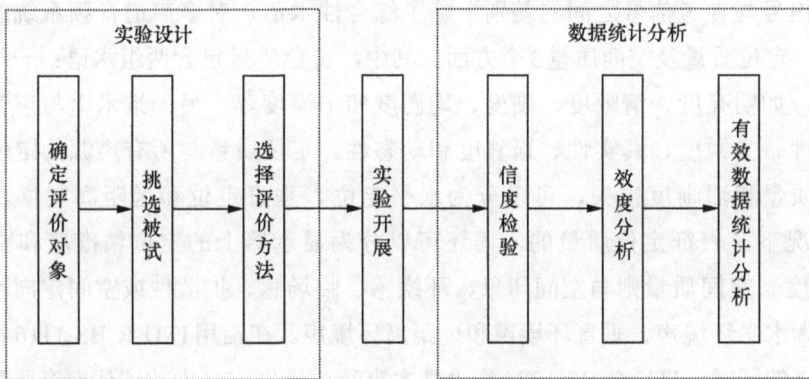

图9-1 空间音频感知评价的流程

9.1 空间音频的感知评价术语

空间音频的感知评价术语，用于描述和量化空间音频的多维属性。评价术语应具备客观性、可靠性、敏感性和有效性。随评价对象的不同，评价术语的使用也有所不同，目前尚无统一的标准，对空间音频的属性也存在不同的描述方法。在开展感知评价实验时，可根据实验目的有针对性地选择评价术语，单次实验可评价单一术语，也可评价多个。

针对空间音频的评价，不同学者针对不同的研究目的提出了不同的评价术语。早在20世纪70年代，Nakayama等人曾考察重放声道数对声音感知的影响，发现声像深度、丰满度、清晰度是影响偏爱度的主要因素。Gabrielsson等人对不同扬声器及耳机重放系统进行音质评测，通过调查问卷收集评价术语，并通过直接打分、相似度打分及因子分析、多维标度分析等方法进行较为详尽的评价术语整理工作。90年代起，Rumsey等人总结前人对空间质量的解释，并引入新的评价术语，试图建立空间声品质的评价术语体系，提出将评价术语划分成总体评价术语和参数评价术语，也可以按照术语的属性分成感知类参数（如愉悦度和偏爱度）和描述类参数（如保真度、空间质量）。他还从场景及层级关系上对评价术语进行划分，将空间音频的评价场景划分为独立声源、乐队、舞台环境及声场4类。随后使用简单信号进行实验，探究评价术语在不同信号下的适用性。Berg等人利用凯利方格法（RGT）获得空间声评价术语，使用口头记录分析进行分类，而后使用聚类分析减少术语数量，实验表明RGT的术语提取方法有效且适用于其他实验。Bagousse等人发现评价声音质量的术语多且存在歧义，通过多维分类、聚类分析等方法对术语归类、删减，最终定义了音色、空间和失真3个评价维度。基于此结论，他们对5.1扬声器重放系统的空间声进行整体质量的主观评价，发现失真对总体质量的影响比音色、空间都明显。

在选取空间音频的感知评价术语时，已存在诸多相关的国际标准可供参考。ITU-R BS.1116针对音频系统中细小的损伤提出了主观评价方法，并列出对多声道音频系统的评价术语，如表9-1所示。其中，"基本声音质量"是一个综合的全局性术语，用于判断所有感知到的评价信号与参考信号之间的差别。除了综合性术语，对多声道音频系统的描述主要分音色质量、定位质量及空间质量3个方面。其中，音色质量包含两组术语：一组术语与声音色彩有关，如明亮度、清晰度、硬度、均衡度和丰满度等。另一组术语与声音一致性有关，如稳定性、尖锐度、真实性、逼真度和动态性。定位质量与所有声源的定位有关，包括立体声像质量和清晰度损失，可以分为水平定位、垂直定位和远距离定位。在伴有图像的测试情况下，表征定位质量的术语还可以分为显示器上的定位精准度和围绕听音者的定位精准度。空间质量则与空间印象、环绕感、临场感、扩散性或空间定向环绕效果有关，可以分为水平环境声、垂直环境声和远距离环境声。在沿用ITU-R BS.1116针对多声道音频评价术语的同时，ITU-R BS.1284将"基本声音质量"定义为被评估声音质量的所有方面，包括但不限于音色、透明度、立体声像、空间呈现、混响、谐波失真、量化噪声、爆裂声、咔哒声和背景噪声等。

表9-1 ITU-R BS.1116中用于多声道音频系统的评价术语

评价术语	子级评价术语
基本声音质量	—
音色质量	明亮度、清晰度、硬度、均衡度和丰满度
	稳定性、尖锐度、真实性、逼真度和动态性

评价术语	子级评价术语
定位质量	水平定位
	垂直定位
	远距离定位
空间质量	水平环境声
	垂直环境声
	远距离环境声

ITU-R BS.2399 提出了用于评估重放音频质量的评价术语环并给出两极描述词，将评价术语分为 4 个层级，如图 9-2 所示。第一层是综合评价术语"基本音频质量"，第二层包含音质、空间和失真 3 个大的评测维度，第三层和第四层是更加具象的评价术语。

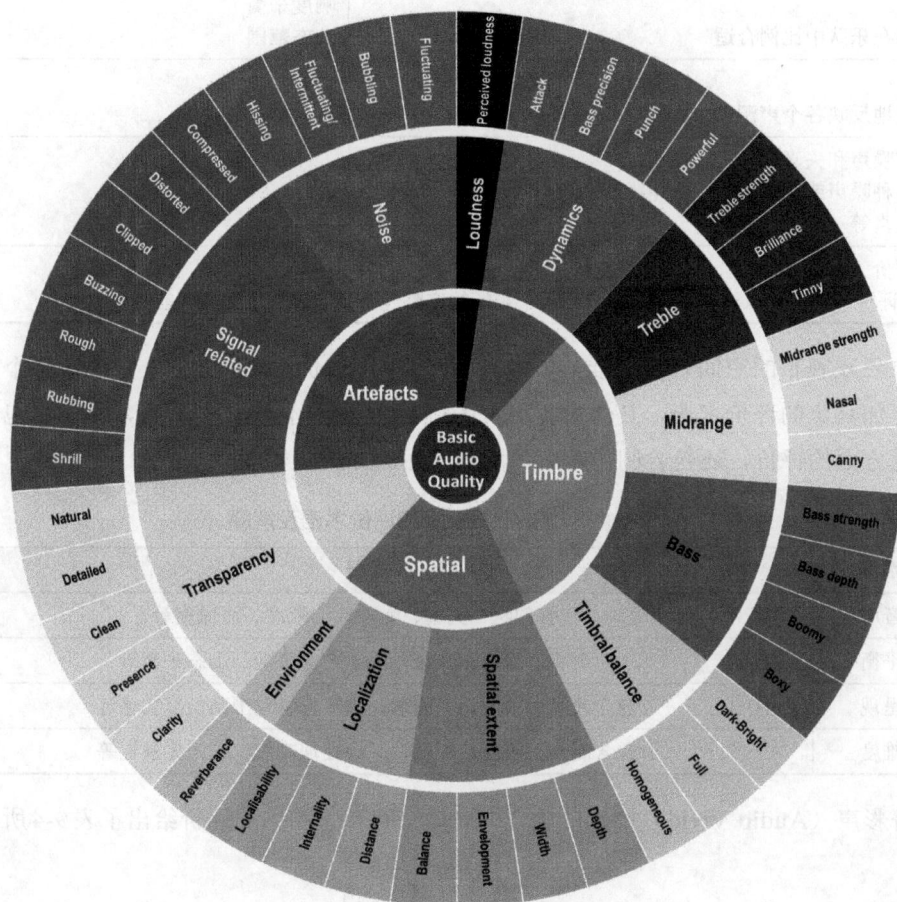

图 9-2 ITU-R BS.2399 评价术语环

EBU Tech 3286 标准将评价术语分成 6 个评价维度，每个维度又包含不同数量的子评价术语，如表 9-2 所示。被试对不同评价术语进行等级打分，同时需要书写评论，以便主试进一步分析被试的评价结果。

表9-2　EBU Tech 3286标准中的评价术语

主评价术语	子评价术语
1. 空间声场 乐队在合适的空间环境中演出	空间声场的一致性 恰当的混响时间 声学平衡度（直达声与非直达声的关系） 声场纵深感 混响声的声品质
2. 立体声场 声像定位准确，声源分布恰当	各个声源的直达声比例合适 声像稳定度 乐队声像宽度 定位精确度
3. 通透度 清晰感知到演出的所有细节	声源清晰可辨 瞬态辨识度 声音可懂度
4. 平衡度 各个声源在乐队中比例合适	响度平衡 动态范围
5. 音质 可以精准地反映各个声源的特性	音色 声音的起振
6. 不存在噪声和失真 不存在各种噪声或失真现象，如电噪声、声学噪声、公共噪声、误码、失真等	
7. 总体评价 前面6个评价术语的加权平均结果，需考虑整个声场的完整性及各个评价术语之间的相互作用	

国内公开颁布的空间音频标准T/CSMPTE 10中，评价术语包含4个方面，每个方面又包含了更加具象的评价术语，具体内容如表9-3所示。从评价的方面来看，不仅仅包含空间音频质量方面的评价，还包含制作难度等混音层面的评价内容。

表9-3　T/CSMPTE 10的评价术语及解释

评价术语	解释
总体音质	包含频响、失真、噪声、清晰度、可懂度等
总体平衡	包含响度平衡、音色平衡、声像平衡、动态平衡等
艺术呈现	包含艺术感染力、空间感、临场感、包围感、真实感等
制作难度	包含制作工艺复杂程度、声场处理难度、技术先进性等

在菁彩声（Audio Vivid）技术白皮书中，就空间音频的主观评价给出了表9-4所示的评价术语。

表9-4　三维菁彩声（Audio Vivid）技术白皮书中的评价术语

功能	评价术语
音质	清晰度
	平衡度

续表

功能	评价术语
音质	明亮度
	失真度
	亲切度（丰满度、圆润度、柔和度）
	动态感
空间感	混响感知
	空间感知
方向感	垂直度
	水平度
距离感	响度
	声压级别
声源体积	宽度，深度
外化感	（耳机）

9.2　空间音频的感知评价方法

空间音频的感知评价方法要根据评价对象的不同来选取，同时也要根据评价的要求和实际情况进行权衡。实验开始前应开展一些预备实验工作，以便找出实验存在的问题，优化实验流程，保证实验的有效性。以下介绍常用的几种感知评价方法。

（1）对偶比较法

对偶比较法又称为比较判断法，是通过被评价对象的两两比较关系来间接地估计所有评价对象的相对心理尺度。这个方法由费希纳（Fechner）的实验美学选择法发展而来，由寇恩（Cohen）在其颜色喜好的研究报告中介绍出来，后来又经过瑟斯顿（Thurston）进一步发展完善。

对偶比较法是把所有要比较的刺激两两配对，然后一对一对地呈现，让被试对于刺激的某一特征进行比较并作出判断：两个刺激中哪一个刺激的某种属性更加明显，这与恒定刺激法中的两类反应实验相类似。如果把这两类反应称作"优于"和"差于"，那么每个刺激的选择分数，就是报告"优于"的次数，而其百分数，就是报告"优于"的百分数。通过对比较结果进行数据处理，最终得到不同评价对象在评价属性的相对排序。需要注意的是，当评价对象较多时，实验工作量较大，较为耗时。

（2）等级打分法

等级打分法是一种直接评价方法，对评价内容给出具体的分数，可同时比较多个评价对象，得到连续的或离散的心理量表，用于后续的数据分析。等级打分法在国内及国际的主观评价标准中都有涉及，如《广播节目声音质量主观评价方法和技术指标要求》（GB/T

16463—1996）、《Assessment methods for the subjective evaluation of the quality of sound programme material-Music》（EBU Tech 3286）、《Methods for the subjective assessment of small impairments in audio systems》（ITU R BS.1116—2015）和《Method for the subjective assessment of intermediate quality level of audio systems》（ITU R BS.1534-3）。该方法因应用目的不同，具体的设置存在一定差异，主要可用于声音节目录制技术质量评价或者声音音质损伤的评判。

① GB/T 16463—1996标准提出的等级打分法

GB/T 16463—1996标准提出的等级打分法，要求被试对评价术语直接进行评判，该方法的优点是操作相对简单，可以在短时间内获得大量数据。但是该方法测量精度不够高，而且必须假定被试对评价术语和定级标准的理解变化是统一且独立的。实际上人们对评价术语和标准的理解是因人而异的，即使是同一名被试，对音质评判的记忆也很难持久。但是由于该方法简单易行，仍然在国内声音节目质量评定中得到了广泛使用。为了避免被试差异对实验结果产生干扰，该方法对被试的要求相对较高，通常选择具有一定音乐素养和音乐理解力、有高保真及临场听音经验的被试。在声音节目质量评定中，被试常常由录音导演、录音师、录音声学工作者、乐队指挥等人构成。此外在正式实验之前，应对被试进行听音培训，统一对评价术语的理解和定级标准，保证每一位被试熟悉评定程序，以免中途出错而影响评价结果。实验过程中，让被试就每一个评价术语在5个连续等级尺度上进行打分，等级划分如表9-5所示。在实验过程中，允许被试在对每一个评价术语打分时，可保留一位小数。此外，如果声音节目中存在较大的失真、噪声或左右声道不平衡的现象则应扣分。

表9-5　GB/T 16463—1996实验方法的等级划分

等级	描述
5分（优）	质量极好　十分满意
4分（良）	质量好　比较满意
3分（中）	质量一般　尚可接受
2分（差）	质量差　勉强能听
1分（劣）	质量低劣　无法忍受

② ITU-R BS.1534标准中提出的主观评价方法

ITU-R BS.1534标准中提出的主观评价方法，全称为带隐藏参考和基准的多激励测试（MUSHRA）方法。该方法是对中等和大损伤音频系统的声音质量评价方法，适用于由于带宽等所限，工作在较低比特率而带来明显损伤的编解码系统。为了保证评价数据的有效性，通常也选取有临场听音经验的专业被试。

在该测试评价方法中，相同节目源的一组实验信号共包含4+X个（1个参考信号、1个隐藏参考信号、1个隐藏低等级锚点信号、1个隐藏中等级锚点信号、X个被测系统所处理

的测试信号）。被试需要为除参考信号之外的3+X个
实验信号按照图9-3中的连续等级尺度打分。在实验
过程中，被试以参考信号为标准，直接比较其他信号，
可以更容易地检测损伤信号之间的差别，并给出相应
的评定等级。建议在任何实验中实验信号的数量不超
过12个（如9个测试信号、1个隐藏低等级锚点信号、
1个隐藏中等级锚点信号、1个隐藏参考信号）。锚点
信号又称为基准信号，用于进行被试信度检验。在音
频传输编解码的感知评测中，低等级锚点信号为经过
3.5kHz低通滤波后的信号，中等级锚点信号为参考信
号经过7kHz低通滤波后的信号。在空间音频感知评测

图9-3　MUSHRA方法的连续等级尺度

中并不一定要采用这种方式，而通常根据评测维度设
置锚点信号。每一条实验信号最大时长应该大约为10s，最好不超过12s。

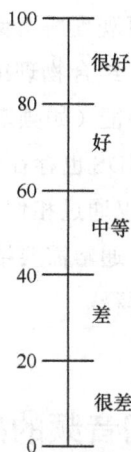

（3）凯利方格法

凯利方格法（RGT）是一种定性研究方法，其核心在于通过个体的主观体验来构建评
价术语。该方法要求被试首先对音频样本进行直接的语言描述，然后通过归纳和简化，将
这些描述转化为一组有限的感知评价指标。具体实施过程如下。

① 被试被要求对音频样本的特定属性进行语言描述，形成初步的描述词汇集合。

② 利用三元组比较法，被试从3个音频样本中选择一个与其他两个不同的样本，并阐
述其独特之处及另外两个样本的相似之处。通过这一过程，可以形成一对对立的描述词汇。

③ 重复上述三元组比较，直至被试无法进一步区分样本或提供新的描述词汇。

④ 最终，被试对生成的描述词汇进行评分，通常采用量表法或序列法，以量化这些描
述词汇的感知强度或重要性。

与凯利方格法相似，感知结构分析（PSA）也是一种基于三元组比较的定性分析方法。
PSA侧重于通过比较来识别样本间的差异，但并不要求被试提供具体的语言描述。这种方
法有助于揭示音频样本的感知结构，为进一步的定量分析提供基础。这两种方法均强调了
个体感知在主观评价中的重要性，并提供了一种结构化的方式来探索和理解音频样本的感
知属性。通过这些方法，研究者能够更深入地理解音频样本的感知特征，并为音频设计和
优化提供指导。

（4）多维标度分析

多维标度分析（MDS）是一种无参考的间接评价方法，常用于音频感知评测。MDS通
过相似度或距离矩阵，将高维数据映射到低维空间，以便于可视化和解释。在音频感知评
测中，首先需要收集实验数据，让被试对多个音频样本进行相似度打分，评价可以基于音
质、音高、响度等感知属性。根据被试的打分结果，构建相似度或距离矩阵。然后，使用
特征值分解对相似度矩阵进行降维，转换为低维空间中的点配置。MDS通过最小化应力函
数，决定最佳的维度数量。最终，将低维空间中的点配置可视化，通常以二维散点图形式

展示，从而直观理解音频样本之间的关系及其感知属性的分布。通过分析这些点的位置及其相对关系，结合物理或感知线索进行分级解释，如研究各点之间的距离如何对应于音频样本的物理特征（如频率、振幅）或感知属性（如音高感知、响度感知）。

然而，MDS 也存在一些局限性。其主要缺点在于对低维空间进行合理解释的困难性。由于 MDS 仅仅通过相似度数据进行计算，结果往往缺乏明确的物理或感知属性解释。为克服这一局限，通常需要结合其他分析方法，如主成分分析（PCA）或因子分析（FA），以提供更丰富的解释。

9.3 空间音频的感知评价数据分析

9.3.1 信度检验

为了保证实验的可靠性和严谨性，需要进行信度检验，剔除不可靠的被试数据。信度检验包含两个方面，即被试个人的信度检验和被试群体间的信度检验。对被试个人的信度检验主要通过重测检验实现，令被试对同一内容重复评价，检验被试对同一内容多次打分的差异性，判断被试个人听辨的准确性，将不可靠的被试数据剔除。检验方法有以下几种。

① 计算重测数据的差值及标准偏差，若其小于特定数值（该值可根据实验内容及结果进行灵活设置），则认为被试数据有效。

② 计算重测数据的皮尔逊相关性，若检验结果具有显著性且相关性系数不低于 0.6，则一般认为被试的数据有效。

③ 在对偶比较法中，可以观察被试重复选择的正确率，正确率在 60% 以上则信度有效。若无重测数据，则可以通过下述方法来判断被试个人的信度。

① 在采用 MUSHRA 方法时，可以设置低质量和高质量锚点信号及隐藏参考信号，如果被试对高质量锚点信号打分高于低质量锚点信号，并且隐藏参考信号的打分不低于 90，则认为该被试数据有效。

② 查看被试在各个因变量下的数据，若有大量重复打分或打分尺度极度单一、无法体现评测对象差异，则应该剔除该被试数据。

经过被试个人的信度检验，再进行被试间的信度检验。由于不同被试的打分尺度可能存在差异性，容易导致被试间一致性差，所以需对数据进行归一化处理，消除被试间的打分尺度差异性。常见方法为 Z 分数变换，根据 ITU-R BS.1116-3 建议，公式如下所示。

$$Z_i = \frac{x_i - x_{si}}{S_{si}} \cdot S_s + x_s \tag{9-1}$$

其中，

Z_i 表示归一化结果；

x_i表示被试的评分；

x_{si}表示被试在 s 组完整测试中的平均分；

x_s表示所有被试在 s 组完整测试中的平均分；

S_{si}表示被试在 s 组完整测试中的标准方差；

S_s表示所有被试在 s 组完整测试中的标准方差。

被试间的信度检验，即被试群体间的一致性检验通过计算克朗巴哈系数来实现。克朗巴哈系数又称alpha信度，是心理学实验中测验信度的一种常见方法，通常克朗巴哈系数在 0.8 以上认为被试间具有较高一致性。如果被试一致性结果不够理想，也尽量在 0.7 以上。如果一致性结果低于 0.6，则说明被试间的一致性差，需要进行实验增加新的数据或剔除部分一致性差的被试数据。经过信度检验保留的最终数据即可进行数据分析。

9.3.2　数据分析的方法

通过主观评价实验得到主观评价结果后，为了进一步探究感知规律，往往对主观评价结果进行假设检验，或者考察主观结果与声音客观特征的关系，通过相关性分析、聚类分析、因子分析及回归分析等，明确主观结果与声音客观特征的关系，以便作出定性结论。

（1）假设检验

假设检验是推论统计的重要内容，是根据已知理论对研究对象所做的假定性检验。在进行一项研究时，都需要根据现有的理论和经验事先对研究结果作出一种预想的希望证实的假设。这种假设用统计术语表示时叫研究假设，记作 H_1。例如，研究编解码技术是否造成声音音质损伤，即经过编解码的信号和原始信号在音质上是否存在显著性差异，研究假设 H_1 为：编解码技术会对声音音质产生损伤。在研究过程中，很难对 H_1 的真实性直接检验，需要建立与之对立的假设，称作虚无假设 H_0，也叫零假设。在假设检验中 H_0 总是与 H_1 对立，因此 H_1 又称为备择假设，即一旦有充分理由否定虚无假设 H_0，就应该接受 H_1 这个假设。假设检验的问题，核心是要判断虚无假设 H_0 是否正确，决定接受还是拒绝虚无假设 H_0。

假设检验中存在两类错误，分别是 I 型错误（也称为 α 型错误）和 II 型错误（也称为 β 型错误），如表9-6所示。I 型错误是指虚无假设 H_0 本来是正确的，但是拒绝了 H_0，即处理方法是没有效果的，却认为有效果，这种情况会导致严重的问题，需要特别注意。II 型错误是指虚无假设 H_0 本来是不正确的，但是却接受了 H_0，是取伪错误。在实际研究中，通常是控制犯 I 型错误的概率 α，使 H_0 成立时犯 I 型错误的概率不超过 α。在这种原则下，假设检验也称为显著性检验，将 I 型错误犯的概率 α 称为假设检验的显著性水平。

表9-6　假设检验的两类错误

	接受 H_0	拒绝 H_0
H_0 为真	正确	I 型错误 α 型错误

	接受 H_0	拒绝 H_0
H_0 为假	II 型错误 β 型错误	正确

根据实验数据的分布形态，假设检验包括参数检验和非参数检验。参数检验通常假设数据总体服从正态分布，实验样本服从 T 分布；如果数据总体分布情况未知，实验样本容量小且多为分类数据时，则采用非参数检验。非参数检验对总体分布不进行假设，直接从实验样本分析入手进行统计推断。由于参数检验的精确度高于非参数检验，因此在数据符合参数检验的条件时，应该优先采用参数检验。在假设检验中进行实验数据处理时，通常讨论两个样本或多个样本平均数的差异问题，因此也称为平均数的显著性检验。根据实验数据分布特征及检验内容的不同，平均值的显著性检验采用的方法也存在差异，如表9-7所示。表9-7中仅列出每种情况下最为常用的检验方法，更加完备的检验方法请参照专业的心理统计书籍。

表9-7　平均值的显著性检验总结

	参数检验	非参数检验
两个独立样本	独立样本 t 检验	威尔克科森秩和检验
两个相关样本	配对样本 t 检验	威尔克科森符号秩检验
两个以上独立样本	完全随机设计的方差分析	克鲁斯卡尔-沃利斯检验（K-W检验）
两个以上相关样本	随机区组设计的方差分析	弗里德曼检验

（2）回归分析

回归分析是一种研究一个或几个变量的变动对另一个变量变动影响程度的统计分析方法。根据研究变量的数量可分为一元回归分析和多元回归分析；根据变量间的关系可分为线性回归分析和非线性回归分析。在空间音频的感知评价研究中，线性回归分析是最常用的分析方法，通过建立线性回归方程，预测自变量对因变量的影响能力。

（3）偏最小二乘回归分析

偏最小二乘回归分析（PLSR）利用投影，分别将预测变量和观测变量投影到一个新空间，从而建立线性回归模型，常用于多变量对多变量的回归建模，能够解决变量间的多重相关性问题，适合在样本容量小于变量个数的情况下使用，集成了主成分分析和回归分析的优势。PLSR模型使用 R^2 和 Q^2 描述模型性能，R^2 表示模型的拟合精度，其值越接近1则解释程度越好；Q^2 表示模型的预测能力，其值大于0则具有预测相关性。使用VIP分值评估自变量的重要性，VIP分值大于1则为重要变量。

（4）相关性分析

相关性分析是研究不同变量间相关程度的一种常用统计方法，使用相关系数 R 描述相关强弱程度和方向的统计量，取值范围是 [-1, 1]。根据相关关系的强度，相关关系可以分为强相关、弱相关和不相关；根据相关关系的方向，相关关系可分为正相关和负相关；还可根据变量间的关系，相关关系分为线性相关和非线性相关。

根据变量性质不同，常用的相关性分析包括皮尔逊（Pearson）积矩相关性分析、斯皮尔曼（Spearman）相关性分析和肯德尔（Kendall）相关性分析等。其中，肯德尔相关性分析用于非正态分布的非连续变量；斯皮尔曼相关性分析用于非正态分布的连续性变量；皮尔逊积矩相关性分析用于符合正态分布的连续变量，是精度最高、最常用的相关性分析方法。

（5）多元因子分析

多元因子分析（MFA）通过结合主成分分析（PCA）和因子分析（FA）的原理，专门用于处理多个数据集，能够有效地综合各个数据集的信息，揭示出数据中的主要结构和潜在关系。在 MFA 中，每个数据集首先通过独立的 PCA 进行分析，提取出主要成分。然后，这些成分按其贡献率进行加权，使各数据集对整体结构的影响相对均衡。最后，通过综合这些加权后的成分，MFA 可以生成一个全局因子模型，反映出所有数据集的共同特征。

在空间音频感知评价测试中，研究者首先收集被试对声源方位、距离和沉浸感等的感知数据。通过 MFA，研究者能够发现这些感知维度之间的关联，分析不同听音者群体在感知上的差异，并理解各因子在不同感知维度中的作用。这种综合分析不仅提高了对空间音频感知的理解，还能指导系统设计，提升整体听觉体验。

（6）聚类分析

聚类分析是根据事物本身的特性研究个体分类的方法。聚类分析的原则是同一类中的个体有较大的相似性，不同类中的个体差异很大。在聚类分析中，基本的思想是认为研究的变量之间存在着程度不同的相似性，根据一批样本的多个观测指标，具体找出一些能够度量样本或变量之间相似程度的统计量，以这些统计量为划分类型的依据，把一些相似程度较大的样本（或变量）聚合为一类，把另外一些彼此之间相似程度较大的样本（或变量）聚合为一类，关系密切的聚合到一个小的分类单位，关系疏远的聚合到一个大的分类单位，直到把所有大的样本（或变量）都聚合完毕，把不同的类型一一划分出来，形成一个由小到大的分类系统。最后再把整个分类系统画成一张分类图（又称谱系图），用它把所有的样本（或变量）间的亲疏关系表示出来。根据分类对象的不同，分为样本聚类（Q 型）和变量聚类（R 型）。

9.4　案例分享：双耳渲染算法的感知评测

本节以双耳渲染算法的感知评测分析为例，介绍空间音频感知评价方法的细节。选取 7 种素材，两组被试群体（专业和非专业音乐被试），使用 MUSHRA 方法对 6 种不同商用双耳渲染算法展开主观评价实验，分别研究渲染算法间的差异性，信号类别对算法感知的影响、不同被试群体对算法的感知差异性及评价术语间的权重关系和主客观关联性等。其研究路线如图 9-4 所示。

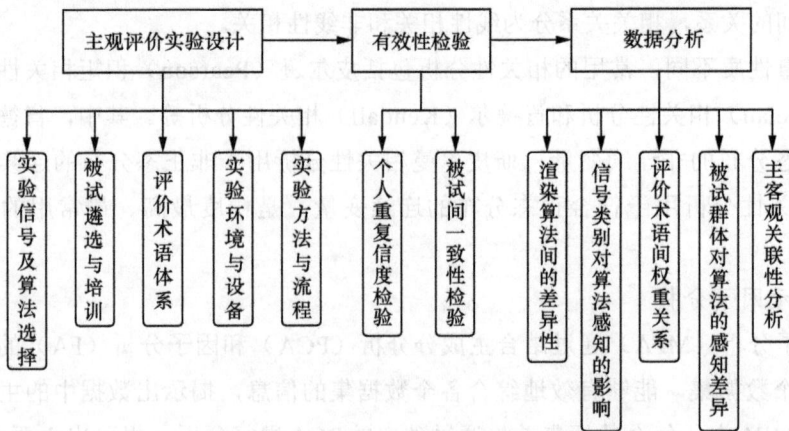

图9-4　双耳渲染算法的感知评测分析研究路线

9.4.1　实验设计

（1）评价术语的确定

构建完备的评价术语体系主要有文献梳理、词频实验和专家访谈3个步骤。文献梳理主要总结了1979年以来近50年的国内外标准、学位论文、期刊及会议集等资料，梳理和总结与空间音频评测相关的评价术语，进行分类。根据术语的类型和使用场景分为音质、定位和空间共3个维度。随后进行初筛工作，翻译术语，删改整合同含义及相似的术语，精简整理，保留出现频次较高的术语。为避免翻译及语义误差，参考前人研究给出术语的两极描述词和解释语句。初筛工作完成后，得到表9-8所示的评价术语。

表9-8　空间音频的感知评价术语

评价维度	术语	两极描述词	解释
音质： 音质的总体评价，从声音是否频率均衡、浑厚、清晰可辨、有力度等方面进行音质的总体评价（劣—优）	明亮度	暗淡—明亮	高频能量是否充足、饱满
	温暖感	不足—强劲	中低频是否充足、饱满
	浑厚度	低频不足—低频强劲	低频是否充足、饱满
	低频延展度	不足—充分	低频下潜是否充分，可以再现超低音区
	柔和度	尖锐—柔和	声音温和，不尖不破
	频谱均衡	不均衡—均衡	高中低频比例是否合适，没有过分突出某个频段
	清晰度	模糊—清晰	声音清楚，干净，所有声音元素清晰可辨
	丰满度	单薄—丰满	各个频段能量是否充足
	瞬态特性	慢—快	对声音中突发信号的跟随能力，声音起振是否快、干脆
	音色一致性	不一致—一致	声音在整个播放过程中音色是否一致

评价维度	术语	两极描述词	解释
音质： 音质的总体评价，从声音是否频率均衡、浑厚、清晰可辨、有力度等方面进行音质的总体评价（劣—优）	力度	软弱无力—坚实有力	声音坚实有力，反映声音的动态，反之软弱无力
	动态范围	小—大	是否存在动态被压缩的现象
	响度平衡	不平衡—平衡	各个声部响度平衡，不存在某个声部响度过大
	噪声	有噪声—无噪声	是否存在各种杂音或干扰音
	失真	有失真—无失真	是否存在音调偏移、相位、削波失真等
定位： 定位的综合评价，从声音定位清晰可辨、声音外化感、声源宽度及距离等方面进行综合评价（劣—优）	水平定位精准度	定位模糊—定位精准	声源在水平方向的定位是否清晰
	垂直定位精准度	定位模糊—定位精准	声源在垂直方向的定位是否清晰
	镜像定位混淆	混淆—不混淆	声源定位是否存在镜像位置（前后对称或上下对称）的混淆
	水平声像平衡	不平衡—平衡	单个声源或乐队在水平方向是否声像平衡，而没有偏向某个方向
	移动声源定位精准度	定位模糊—定位精准	声源在运动过程中的定位是否清晰可辨
	声音外化感	头内—头外	感知声源定位不局限于头内，而是处于头外
	水平延展度（横向）	声源窄—声源宽	声源在水平方向上的展宽程度
	垂直延展度（纵向）	声源窄—声源宽	声源在垂直方向上的展宽程度
	感知声源深度	无纵深感—纵深感强	声源在纵深方向上的展宽程度
	声源距离感知	模糊—精准	声源距离的感知是否清晰可辨
	移动声源距离感知	模糊—精准	声源在运动过程中的距离是否清晰可辨
空间： 空间的总体印象，可从沉浸感、空间自然度、声场扩展度等方面进行综合评价（劣—优）	沉浸感	沉浸感弱—沉浸感强	是否感知到处于声场之中，而不是在声场之外
	包围感	包围感弱—包围感强	是否感觉被声音包围或环绕
	空间自然度	不自然—自然	感知到的空间是否合理、自然，且可以清晰辨识出声音所处的空间
	空间分布一致性	不一致—一致	不同方向的声场感知是否连续、一致
	声场纵深	无纵深感—纵深感强	声场在纵深方向上的展宽程度
	声场宽度	声场窄—声场宽	声场在水平及垂直方向上的展宽程度
	混响声能	缺乏—充足	混响声能是否充足
	混响时长	短—长	感知混响的时长
	混响声质量	劣—优	混响声音质量的优劣，混响声是否自然、合理
	临场感	无临场感—临场感强	重放声音时使人有身临其境的感觉

为了能够找到适合评价双耳渲染算法的术语，我们进行了词频主观评价实验。在音质、

定位及空间 3 个维度上分别选择了具有明显表现力且涵盖元素类型广泛的 7 个三维声素材，每种素材经两个不同双耳渲染算法得到 7 对实验信号。采用对偶比较法，令被试依次对比听辨并从上述术语中选择可用于表示信号间差异的术语，实验要求被试对每个信号至少选择 3 个术语，随后根据显著程度列出最能表示听感差异的前 3 个评价术语。词频实验共招募专业被试 38 名，所有被试均为中国传媒大学音乐与录音艺术学院的学生，具有 6 年及以上专业学习音乐的经历，其中男生 7 名，音乐学习平均 11.1 年，标准差为 3.7。图 9-5～图 9-7 分别显示了音质、定位和空间 3 个维度的词频实验结果（彩图见文末）。

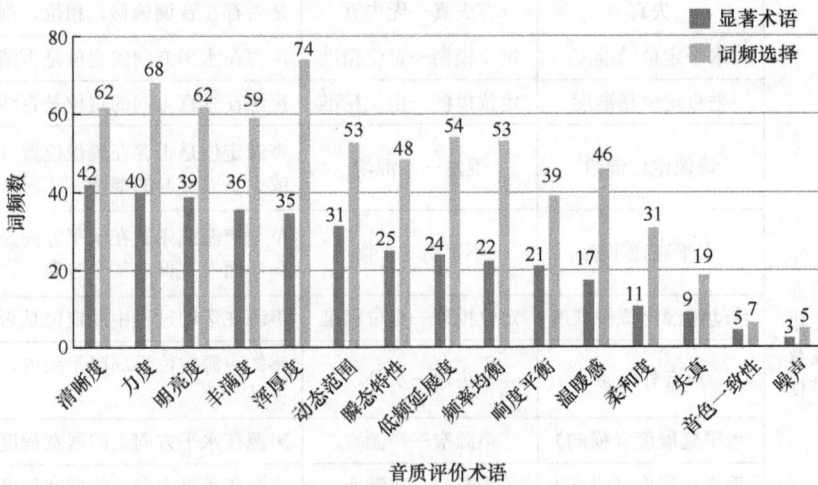

图 9-5　音质维度的词频实验结果

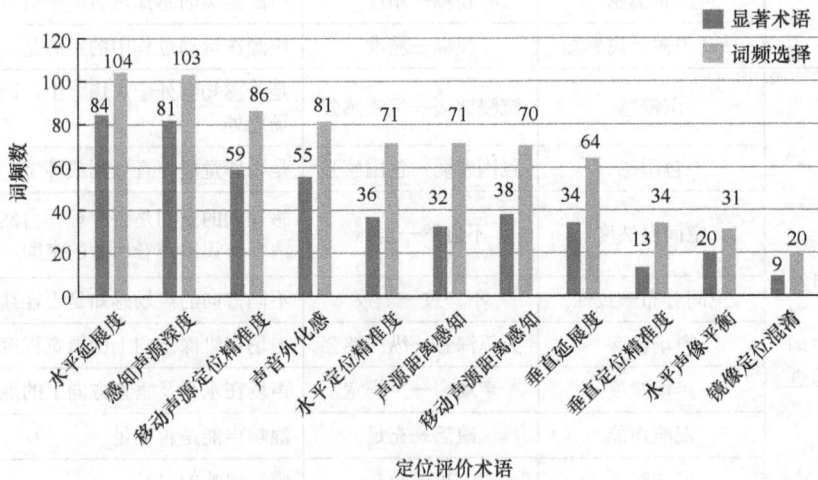

图 9-6　定位维度的词频实验结果

通过词频实验得到了适合用于评价算法间差异的术语，但是可能存在如下的两个问题：第一是被试对术语的理解及三维声的评价经验不足，可能导致术语选择存在冗余和混淆；第二是实验所选的双耳渲染算法及声音信号无法涵盖所有的算法及声音类型，易导致结果可能存在一定的片面性。因此，我们邀请了 9 位从事空间音频的专业混音师进行访谈，向其介绍三维声双耳渲染算法的感知评价研究背景和词频实验结果，令其对现有结果进行补充、确认，从而消除词频实验的争议部分，补充完善评价体系，确保评价体系的完备性和有效性。最终，构建的评价术语体系如表9-9所示，共分为3个层级维度，维度越高表述越具象。

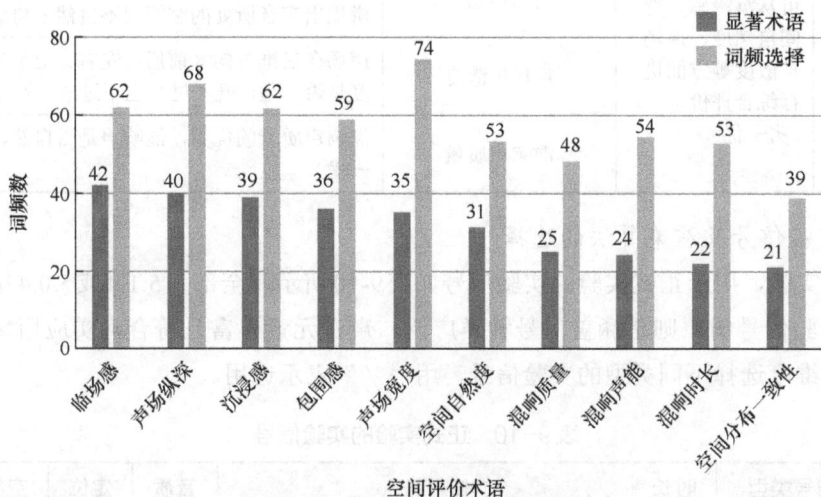

图9-7　空间维度的词频实验结果

表9-9　双耳渲染算法的评价术语体系

一级维度	二级维度	三级维度	解释（两极描述）
总体评价：声音的总体评价，从音质、定位和空间印象等方面进行综合评价（劣—优）	音质：音质的总体评价，从声音是否频率均衡、浑厚、清晰可辨、有力度等方面进行音质的总体评价（劣—优）	浑厚度	声音低频能量是否恰当、充足，能量既不过多也不过少，可以再现超低音区（低频不足/低频过多—低频合适）
		清晰度	声音清楚、干净，所有声音元素细节清晰可辨（模糊—清晰）
		频率均衡	高中低频能量是否充足，且比例合适，没有过分突出或者缺少某个频段（不均衡—均衡）
		力度	声音是否坚实且富有冲击力，动态和瞬态特性是否良好（软弱无力—坚实有力）
	定位：定位的综合评价，从声音定位清晰可辨、声源外化感、声源宽度及距离等方面进行综合评价（劣—优）	静态声源定位精准度	静态声源在水平及垂直方向的定位是否准确、清晰可辨（定位模糊—定位精准）
		移动声源定位准确度	声源在三维方向运动过程中的定位是否清晰可辨（定位模糊—定位精准）
		感知声源宽度	声音元素在水平和垂直方向的扩展程度是否合适，既不过宽也不过窄（不合适—合适）
		声源距离感知	不同声音元素在距离远近的感知上是否清晰可变，形成合适清晰的声源纵深感（模糊—精准）
		声源外化感	感知声源定位不局限于头内，而是处于头外（头内—头外）

一级维度	二级维度	三级维度	解释（两极描述）
总体评价：声音的总体评价，从音质、定位和空间印象等方面进行综合评价（劣—优）	空间：空间的总体印象，可从沉浸感、空间自然度、声场扩散度等方面进行综合评价（劣—优）	包围感	是否感觉被声音包围或环绕，感知处于三维声场之中，而不是在声场之外（沉浸感弱—沉浸感强）
		空间自然度	感知到的空间是否合理、自然，且是否可以清晰辨识出声音所处的空间（不自然—自然）
		声场扩散度	声场在三维方向（前后、左右、上下）的扩散程度是否合适，既不过宽也不过窄（不合适—合适）
		混响声质量	混响声质量的优劣，混响声是否自然、合理（劣—优）

（2）实验信号及渲染算法的选择

经过预实验，用于正式实验的实验信号如表9-10所示，全部为5.1.4或5.0.4空间音频素材。选取实验信号的原则是涵盖信号种类广泛，声音元素丰富且符合真实应用场景。针对不同的评价维度选择不同类型的实验信号，用"√"表示选用。

表9-10 正式实验的实验信号

序号	信号类型	时长	信号特点	音质	定位	空间	总体
1	真人电影	26s	包含对白、定位和距离不同的音效声、交响乐的背景音乐，不同声音空间转换，声音元素丰富	√	√	√	√
2	音效类电影	30s	丛林环境，鸟叫声，野兽叫声，存在移动声源，定位变化明显		√	√	√
3	交响乐	20s	音乐厅现场录制的交响乐，包含观众的掌声和欢呼声			√	
4	弦乐四重奏	22s	音乐厅录制的弦乐四重奏，音质好，声像深度、宽度明显，音乐厅厅堂感	√		√	√
5	阿卡贝拉	20s	教堂录制的阿卡贝拉，音质好，高中低频不同声部，教堂厅堂感	√	√	√	√
6	流行音乐	32s	定位清晰，常规流行音乐配器	√	√		√
7	电子音乐	29s	包含高、中、低频的电子乐器，不同乐器定位在不同的空间位置，存在移动声源，定位清晰，定位变化明显	√	√		√

6种商用双耳渲染算法如表9-11所示，选取原则是涵盖原理全面，且各个算法在主观听感上存在差异。实验素材均经过双耳渲染算法处理，生成42条双耳渲染实验信号。

表9-11 6种商用双耳渲染算法

序号	算法特点
A	基于HRTF卷积，音质劣化不明显
B	基于HRTF卷积，声音外化感效果明显

序号	算法特点
C	经过 Ambisonic 编码，对 Ambisonic 信号基于 HRTF 计算渲染矩阵函数
D	经过 Ambisonic 编码，对 Ambisonic 信号基于 HRTF 计算渲染矩阵函数，音色较为明亮
E	基于虚拟半球幅度平移技术
F	将多声道信号通过加权合并直接线性变换得到立体声信号

（3）被试及实验流程

本实验招募了两类被试群体：专业被试，要求其具有 6 年及以上专业音乐学习背景或录音混音经验；非专业被试，要求其专业音乐学习时长小于 1 年，且不具有录音混音经验。正式实验前，对被试进行实验培训，让被试了解实验内容并熟悉实验流程。专业被试的评价术语如表 9-9 所示。由于非专业被试对三级维度术语的理解存在一定难度，对非专业被试的评价术语进行精简，如表 9-12 所示。

表 9-12　非专业被试的评价术语

一级术语	二级术语	三级术语
总体评价	音质	频率均衡
	定位	声源外化感
	空间	混响声质量

本实验在中国传媒大学电视台三维声混录棚进行，房间面积为 22m^2，混响时间为 0.3s，本底噪声小于 NR15。实验重放系统包括 5.1.4 扬声器监听系统和耳机监听系统两部分，如图 9-8 所示。扬声器监听系统用于播放多声道空间音频参考信号，由真力 8300 系列专业监听扬声器组成，采用 ITU 5.1.4 标准摆放；耳机监听系统用于播放双耳实验信号，由笔记本电脑连接 RME Fireface UCX 声卡，采用森海塞尔（Sentheiser）的 HD-650 监听耳机进行重放。为保证不同双耳实验信号之间的响度一致性，首先在音频工作站中采用 ITU 1770-4 响度标准进行调整，随后由 5 名专业听音人员进行人工微调。为保证两个重放系统的响度一致，使用人工头录得扬声器和耳机的重放信号，仍然采用 ITU 1770-4 响度标准对分别录制的双耳信号进行响度校准，之后请 5 名专业听音人员进行人工微调。最终用全频带粉红噪声测得的重放声压级约为 75dBA。

实验采用"双盲"重复测量实验设计，使用 MUSHRA 方法，以扬声器重放的空间音频信号作为参考，让被试比较双耳渲染后的不同实验信号在不同评价术语上的感

扬声器重放系统

Lenovo Yoga　RME Firetaceucx声卡　Sentheiser HD-650监听耳机

耳机重放系统

图 9-8　主观评价实验重放设备示意

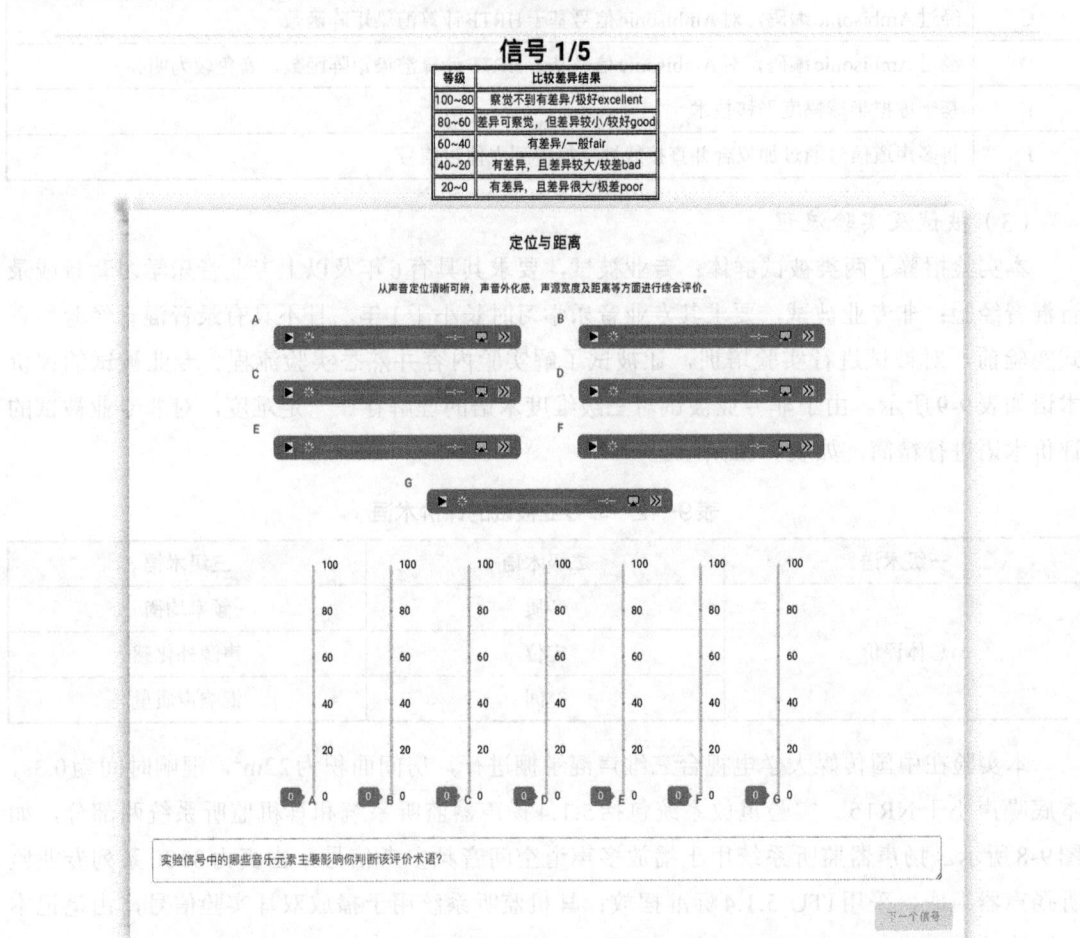

知差异，从0到100分进行打分，0分表示实验信号和参考信号存在很大差异，100分表示实验信号和参考信号无差异。定位的主观评价实验界面如图9-9所示。

等级	比较差异结果
100~80	察觉不到有差异/极好excellent
80~60	差异可察觉，但差异较小/较好good
60~40	有差异/一般fair
40~20	有差异，且差异较大/较差bad
20~0	有差异，且差异很大/极差poor

图9-9 定位的主观评价实验界面

本实验让被试每次实验只针对一个评价术语进行评价，实验信号随机排列，可避免不同评价术语间的干扰，有效节省实验时长，减少被试疲劳，提升实验效率及听辨准确性。为检验被试个人的信度，根据预实验结果，将听感特点不明显的算法C进行重复听辨，即被试单次实验需对7个实验信号就一个评价术语进行打分。每位被试单独进行实验，有一位主试人员全程跟随引导，单次实验时长约40min，实验期间被试可随意切换参考信号与不同的实验信号，为了避免被试持续听音造成听感疲劳，每听音20min令被试休息10min。

9.4.2 数据分析

9.4.2.1 信度检验

首先检验被试个人的重复信度，计算各个评价术语上，被试对算法C在不同信号上两次打分的标准偏差均值。对专业被试，若该值小于 10，就认为该被试个人信度良好，数据可靠，可进行后续处理分析；对非专业被试，要求其打分标准偏差均值小于 20。

对经过重复信度检验的有效数据进行归一化处理。随后进行被试间一致性信度检验，要求专业被试在各个维度的克朗巴哈系数都在 0.7 以上；由于非专业被试的一致性较差，最终保留了克朗巴哈系数在 0.65 以上的数据，结果分别如表 9-13 和表 9-14 所示。

表 9-13　专业被试一致性检验结果

	评价术语	总体评价	音质	浑厚度	清晰度	频率均衡	力度
专业被试	克朗巴哈系数	0.76	0.79	0.72	0.72	0.74	0.72
	评价术语	定位	静态声源定位精准度	移动声源定位准确度	感知声源宽度	声源距离感知	声源外化感
	克朗巴哈系数	0.71	0.73	0.72	0.71	0.71	0.71
	评价术语	空间	包围感	空间自然度	声场扩散度	混响声质量	
	克朗巴哈系数	0.73	0.73	0.71	0.71	0.71	

表 9-14　非专业被试一致性检验结果

	评价术语	总体评价	音质	频率均衡	定位	声源外化感	空间	混响声质量
非专业被试	克朗巴哈系数	0.68	0.65	0.66	0.67	0.70	0.71	0.72

经检验，最终专业被试共计实验 170 人次，保留被试 58 人，其中男性 26 人，平均音乐学习背景为 10.8 年，标准差为 14.3，平均录音与混音学习年限为 2.7 年，标准差为 3.1。非专业被试共计实验 57 人次，保留被试 35 人，其中男性 6 人，所有被试均无音乐及录音混音学习背景。

9.4.2.2　数据分析

1. 双耳渲染算法间的差异性

本实验采用实验信号（5 水平）× 渲染算法（6 水平）的两因素重复测量方差分析，检验不同算法间及算法在不同信号的影响下是否存在显著性差异。所有统计分析都使用双侧检验，显著性水平为 0.05。为了分析组内因子的效应，使用格林豪斯 - 盖斯勒（$\varepsilon < 0.75$）或者辛 - 费德特（$\varepsilon \geqslant 0.75$）控制由于违反球形检验导致的 F 统计量膨胀，事后检验采用 LSD 修正法，使用 η_p^2 估算效应量。数据使用 SPSS 软件进行计算。

不同算法在一级与二级维度上的主效应结果如表 9-15 所示，算法在一级与二级维度的评价术语上均存在显著性差异。不同算法在一级与二级维度上的主观得分结果如图 9-10 所示（彩图见文末），其中横轴为评价术语，纵轴为不同算法的主观得分均值，后文的主观结果均如此。事后检验结果如表 9-16 所示，表中数字为横轴算法得分减去纵轴算法得分的差值，标 * 的内容代表存在显著性差异。

表9-15　一级与二级维度的主效应结果

评价术语	F	p	df	η_p^2
总体评价	5.48	＜0.001	5, 60	0.31
音质	11.65	＜0.001	5, 65	0.47
定位	5.17	0.001	5, 60	0.30
空间	5.6	0.001	5, 35	0.44

　　总体来看，基于HRTF卷积原理实现双耳渲染的算法A和算法B表现最好，侧面说明，作为双耳技术的重要基础，HRTF仍是目前实现双耳渲染的最佳算法。基于Ambisonic编解码的算法C和算法D普遍最差，且不同的后处理方法还导致了两者在不同维度上呈现出了相反的得分趋势。算法F是对多声道信号直接线性下混，无额外双耳渲染处理，理论上不存在音质劣化，结果表明在音质感知上算法F的得分显著高于其他所有算法。同时由于没有渲染处理，算法F的定位感知效果也最差，主观实验结果与理论假设相符，侧面印证了本实验的合理性和有效性，也证实了双耳渲染算法对定位感知存在显著的优化作用，双耳渲染处理存在必要性。

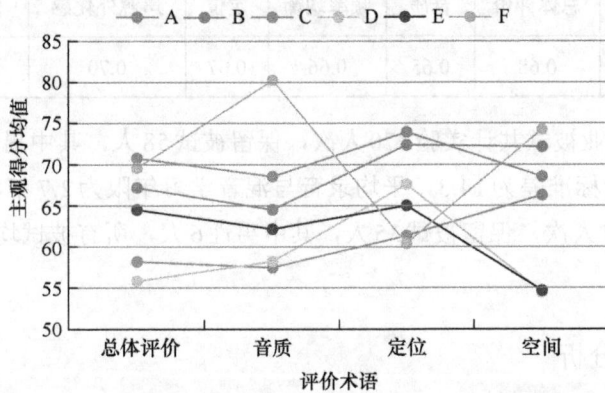

图9-10　不同算法在一级和二级维度上的主观得分结果

表9-16　一级和二级维度的事后检验结果

	总体评价					音质				
	A	B	C	D	E	A	B	C	D	E
B	3.57					4.01				
C	12.56*	8.98*				11.05*	7.03*			
D	14.91*	11.33*	2.35			10.31*	6.10	−0.74		
E	6.25	2.68	−6.31*	−8.66*		6.35*	2.34	−4.69	−3.96	
F	1.20	−2.38	−11.36*	−13.71*	−5.05	−11.72*	−15.73*	−22.76*	−22.03*	−18.07*

	定位					空间				
	A	B	C	D	E	A	B	C	D	E
B	1.55					−3.60				
C	12.52*	10.97*				2.26	5.85			
D	6.32	4.77	−6.20			14.05*	17.64*	11.79		
E	8.89*	7.34*	−3.63	2.58		13.84*	17.44*	11.58	−0.21	
F	13.48*	11.93*	0.96	7.16	4.59	−5.70	−2.10	−7.96	−19.76*	−19.54*

（2）信号类别对算法感知的影响

为研究不同种类信号对算法感知的影响，计算实验信号与渲染算法的交互效应，一级与二级维度的交互效应结果如表 9-17 所示。在一级与二级维度上，除了音质，所有评价术语的交互效应均存在显著性差异，说明所有渲染算法会受到信号的显著影响，几乎没有哪种算法能够适应所有类型的信号。对渲染算法进行开发和改进的时候应尽可能考虑算法的应用场景，进行有针对性的处理优化。

表9-17　一级与二级维度的交互效应结果

评价术语	F	p	df	η_p^2
总体评价	3.61	＜0.001	7.72，92.65	0.23
音质	1.95	0.07	7.25，94.19	—
定位	2.88	0.007	7.63，91.59	0.19
空间	3.29	0.016	4.88，34.15	0.32

不同算法在一级与二级维度上的交互效应主观得分结果如图 9-11 所示（彩图见文末），图中横轴为不同的实验信号，纵轴为主观得分均值。总体来看，基于 HRTF 卷积原理实现双耳渲染的算法 A 和算法 B 在不同评价术语和信号上的得分相对较高，且在不同信号上的得分差异小，对信号具有较强的适应性，能够适配不同的渲染场景。在音质上，无渲染处理的算法 F 在各个种类的信号上均得分最高，且与其他算法存在显著差异，再次印证数据的合理性。此外音质的交互效应不存在显著性，这也说明渲染算法导致的听感下降不受信号影响，因此对任何信号进行渲染处理都应该尽可能减少音质的劣化。在定位上，算法 F 在真人电影和音效类电影上得分均为最低，说明渲染算法在定位信息丰富的影视类信号上具有显著的优化作用。在空间上，算法 F 仅在音效类电影上得分最低，该信号是专用于定位空间听感展示的声景素材，相比其他信号种类，对此类信号进行渲染处理更有意义。综合来看，渲染算法在真人电影和音效类电影上的得分差异小，说明此类信号对算法的区分度不高；在音乐类信号上，算法间的差异性更明显，可能更适合用于不同算法的评测。

（3）评价术语间的权重关系

通过线性回归分析建立回归模型，研究不同层级评价术语间的权重关系。由表9-18可知，所有回归模型均具有显著性，算法的总体评价主要受音质和空间感的影响；对于音质，重要的影响因素依次为频率均衡、浑厚度和力度；对于定位，声源外化感是最重要的影响因素，其次是声源距离感知和静态声源定位精准度；对于空间，人们更关注混响声质量和声场扩散度。

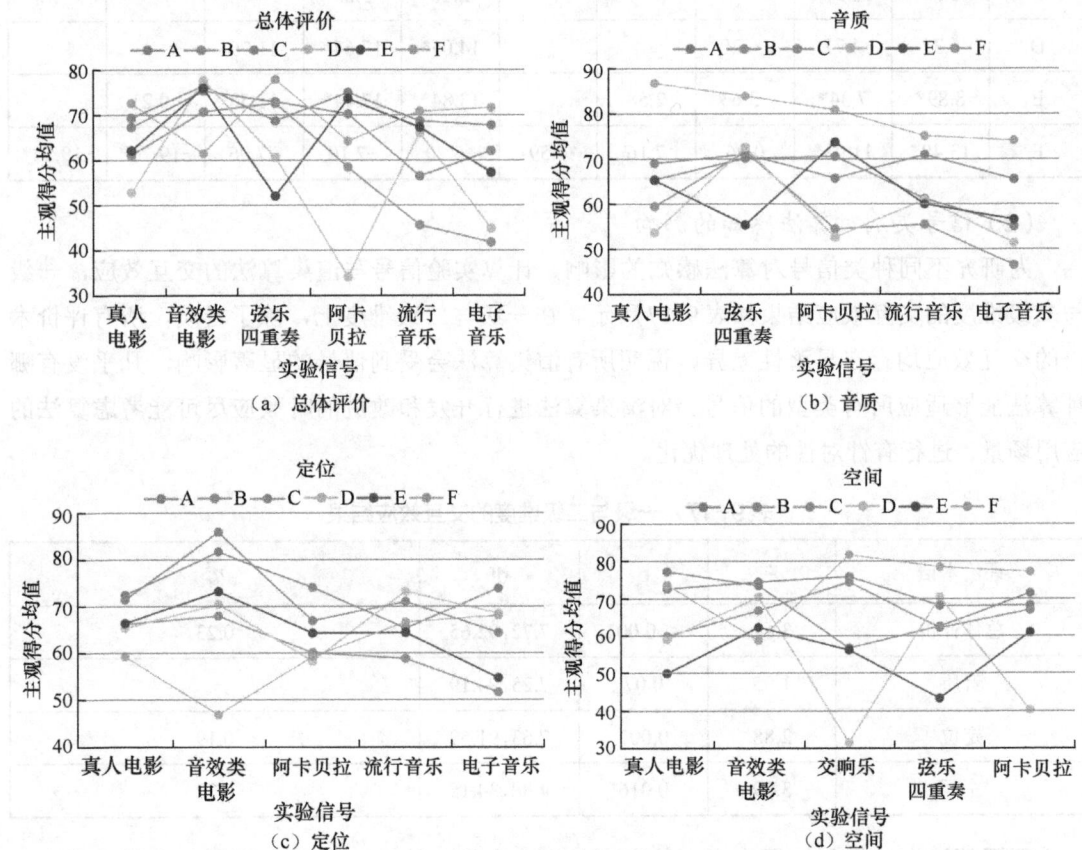

图9-11 不同算法在一级和二级维度上的交互效应主观得分结果

表9-18 线性回归分析结果

因变量	自变量	R^2	回归模型显著性检验		自变量显著性检验		标准化系数
			F	p	t	p	
总体评价	音质	0.62	15.846	<0.001	4.008	<0.001	0.471
	空间				3.981	<0.001	0.467
音质	频率均衡	0.79	36.704	<0.001	3.286	0.003	0.471
	浑厚度				2.193	0.037	0.328
	力度				3.011	0.006	0.282
定位	声源外化感	0.82	45.194	<0.001	4.649	<0.001	0.501
	声源距离感知				3.447	0.002	0.402
	静态声源定位精准度				3.847	0.001	0.383

因变量	自变量	R^2	回归模型显著性检验		自变量显著性检验		标准化系数
			F	p	t	p	
空间	混响声质量	0.60	21.411	<0.001	4.204	<0.001	0.562
	声场扩散度	0.60	21.411	<0.001	2.606	0.015	0.349

（4）被试群体对算法的感知差异

采用多元因子分析研究被试群体对渲染算法在不同评价术语上的感知差异性和共性，将两个被试群体在各个评价术语上的打分作为连续尺度变量，将算法作为补充变量进行分析。各个主成分的贡献率如图 9-12 所示，其中横轴为主成分数，纵轴为贡献率，由图可知主成分 1 和主成分 2 的累计方差贡献率为 75%，后文将对保留的 2 个主成分进行分析。

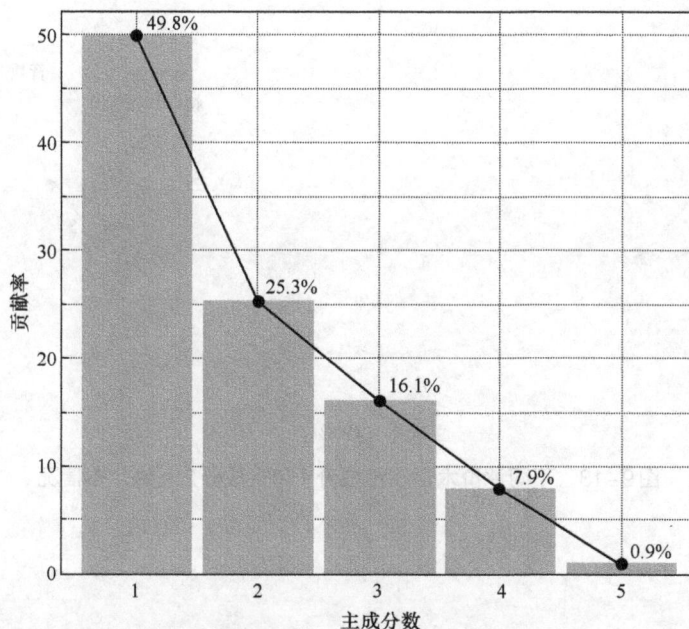

图 9-12　主成分的贡献率

图 9-13（彩图见文末）表示不同评价术语在主成分 1 和主成分 2 上的分布情况，其中横纵坐标分别表示不同的主成分，各个特征的线段到坐标轴的投影表示与对应主成分的相关系数。其中，主成分 1 主要与音质和空间感知有关，具有 49.8% 的方差贡献率；主成分 2 主要与声源外化感和空间感知有关，贡献了 25.3% 的方差贡献率。观察可知，两个被试群体在总体评价、音质和声源外化感上表现出了较强的一致性，而在频率均衡和空间感上一致性较差。

两个被试群体在不同渲染算法上的感知差异性如图 9-14 所示（彩图见文末），图中彩色圆点表示不同渲染算法的分布中心，虚线表示专业被试，实线表示非专业被试，实线和虚线的端点距离越短，则说明两个被试群体的感知一致性更强。从整体来看，专业被试和非专业被试对算法 B 的评价一致性最高，这可能与算法 B 的声源外化感明显、易于听辨的特点有关。对于其他算法，专业被试和非专业被试间存在一定的差异性。

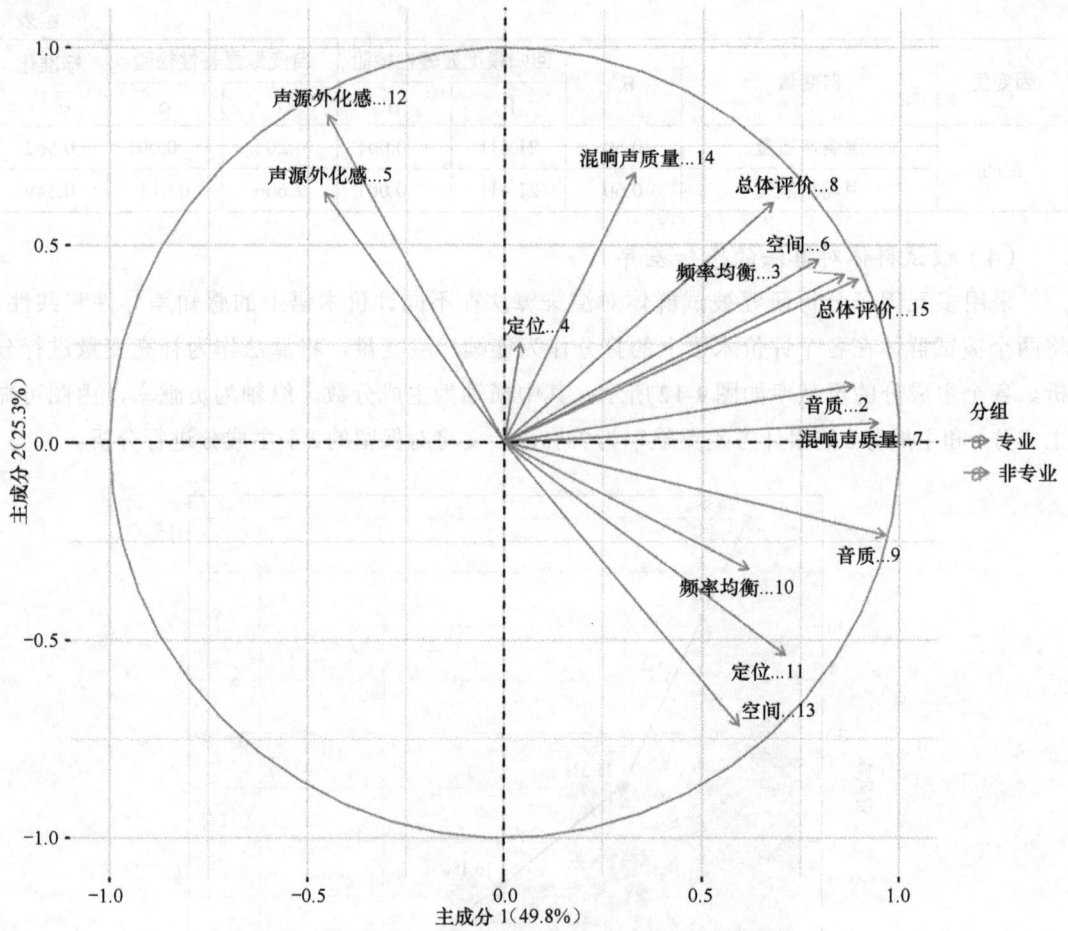

图9-13 不同评价术语在主成分1和主成分2上的分布情况

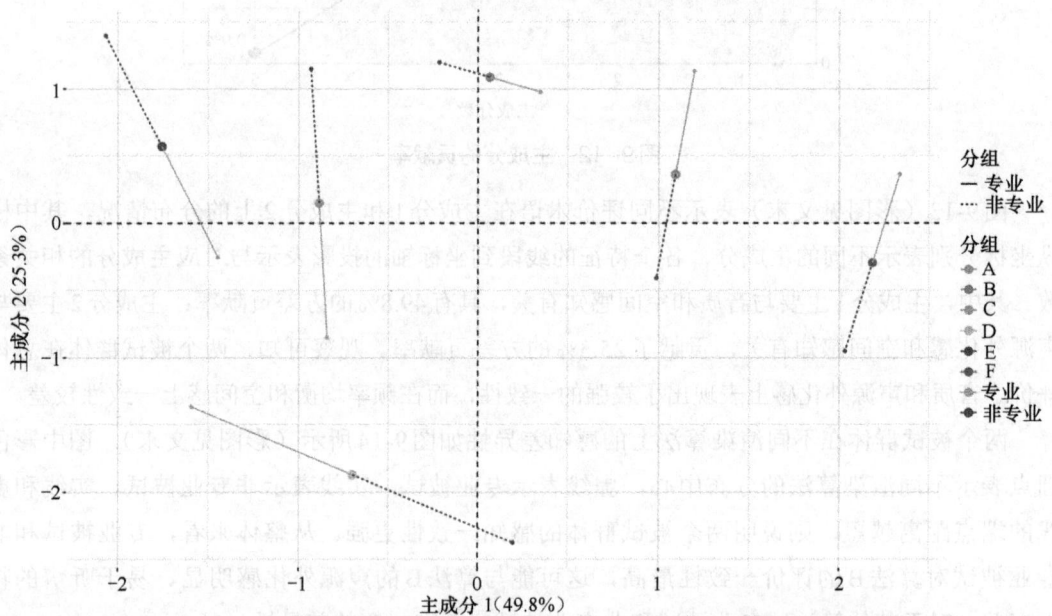

图9-14 专业被试和非专业被试在不同渲染算法上的感知差异性

（5）主客观关联性分析

通过计算不同评价术语上主观得分与客观特征的皮尔逊相关性，进行主客观关联性分析，找出各个评价术语上对主观感知较为重要的客观特征。

首先进行客观特征提取，使用人工头RS Tech Head001录制了双耳渲染后的实验信号，得到42条双耳录音素材，对其提取双耳特征和单耳特征两类声学客观特征，共计602维，所有客观特征如表9-19所示。其中双耳特征和时频特征都根据倍频程分10个频带，仅保留40Hz～1.5kHz的ITD、1.5kHz以上的ILD和40Hz以上的LF和IACC进行分析；频谱能量比的计算公式如式（9-2）所示，其截止频率如表9-20所示，分27个频带；频谱能量比根据1/3倍频程分31个频带。客观特征的选择依据为：与感知相关，且在物理及感知意义上可解释。选择平均值（记作m）和方差（记作sd）作为统计特征。对单耳特征进行差值计算和均值计算两种方式的处理。对双耳特征和时频特征采用特征名＋频带数编号＋统计值的形式进行描述，对差值计算的单耳特征用"_diff"标记，对求和计算的单耳特征则不标记，如ITD_2_sd，表示以60Hz为中心频率、40～80Hz双耳时间差方差值求和的结果；Flatness_sd_diff表示全频频谱平滑度方差值求差的结果，其他特征同理；对频谱能量比采用特征名＋低频截止频率＋高频截止频率＋统计值对形式进行描述，如RatioA_125_1000_m表示1kHz以上的频谱能量与125～1kHz的频谱能量比值的平均值，其他频谱能量和频谱能量比同理。

表9-19 客观特征

特征名	特征中文名称	是否分频	频带数	统计特征维数	处理方式	合计维数
ILD	双耳强度差	分频	4	8	—	
ITD	双耳时间差	分频	6	12	—	
IACC	双耳间相关性	分频	9	18	—	
LF	侧向声能比	分频	9	18	—	
RatioA	高频/中频能量比	分频	27	54	均值+求差	
RatioB	高频/中高频能量比	分频	27	54	均值+求差	
RatioC	高频/中低频能量比	分频	27	54	均值+求差	
Energy	频谱能量	全频+分频	32	64	均值+求差	
Centroid	频谱质心	全频+分频	11	22	均值+求差	602
RMS	均方根	全频	1	2	均值+求差	
ZCR	短时过零率	全频	1	2	均值+求差	
Rolloff	频谱滚降	全频	1	2	均值+求差	
Flux	频谱通量	全频	1	2	均值+求差	
Brightness	明亮度	全频	1	2	均值+求差	
Roughness	粗糙度	全频	1	2	均值+求差	
Regularity	频谱规则度	全频	1	2	均值+求差	
Spread	频谱方差	全频	1	2	均值+求差	

续表

特征名	特征中文名称	是否分频	频带数	统计特征维数	处理方式	合计维数
Skewness	频谱偏态	全频	1	2	均值+求差	
Kurtosis	频谱峰度	全频	1	2	均值+求差	
Flatness	频谱平滑度	全频	1	2	均值+求差	602
Entropy	频谱信息熵	全频	1	2	均值+求差	
LowRate	低频能量占比	全频	1	1	均值+求差	

$$RatioA = \frac{\sum_{n_c}^{N} x(n)}{\sum_{n_1}^{n_c-1} x(n)}$$

$$RatioB = \frac{\sum_{n_c}^{N} x(n)}{\sum_{n_1}^{n_c} x(n)} \tag{9-2}$$

$$RatioC = \frac{(SC_{f_0}^{N} - f_0) \times \sum_{n_c}^{N} x(n)}{(f_0 - SC_{n=0}^{f_0}) \times \sum_{n=0}^{n_c-1} x(n)}$$

其中，

RatioA 表示高频/中频能量比；

RatioB 表示高频/中高频能量比；

RatioC 表示高频/中低频能量比；

$x(n)$ 表示 n 频率点的频谱能量；

n_c 表示高频截止频率；

n_1 表示低频截止频率；

SC 表示频谱质心；

f_0 是频谱质心的截止频率。

表9-20　频谱能量比的截止频率

低频截止频率/Hz	20	125	250						
高频截止频率/Hz	500	750	900	1k	1250	1500	2k	3k	6k

随后对客观特征进行归一化处理，并将渲染算法作为自变量，所有客观特征分别作为因变量进行单因素方差分析，保留在不同算法上存在显著性差异的特征共81维。为研究在主观感知与客观特征之间的关联性，将81维显著特征与主观得分结果进行皮尔逊相关性计算，找到在各个评价术语上与主观得分存在显著相关性的特征。为了以最少数目的客观特征精确实现主客观关联性分析，对显著相关性的特征多的术语进行特征间相关性矩阵计算，保留特征数量不超过10个。

在总体评价上，主观得分和客观特征的相关性如图9-15所示（彩图见文末），其中横轴

为相关性系数，纵轴为客观特征。由图可知，40～320Hz的双耳时间差波动度、80～320Hz
与5.6～10kHz的侧向声能比、3.5～5.6kHz的频谱能量及3.5～7kHz的双耳间频谱能量差
是对各个维度而言普遍较为重要的特征。具体来说，当40～320Hz双耳时间差随着时间有
一定波动性时，可以提升总体音质、浑厚度、空间感和声场扩散度等方面的主观听感。在
进行声音设计时，可以适当调整低频声源的双耳时间差，提升音质及空间上的效果。增加
80～320Hz的侧向声能比，可以提升总体音质、浑厚度、频率均衡等方面的听感。在录音
实践中，可以设置侧展传声器，通过低通滤波的方式增强低频侧向声能。而减少5.6～10kHz
侧向声能比可以使静态声源、移动声源的定位感更清晰，并使混响声质量得到提升。由于
侧向声能基本以反射声能或混响声能为主，如果在高频段包含过多的侧向反射声，会影响
声源定位的判断。适当提升3.5～5.6kHz的频谱能量，可以增加双耳渲染的清晰度，但不易
过度，否则会导致空间感及声场扩散度等听感的劣化。此外，增加双耳间3.5～7kHz频谱能
量的差异性，可以使包围感更明显。因此，在三维声创作过程中，可以考虑多采用一些鸟
叫虫鸣、枪林弹雨等包含中高频能量较多的素材，并且可以将这些素材分布在空间不同的
位置上，增强清晰度及包围感。

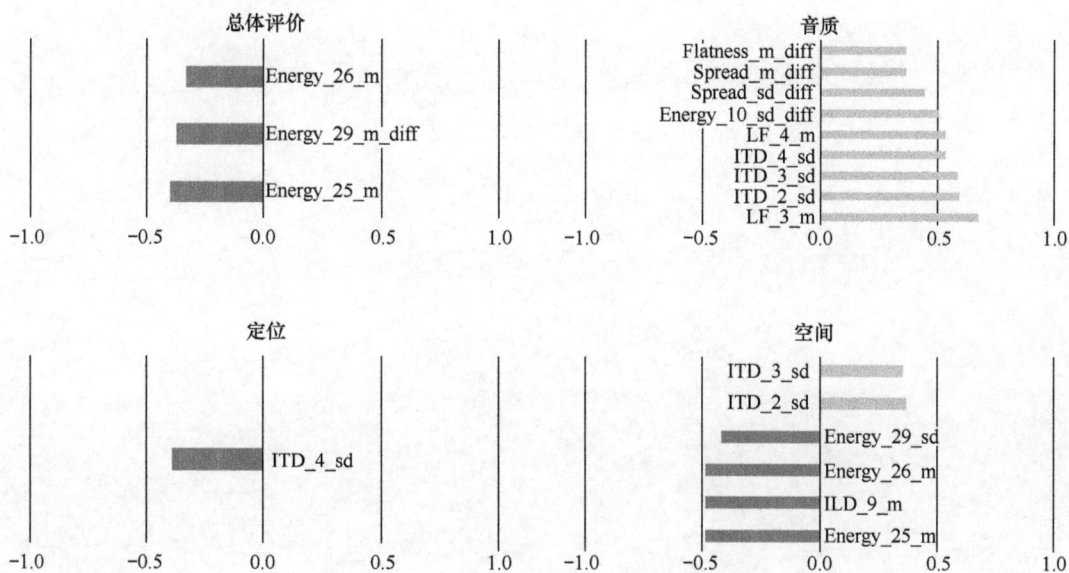

图9-15　主观得分和客观特征的相关性

参考文献

扫描下方二维码，关注微信公众号，后台回复"65779"获得资源。

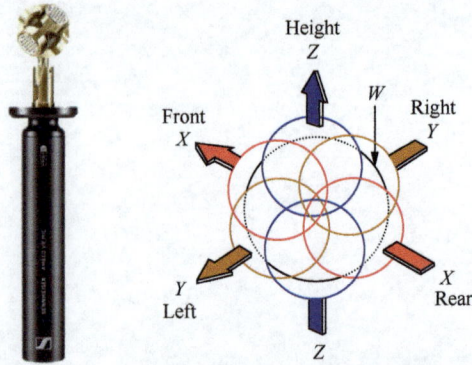

图3-100　一阶Ambisonics传声器拾音系统，左图为森海塞尔的AMBEO VR传声器，右图为FOA传声器编码后B格式

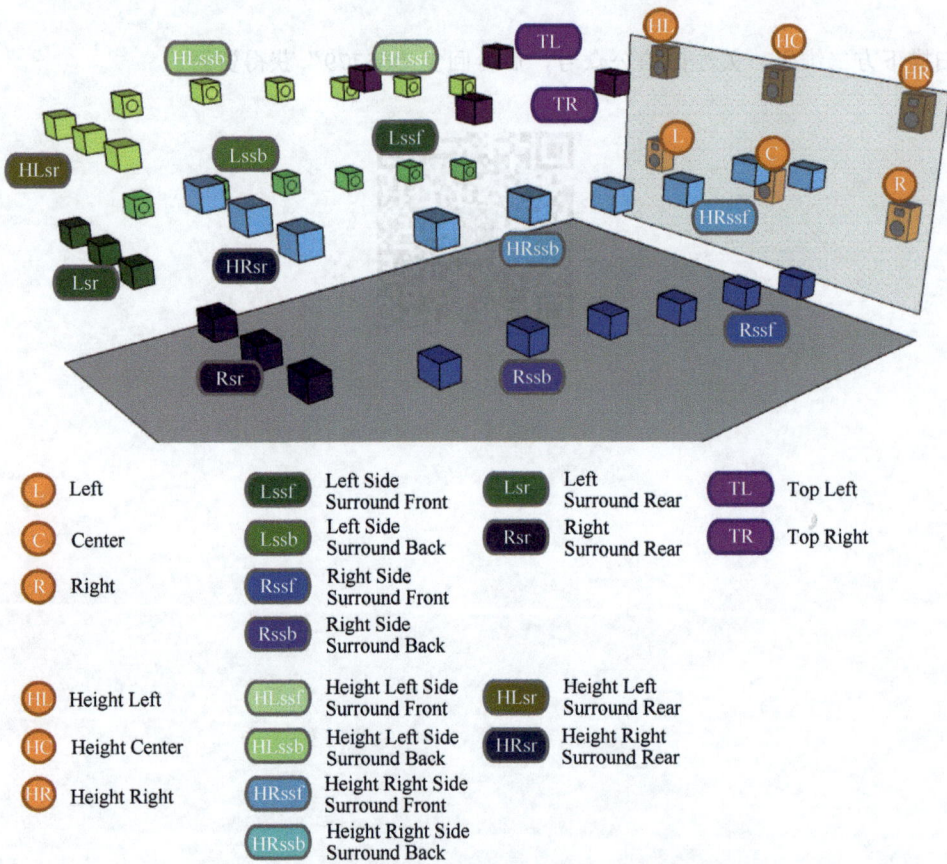

图例	名称			
L	Left	Lssf Left Side Surround Front	Lsr Left Surround Rear	TL Top Left
C	Center	Lssb Left Side Surround Back	Rsr Right Surround Rear	TR Top Right
R	Right	Rssf Right Side Surround Front		
		Rssb Right Side Surround Back		
HL	Height Left	HLssf Height Left Side Surround Front	HLsr Height Left Surround Rear	
HC	Height Center	HLssb Height Left Side Surround Back	HRsr Height Right Surround Rear	
HR	Height Right	HRssf Height Right Side Surround Front		
		HRssb Height Right Side Surround Back		

图4-2　AuroMax 20.1声道的专业影院扬声器重放系统

图4-4 雅马哈30个扬声器单元的空间音频重放系统

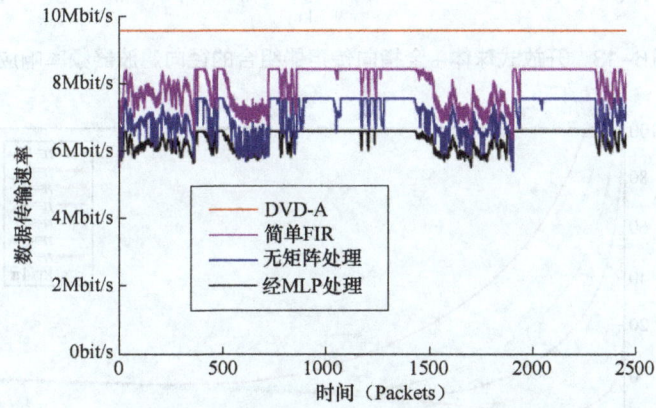

图5-34 经MLP处理的数据传输速率

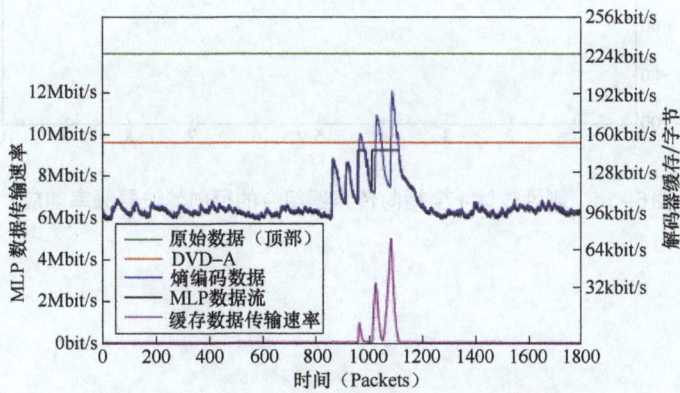

图5-36 MLP使用缓存降低数据传输速率

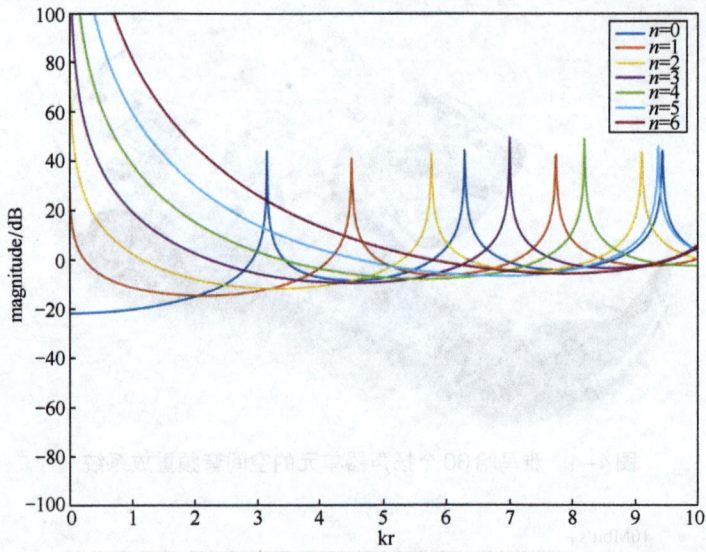

图6-13　开放式球体＋全指向传声器组合的径向滤波器频率响应

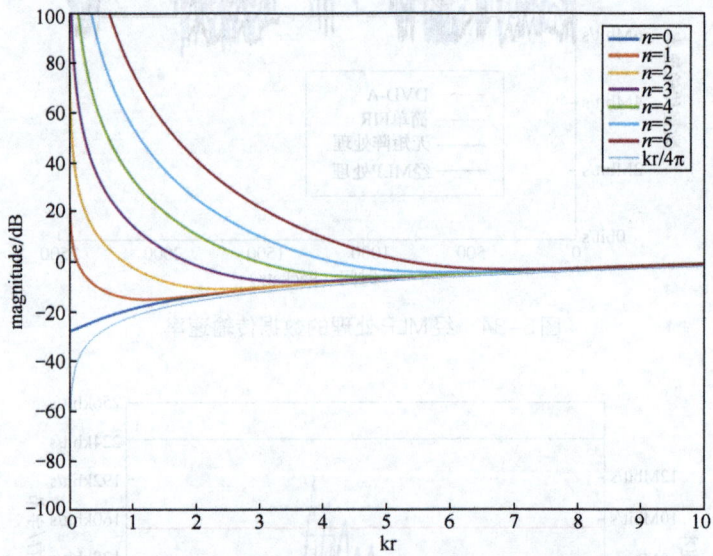

图6-14　刚性球体＋全指向传声器组合的径向滤波器频率响应

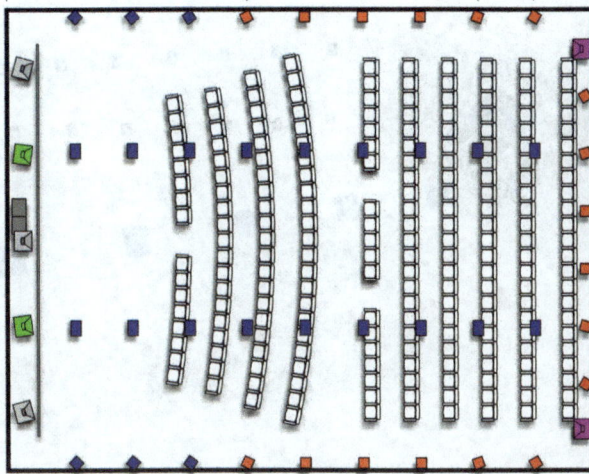

图 7-30   杜比影院的杜比全景声扬声器系统摆位示意

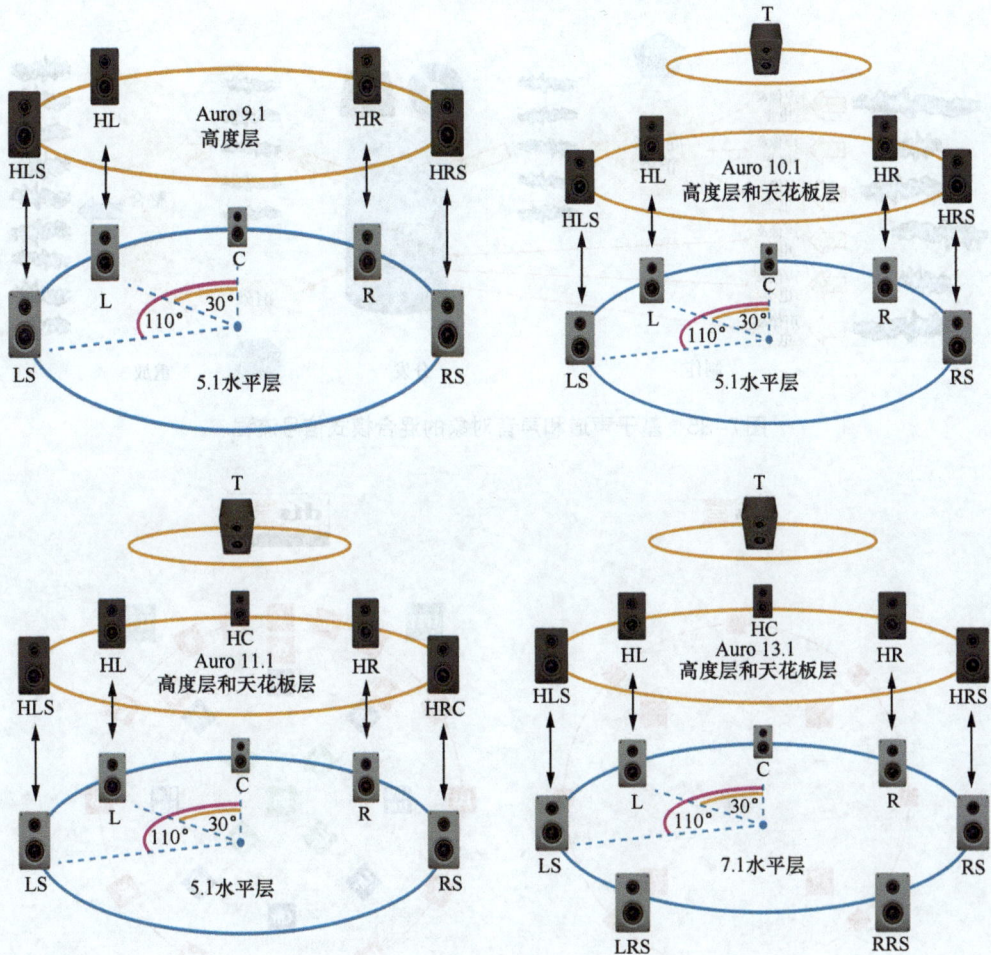

图 7-33   Auro 3D 为家庭影院推出的扬声器配置方式

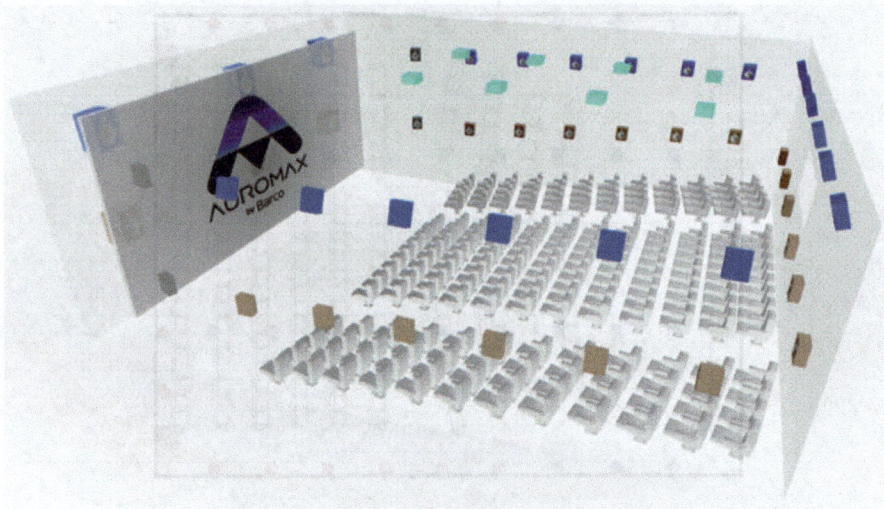

图7-34 AuroMax在专业影院中扬声器的设置

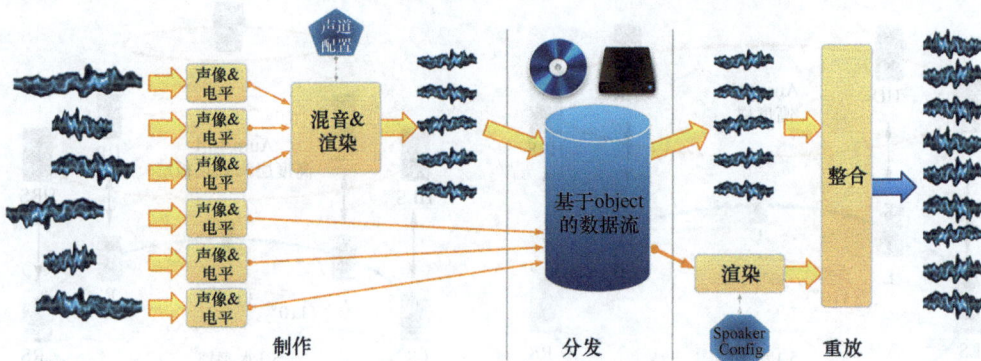

图7-35 基于声道和声音对象的混合模式信号流程

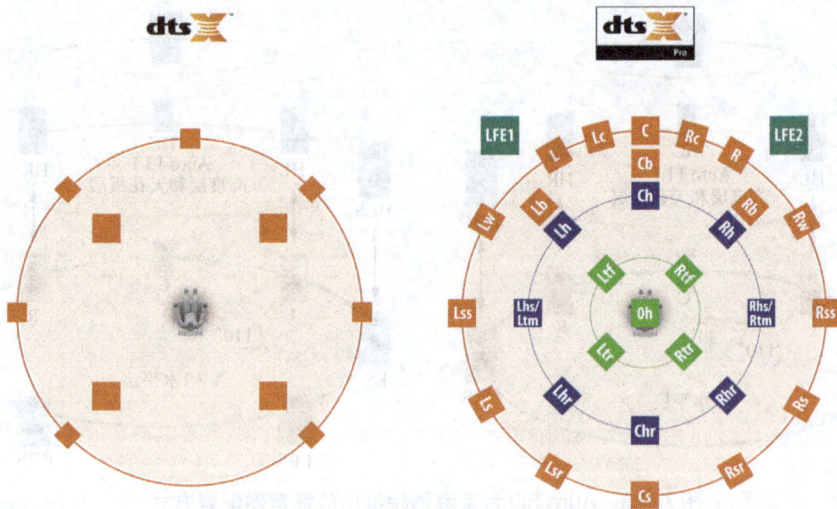

图7-37 DTS:X和DTS:X Pro支持的扬声器配置

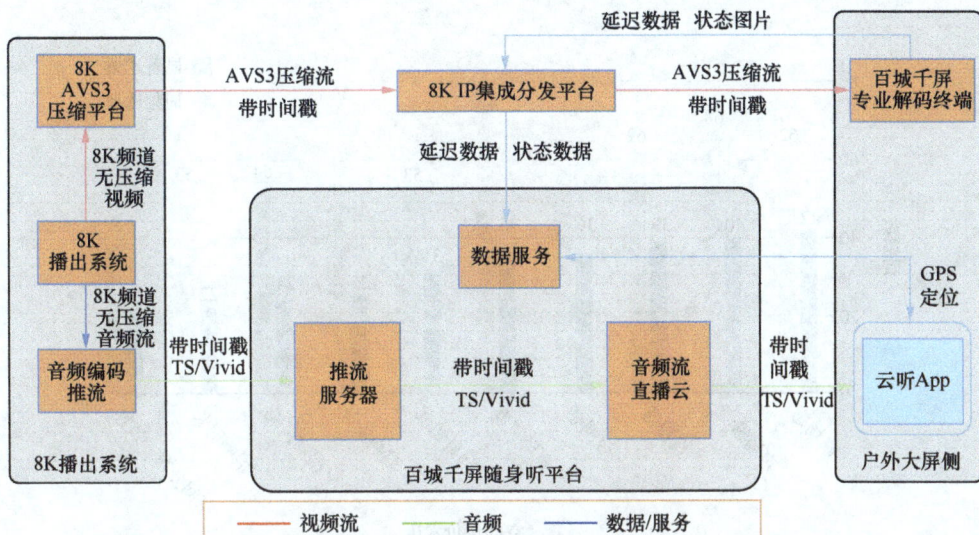

图7-42 "百城千屏随身听"移动端平台的系统架构

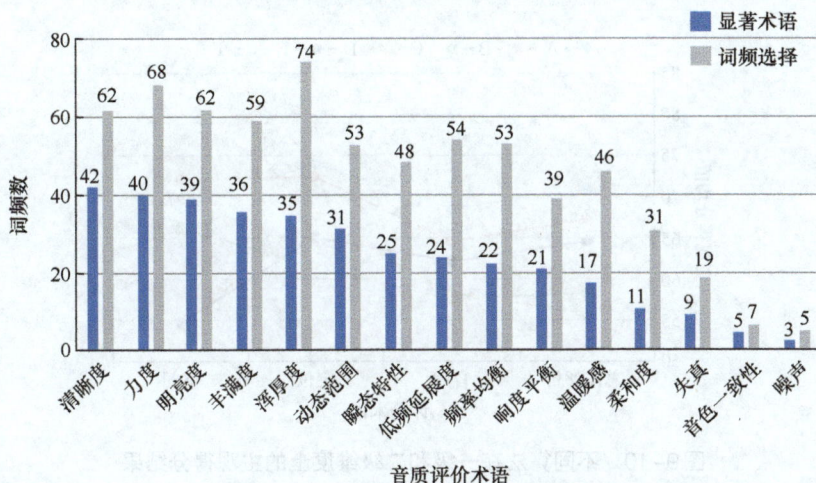

图9-5 音质维度的词频实验结果

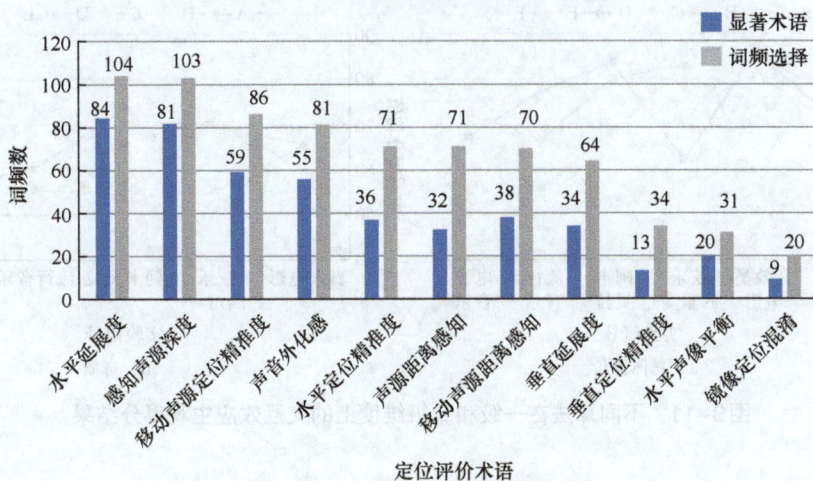

图9-6 定位维度的词频实验结果

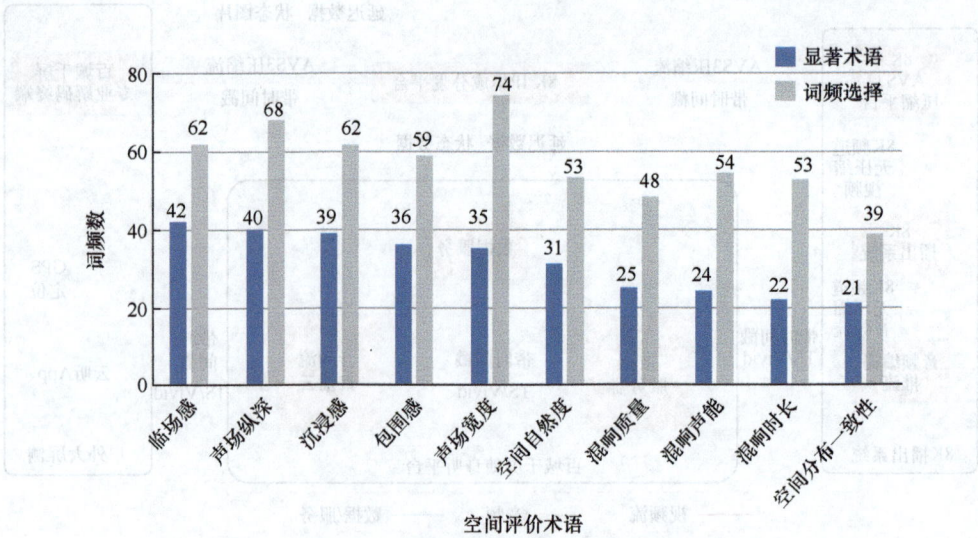

图9-7 空间维度的词频实验结果

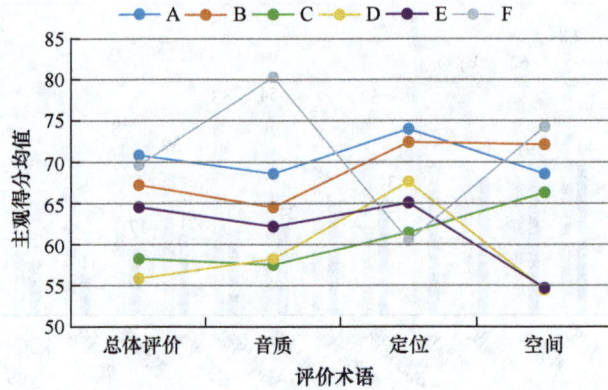

图9-10 不同算法在一级和二级维度上的主观得分结果

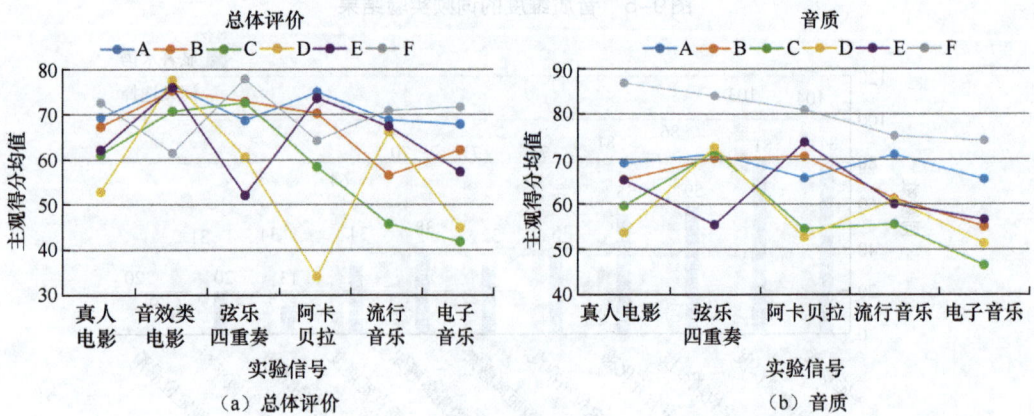

（a）总体评价

（b）音质

图9-11 不同算法在一级和二级维度上的交互效应主观得分结果

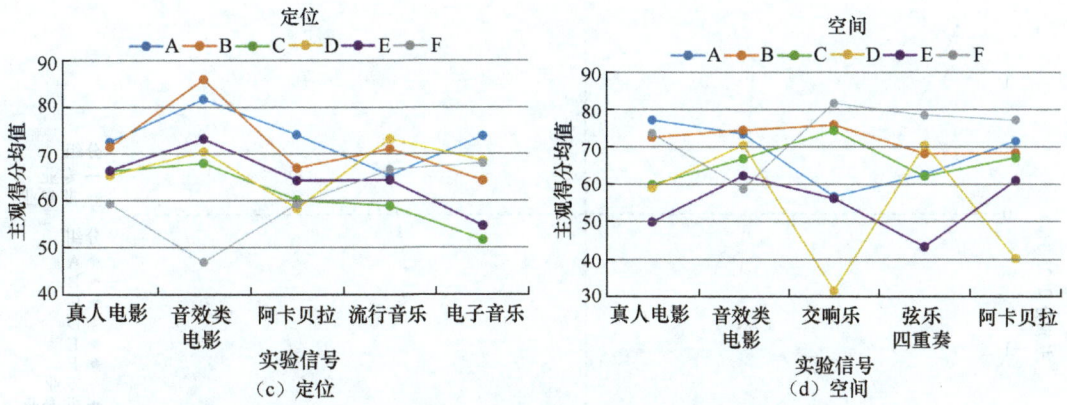

图9-11 不同算法在一级和二级维度上的交互效应主观得分结果（续）

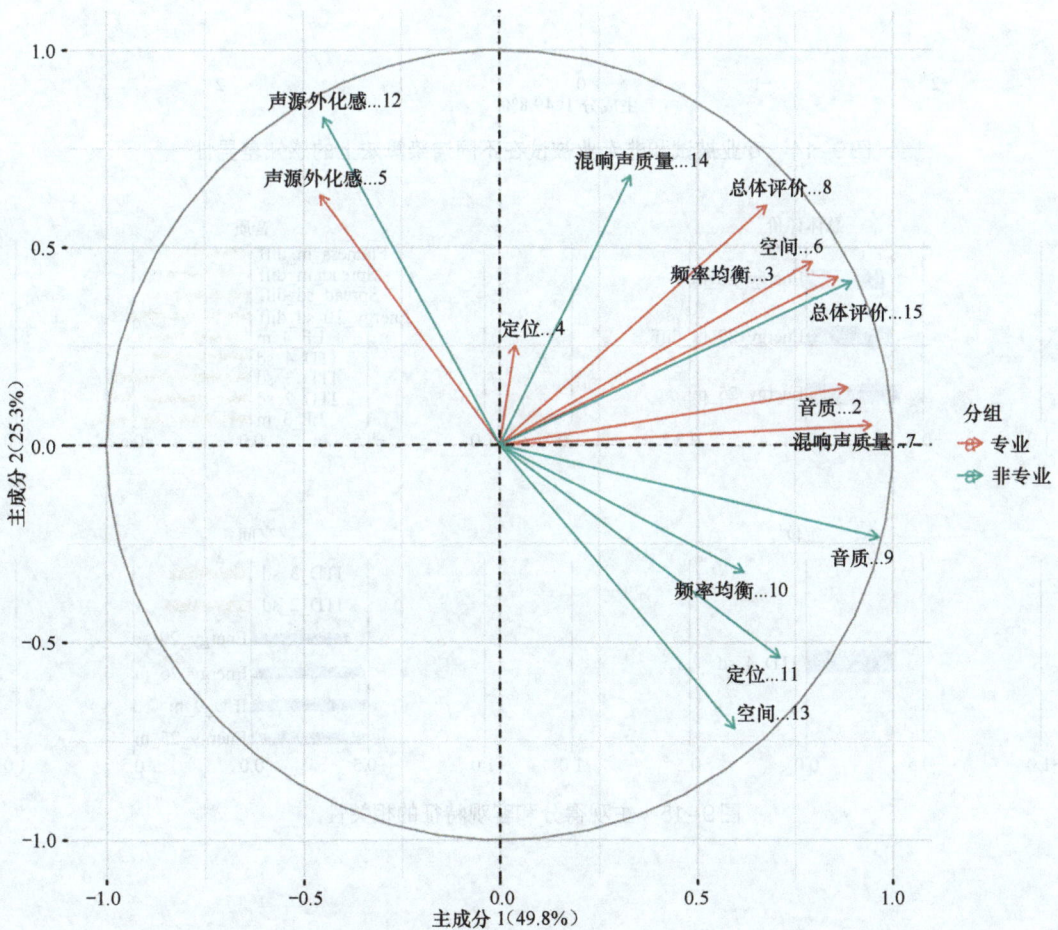

图9-13 不同评价术语在主成分1和主成分2上的分布情况

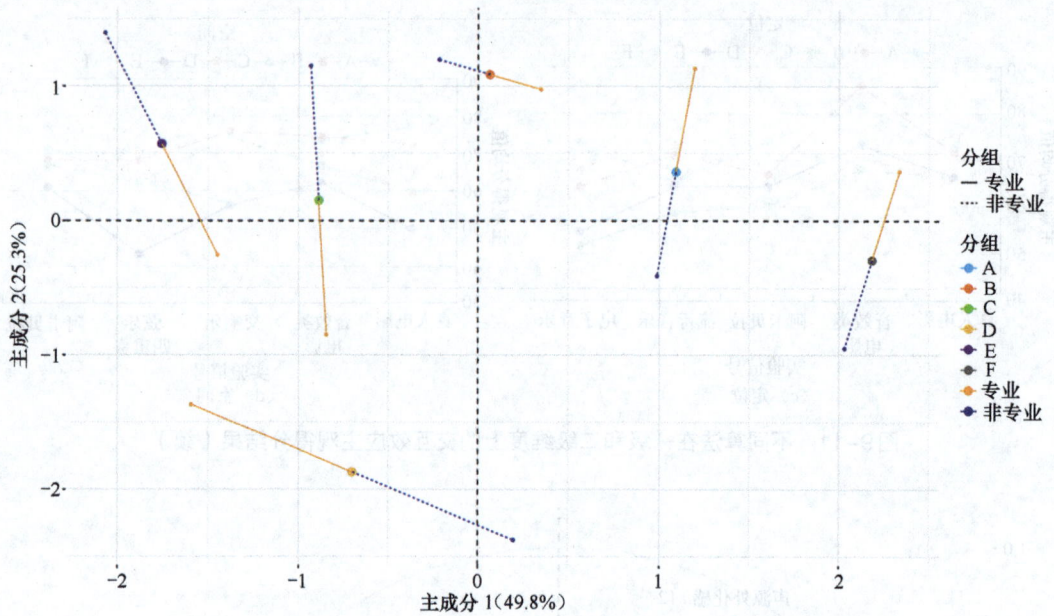

图9-14　专业被试和非专业被试在不同渲染算法上的感知差异性

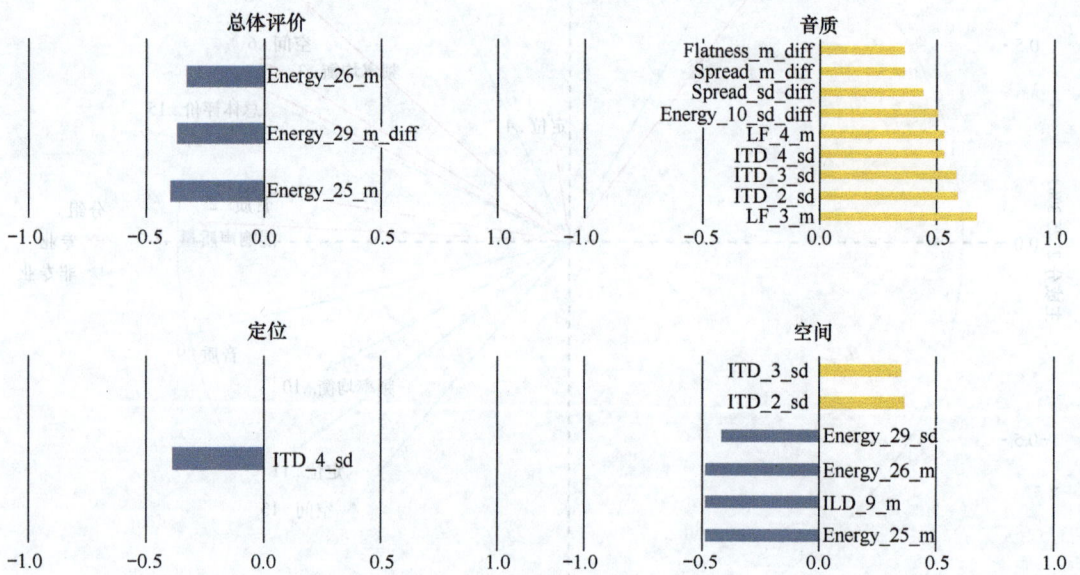

图9-15　主观得分和客观特征的相关性